数学·统计学系列

China Mathematical History Research in 20th Century

二十世纪中国数学史料研究

（第一辑）

张友余 编著

哈尔滨工业大学出版社
HARBIN INSTITUTE OF TECHNOLOGY PRESS

内容简介

中国现代数学史的研究已是时不我待,在这样的形势下,深入调研、全面搜寻与积累第一手史料,同时从各个视角、各个方面、各种层次开展专题研究,应该是目前中国现代数学史研究的正确方向。本书正是出于这个明确目标编写而成的。

全书分为两编:第一编是综合性专题研究,第二编是二十世纪部分中国数学家的传记资料。

本书适合数学爱好者参考阅读。

图书在版编目(CIP)数据

二十世纪中国数学史料研究. 第 1 辑/张友余编著. —哈尔滨:哈尔滨工业大学出版社,2016.1
ISBN 978 - 7 - 5603 - 5441 - 5

Ⅰ.①二…　Ⅱ.①张…Ⅲ.①数学史-研究-中国-20 世纪　Ⅳ.①O112

中国版本图书馆 CIP 数据核字(2015)第 135767 号

策划编辑　刘培杰　张永芹
责任编辑　张永芹　王勇钢
特约校对　宋轶文
封面设计　孙茵艾
出版发行　哈尔滨工业大学出版社
社　　址　哈尔滨市南岗区复华四道街 10 号　邮编 150006
传　　真　0451 - 86414749
网　　址　http://hitpress.hit.edu.cn
印　　刷　哈尔滨市工大节能印刷厂
开　　本　787mm×1092mm　1/16　印张 23.75　字数 600 千字
版　　次　2016 年 1 月第 1 版　2016 年 1 月第 1 次印刷
书　　号　ISBN 978 - 7 - 5603 - 5441 - 5
定　　价　48.00 元

二十世纪中国数学
史料研究

王元

中国古代数学有着悠久的传统,但明代以后落后于西方。从二十世纪初开始,在科学与民主的高涨声中,中国数学家踏上了学习、赶超西方数学的历程。这是光荣的历程,中国现代数学从无到有,从学习、移植发展而为立于世界数学之林的欣欣向荣的事业;这是艰难的历程,几代学人追梦、拼搏,充满了可歌可泣的事迹。"历史使人明智"(F·培根言),以史为鉴,回顾总结二十世纪中国数学发展的历程,对于我们继承发扬老一辈数学家的创业精神,振兴中华数学、实现数学强国之梦有着不言而喻的现实意义。

二十世纪的中国数学,无论是发展速度之快,涉及领域之广,还是研究成果之丰,都是以往任何时代无可比拟的。现代数学在中国传播、发展的社会背景则可谓风云变幻,错综复杂。这一切都使得中国现代数学史的研究面临种种困难。另外,由于整个现代数学仍处在变化发展之中,一些事件、人物和成果的评价尚需假以时日,需要经过历史的冷却。因此,依笔者所见,目前编写一部系统的中国现代数学通史时机尚不成熟。然而中国现代数学史的研究又时不我待,在这样的形势下,深入调研、全面搜集与积累第一手史料,同时从各个视角、各个方面、各种层次开展专题研究,应该是目前中国现代数学史研究的正确方向与可行之道。

张友余先生的这部《二十世纪中国数学史料研究》,正是在正确方向指引下,历经36年的艰辛而收获的二十世纪中国数学史研究正果。全书分为两编,第一编是综合性专题研究,第二编是二十世纪部分中国数学家的传记资料。看完全书,最深的印象就是史料之翔实。书中披露的史料有不少过去鲜为人知,为了获得这些史料,作者多年探寻于各地档案馆,或走访相关学者与名家,功夫之深,绝非一朝一夕。然而本书也绝不是史料的堆砌,正是在可靠的第一手史料基础上,本书澄清或解答了二十世纪中国数学史的一些疑难问题,例如"五四运动"时期的数理学会和数理杂志、西南联大数学系的相关史实、抗战时期"新中国数学会"的来龙去脉、40 年代的国家学术奖励金中的数学奖项、mathematics 译名的变迁等等。即使像迄今所知我国最早留学学习数学的冯祖荀先生的出国年份、中国数学会首任主席胡敦复的生卒年月这样的细节问题,作者也都以认真的态度根据史料考证给出了确定无疑的结论。与此同时,基于史料的研究,作者对于中国数学发展的一些重要问题如二十世纪 30 年代华罗庚与陈省身成才环境和因素的思考、中国数学学科率先赶上世界先进水平的可能性分析等,也给出了自己的见解。因此,本书虽由一些看似分散的专题研究构成,但汇集在一起却将成为人们整体了解中国现代数学发展历史的不可或缺的研究文献。

　　笔者认识张友余先生是在二十世纪 90 年代初,当时她正与中国数学会专职副秘书长任南衡合作整理中国数学会的史料。二十多年来,我们见面不多,但时有书信往来或电话交流,知道她一直是在几乎没有经费资助的情况下坚持不懈从事中国现代数学史料的搜集与研究,以瘦弱之驱,奔波劳顿,辛勤编撰。尤其是进入耄耋之年以后,在视力近盲的情况下,仍借助放大镜整理资料,笔耕不辍。这种对中国现代数学史研究事业的执着精神和建设数学强国的追梦情结,使笔者深受感动。"一份辛苦一分才",近四十年的岁月,磨炼了一位掌握着极丰富的中国现代数学史料的专家,作为其研究工作结晶的《二十世纪中国数学史料研究》亦将由哈尔滨工业大学出版社出版。遥闻佳音,不胜欣喜,命笔献序,以表敬贺之意。

中国科学院数学与系统科学研究院
李文林
2014 年 4 月于北京中关村

《二十世纪中国数学史料研究》是一部专题性的研究作品。虽然零散,却澄清了这段历史中几个难解问题,可为将来编写《二十世纪中国数学史》的学者,搬走几块路障石,扫除一点障碍。

从广收史料到集成本书,经历了36年(1978—2013)漫长岁月。最初是在我的导师魏庚人教授指导下,收集中国数学教学期刊,编写《中国中等数学文摘》。1980年代,是搜寻史料的摸索阶段,如何利用众多史料、方便查阅、为我所用?在集中后再分类,拆拆分分、抄抄写写,几经反复,花了大量精力和时间。1988年,"21世纪中国数学展望"学术讨论会征文,我根据征文通知要求,用1978—1988年这十年积累的各种资料,集中分析判断,用大量资料说明"21世纪中国数学率先赶上世界先进水平"是有可能的。(见本书第一编第21篇),此文随后受邀参加了这次大会,深受鼓舞。

1990年代以后,我的工作基本上是遵照陈省身先辈的教导,王元院士关于近现代中国数学史研究指引的方向进行。抓紧时间搜寻史料,搞专题研究。对于专题,先是无知,史料引导我知之,多种史料让我逐渐认知较多,在归纳对比中发现问题。有了问题要寻找解决问题的途径,就形成了专题研究。

最早出现的问题是:我国现行数学期刊中,创刊最早的《数学通讯》的创办人是刘正经还是余介石?新中国成立前后中国数学会是如何恢复活动的?说法不一,谁准确?随着史料收集增多,问题也越多,例如:华罗庚的《堆垒素数论》获奖的一则记述就引出了几个疑问:①新中国成立前是否就授过这一个奖?②部聘教授是怎么回事?③华罗庚获奖、何鲁、部聘教授三者有无联系？我在1990年的一篇文章中也引用了这则记述，误导较广。在收集中国数学会史料的过程中，出现的问题就更多了，最初面对首任主席胡敦复，连生卒年代都不知道；在纪念中国数学会成立50周年的报告中，为什么不提新中国数学会，两者关系如何？促使我很想查清抗日战争期间存在8年的新中国数学会的始末。收集中国数学会史料结束后，又引出需要研究杨武之对我国数学教育、培养人才的杰出贡献……。专题的出现，扩展了搜寻史料的思路和线索，两者相辅相成、互相促进。但是，要最终解答问题，史料是关键，有些史料是在文字中找不到的，就需要健在的当事人、知情者提供。在此，我怀着诚挚的敬意、衷心感激老一辈数学家，对我从事的这项史料研究工作的支持、帮助和指导。他们提供的不少史料，在解决问题中起了关键作用。本书在相关专题中，收进了数封他们给我的回信。

　　20世纪研究的多是某一个点或某一方面的专题。如何从面上、或整体上评价新中国成立前（基本上是20世纪前半叶）我国的数学工作，尚缺乏史料。2001年李文林教授赠我两份数学论文目录，我以袁同礼编的目录为基础，划定1950年以前我国学者在外刊发表的数学论文和数学博士论文收集范围。对照我已收集的各种论文目录，力争基本准确、基本收全（做不到"绝对"二字），然后逐篇手写卡片。按多种顺序编号，如：49510B0112，前两位数表示年代1949年，3－5位数表示期刊类别，"510"是基础数学类，"B"是国别美国，"B01"是该国期刊序号，最后两位数是当年论文序号。"49510B0112"的全称便是1949年熊全治在美国基础数学期刊第1号Bull. Amer. Math. Soc.上发表的论文，编入1949年外刊论文第12号。利用此号可以简单制作各种索引，方便查找。例如：作者索引、期刊索引、国别索引等。这些目录卡片再经过分类、统计归纳，帮助我统观全局，从整体上分析问题起了决定性作用，直接帮助我完成了本书第一编第2、3、4三个专题研究。如果再细查，这些目录还可进行多方面的专题研究。论文目录是一项基础性的史料收集工作，感谢李文林教授的赠予，可惜论文目录并不被当今社会重视，难于出版，流通面太窄。

　　本书内容主要放在20世纪前半叶，原因有二：其一，现代数学系统进入中国是20世纪初才开始的，从源头开始，符合历史研究的一般规律。其二，前半个世纪的中国，连绵不断的战乱，动荡搬迁，史料记载较少、遗失较多；加之以后在极"左"路线强行干扰下，对新中国成立前的许多工作，基本持否定态度。到八九十年代我们想搜寻时，健在的当事人已耄耋之年，知情者都年过古稀，有抢收之急。

　　第二编的中国数学家，分传记年谱和专题两部分。前者是专门研究，从源头开始选择了7位具有一定开创性的数学教育家和数学普及工作者。我国要争取成为数学强国,需要数学教育和普及工作先行,培养大批精英人才;再说他们多是在一定范围内有一定贡献而鲜为人知的专家,黄际遇和刘正经在已出版的数学家传记中未出现过。杨武之,我认为他是20世纪培养帅才最丰、最杰出的数学教育家,需要深挖研究他的教育思想、组织才能,总结经验,以利21世纪数学教育的发展,因此花了很大精力整理他的年谱,在本书中占的篇幅也较多。在这7位数学家传记之后,还附了1~3篇非本书作者写的"研究文献",供对这些专家感兴趣的读者参考。第二篇的后者"专题",多是为某种纪念而写,仅供参考。同时寄托我对他们的敬仰和怀念!

经过几十年的史料积累,产生的研究专题也较多,不少专题研究半截就搁下了。如今患老年性眼底黄斑变性,视力近盲,又进入耄耋之年,继续研究的可能性极小。学习老一辈数学家给我传承的榜样,愿意将一些专题史料奉献给立志干这项工作的下一代。

历史长河无限,个人的阅历、学识、条件都有限,能力难及。书中所叙,定有不完善、不准确之处,欢迎广大读者、专家随时给予批评指教,共同努力,实事求是,还20世纪中国数学发展的本来面目,准确总结经验,以利再战。

我校原汉语系退休的张采藜教授,阅读了本书初成稿,对编排词句等中肯地提出一些修改建议。我国著名数学史专家钱宝琮之孙钱永红(1959—),继承祖业,在已有研究的基础上,五年前干脆从外贸工作岗位上辞职,专攻中国近现代科学史,成效显著。他阅读本书初稿,特别注意对外文字词的校订和个别内容的修改补充。他们的帮助为本书增辉,特致以诚挚的感谢!我的两个孙女,赵蕴清(研究生)先后用了三年的假日,王培华(大学生)参加工作之前用了两个月,将原稿内容陆续输入电脑,反复修改、打印,不厌其烦,做了大量的具体事务工作,青年人这种耐心、细致、认真精神值得赞扬,希望她们健康、顺利成长。

张友余
于西安 陕西师大
2013年9月16日

目　　录

第一编　综　述

第二编　中国数学家

第一编

综　述

第一篇 陈省身的期望

数学工作是分頭去做的，競争是努力的一部份。但有一原則：要欣賞别人的好工作，看成对自己的一份鼓勵，排除妒嫉的心理。中国的数学是全体中国人的。

（陈省身手迹，1996 年 8 月）

一、这段话的来历

1990—1995 年，我在搜寻整理中国数学会史料的过程中，发现 20 世纪三四十年代我国最杰出的几位青年数学家都曾接受过杨武之教授的教育、培养和帮助，而杨的事迹却鲜为人知。1995 年与任南衡同志共同完成《中国数学会史料》的书稿后，即将迎来杨武之先生百年诞辰，便决定进一步搜寻完善杨武之教书育人的史料。在清华大学庆祝中国数学会成立 60 周年年会期间，经任南衡同志引荐访问陈省身教授，陈先生对我访谈的专题很感兴趣。当时由于求访的人士较多，我们先在饭厅谈，又转到大厅，再转到宿舍，一直无法安静下来细谈，被迫中断。此情此景，时任贵州省数学会理事长的李长明教授看在眼里、记在心中。次年（1996）5 月，李长明特邀陈省身教授、吴文俊教授、路见可教授访黔讲学，我有幸也被邀到贵阳，继续头年在清华未能完成的访谈。

1996 年 5 月 23 日下午，三位数学家与贵阳市一中的师生见面后在休息室休息，我与陈省身教授谈了几句话便被保卫人员制止，陈先生立即决定放弃在该校安排的后续活动，让我们随坐他的专车一起回到他下榻的宾馆继续访谈，郑士宁师母也在场，不时补充上几句，插点笑话。我们四人在这宁静的环境中，交谈随和而亲切。然后我将两次访谈内容，综合整理成文，交陈先生审阅。以上这段话是他审阅后在文章的最后亲笔加写的。关于中国数学界，他有如下期望：

"什么东西发展都有一个历史的程序，了解历史的变化是了解这门学科的一个步骤。数学也是这样。中国人应该搞具有中国特色的数学，不要老跟着人家走。发展中国数学，我觉得最关键的一点是如何培养中国自己的高级数学人才，世界一流水平的人才。总结 20 世纪，了解这个世纪中国数学家成长的道路，现代数学在中国发展成功的经验，写数学家传是一个重要方面，还可以选一些好的专题进行研究。譬如：清华大学数学系早期培养人才的经验,留法学生对中国数学发展的贡献等,也可以考虑编一本论文目录。不一定什么都写,典型的专题研究会有好的借鉴作用。"①

二、关于杨武之

两次访谈的主题,都是围绕杨武之,谈他教育、培养数学人才的事迹。因为陈省身在清华读研究生时,选修过杨武之教授的课;1934 年研究生即将毕业,陈的导师孙光远教授已经离开清华,他的毕业论文、硕士学位、及随后到德国汉堡大学留学,都得到时任代理系主任杨武之的直接帮助。学成回国工作后,杨武之又促成了他和郑士宁的婚姻。华罗庚 1931 年到清华后,最初几年主要随杨武之教授学习研究。1934 年秋后,杨到德国柏林大学进修,华给杨的信中写道:"古人云:生我者父母,知我者鲍叔。我之鲍叔乃杨师也。"1980 年,华罗庚致香港《广角镜》月刊编辑一封短信,简单说明 6 点。其中:"3、引我走上数论道路的是杨武之教授。""5、从英国回国,

陈省身

未经讲师、副教授而直接提我为正教授的又是杨武之教授。"陈省身和华罗庚是 20 世纪我国最有成就的两位国际数学大师。访谈中,陈省身教授说:

"杨先生确实培养了不少杰出的人才,代数、数论方面有成就的还有柯召、段学复等,他们都是杨武之的学生。从 1920 年代末到 1940 年代末,清华大学数学系的学生,差不多都受过杨先生的教育,他教书教得很好,人缘也好,对学生很负责任,不仅在学业上,其他各方面都很关心,学生们把他当成可靠的朋友,遇事愿意去找他商量或帮忙。

杨先生最早学习研究初等数论,发表过有价值的论文。他后来的工作,偏于教育方面。在中国当时的环境,这个选择是自然而合理的。他的洞察力很强,善于引导学生创新,鼓励支持他们到世界研究的前沿去深造,去施展他们的才能。迈出去这一步,不少青年都得到过他的指点帮助,经他培养教育过的学生中,后来有杰出成就的很不少。

抗战前夕,熊庆来到云南大学当校长,他接替了清华数学系主任的职务一直到 1948 年,同时还兼任清华数学研究所的主任。在工作中,他善于团结同事、知人善用。特别是抗日战争期间,他担任内迁设在昆明的西南联大数学系主任多年,这个系云集了清华、北大、南开三所学校的十多位教授,当时中国最好的大部分数学教授都聚集在这里,下面还带有一批很聪明能干的讲师、助教。在战争环境中,条件异常艰苦,系主任杨先生巧妙地将大家凝聚在一起。让年长一点的教授上基础课,把好教学质量关;支持正处于发展开拓时期、刚留学归国、30 岁左右的几位年轻教授,带领一批讲师助教和部分高年级学生,

---

① 见:张友余,回忆杨武之——陈省身教授访谈录,科学,1997,49(1):47-48。

组织各种学术讨论班,研究世界前沿的数学问题。虽然战时的昆明信息闭塞,但有我们刚从国外带回的最新资料,充分发挥人脑的思维作用,人尽其才,大家搞数学研究的热情依然很高。几年中取得的科研成果是西南联大各学科中最突出的,有些成果超过了战前水平,华罗庚、许宝騄就是其中的佼佼者,在他们的带领下,还锻炼培养了一批青年。

杨先生在清华大学、西南联大数学系任教授、当系主任几十年,通过他的学术水平、教育才能和组织才能,培养出的学生后来在学术上、教学上超过他的人才不少,他的这些学生对中国数学的发展起了很大的作用。杨武之是一位杰出的数学教育家,确实值得纪念!"①

陈省身在纪念杨武之诞辰百年的文章中特别强调:"1930 年代的清华数学系是有突出贡献的。在中国数学史上应为光荣的一章。武之先生为人正直,深受同事和同学爱戴。他显然是一个数学家的榜样。"②

杨武之在他的自述中说:"1935 年我自德国回清华后,就决定放弃研究工作,全神贯注于教书。"③1946 年,他两次患伤寒重病之后,还想在他的后半生再培养一位世界级的数学家,对于教育,杨武之说:

"首要的是知人,也就是除了当伯乐外,更多的时间是认识每一位学生的长处和短处,充分让每一位学生发挥他的长处,避开他的短处,这就是扬长避短,应当相信每位学生都可能有些小成就的。若能遇到禀性异常的学生,更应当循循善诱,循序渐进,让学生的功课基础扎实,这才有成大器之可能。除了教学生基础知识和专业知识外,还应教学生注意思想方法、学习方法,教学生品德和道德修养。"④

这是杨武之集数十年大学数学教育成功经验总结出的经典名言。

此刻,在纪念数学大师陈省身百年诞辰之际,重温 15 年前纪念他的老师杨武之百年诞辰时的谈话,仍倍感亲切,不失其现实教育意义。

（原载《中国数学会通讯》,2011,(2):1-3）

吴文俊语录

陈省身先生不仅是数学上的一代宗师,而且为中国数学跃升至世界水平作出了巨大贡献。陈先生先后在国内主持与创办了两个数学研究所,培养了一大批优秀的青年数学家,使我国的数学能与西方平起平坐,一争雄长,并为 21 世纪中叶我国数学从大国跃升为强国创造了条件。

——摘自《陈省身与中国数学》.天津:南开大学出版社,2007 年第 1 版,序一

---

① 见:张友余,回忆杨武之——陈省身教授访谈录,科学,1997,49(1):47。
② 见:清华大学应用数学系编,杨武之先生纪念文集,清华大学出版社,1998,101。
③ 参见同上书注示②,54。
④ 见:徐胜蓝、孟东明编著,杨振宁传,复旦大学出版社,1997,262-263。

第二篇 从数字看20世纪前半叶
现代数学在中国的发展

摘要 本文以我国数学家在国外发表论文数为依据,研究这些数字变化的内涵,认为20世纪前半叶,现代数学在中国基本完成了从引入、播种,到开花、结果的一个过程,虽然数学研究的力量仍然很薄弱,但以当时的国情而言,成绩是巨大的。

中国古代数学曾经有过辉煌时期,14世纪后逐渐衰落。1840年鸦片战争后,中国逐渐沦为半殖民地,到处处于"落后挨打"的境地,激起了不少爱国志士对发展科学、增强国力的渴求。数学是发展科学的基础学科,19世纪末维新变法的首领之一谭嗣同认为变法的急务在"教育贤才",求才的第一步在"兴算学"。这是因为算学是用途十分广泛的一门科学,人们了解了算学就能了解其他自然科学[1]。20世纪初,一批批归国留学生,逐步系统地将西方现代数学引入中国。笔者对20世纪前半叶中国数学家在国外期刊上发表的论文和博士论文(不包括在国内发表的论文)按年代、分国别作一数字统计,研究这些数字变化的内涵,认为20世纪前半叶,现代数学在中国基本完成了从引入、播种,到开花、结果的一个过程。从当时世界数学总体水平而言,中国数学的研究力量仍然很薄弱,然而从那50年中国的国情来看:连续不断的战乱、内忧外患、教育科研经费短缺,能取得这样的成绩是相当不容易的,相比较而言,成绩是巨大的。同时也反映了数学是中国人民擅长的科学,只要给予一定条件,它会迅速发展。

本文仅限于在国外发表的论文数字为主线索进行探讨。根据中国当时国情将这50年粗略分为5个阶段。

一、1901—1916年,中国人全面系统学习
西方数学的起始阶段

这一阶段在引进西方数学起过重要作用的主要数学家有:周达,字美权(1879—1949),早年学习中国传统数学,后对西方数学产生浓厚兴趣。1902年,他东渡日本,专门考察日本的数学教育和数学书刊,回国后,用现代数学内容修改他1900年创建的"扬州知新算社章程",同时与日本数学家建立联系,以后又3次到日本取经,自费购回大量现代数学书刊。20年代末,他将在家多年收藏的中、英、日文书刊总共546种,2 350册捐赠给中国科学社,专门设立"美权算学图书室",1935年该室成为中国数学会最早的会址[2]。周达对中、西数学的传播起了承前启后的作用。

王季同,又名季锴,字孟晋(1875—1948),早年在京师同文馆天文算学馆学习数学,

1895—1900 年任该馆教习。1909 年被派赴英国,任清廷驻欧洲留学生监督署随员。其间,继续学习研究西方现代数学,于 1911 年 7 月在《爱尔兰皇家学会会报·A 辑》发表他的研究论文:"四元函数的微分法"(The Differentiation of Quaternion Functions, Proc. Roy, Irish Acad·A, 1911, 29(4))。这是目前发现的,我国学者在外刊上发表最早的论文。王季同回国后任工程师,后在中央研究院工程研究所专任研究员[3]。

早期回国在新创办的现代高等学校传播现代数学的主要留学生有:杨若坤,约 1907 年前后留日,在日本宏文学院暨东京高等师范学校数学研究科毕业,1915 年到成都高师教现代数学,先后任成都高师数理部主任、教务主任,1917 至 1918 年任该校校长等职,是民国初年六所高师校长中唯一的一位数学教授,杨 1919 年作为欧美考察教育团团员赴美考察[4],以后归宿不清楚。其余大家比较熟悉的还有:黄际遇,1903 年留日;胡浚济,1903 年留日;冯祖荀,1904 年留日;秦汾,1906 年留美;胡敦复和郑之蕃,1907 年留美;钱宝琮,1908 年留英;王仁辅,1909 年留美等。除秦汾、王仁辅获得硕士学位外,其余都是本科,也有专科毕业或肄业的,他们都在 1916 年以前回国。其共同任务是传授现代数学;他们曾经辗转多个单位,最后都落足于新创办的现代高等学校。1909 年,胡敦复应召回国,在新设立的游美学务处主管教务,三年主持考选了三批直接留美学生,共 180 人。1911 年,游美肄业馆改名清华学堂,胡被任命为清华学堂的首任教务长[5]。1913 年,我国创办第一个高等学校数学系,即北京大学数学门,7 年以后才有第二个即南开大学数学系。在这期间(1912—1922),全国的几所国立高等师范学校数理部也培养数学人才,属大学专科程度。冯祖荀、胡浚济、秦汾、王仁辅先后集中在北大数学系任教,兼北京高师数理部的数学教授,其余几位分布在武汉、成都、上海和江浙一带。由于是初创,建系、教材等都由自己决定,多从借鉴外国经验开始。北大数学系最初几届,每届招进的学生不足 10 人,毕业时仅剩 2 到 3 人;高师略为多一些,也不过 20 余人。这期间学生虽然不多,受这批归国留学生的教育和影响,却出现了我国早期的一批数学精英。如:胡明复、姜立夫、陈建功、曾昭安、杨武之、孙光远等。他们被推荐选送出国留学,才有了我国早期的一批数学博士。

二、1917—1930 年,从我国出现第一篇博士论文开始,到清华大学数学研究所正式设立之前

这 14 年,是我国广泛建立高校数学系,较大范围培养大学本科人才阶段。

1917 年胡明复在美国哈佛大学完成了中国人的第一篇数学博士论文:"Linear integro – differential equations with a boundary condition"并被推荐到美国数学年会上交流。1918 年,世界第一流数学期刊 Trans. Amer. Math. Soc. 用 45 页篇幅刊登了胡的这一长篇论著,这是中国留学生学习西方数学由单纯吸收到消化研究的转折。1919 年姜立夫也在哈佛大学完成了他的博士论文。1921 年,陈建功在日本的 Tôhoku Math. J. 上发表了他的第一篇有创造性的研究论文,是中国学者在日本发表的第一篇数学学术论文,至 1930 年,我国学者和留学生在国外发表的论文至少有 97 篇。主要集中在美国和日本,其中日

本最多,有 56 篇,占总数的 57.7%,但作者仅有 3 位:苏步青 39 篇、陈建功 15 篇,只在 1930 年才有孙光远的两篇。这些论文集中刊登在日本有影响的四种期刊上,即:Japan. J. Math. 22 篇,Tôhoku Math. J. 20 篇,Sci. Rep. Tôhoku Imp. Univ. 9 篇,Proc. Imp. Acad. Japan 4 篇,苏、陈二位因此成了当时数学界的知名人士。

这期间有 18 位中国学者在国外获得数学学科的博士学位,其中在美国获得学位的有 12 人(其中一人未搜到博士论文)、德国 2 人、法国 3 人(其中一人有 2 篇博士论文)、日本 1 人(苏步青 1931 年获得博士学位,未计其内),18 位中有 14 位学成后立即归国,他们共同的心愿是尽快改变祖国数学落后的面貌,在高等学校设立数学系是当务之急。从 1920 年姜立夫在南开大学创办我国的第二个数学系开始,发展迅速,到 1930 年,全国至少有 22 所高等学校设立了数学系或数学专业的系科。现在我国主要大学的数学系,都是那个时期成立的。除归国博士建系外,还有一批归国硕士也加盟其中,突出事例是最早到法国留学的 4 位:何鲁、熊庆来、段子燮、郭坚白,获得硕士学位后,全部于 1920 年前后回国,在祖国的东西南北中近 10 所大学里,都有他们首创数学系的足迹。留学生们在这些数学系除通过教学传授知识外,还指导学生或师生联合成立某校数理专业学会,创办数理普及刊物,以此锻炼提高学生的研究能力,普及数学知识。1929 年,以归国留学生为主体,在北京成立的中国数理学会,是我国数学、物理专业的第一个全国性的学术组织,以上这些活动为以后中国数学会的成立做了组织准备。

三、1931—1937 年,我国数学进入发展阶段

这 7 年在国外发表的研究论文总数达 179 篇,接近于前 14 年(1917—1930)总数的两倍,分布的国别、作者都有扩大,在日本的论文数由占总数的 57.7% 下降到 40.2%,而作者人数却从 3 人增加到 11 人,这期间,英国增长最快,由 1 篇增到 13 篇,主要集中在 1936、1937 两年。究其原因,1933 年英国退还的庚子赔款开始资助中国学生到英国留学,吴大任、周鸿经、唐培经、李华宗、柯召、许宝騄、华罗庚等这期间都到了英国,1937 年有 4 人在英国完成博士论文,他们是:柯召、李华宗、唐培经和林致平。法国也增长较快,由 3 篇增至 23 篇,主要有熊庆来 6 篇,周绍濂 6 篇,庄圻泰 4 篇等。除本文末附表中列的主要 5 国外,我国学者在波兰、荷兰、瑞典、印度、比利时和前苏联的期刊上都有论文发表。

1931—1937 年间,中国数学界主要有四大重要变化:

(1)开始培养高层次人才。1931 年,清华大学数学研究所正式开班招收研究生,陈省身成为在我国本土取得硕士学位的第一个研究生。北京大学、中央大学也相继成立数学研究所,我国人才培养更上了一个台阶。

(2)请进来。请外国一流数学家到中国讲学,使国内更多的师生开阔了眼界,提高了研究水平。这期间来华的数学家主要有:德国汉堡大学著名几何学家布拉施克(W. Blaschke,1885—1962),美国哈佛大学数学系主任奥斯古德(W. F. Osgood,1864—1943),法国著名数学家阿达马(J. Hadamard,1865—1963),控制论创始人维纳(N. Wiener,

1894—1964)等。

（3）走出去。在更高层次上走出去。此时出国的留学生大部分是在国内研究班学习过，或有过几年教学实践，经过出国考试或特别推荐的青年学者，他们到外国相关专业的大师处学习、深造。很快就出研究成果，一般两年便拿到博士学位。还有一部分出国者是早期归国留学生、当时中国数学界的骨干力量，利用休假出国进修提高，如熊庆来、姜立夫、江泽涵、杨武之等。

（4）成立中国数学会。中国数学会的成立标志着中国数学界已经有了相当的人数和学术研究水平，成立后直接推动了中国数学研究的发展。它主办的学术期刊《中国数学会学报》刊登的论文引起世界数学界的注意和重视。这是 20 世纪前半叶在中国本土创办的唯一的一份数学学术研究期刊。

这 7 年是现代数学系统进入中国后的黄金时期，此时国内的文化教育界相对比较稳定，多渠道的科研经费，主要是各国退还的庚子赔款，激活了一些学术交流。这个环境为中国数学进一步发展积蓄了力量，为开辟新领域做了准备。

四、1938—1945 年，日本大举进攻中国，中华民族面临生死存亡的抗日战争时期

这 8 年中国数学家在国外发表的研究论文和博士论文共 314 篇，是 1931—1937 年总篇数 179 篇的 1.75 倍，在全国自然科学各学科中起了率先作用，创造了历史的辉煌。为什么会取得这样的丰硕成果呢？

首先是因为前 37 年专业人才的积累，此时至少完成了 3 代人的接力，一代远比一代强。特别是在 1931—1937 年间，中国数学界的领袖人物远见卓识，妙识人才，破格培养提拔；"请进来，送出去"使第 3 代人才学到了国际水平的最新知识，成长迅速。其次是在民族危难的紧要关头，激起了饱受帝国主义列强欺凌近百年的中国人民空前大觉醒，高昂的爱国热情产生出异常强大的民族凝聚力。老少数学家随学校辗转迁徙到大后方，在艰苦的环境中更加努力，教学、科研毫不懈怠；一批正在国外留学的青年，放弃了取得博士学位的机会，如华罗庚、吴大任、周鸿经等；不接受优厚的留外工作条件，如陈省身、许宝騄、柯召等，他们冒着生命危险回到战火纷飞的祖国，尽一份抗战救国的力量。在中国西部的云、贵、川等地，集中了中国的主要数学家，大家团结一致，为提高中国数学水平，培养数学人才，以实际行动报效祖国，抗击敌寇。这个阶段有以下重要事件：

（1）西南联大集中了 3 校 10 多位教授和一大批优秀好学的青年，特别是陈省身、华罗庚、许宝騄等回国时带一批前沿学科的新资料，在昆明跑警报、躲空袭的环境中，开设新课，组织各种学术讨论班，促进了整个数学系的学术研究空气，使其科研成果在全校例外地胜过战前，写出的研究论文在 120 篇以上，有几项达到国际水平，引起国外数学界瞩目。

（2）六迁贵州湄潭的浙江大学数学系，在苏步青、陈建功领导下，1940 年该校数学研究所奇迹般地诞生在黔北的穷乡僻壤，在研究所成立的庆祝大会海报上，竟公布了百余

篇交流论文目录,抗战期间授予了 4 位硕士。李约瑟把这里誉为"东方的剑桥"。

(3)为方便在大后方开展学术交流活动,1940 年在昆明成立了"新中国数学会",该会成立后,每年召开年会,每次年会都有许多篇论文交流。经过多年酝酿,1941 年在昆明成立了中央研究院数学研究所筹备处,姜立夫任主任,聘研究员若干人,每年度都完成研究论文数十篇。另外,1941 年起开展的"国家学术奖励金的评选"、"部聘教授"的选聘等活动都促进了学术研究。在其他学校如武汉大学、四川大学等校工作的数学家,也有不少重要研究成果。

此时,《中国数学会学报》仅在 1940 年初出版第二卷第二期,刊登 17 篇论文,便停刊了。大量的研究成果由苏步青、华罗庚、陈省身等教授推荐到国外的一流期刊,基本上都发表了。前 4 年(1938—1941)在英国发表的论文最多,共 46 篇,这些论文绝大多数是此前留英学者的研究成果,其中许宝騄 12 篇,华罗庚 8 篇,黄用谚 7 篇,周鸿经 5 篇,柯召 4 篇等。这 46 篇论文中,有 20 篇刊登在 J. London Math. Soc 上。第二次世界大战中,西欧主要是德国不少著名数学家迁往美国,美国逐渐成为世界数学中心,中国学者的论文也主要转向美国,后 4 年(1942—1945)由前 4 年的 26 篇增至 121 篇,且作者广泛。这些论文主要刊登在 5 种一流期刊上,计有 Bull. Amer. Math. Soc. 27 篇,Duke Math. J. 20 篇,Amer. J. Math. 15 篇,Ann. Of. Math. 13 篇,Ann. Math. Statist. 10 篇,合计 85 篇,占 121 篇的 70%。抗战 8 年,在英美两国的研究论文共有 205 篇,占总数 314 篇的 65.3%。

五、1946—1950 年复原变革时期

这 5 年的论文总数 299 篇,略少于前一阶段,若按年平均数计算接近于 60 篇,又大大高于前一阶段。1938—1945 年阶段年平均论文数为 39.3 篇,1931—1937 年阶段年平均数是 25.6 篇,1917—1930 年阶段的年平均数仅有 6.9 篇,这五个阶段年平均前后对比节节上升较快。此时的中国数学呈现出将有大发展的势头,其特点如下:

(1)抗战期间培养出的一批数学人才,经受过战争环境的艰苦锻炼,特别顽强特别能吃苦,热爱祖国,作为中国现代数学人才的第 4 代,他们人数超过前 3 代。其中十多位被陈省身邀请到中央研究院数学研究所继续研读,个个是精英。另外,此时掀起的又一轮出国浪潮中,这一代人先后被推向国外,多数在世界一流专家指导下攻读博士学位,学术思想活跃,成绩显著,他们即将成为中国数学界的栋梁。

(2)第 3 代数学家有些研究成果已经达到或接近世界水平,年龄正处于科研旺季,此时都接受邀请出国讲学,或与世界级数学家接轨研究,前途无量。

(3)1946—1950 年论文年平均数实际超过 60 篇,因为 1950 年大陆数学家与欧美基本上割断了学术交往,论文主要发表在国内,未计入本文统计表内。刊登论文的质量可从被录用的期刊水平衡量。除以上列举的各重要期刊之外,1950 年,美国数学会新创办了著名的 Proc. Amer. Math. Soc.,在海外的中国数学家就有 5 篇论文发表在该刊上。1950 年国际数学家大会会议录中收入了他们 9 篇论文摘要;与此同时,华罗庚率领中国代表团到匈牙利参加的国际数学会议,会上的演讲和带去的论文,至少 6 篇都受到与会

者重视。这些事例说明,此时中国海内外数学家的学术思想已经十分活跃,成果累累,大发展在望。

致谢:本文的论文统计表的论文依据,得到李文林教授、王辉博士的大力帮助,特对他们致以最诚挚的感谢!

说明:

1、笔者在多种资料对照制卡中,有的论文出现各种矛盾,多数经查证核实,个别文章限于条件,难以确定,未收入。这些未收入论文的作者包括:孙本旺、张素诚、周绍濂、王宪钟等的部分论文。

2、本文第一稿是2002年北京国际数学家大会数学史卫星会议的交流论文。文字部分曾发表在《高等数学研究》,2004,7(1):54-57.这次修改,主要在文字部分的第1阶段,增添了王季同和胡敦复的简介等文字;首次发表各阶段的论文数字统计表。这些数字是20世纪前50年论文的最低数。

3、在分年归类论文目录时,发现《中国现代数学家传》第四卷第122～133页施祥林传中论著目录的第1篇:The Geometry of Isotropic Surfaces, Annals of Maths. 1942,43(3):545-559,与陈省身的一篇论文完全相同,经查原刊原著,此文作者确系陈省身,而不是施祥林。施祥林传稿的作者陆文钊教授也查证证实了此事。此处提出,是为了避免继续误传。

主要参考文献

[1]李喜所.谭嗣同评传.郑州:河南教育出版社,1986.10:106.

[2]任南衡,张友余.中国数学会史料.南京:江苏教育出版社,1995.5:43-44.

[3]郭金海.王季同与《四元函数的微分法》.中国科技史料,2002,23(1):65-70.

[4]参见四川大学档案馆高师第29卷.

[5]清华大学校史编写组编著.清华大学校史稿.北京:中华书局,1981.2:7-11.

[6]袁同礼.Bibliography of Chinese Mathematics. Washington,1963(李文林提供).

[7]李熙汉.中华民国科学志(一)数学志.中华文化出版事业委员会,1951(李文林提供).

[8]科学家传记大辞典编辑组.中国现代科学家传记.第1—6集.北京:科学出版社,1991—1994.

[9]程民德主编.中国现代数学家传.第1—5卷.南京:江苏教育出版社,1994—2002.

[10]中国科协.中国科学技术专家传略.理学编.数学卷1.石家庄:河北教育出版社,1996.

(原载《中国数学会通讯》,2012,(1):9-16)

附录(数字中的论文例举)

表1中的每一个数字,都是中国学者在外刊发表的实实在在的一篇数学论文。其合计是笔者在20世纪末年至21世纪的最初两年用手工搜索到的论文统计最大数,也是发表论文的最小确数(可能有遗漏)。在此择其中一年(1942年)的论文目录于下,供读者核实、补充参考。

表1 20世纪前半叶中国数学家在国外期刊发表论文和博士论文数统计表

论文数 年份	美国 （B）	英国 （C）	日本 （D）	德国 （E）	法国 （F）	其他	合计
1911 年	0	0	0	0	0	1	1
1917 年	1	0	0	0	0	0	1
1918 年	1	0	0	0	0	0	1
1919 年	1	0	0	0	0	0	1
1920 年	1	0	0	0	0	0	1
1921 年	1	0	1	0	0	0	2
1922 年	2	0	0	0	0	0	2
1923 年	1	0	0	0	0	0	1
1924 年	0	0	0	0	0	0	0
1925 年	0	0	0	1	0	0	1
1926 年	4	0	0	1	0	0	5
1927 年	2	0	10	1	0	0	13
1928 年	6	0	19	0	2	0	27
1929 年	4	1	15	0	1	0	21
1930 年	9	0	11	0	0	0	20
1911—1930 年合计	33	1	56	3	3	1	97
1931 年	4	0	2	0	0	0	6
1932 年	7	0	1	0	0	0	8
1933 年	9	0	7	3	2	1	22
1934 年	6	0	10	5	4	1	26
1935 年	8	0	26	2	3	4	43
1936 年	10	3	19	2	6	0	40
1937 年	2	10	7	4	8	3	34
1931—1937 年合计	46	13	72	16	23	9	179
1938 年	7	13	2	2	9	10	43
1939 年	2	8	1	4	4	4	23
1940 年	4	11	1	1	9	10	36
1941 年	13	14	5	6	5	5	48
1942 年	14	6	0	0	4	2	26
1943 年	35	1	2	1	2	3	44
1944 年	30	4	0	2	7	4	47
1945 年	42	1	0	0	2	2	47
1938—1945 年合计	147	58	11	16	42	40	314
1946 年	21	6	0	0	1	6	34
1947 年	38	15	0	0	3	9	65
1948 年	40	7	0	0	9	6	62
1949 年	55	4	0	0	8	11	78
1950 年	41	3	1	0	5	10	60
1946—1950 年合计	195	35	1	0	26	42	299
1911—1950 年合计	421	107	140	35	94	92	889

请见表 1。1942 年共发表论文 26 篇,其中美国(B)14 篇(内含博士论文 1 篇),英国(C)6 篇,法国(F)4 篇,其他国家——该年是阿根廷(PB)2 篇。这些论文的作者是:王福春 5 篇,白正国 1 篇,华罗庚 4 篇,苏步青 1 篇,张素诚 2 篇,陈省身 2 篇,周鸿经 2 篇,段学复 1 篇,钟开莱 1 篇,施祥林 1 篇是他的博士论文,程民德 1 篇,曾远荣 1 篇,樊㙞 4 篇,共 13 位作者。以上作者中还有合著的第 2 作者,属中国学者的有熊全治 1 篇。这 26 篇论文分布在 4 个国家的 15 种期刊内。若多年统计,从纵向中可以观察这些作者的流动动向,进而研究中国数学的发展趋势。

以下抄录 1942 年中国学者在外刊发表的各篇论文目录。目录编号及缩写请见文后说明。

42500B0701　Yuan-Yung Tseng(曾远荣). On generalized biorthogonal expansions in metric and unitary spaces. Proc. Nat. Acad. Sci. USA. ,1942,28:170-175.

42510B0102　Hsio-Fu Tuan(段学复)、R. Brauer. Some remarks on simple groups of finite order(Abstract). Bull. Amer. Math. Soc. ,1942,48:356.

42510B0103　Loo-Keng Hua(华罗庚). On the least primitive root of a prime. Bull. Amer. Math. Soc. ,1942,48:726-730.

42510B0104　Loo-Keng Hua(华罗庚). On the least solution of Pell's equation. Bull. Amer. Math. soc. ,1942,48:731-735.

42510B0305　Loo-Keng Hua(华罗庚). On the number of partitions of a number into unequal parts. Trans. Amer. Math. Soc. ,1942,51:194-201.

42510B0706　Fu-Traing Wang(王福春)、Chuan-Chih Hsiung(熊全治). A theorem on the tangram. Amer. Math. Monthly,1942,49:596-599.

42510B0807　Shiing-Shen Chern(陈省身). On integral geommtry in Klein spaces. Ann. of Math. ,1942,43:178-189.

42510B0808　Shiing-Shen Chern(陈省身). The geometry of isotropic surfaces. Ann. of Math. 1942,43:545-559.

42513B0109　Kai-Lai Chung(钟开莱). On mutually favorable events. Ann. Math. Statist. ,1942,13:338-349.

42513B0210　Fu-Traing Wang(王福春). The absolute Cesàro summability of trigonometrical series. Duke Math. J. ,1942,9:567-572.

42513B0211　Min-Teh Cheng(程民德). The absolute convergence of Fourier series. Duke Math. J. ,1942,9:803-810.

42513B0212　Su-Cheng Chang(张素诚). The point of inflexion of a plane curve. Duke Math. J. ,1942,9:823-832.

42513B0213　Su-Cheng Chang(张素诚). The singularity S_1^m of a plane curve. Duke Math. J. ,1942,9:833-845.

42510B 博 14　Hsiang-Lin Shih(施祥林). Mappings of a 2-manifold into a space. Cambridge,1942.42 1.(Thesis-Harvard,1942)

注:据施祥林夫人回忆,施获博士学位是 1941 年,此处取当时的文字记载。

42510C0215　Hung-Ching Chow(周鸿经). On the absolute summability of Fourier series. J. London. Math. Soc. ,1942,17:17-23.

42510C0216　Fu-Traing Wang(王福春). On Riesz summability of Fourier series(Ⅱ). J. London Math. Soc. ,1942,17:98-107.

注该文(Ⅲ)见 49510C0357

42510C0217　Fu-Traing Wang(王福春). Note on the absolute summability of trigonometrical series. J. London Math,Soc. ,1942,17:133-136.

42510C0218　Hung-Ching Chow(周鸿经). A further note on a theorem of O. Szász. J. London Math. Soc. ,1942,17:177-180.

42510C0319　Fu-Traing Wang(王福春). OnRiesz summability of Fourier series(Ⅰ). Proc. London Math. Soc. ,1942,47:308-325.

注该文(Ⅱ)见 49510C0216;(Ⅲ)见 49510C0357.

42510C0920　Loo-Keng Hua(华罗庚). The lattice-points in a circle. Quart. J. Math. (Oxford),1942,13:18-29.

42500F0021　Ky Fan(樊壜). Exposé sur le calcul symbolique de Heaviside. Revue Sci. (Rev. Rose Ⅰllus.),1942,80:147-163.

42510F0222　Ky Fan(樊壜). Nouvelles définitions des ensembles possédant la propriété des quatre points et des ensembles filiformes. Bull. Sci. Math. ,1942,67:187-202.

42510F0423　Ky Fan (樊壜). Sur le comportement asymptotique des solutions d'équations linéaires aux différences finies du second ordre. Bull. Soc. Math. France,70(1942),76-96.

42510F0524　Ky Fan (樊壜). Sur quelques notions fondamentales de I'analyse générale. J. Math. Pures Appl. 1942,21:289-368.

42500PB025　Chen-Kuo Pa(白正国). On the surfaces whose asymptotic curves of one system are projectively equivalent. Univ. Nac. Tucumán Revista A,1942,3:341-349.

42500PB026　Bu-Chin Su(苏步青). A generalization of the canonical quadric of Wilczynski in the projective theory of non-holonomic surfaces. Univ. Nac. Tucumán Revista A, 1942,3:351-360.

说明:

论文目录前的编号共 10 位,前两位"42"表示年代 1942 年,最后两位"xx"是当年序号,"02"即 1942 年第 2 篇,"26"即 1942 年第 26 篇。中间 6 位数"xxxxxx"借用 1993 年中国图书进出口总公司编、万国学术出版社出版的《外国报刊目录》(第 8 版)中的有关代号,略有删减。编号中第 3、4、5 位数取自该书目录分类号,如"500"指自然科学,"510"是数学,"513"是高等数学,"519"是应用数学与计算数学。第 6、7 位是国家代号,如"B"指美国，"F"是法国，"PB"是阿根廷等。第7、8位是该国的期刊编号（若该刊未在编号中，就用"0"代替），与前4位数作为一个整体标记使用，如："500B07"是指自然科学类美国的第7号期刊，即《Proc. Nat. Acad. Sci. USA》，而"510B07"是指数学类美国的第7号期刊，即《Amer. Math. Monthly》等，用这些序号可为多种分类检索带来方便。本书涉及的期刊，全用的是该刊缩写，采用的是各种书刊中出现较多的一种。

王元语录

①中国近代数学不是从古代数学生长出来的，而是从西方传来的。主要是20世纪20年代以后发展起来的。所以我们要加强近现代科学史的研究。

——摘自：王元院士谈中国近现代数学史研究，《中国科技史料》，2000，21（4）：287

②数学史是一面镜子，帮助我们从认清过去的基础上预测未来的发展经纬。这是每一个数学家都应该学习的领域。

——摘自《数学译林》创刊二十周年，2002年增刊

丘成桐语录

数学是一门很有意义、很美丽、同时也很重要的科学。从实用来讲，数学遍及物理、工程、生物、化学和经济，甚至与社会科学有很密切的关系，数学为这些学科的发展提供了必不可少的工具；同时数学对于解释自然界的纷繁现象也具有基本的重要性；可是数学也兼具诗歌与散文的内在气质，所以数学是一门很特殊的学科。

——摘自《数学与人文》丛书序言，北京：高等教育出版社，2012年前后

第三篇 20世纪前半叶获数学学科博士学位的中国留学生

我国在国内授予博士学位,从1983年5月27日才开始。这一天,我国的18名博士学位获得者,在北京人民大会堂接受了《博士学位证书》,从此结束了完全依靠外国培养博士的局面。此前,我国的博士都是由外国授予。

本文介绍我国数学学科1950年以前(含1950年)在外国获得博士学位人员概况,包括姓名、授予学位的国别、单位,及博士论文题目。先列出表1,总览20世纪前半叶,我国数学学科获得博士学位人数的分布情况。笔者查阅多种有关论文目录、传记文集、数学史书,对照核实后,整理出95名博士资料。这95人中,包括在国内有一定影响的华裔数学家。以下四种情况的博士未收入:①名誉博士,如胡敦复等;②有史料记载是博士,而另有史料记载是硕士或进修,又未查到博士论文,如:陈在新、朱兆雪、程宇启、王士魁、曾宪昌等;③本人工作与数学学科有关,但获博士学位论文的内容是其他学科,如沈璿等;④有史书记载是华裔博士,但在国内基本无影响,又未见博士论文者,如:王启德、林陈云开、谢毓章等①。已收入的95名数学博士的授予单位,分布在6个国家。请见表1。

表1 20世纪前半叶我国数学学科获博士学位人数分布表

国别	美国(B)	英国(C)	日本(D)	德国(E)	法国(F)	加拿大(NA)	合计
博士人数	53	11	2	14	14	1	95
起止年份	1917—1950年	1937—1949年	1929—1931年	1925—1944年	1928—1950年	1950年	1917—1950年

关于博士论文:本文史料来源很分散,主要录自袁同礼编的《Bibliography of Chinese Mathematics》(Washington,1963),中注明的博士论文目录,但在对照传记或文集中的相关目录或其他专门目录时,有数位学者的博士论文题目不一致。笔者逐个对比判断,认为该博士注册备案时上交的题目与博士论文发表时的用题或记忆中的论题就可能存在不一致之词,但主要内容是一致的,遇此情况只取其中之一,可能存在误差。这95名博士中,有近20人未搜寻到单独的博士论文。经查本人传记或档案资料,得知有以下几种情况:一是授予学位是根据本人发表的多篇论文的综合,未要求单独成文;二是有论文未备案记载;三是环境突变(如战争),带回国内完成,这是个别的。本文对以上情况,在论文目录一栏中,尽可能加以说明或补充录入,注明参考文献。博士论文一律写在授予学位年代之后。由于笔者搜索范围和能力所限,定有不完善或遗漏之处,敬请广大读者补充、修改。

下面按国别分述各位博士正式授予博士学位的年份,授予单位和博士论文题目。

---

① 胡文耀是否我国早期的数学博士? 请见本文末的说明4。

一、美 国（B）

我国留美学者学习数学,最早授予学位的学校是哈佛大学。1909 年,秦汾(1883—1971)在哈佛大学天文数学专业本科毕业,是该校首批毕业的中国留学生之一,接着在该校攻读硕士学位,1913 年成为我国数学学科的首位硕士学位获得者。1909 年,美国开始用退还的庚子赔款余额招收中国留学生,前三批共 180 人,其中只有 3 人获得数学学科学位,授予单位都是哈佛大学。他们是:王仁辅(1886—1959),1915 年获得硕士学位;胡明复(1891—1927)和姜立夫(1890—1978),分别在 1917 年和 1919 年获得博士学位,是我国数学学科最早的第一、第二位博士学位获得者。姜立夫回国在南开大学数学系任教,培养的前三位学生:刘晋年(1904—1968)、申又枨(1901—1978)、江泽涵(1902—1994),都是在哈佛大学获得博士学位。至 1950 年,哈佛大学授予中国留学生共 11 名博士,占我国留美博士 53 人中的 21.6%。其次授予中国留学生博士学位的学校,次多者分别是:密西根大学 9 人,芝加哥大学 6 人,加利福尼亚大学 5 人,普林斯顿大学 4 人,哥伦比亚大学 3 人,麻省理工学院 2 人,爱荷华大学 2 人,以及加州理工学院、康奈尔大学、布朗大学等共 15 所院校。

赴美留学的渠道不少,1909 年以后,经过清华学校考核,利用美国退还的庚子赔款留美学生较多;也有各省或学校给予的名额,还有个别久居美国的华人;20 世纪三十年代以后,由于战争影响,欧洲主要是德国不少数学精英迁往相对安静的美国,美国逐渐发展成为世界数学中心,一些中国留学生慕名、或追随导师,申请助学金、奖学金,或转学到美国随名师攻读学位。三四十年代,中美关系比较密切,政府也支持青年学生赴美留学,这些都是在美国获得数学学科博士人数较多的因素。按博士个人,分述如下:

20 世纪前半叶在美国获得博士学位的中国留学生及其博士论文题目

书写顺序:序号,获博士年份,姓名:中文名(别名)(获博时用外文名),授予博士单位:中译名(原文名)。博士论文题目。

1、1917 年,胡达(胡明复)(Tah Hu),哈佛大学(Harvard)。Linear integro-differential equations with a boundary condition。

2、1919 年,姜蒋佐(姜立夫)(Chan-Chan Tsoo),哈佛大学(Harvard)。The geometry of a non-Euclidean line-sphere transformation。

3、1921 年,孙荣(Jung Sun),叙拉古大学(Syracuse)。Some determinant theorems。

4、1922 年,黄炳铨(Bing-Chin Wong),加利福尼亚大学(California)。A study and classification of ruled quartic surfaces by means of a point-to-line transformation。

5、1922 年,俞大维(David Yule),哈佛大学(Harvard)。Theories of abstract implication:a constructive study。

6、1925 年,曾昭安(曾珹益),哥伦比亚大学(Columbia)。据《中国现代数学家传(四)》第 291 页记载,曾昭安长子曾宪昌 1979 年访美时,曾从哥伦比亚大学图书馆馆藏中,借阅过曾昭安博士论文手稿。本文至今未收集到此文。

7、1928 年,孙鎕(孙光远)(Dan Sun),芝加哥大学(Chicago)。Projective differential geometry of quadruples of surfaces with points in correspondence。

8、1928 年,杨克纯(杨武之)(Ko-Chuen Yang),芝加哥大学(Chicago),Various generalizations of Waring's problem。

9、1930 年,江泽涵(Tsai-Han Kiang),哈佛大学(Harvard)。Existence of critical point of harmonic function of three variables。

10、1930 年,刘晋年(Chin-Nien Liu),哈佛大学(Harvard)。Contribution to the restricted problem of three bodies。

11、1930 年,张鸿基(Hung-Chi Chang),密西根大学(Michigan)。Transformation of linear partial differential equations。

12、1930 年,刘叔庭(Shu-Ting Liu),密西根大学(Michigan)。Theory of periodic orbits for asteroids of integral types。

13、1931 年,黄汝琪(Yue-Kei Wong),芝加哥大学(Chicago)。Spaces associated with non-modular matrices with application to reciprocals。

14、1932 年,胡坤陞(胡旭之)(Kuen-Sen Hu),芝加哥大学(Chicago)。The problem of Bolza and its accessory boundary value problem。

15、1933 年,曾远荣(曾桂冬)(Yuan-Yung Tseng),芝加哥大学(Chicago)。The characteristic value problem of Hermitian functional operators on a non-Hilbertian space。

16、1933 年,袁丕济(Pao-Tsi Yuan),密西根大学(Michigan)。On the logarithmic frequency distribution and the semi-logarithmic correlation surface。

17、1933 年,周西屏(周正)(Si-Ping Chao),密西根大学(Michigan)。Singularities of analytic vector functions。

18、1933 年,胡金昌(Kam-Cheung Woo),加利福尼亚大学(California)。The projective transformation-group on a hyperguadric in fourdimensional space。

19、1934 年,马顺德(Shun-Teh Ma),加利福尼亚大学(California)。The relations between the solutions of the linear differential equation of the second order having four regular points。

20、1935 年,申又枨(Yu-Cheng Shen),哈佛大学(Harvard)。On interpolation and approximation by rational functions with preassigned poles。

21、1935 年,沈青来(Ching-Lai Shen),密西根大学(Michigan)。Fundamentals of theory of inverse sampling。

22、1938 年,徐献瑜(Hsien-Yü Hsü),华盛顿大学(圣路易)(Washington)。Certain integrals and infinite series involving ultraspherical polynomials and Bessel functions。

23、1939 年,林士谔(Shih-Nge Lin),麻省理工学院(M. I. T)。A mathematical study of the controlled motions of airplanes。

24、1939 年,雷垣(Yuan Lay),密西根大学(Michigan)。The imbedding of the skew part of A bilinear function in linear associvative algebras。

25、1940 年,樊盛芹(樊映川)(Sheng-Chin Fan),密西根大学(Michigan)。Integration with respect to an upper measure function。

26、1941 年,魏宗舒(Dzung-Shu Wei),爱荷华大学(Iowa)。Necessary and sufficient conditions that regression systems of sums with elements in common be linear。

27、1941 年,徐钟济(Chumg-Tsi Hsu),哥伦比亚大学(Columbia)。Tests of certain statistical hypotheses concerning bivariate normal populations。

28、1942 年,施祥林(Hsiang-Lin Shih),哈佛大学(Harvard)。Mappings of a z-manifold into a space。

29、1943 年,李景仁(Ching-Ren Jerome),爱荷华大学(Iowa)。Design and statistical analysis of some confounded factorial experiments。

30、1943 年,段学复(Hsio-Fu Tuan),普林斯顿大学(Princeton)。On groups whose orders contain a prime number to the first power。

31、1944 年,林家翘(Chia-Chiao Lin),加州理工学院(C.I.T)。On the development of turbulence。

32、1945 年,陈为敏(Way-Ming Chen),加利福尼亚大学(California)。Power function of the analysis of variance and covariance of a normal bivariate population。

33、1945 年,曹飞(Fei Tsao),明尼苏达大学(Minnesota)。General solution of the analysis of variance and covariance in the case of unequal or disproportionate numbers of observations in the subclasses。

34、1945 年,谭才德(Choy-Tak Taam),哈佛大学(Harvard)。On the solutions of ordinary linear homogeneous differential equations of the second order in the complex domain。

35、1947 年,秦元勋(Yuan-Shun Chin),哈佛大学(Harvard)。Regular families of curves and pseudoharmonic functions。

36、1947 年,徐贤修(Shien-Siu Sü),布朗大学(Brown)。On the method of successive approximations applied to compressive flow problem。

37、1947 年,钟开莱(Kai-Lai Chung),普林斯顿大学(Princeton)。On the maximum partial sum of independent random variables。

38、1948 年,王湘浩(Shiang-Haw Wang),普林斯顿大学(Princeton)。On Grunwald's theorem。

39、1948 年,王浩(Hao Wang),哈佛大学(Harvard)。An economical ontology for classical arithmetic。

40、1948 年,卢庆骏(Ching-Tsün Loo),芝加哥大学(Chicago)。Note on the properties of Fourier coefficients。

41、1948 年,熊全治(Chuan-Chih Hsiung),密西根大学(Michigan)。有关微分几何、

统计学方向的研究,内容散见 1947,1948 年发表的多篇论文中。

参见:①《中国现代数学家传(二)》,南京:江苏教育出版社,1995:280。

②袁同礼:Bibliography of Chinese Mathematics. Washington,1963:42-43。

42、1949 年,程民德(Min-Teh Cheng),普林斯顿大学(Princeton)。On the uniqueness theorem of multiple trigonometrical series。

43、1949 年,郑曾同(Tseng-Tung Cheng),康奈尔大学(Cornell)。On the sum of independent random variables。

44、1949 年,陆元九(Yuan-Chiu Loh),麻省理工学院(M. I. T)。Design of linear systems for minimm mean integral square error。

45、1949 年,莫叶(Yeh Mo),华盛顿大学(西雅图)(Washington)。Foci of plane and spherical curves。

46、1949 年,潘延珖(Ting-Kwan Pan),加利福尼亚大学(California)。Hypergeodesics and dual hypergeodesics。

47、1949 年,孙泽瀛(Tse-Ying Sun),印第安纳大学.(Indiana)。On the canonical form of a system of linear partial differential equations。

参见:《中国现代数学家传(一)》,南京:江苏教育出版社,1994:283,288。

48、1949 年,孙本旺(Peng-Wang Sun),库朗数学研究所(纽约大学)(Courant IMS)。有关泛函分析与偏微分方程方向的研究。

参见:①《中国现代数学家传(三)》,江苏教育出版社,1998:156。

②武汉大学档案,代号:L7-49-41。

49、1950 年,陈煜(Yu Chen),哈佛大学(Harvard)。On the hydrodynamic stability of two-dimensional parallel uniform shearing motion of viscous fluid。

50、1950 年,蒲保明(Pao-Ming Pu),叙拉古大学(Syracuse NY)。Some inequalities in certain non-orientable Riemannian manifolds。

51、1950 年,郭可詹(Ke-Chan Kuo),伊利诺伊大学(Illinois)。The imbedding problem for systems with an incomplete,commutative addition。

52、1950 年,曹锡华(Shih-Haa Tsao),密西根大学(Michigan)。On groups of order $g = p^2 q'$。

此文发表在《数学学报》,1952,2(3):167-202。

参见:《中国现代数学家传(一)》,南京:江苏教育出版社,1994:405。

53、1950 年,陈国才(Kuo-Tsai Chen),哥伦比亚大学(Columbia)。Integration in free groups。

博文的主要成果发表在 Ann. of Math. ,1951,54:147-162。

参见:王辉著:陈国才出类拔萃富有创见的数学家,2001,7。

二、英国（C）

英国授予中国留学生博士学位，比美国晚 20 年(1917—1937)，是美、英、日、德、法五国中最晚的国家。第一年(1937 年)一次就授予 4 位博士：柯召、李华宗、林致平、唐培经，其中 3 位都是用中英庚款(英国退还的庚子赔款)资助留英的学生。中英庚款资助留学在 1933 年才开始，在英国授予博士的中国留学生共 11 人，其中 6 人都是庚款资助生，授予学校有：伦敦大学 4 人，曼彻斯特大学 3 人，牛津大学 2 人，其余 2 人分别是爱丁堡大学和剑桥大学。分述如下：

20 世纪前半叶在英国获得博士学位的中国留学生及其博士论文题目。

书写顺序：序号，获博士年份，姓名：中文名(别名)(获博时用外文名)，授予博士单位：中译名(原文名)。博士论文题目。

1、1937 年，柯召(柯惠棠)(Chao Ko)，曼彻斯特大学(Manchester)。Ⅰ. On the representation of a quadratic form as a sum of squares of linear forms。Ⅱ. On a Waring's problem with squares of linear forms。Ⅲ. Note on the lattice points in a parallelepiped。

2、1937 年，李华宗(Hwa-Chung Lee)，爱丁堡大学(Edinburgh)。Invariant theory of the differential geometry of contact transformations。

3、1937 年，林致平(Chih-Bing Ling)，伦敦大学(London)。Applications of elliptic harmonic and biharmonic functions to certain problems in elasticity and hydrodynamics with double periodic circular boundaries。

4、1937 年，唐培经(Pei-Ching Tang)，伦敦大学(London)。An investigation into certain aspects of the problem of testing statistical hypotheses and risks of error involved, accompanied by tables and illustrations of their application to agriculture and other problems。

5、1938 年，许宝騄(Pao-Lu Hsu)，伦敦大学(London)。Ⅰ. Contribution to the theory of the "ζ" test as applied to the problem of two samples。Ⅱ. On the best unbiased quadratic estimate of the variance。

6、1940 年，黄用谌(Yung-Chow Wong)，伦敦大学(London)。Generalized helices in Riemannian space。

7、1947 年，胡世桢(Sze-Tsen Hu)，曼彻斯特大学(Manchester)。Contributions to the homotopy theory。

8、1947 年，闵嗣鹤(闵彦群)(Szu-Hoa Min)，牛津大学(Oxford)。On the zeroes and the order of the Riemann zeta function on the critical line。

9、1948 年，张世勋(张鼎铭)(Shih-Hsun Chang)，剑桥大学(Cambridge)。Theory of characteristic values and singular values of integral equations。

10、1948 年，王宪钟(Hsien-Chung Wang)，曼彻斯特大学(Manchester)。Ⅰ. Homogeneous spaces with non-vanishing Euler characteristic。Ⅱ. Simply-connected homogeneous manifolds with prime Euler characteristic。

11、1949 年,张素诚(Su-Cheng Chang),牛津大学(Oxford)。Problem in topology and differential geometry。

三、日本(D)

我国青年到外国学习数学,最早的国家是日本。1903 年黄际遇(1885—1945)到日本,以后陆续有多位去日本学习数学,多数都是肄业或高等师范学校毕业。冯祖荀(1880—1940)1911 年在京都帝国大学本科毕业,是早期留日学生的最高学历之一。1950 年以前在日本获得博士学位的中国留学生只有陈建功和苏步青 2 人,他们都没有备案的专门博士论文,经访问、查寻相关史料,记述如下:

1、1929 年,陈建功(Kien-Kwong Chen),东北帝国大学。三角级数论(日文)。

陈建功在攻读博士学位阶段共完成 14 篇论文,其中主要贡献在三角级数方面。陈的导师藤原松三郎要求他用日文写一部有关专著,概括当时的最新成就,陈于 1929 年完成《三角级数论》(日文)一书,1930 年由日本岩波书店正式出版。这是我国学者在外国出版的第一部数学专著。参见:《中国现代数学家传(二)》第 19—23 页。

2、1931 年,苏步青(Bu-Chin Su),东北帝国大学。On the relation between affine and projective differential geometry.

苏步青说:"我在 1931 年完成的博士论文题目是'仿射几何学与射影几何学的关系',是我发表在日本数学杂志上的 12 篇论文的总结和浓缩。"参见《科学》,1993,45(5):53.

四、德国(E)

在德国获得博士学位的第一位中国留学生,魏时珍(1895—1992)出国前在上海德国人办的同济医工学院(现同济大学)学习,有较好的德文基础。1920 年到德国,1922 年进入当时的世界数学中心——哥廷根大学主攻数学,经他推荐朱公谨(1902—1961)也到此,同在柯朗指导下攻读学位。先后到哥廷根大学学习数学的中国留学生还有汤璪真、谢苍璃、曾炯之、章用、程毓淮、蒋硕民等。获该校博士学位的 4 人,是在德国最早获得博士的 4 位。以后由于德国法西斯迫害,一批科学精英转移,中国留学生在德国哥廷根大学之后获得博士学位的学校有:慕尼黑大学 2 人,汉堡大学 2 人,柏林大学 2 人,莱比锡大学 2 人,及马堡大学等校。1944 年之后,因世界大战终止。以下分述:

20 世纪前半叶在德国获得博士学位的中国留学生及其博士论文题目。

书写顺序:序号,获博士年份,姓名:中文名(别名)(获博时用外文名),授予博士单位:中译名(原文名)。博士论文题目。

1、1925 年,魏嗣銮(魏时珍)(Shih-Luan Wei),哥廷根大学(Göttingen)。Über die

eingespannte rechtechige Platte mit gleichma Big vertechige Belastung。

2、1927 年,朱公谨(朱言钧)(Kun-Ching Chu),哥廷根大学(Göttingen)。Über den Existenzbeweis für die Lösungen gewisser Typen von gewöhnlichen Funktionalgleichungen。

3、1934 年,程毓淮(Yu-Why Chen),哥廷根大学(Göttingen)。Das verhalten einer folge von partiellen differential gleichungen welche ein Limes ausarter。

4、1934 年,曾炯之(曾炯)(Chiung tze C. Tsen),哥廷根大学(Göttingen)。Algebren über Funktionenkörpern。

5、1934 年,李达(李仲珩)(Ta Li),慕尼黑大学(Miinich)。Die Stabilitaetsfrage bei Differenzengleichungen。

注:根据李达自传(见《中国科技史料》,2001,22(3):252)和《中国现代数学家传》第五卷第 86 页,笔者认为该文是李达博士论文的主要部分和重要内容。传稿作者许康、苏衡彦评价该文说:"算得上中国现代微分 - 差分 - 泛函方程稳定性理论的开山人物。"

6、1935 年,蒋硕民(Schuo-Min Djiang),马堡大学(Marburg)。Eine gemischte Randwertaufgabe für partielle Differentialgleichungennter ordnung in Zwei unabhängigen Veränderlichen。

注:蒋硕民原在哥廷根大学就读,博士导师是柯朗。柯朗因是犹太人,遭迫害,1934 年逃亡美国,改由雷立奇(F. Rellich,1906—1955)指导蒋的博士论文。雷立奇 1934 年秋被聘为马堡大学教授,蒋随其前往,他的博士论文于 1935 年 6 月 19 日通过,获马堡大学博士学位。参见《中国现代数学家传(三)》第 170,171 页。年代与其他文献不一致,特注。

7、1936 年,陈省身(Shiing-Shen Chern),汉堡大学(Hamburg)。Eine Invariantentheorie der Dreigewebe ausr-dimensionalen Mannigfaltigkeiten im R_{2r}。

注:这是陈省身 1935 年完成的博士论文。(见《陈省身传》,2004:55-56)陈省身说:"我的论文 1935 年秋天就完成了,因为等布先生返德,1936 年初才正式得学位。"(见《陈省身文集》,华东师范大学出版社,2002:23)

8、1937 年,张德馨(Te-Hsien Chang),柏林大学(Berlin)。Über aufeinanderfolgende Zahlen,von denen jede mindestens einer von n linearen Kongruenzen genügt,deren Moduln die erstenn Primzahlen sind。

9、1937 年,周炜良(Wei-Liang Chow),莱比锡大学(Leipzig)。Die geometrische Theorie der algebraischen funktionen für beliebige vollkommene Kärper。

10、1939 年,胡世华(Shih-Hua Hu),明斯特大学(Miinster)。伪布尔代数及拓扑基础。

注:这是胡世华在德国明斯特大学完成的博士论文。该文建立了拓扑空间中"非完整点"的概念和理论。"因战事未及时公开发表"(见《中国现代数学家传》(四):168,176)该文提要 1943 发表在国内的《学术季刊》,1(3)。

11、1940 年,徐瑞云(Sii-Yung Hsu),慕尼黑大学(Miinich)。Über die Fouriersche entwicklung der singulären funktion bei einer Lebesguesehen ehen zerlegung。

12、1940 年,李恩波(李宇涵)(En-Po Li),莱比锡大学(Leipzig)。Die 28 Doppeltan-genten einer Kurve vierter ordnung。

13、1941 年,张禾瑞(Ho-Gui Chang),汉堡大学(Hamburg)。Über Wittsche Lie-Ringe。

14、1944 年,程其襄(Qi-Shiang Chen),柏林大学(Berlin)。Beitrage zur Nevanlinna-Alforsen Theorie der meromorphen Function。

五、法国(F)

民国初年(1912—1913),有 4 位赴法留学的中国青年:何鲁(1894—1973)、段子燮(1890—1969)、郭坚白(1895—1959)、熊庆来(1893—1969),1920 年前后都在法国获得硕士学位,他们是中国留法最早的一批数学学科学位获得者。1932 年,熊庆来再次赴法攻读博士学位。法国授予中国留学生的第一位博士是赵进义(1902—1972)。前三位博士都是里昂大学授予的,里昂大学共授予 4 位中国博士;授予博士学位最多的是巴黎大学共 6 位。分述如下:

20 世纪前半叶在法国获得博士学位的中国留学生及其博士论文题目。

书写顺序:序号,获博士年份,姓名:中文名(别名)(获博时用 外文名),授予博士单位:中译名(原文名)。博士论文题目。

1、1928 年,赵进义(赵希三),(Chin-Yi Chao),里昂大学(Lyon)。①Recherches sur les fonctions inverses des fonctions algébroides entiéres á deuc branches。②Etude de la Fonc-tion inverse(proposition données par la Faculte)。

注:(1)《中国现代数学家传》(二):102,110;

(2)冯绪宁、袁向东著,《中国现代代数史简编》:12。两书列出的博士论文题目不同,此处将这两篇博文题目同时收入,袁同礼编的目录中均无。

2、1929 年,范会国(范秉钧),(Wei-Kwok Fan),里昂大学(Lyon)。Recherches sur les fonctions entières quasi exceptionnelles etles fonctions méromorphes quasi exceptionnelles。

3、1930 年,刘俊贤(Tsun-Shien Lian),里昂大学(Lyon)。Sur L'iteration des fractions rationnelles。(Lyon,1930)

注:该文 1994 年由梁之舜教授委托中山大学数学系人事干部抄自刘俊贤档案。

4、1932 年,刘泗滨(刘景芳)(Ssu-Pin Lian),格勒诺布大学(Grenoble)。Sur les en-tiers algébriques du quatrième degré。

刘景芳在法国获两个博士学位,另一个属于天文学。

5、1934 年,熊庆来(熊迪之),(King-Lai Hiong),巴黎大学(Paris)。Sur les fonctions entières et les fonctions méromorphes d'order infini。

6、1935 年,陈传璋(Chuan-Chang Chen),巴黎大学(Paris)。Fredholm 积分方程的

研究。

注：据《中国现代数学家传》（一）第 126,134 页记载，该文是陈传璋 1935 年在法国巴黎大学获法国理学博士学位的博士论文。

7、1936 年，高世勋（Shih-Hsun Kao），里昂大学（Lyon）。Étude des fonctions analytiques bornées à l'intérieur d'un domaine donné。

8、1936 年，周绍濂（周慕溪）（Shao-Lien Chow），普瓦特大学（Poitiers）。Problèmes de raréfaction et de localisation des ensembles。

9、1938 年，庄圻泰（Chi-Tai Chuang），巴黎大学（Paris）。Étude sur les familles normales et les familles quasi-normales de fonctions méromorphes。

10、1938 年，曾鼎䵮（Ting-Ho Tseng），巴黎大学（Paris）。La philosophie mathématique et la théore des ensembles。

11、1941 年，樊壥（Ky Fan），巴黎大学（Paris）。Sur quelques notions fondamentales de l'analyse générale。

12、1949 年，严志达（Chih-Ta Yen），斯特拉斯堡大学（Strasbourg）。关于特殊李群拓扑的研究。（其内容以摘要形式发表在 1949 年出版的《C. R. Acad. Sci（Paris）》第 228 卷中的第 628～630,1367～1369,1844～1846 页）

参见：①《中国科学技术专家传略·理学篇·数学卷 I》河北教育出版社，1996：362, 367。

②冯绪宁，袁向东著，《中国近代代数史简编》，山东教育出版社，2006：40。

13、1949 年，吴文俊（Wen-Tsün Wu），斯特拉斯堡大学（Strasbourg）。Sur les classes caracteristiques des structures fibrees spheriques。

此文 1952 年同 G·瑞布（Reeb）的论文一起以单行本出版。

参见：《中国现代科学家传记（第二集）》，北京：科学出版社，1991：95。

14、1950 年，余家荣（Chia-Yung Yu），巴黎大学（Paris）。Sur les droites de Borel de certaines fonctions entières。

六、加拿大（NA）

20 世纪前半叶，在加拿大获得博士学位的中国留学生仅有张奕谦 1 人。抄录如下：

1、1950 年，张奕谦（James-Hong Chung），多伦多大学（Toronto）。Modular representations of the symmetric group。

下面向读者奉献表 2，其上分别标出了我国学者每一年在各外国期刊上发表的数学论文数和博士论文数。从中可以从数字角度统观中国留学生在外国学习研究的成果。当时在国家不断内忧外患的几十年中，这 95 位中国青年一个一个、一年一年地走出国门，到发达国家、步入该国名校、追随名师，奋发努力，刻苦钻研，一步一步地进入世界现代数学研究的前沿。取得博士学位后,他们中的大多数都回国,和回国的硕士、进修留学生一起,撑起了20世纪现代数学在中国开创、研究、发展的脊梁。从创建高校数学系开始,到设立数学研究所,在国内培养自己的现代数学研究人才。到20世纪末,已经向数学大国迈进。前后总共不到一个世纪。

数学大师陈省身生前多次提醒我们,要重视研究20世纪中国数学的发展,总结经验,以利再战。王元院士非常注意这方面的研究工作,20世纪90年代初,他在香港中文大学的一次讲话中谈到中国数学的现状,他说:"回答这个问题很不容易,我们缺乏起码的统计资料,也缺乏衡量数学水平比较一致的标准等,所以现在中国数学现状的分析与评估,应该说还是一个未开始起步的题目。"①90年代末,王元院士谈中国近现代数学史研究时,又指出:"中国近代数学不是从古代数学生长出来的,而是从西方传来的。主要是20世纪20年代以后发展起来的。"他接着说:"研究中国近现代数学史的困难所在,第一,史料要抓紧时间收集。收集史料不是一件容易的事,前面我已经讲到了。第二,要搞专题研究,也是很难的。……"②笔者多年来的研究工作,基本上是遵循以上陈、王二位导师指引的方向进行的,从史料搜集入手,然后分专题整理,对比核查,发现可研究课题。由于本人水平、客观条件所限,工作比较肤浅。

2001年,中国科学院数学与系统科学院李文林教授赠我两本分别由美国华裔专家袁同礼和台湾专家李熙汉编的数学论文目录复印件,如获至宝。编目录是史料搜集的一项基础性工作,费时费力而且要求细致认真力求准确全面,一般又不被评估人员看好,因此专门从事这项工作的人员极少。陈省身对袁同礼编的这部目录评价很高。我以这两本目录为基础取其中1950年以前的目录,按一定格式逐条制成卡片,与我能见到的所有人物传记后附的论文目录、个人论文集目录、史书及参考文献目录等逐条核对,发现相互间同刊名论文题目不一,同论题刊名不一的不少,卷期、页码不一的更多,甚至有张冠李戴的现象。由此看出有一部相对准确统一的专业论文目录的重要。它可以为写传记的作者带来方便;可以从统计数据宏观数字上观察某学科、专业的发展;可以从论文题目中观察一个时期一个阶段研究内容的动向;可以为研究人员提供参考文献查寻线索。是研究一个学科历史发展的重要依据之一。

我将以上目录卡片基本核对综合后(其中有个人主观判断),按年代、国别分类统计,从2001年开始至2013年5月23日,与钱宝琮之孙钱永红交谈中,又发现1篇,以后又找出3篇博士论文止,历时12年,制成表2的第三稿。以表2的第一、二稿为准,写出"从数字看20世纪前半叶现代数学在中国的发展";现在的第三稿即本文中的表2是采纳读者建议,将原数字中的期刊发表论文和博士论文分列,分别研究两者的变化发展,其中之一便写成本文"20世纪前半叶获数学学科博士学位的中国留学生"。若将这些目录卡片各项细分,还有不少的专题值得研究,它会指引我们去进一步搜寻与其相关史料,扩

---

① 摘自:王元:中国的数学现状与发展。《京港学术交流》,1991年6月,第10号第7页。
② 摘自:王元院士谈中国近现代数学史研究。《中国科技史料》,2000,21(4):287-288。

大史料的收集范围。例如,中德早期的数学交往,中国留学生学习数学的走向,中外数学期刊发展比较研究,进而研究中国留学生回国后的教学、研究功绩等。与收集外刊论文同步,用类似的编排格式,笔者也收集制作了国内主要数学期刊、科学期刊和部分高等学校学报的数学论文目录卡片数百条。外刊因为有袁同礼的先期工作,比较顺利;国内期刊相对困难一些,首先面对的是寻找刊物的困难,其次是如何确定普及刊物中应该收入哪些文章?比较杂乱,中刊制卡工作至今未能完成。我从个人多年的实践中,深深体会到,史料先行,研究历史才有深度和广度。

说明:

1、表2数字由笔者制作的"我国学者在国外期刊发表的数学论文和数学博士论文目录卡片"逐条统计而成。卡片内容包括姓名、论文目录、出处。出处含国别、刊名、年代、卷(期)起止页码。不少论文因出处多项不清楚而未收入。

2、2001年开始制卡,第一稿数字按国别逐年分述,期刊论文和博士论文混在一起,统计总数为888条。成文后在2002年(北京)国际数学家大会数学史卫星会议交流,文字部分发表在《高等数学研究》,2004,7(1):54-57。此后再参照各种相关数学论文目录核对,尽可能完善。后又增加1篇郭金海2002年介绍的王季同1911年发表的论文目录,共889条,年代提早至1911年形成第二稿;又补充了部分文字内容,首次发表该表,连同补充文字刊在《中国数学会通讯》(内刊),2012,(1):9-16。

3、依照读者建议:将期刊论文与博士论文分列,更具参考价值。原889条中有若干条是博文与同年在期刊上发表的该博文列为一条,现分列为期刊论文、博文两条。此外,还有部分博士没有在相关单位备案的单独博士论文,如陈建功、苏步青、陈省身、严志达、熊全治、孙本旺等。这次从其他渠道(前者主要摘自袁同礼编的目录)查出他们的博文范围制卡。收入这种博文的范围仅限于已回国服务、或在国内有一定影响的华裔博士。以上两项共增加博士论文21条,期刊论文数是最低数,没有变动。分别统计结果,计有期刊论文815条、博士论文95条,总计910条,制成原统计的数字第三稿。

4. 根据上海辞书出版社1992年出版的《中国人名大词典·当代人物卷》第1459页记载:"胡文耀(1885—1966),浙江宁波人,1913年毕业于比利时卢汶大学,获数学博士学位。"为此,钱永红和笔者搜寻有关史料,发现1910年代后期,胡文耀在北京大学、北京高师任过数学教师,发表过数学论文、数学讲演等,1930年代也参加过与数学有关的活动。但是截止2015年10月,始终未查到胡的博士论文,证据不充分,故未列入本文的博士统计数字之内。作为特例留存,继续搜寻证据,查实史实后再定论。

为方便读者查寻博士姓名,根据表2中的博士数字,填入他们的姓名。(表3制表:王培华)其中日本和加拿大共授予3名博士(列入其他项一栏中)

表2　20 世纪前半叶中国学者在外国期刊发表数学论文和数学博士论文分列统计表

年份	美国（B）论文数	美国（B）博文数	英国（C）论文数	英国（C）博文数	日本（D）论文数	日本（D）博文数	德国（E）论文数	德国（E）博文数	法国（F）论文数	法国（F）博文数	其他国家论文数	其他国家博文数	合计论文数	合计博文数	总计
1911 年											1		1		1
1917 年		①												①	1
1918 年	1												1		1
1919 年	1	①											1	①	2
1920 年	1												1		1
1921 年		①			1								1	①	2
1922 年	1	②											1	②	3
1923 年	1												1		1
1924 年															
1925 年		①						①						②	2
1926 年	4						1						5		5
1927 年	2				10			①					12		13
1928 年	4	②			19					①			23	③	26
1929 年	4		1		15	①				①			20	②	22
1930 年	5	④			11					①			16	⑤	21
1911—1930 年合计	24	⑫	1		56	①	1	②		③	1		83	⑱	101
1931 年	4	①			2	①							6	②	8
1932 年	5	①			1					①			6	②	8
1933 年	8	④			7		3		2		1		21	④	25
1934 年	6	①			10		1	③	3	①	1		21	⑤	26
1935 年	6	②			26		2	①	2	①	4		40	④	44
1936 年	10		2		19		2	①	4	②			37	③	40
1937 年	1		7	④	7		3	②	8		3		29	⑥	35
1931—1937 年合计	40	⑨	9	④	72	①	11	⑦	19	⑤	9		160	㉖	186
1938 年	6	①	12	①	2		2		7	②	9		38	④	42
1939 年		②	8		1		4	①	4		5		22	③	25
1940 年	3	①	10	①	1			②	9		10		33	④	37
1941 年	10	②	14		5		4	①	4	①	5		42	④	46
1942 年	13	①	6						4		2		25	①	26
1943 年	33	②	1		2		1		2		3		42	②	44
1944 年	31	①	4				1	①	7		4		47	②	49
1945 年	38	③	1						2		2		43	③	46
1938—1945 年合计	134	⑬	56	②	11		12	⑤	39	③	40		292	㉓	315
1946 年	21		6						1		6		34		34
1947 年	34	③	13	②					3		9		59	⑤	64
1948 年	37	④	7	②					9		6		59	⑥	65
1949 年	50	⑦	3	①					8	②	11		72	⑩	82
1950 年	38	⑤	3		1				5	①	9	①	56	⑦	63
1946—1950 年合计	180	⑲	32	⑤	1				26	③	41	①	280	㉘	308
1911—1950 年合计	378	53	98	⑪	140	②	24	⑭	84	⑭	91	①	815	95	910
1911—1950 年总计	431		109		142		38		98		92		910		

表3　各国授予中国留学生博士名单

国家 博士名 年份	美国(B)	英国(C)	德国(E)	法国(F)	其他
1917年	胡达				
1919年	姜蒋佐				
1921年	孙荣				
1922年	黄炳铨 俞大维				
1925年	曾昭安		魏嗣銮		
1927年			朱公谨		
1928年	孙镛 杨克纯			赵进义	
1929年				范会国	陈建功(日本)
1930年	江泽涵 刘晋年 张鸿基 刘叔庭			刘俊贤	
1931年	黄汝琪				苏步青(日本)
1932年	胡坤陞			刘泗滨	
1933年	曾远荣 袁丕济 周西屏 胡金昌				
1934年	马顺德		程毓淮 李达 曾炯之	熊庆来	
1935年	申又枨 沈青来		蒋硕民	陈传璋	
1936年			陈省身	高世勋 周绍濂	
1937年		柯召 李华宗 林致平 唐培经	张德馨 周炜良		
1938年	徐献瑜	许宝騄		庄圻泰 曾鼎鉌	
1939年	林士谔 雷恒		胡世华		
1940年	樊盛芹	黄用诹	徐瑞云 李恩波		
1941年	魏宗舒 徐钟济		张禾瑞	樊𰻞	
1942年	施祥林				
1943年	李景仁 段学复				
1944年	林家翘		程其襄		
1945年	陈为敏 曹飞 谭才德				
1947年	秦元勋 徐贤修 钟开莱	胡世桢 闵嗣鹤			
1948年	王湘浩 王浩 卢庆骏 熊全治	张世勋 王宪钟			
1949年	程民德 郑曾同 陆元九 莫叶 潘延珖 孙泽瀛 孙本旺	张素诚		严志达 吴文俊	
1950年	蒲保明 陈煜 曹锡华 郭可詹 陈国才			余家荣	张奕谦(加拿大)

第四篇　20世纪前半叶中国数学家论文集萃

一、前期工作

1、准备阶段：为迎接第24届国际数学家大会，2002年8月在中国北京举办。我（张友余）和常心怡教授、王辉博士商议，编一部《中国数学家论文集萃》。准备工作从2001年前期开始，先广泛阅读传记、挑选论文目录，然后集中研究、筛选，再逐题征求有关数学专家的意见。工作进行一阶段后，诚请王元院士任顾问，给予指导。论文目录经过反复研究、多次增删，集中再按专业、方向打印，分寄给相关的专家，请他们审查、修改补充，最后确定收入论文目录50篇。接着搜寻原文内容，待收集到40余篇原稿后联系出版。该书因销售面窄印数少，出版社要出版经费，我们没有；常心怡因事又中途退出。考虑到我们的专业、外语等水平和能力有限，有难于解决的困难，这项工作便由此停顿，未能完稿。深为抱歉，对不起专家们的指导，和读者的期望。

《论文集萃》经过一年的准备工作，收集了比较丰富的资料，不少著名数学家都给予了帮助、指教，提出宝贵建议和意见。最后确定的50篇论文，对于研究我国20世纪前半叶的数学成就有一定的代表性和参考价值。为此，将此书的编排举例和论文目录奉献给大家，同时公布专家们的有关信件，对研究20世纪中国数学史或许有些启发和教益。

2、关于书名，一直未最后确定。最初我们提出称《20世纪中国数学论文选集》，后有人建议称《20世纪中国数学经典》，随后谷超豪院士对此书名提出中肯意见，他说：

"（1）如果要出版这样的丛书，一定要做到名实相符，选文准确，既能全面反映历史情况，又不能使人低估中国数学。困难很大，有否必要，还需论证。

（2）如一定要做，不妨改出《中国近代数学论文选辑》，由高水平的编委会编辑，作更全面的调查，选人和选代表作应经过慎重的讨论，是非功过由编委会负责。

总之，我觉得此事不可马虎，不能用一个响亮的书名做名不符实或质量不高的事。"

这个意见值得认真考虑，我们作为编者，确实不能胜任其名。后考虑用《20世纪中国数学研究成果览》。2002年2月，我们上报"出版图书报告"时用书名称是《20世纪中国数学史料·论文集（一）》。以后我见到一部书名为：《中国物理论文集萃》，便借鉴移植，在此称《20世纪前半叶中国数学家论文集萃》。

3、专家来信选登：

（1）陈省身院士2001年7月24日来信。

张友余、王辉同志：

闻将编印

中国数学史料论文集，并将有拙作二篇。不知可否采用以下二文：

The geometry of higher path-space. J of Chin Math Soc. 2, 247-276(1940).

Local Equivalence and Euclidean connections in Finslerian spaces. Science Reports Nat. Tsing Hua University. 5. 95-121(1948).

两文均在中国发表,均有相当意义。

陈省身　2001.7.24.

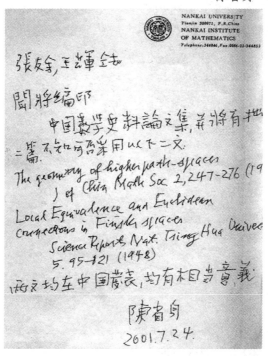

2001 年 7 月 14 日,陈省身给张友余,王辉的回信

(2)吴文俊院士 2001 年 11 月 29 日回信。

张友余、王辉同志:

收到来信与入选论文名单,谢谢。

这是一项很有意义的创举,值得重视。

有几项具体意见与问题如下:

①陈省身应增加下面的一篇:

Characteristic classes of Hermitian manifolds, Annals of Mathematics, vol. 47, No. 1. 85-121

按此文为此后 Chern Class 的来源,影响巨大。若因陈先生选入论文过多,超过其他学者,可考虑在原入选的三篇中删去一篇。

②有许多印错处需要仔细改正,例如:

#10 胡明复,eguations 为 equations 之误。

#11 胡世华,prepositions 为 propositions 之误。

类似者甚多。

③编号如(500D0006)不知何意,有不少缺少编号。

④不知朱言钧(朱公谨)有何可以入选的著作,请予调查确定。

祝 工作顺利!

吴文俊 2001/11/29

2001 年 11 月 29 日,吴文俊给张友余,王辉的回信

(3)谷超豪院士 2002 年 1 月 5 日回信。

张友余同志:

新年好。

两次来信均已拜读,谢谢您们考虑我的不成熟的意见。在您们做了很多工作之后,第一卷已比较成熟,我想越往后困难会越大,但通过努力必可以解决。王辉教授请代敬意。

苏先生的论文 3 篇,特寄表格 26、27 两篇都是很恰当的。26 打了☆号,此文在 1983 年出版的 Su Buchin,Selected Mathematical papers 中收入过,不知您们有否此书(科学出版社和 Gordon and Breach 联合出版)。如果您们需要此文,请告知,当复印后寄上。第三篇论文可选为

①Extremal Deviation in a Geometry Based on the Notion of Area. Acta Math. 85(1951) 99-116.

②有关计算几何的一篇论文。

(1)是他关于一般空间微分几何学的代表作之一,发表论文的杂志级别高。

(2)是他"文革"后从事计算几何(应用)的有关成果的代表作,如不用①,要和有关同志讨论后才能确定选哪一篇。也想听听您们的意见(①或②)。

由于我多年来的工作重心已不在几何,几何各分支方向的把关确有困难,可发表一些意见,但不能作为负责人员,请见谅。

陈建功先生论文得征求意见后再函告。

谷超豪

2002 年 1 月 5 日

2002 年 1 月 5 日,谷超豪给张友余的回信

(4)张素诚教授 2001 年 11 月 26 日回信。

友余、王辉两同志:

11 月 20 日来信,收到您们搜集材料筹备出《中国数学经典》丛书,可见关心数学的发展用意是好的。看了您们收录的发表在 50 年以前的论文的目录,觉得是近代中国数学史的一部很好的资料,但是像陈省身关于示性类的文章还没有收入未免是一种缺憾。可否从 Milnor 著 Characteristic class 书入手了解 Chern class 的意义,补入目录之中。弟身体不好不能长时间工作,草草奉复

敬候　时安

弟张素诚 2001 年 11 月 26 日

(5)徐利治教授 2002 年 3 月 8 日来信。

友余、王辉二同志:

您们好!

最近我回到大连期间,收读 2001-11-20 日来信,得知您们正在编写《20 世纪中国数学经典》丛书,并请王元同志任顾问。我认为这是很有意义的学术工作。

总的看来,您们收集入选的 1950 年前我国数学家们的论文著作,确实是具有代表性的,(当然"求全"是不可能的,也不是必要的。)所询有关钟开莱(Kai-Lai Chung)教授的资料,我认为载有被引用次数较多的"Chung-Feller's Theorem"的下述短文

K. L. Chung & W. Feller, Fluctuations in coin tossing, Proc. Nat. Acad. Sci. USA. 35 (1949),605-608.

或可补加进去。或代替原序号 46 那一篇也可,请酌。

至于您们选用我的那篇文章(序号 37),我认为是合适的,因为该文确实被引用的次数较多[例如引用者有 G. Ascoli(1952),A. Erdelyi(1955),I. J. Good(1957),Fulks&Sather(1961),L. Berg(1968),N. Bleistein,et al(1975),E. Riekstins(1977),Roderick Wong(1989),K. W. Breitung(1994),A. N. Perakis & E. Nikolaidis,et al(1988),…]

专此敬颂

工作顺利

徐利治

2002,3 月 8 日

(6)范文涛教授 2002 年 3 月 7 日来信。

友余先生:谢谢您。李国平先生的文章您们选的很恰当,我们没有意见。只是把表上写的"Tôkyo"内的 o 上的^用红笔去掉了。我们认为较正确的写法,也用红笔标在了下面。其他打空星号的其他先生文章,我们都不熟,不好提供,对不起了。谢谢,祝健康!

范文涛

2002.3.7.

(7)严士健教授 2001 年 12 月 9 日来信。

张友余,王辉:

谢谢来信!关于来信中所提到的各项目前我没有什么意见。但是我想起张禾瑞和蒋硕民两位先生的著作问题是否可以收录。张先生的博士论文是特征 p 李代数的首创论文,大约完成于 40 年代初,直到八十年代国际上兴起研究 Kac-Moody 李代数的时候,还有人证引。这篇文章我有抽印本,不知你们有意收录否?如果有意收录,我当找出寄上,至于见解,可以请万哲先或郝钶新为之。蒋先生的博士论文可能是中国最早的偏微分方程论文,据说是某一类方程的开始。我对此不熟,可以征求有关专家的意见。以上线索,供参考。

顺致

敬礼!

北京师大 严士健

2001/12/19

(8)许忠勤教授 2002 年元月 8 日回信。

张友余先生:

去年 11 月 20 日的信已收到。因我已退休,信收到较晚。回复又拖了一些时间,实在抱歉。

你们编辑出版的"20世纪数学经典"丛书很有意义,我表示支持。

我建议①增加吴文俊先生的论文特别是他在代数拓扑和数学机械化方面的代表作。你们可给系统所高小山或石赫写信,请他们帮助。吴是我国华先生以后最杰出的数学家,经典丛书中应有突出的地位。②可去程民德文集中再选出一篇进入经典。③将来出书的顺序请慎重考虑。以年龄为序,也许较好。

个人意见,仅供参考。祝您们成功。

许忠勤
2002 年元.8

(9)附:2001 年 11 月 20 日发出的征求意见函。

尊敬的×××教授:

您好! 为了迎接 2002 年 8 月国际数学家大会在中国召开,我们正在积极筹备《二十世纪中国数学经典》丛书,准备结集出版。该丛书由王元院士任顾问。

在中国,现代数学兴起于 20 世纪上半叶。期间,中国战事不断,人民生活动荡不定。尽管如此,为了使现代数学在中国生根、开花、结果,许多先辈们百折不挠,奋发努力,取得了卓有成效的业绩,令世人瞩目。据我们粗略统计,截止 1950 年底,中国人在国内外发表的各种数学论文多达千余篇(目前,我们正在逐篇收集整理,请给予帮助)。这些成果奠定了 20 世纪中国数学发展的基础。因此,我们选编《二十世纪中国数学经典》的工作首先从这一时期开始。正在编撰之中的第一卷收录 1950 年以前发表的论文,总篇幅预计 50 万字左右。

鉴于中国数学在 20 世纪上半叶的发展特点,我们初步拟定入选《二十世纪中国数学经典》第一卷的论文应符合以下标准:(1)首创性。着重于各专业方向的第一篇论文;(2)创新性。指在当时有相当影响的创造性学术研究论文,(包括载有以作者姓名命名的定理、公式等的论文);(3)代表性。主要指作者本人的代表作。代表作多于 1 篇者,可酌情选入 2~3 篇。具备以上条件者,在中国刊物上发表的论文优先。原因在于,当时中刊极少,且发行面窄,数量不多,至今已濒临失传。在每篇入选论文之后,我们准备附写一篇 500 字左右、以学术成果为主的作者简介。

为保证《二十世纪中国数学经典》第一卷的选材质量,我们随信附寄初步选定的论文题目,特请您给予以下帮助和指教:

(1)您认为入选的论文是否恰当? 有无新的论文需要补入? 或哪些论文需要剔除?

(2)目录中带有"☆"号的论文内容,我们暂时尚未收集到,您是否有其中某篇可以提供,或有相关信息供我们参考? 请速告我们知晓。

诚盼您的回音。

此致

敬礼!

张友余　王辉　敬上
2001 年 11 月 20 日

二、《中国数学家论文集萃》举例及目录

1、入选条件

（1）首创性。着重于各专业方向的第一篇论文。

（2）创新性。指在当时有相当影响的创造性学术研究论文（包括载有以作者姓名命名的定理、公式等论文）。

（3）代表性。主要指作者本人的代表作。代表作多于1篇者，可酌情选入2～3篇。

具备以上条件者，在中国刊物上发表的论文优先。原因在于，当时中刊极少，且发行面窄，数量不多，至今已濒临失传。在每篇入选论文之后，我们准备附写一篇500字左右、以学术成果为主的作者简介。

2、论文集萃举例

例1.

作者：Tah Hu（胡达）（胡明复）

论　文　题：Linear integro-differential equations with a boundary condition

原文照登：（略）

原载：Transactions of the American Mathematical Society,1918,19(4):1-43.

论文及作者简介：

本文是胡明复1917年夏完成的博士论文，其主要结果在1917年12月召开的美国数学会年会上交流，受到好评。全文被推荐给该会主办的著名学术刊物《Trans. Amer. Math. Soc.》，列在该刊第19卷第4期的第1篇发表。本文运用伯克霍夫（G. D. Birkhoff）建立的一种变换公式，将含有积分式的微分方程，化为纯粹的积分方程，然后运用费雷德霍姆（Fredholm）理论，按照某种行列式是否为零，给出原方程存在和唯一的充分必要条件，文中系统地论述了这一详解，讨论了边界条件、自共轭性质、格林函数等。这在当时属于比较新的课题[1]。胡明复因此成为中国的第一个数学博士，是第二个在外国学术期刊上发表现代数学研究论文的中国学者。

胡明复（汉语拼音：Hu Mingfu），1891—1927。原名胡达，江苏无锡县人。1910年考取"游美学务处"（清华大学前身）第二批直接留美生，先后在美国康奈尔大学、哈佛大学求学。1917年获得博士学位后立即回国。当时中国的现代科学处于刚起步阶段，胡明复自觉地担当起在中国传播现代科学的重任。把全部精力倾注在创建中国科学社，办好《科学》杂志、创办大同大学的工作中。他说："我们不幸生在现在的中国，只可做点提倡和鼓吹科学研究的劳动，现在科学社的职员社员不过是开路的小工，……。中国科学将来果能与西方并驾齐驱造福人类，便是今日努力科学社的一班无名小工的报酬。"[2]由于他从事的是"开路"工作，各方面困难重重，长时期过度劳累，使他的心力憔悴，体力难支，1927年6月不幸溺水身亡。胡明复遇难，英年早逝，在社会上引起强烈反响，中国科学界，教育界许多著名人士专文悼唁，出版纪念专辑、专刊，国民政府专令褒扬，中国科学社的第一大建筑物命名为"明复图书馆"，永留纪念。

参考文献

[1]张奠宙:我国最早发表的现代数学论文.《科学》,1990,42(3):212.

[2]杨铨:我所认识的明复.《科学》,1928,13(6):838.

例2.

作者:Chiung-Tze Tsen(曾炯之)

论文题:Zur stufentheorie der quasi-algebraisch abgeschlossenheit kommutativer körper.

原文照登:(略)

原载:Journal of the Chinese Mathematical Society,1936,1:81-92.

作者及论文简介:

曾炯之(Zeng Jiongzhi),1898—1940,原名曾炯,江西新建县人。1926年毕业于武昌大学(原武昌高师,现武汉大学)数学系,1928年考取江西省官费留学生,赴德国留学。次年,由柏林大学转入哥廷根大学,师从诺特(A. E. Noether),专攻抽象代数,1934年获得哲学博士学位,1935年7月回国。先后任浙江大学、北洋工学院、西北联大教授,1938年支援新建的国立西康技艺专科学校,时值抗日战争最艰苦的时期,曾炯之贫病交迫,1940年因胃穿孔,不幸在西昌逝世,年仅42岁。

曾炯之是中国数学家在抽象代数方面首先作出贡献者。其主要成果:1933年证明了定理"设Ω为代数封闭域,则$\Omega(x)$上所有以$\Omega(x)$为中心的可除代数只有$\Omega(x)$自己。"该定理被国际数学界称为"曾(炯之)定理"[1]。1936年,在该文中,他引进了C_i域的概念(域F称为Ω域,如对任意正整数d,任一系数在F中的n元d次齐次多项式$f(x_1,x_2,\cdots,x_n)$,若$n>d$,必在F^{di}中有一个非全零解),并证明了定理"若Ω为代数封闭域,则$\Omega(x_1,x_2,\cdots,x_n)$为一$C_i$域。"此时,因我国期刊信息交流不畅,知之者甚少。15年后,该定理被S·兰重新独立发现,现在该定理称为"曾-兰定理"。C_i称为"曾层次"或"曾层"。曾-兰定理是大多数关于超越扩张的布饶尔群研究的基础,而且对阿廷-施赖埃尔形式实域上二次型理论有重要应用[2]。

参考文献

[1]程民德主编:中国现代数学家传·第二卷,南京:江苏教育出版社,1995年,61-69,78-79.

[2]中国大百科全书数学编委会编:中国大百科全书·数学卷,中国大百科全书出版社,1988年,115-116.

例3.

作者:Ta-Jen Wu(吴大任)

论文题:Integra lgeometrie 28:Über elliptische geometrie

原文照登:(略)

原载:Mathematische Zeitschrift,1938,43:495-521.

作者及论文简介:

吴大任(Wu Daren),1908—1997。生于天津。1930年毕业于南开大学数学系,1933年考取第一届中英庚款公费留学生,1935年在英国伦敦大学获硕士学位后,即到德国汉堡大学随布拉施克(W. Blaschke,1885—1962)研究积分几何,写了两篇有关积分几何的高质量论文。1937 年夏回国,先后在武汉大学、四川大学任教授。1946 年回到南开大学,长期担任南开教务长、校长等职。曾任中国数学会副理事长、名誉理事长等,为国家培养了众多人才。

吴大任是中国较早从事积分几何研究的数学家之一,他第一次把欧氏空间积分几何的基本成果(包括运动主要公式在内),推广到三维椭圆空间。他还证明了关于欧氏平面和空间中的凸体弦幂积分的一系列不等式。此外,他在射影几何、非欧几何、圆素和球素几何及微分几何应用方面都有重要成果,曾多次获奖[1]。

本文《关于椭圆几何》是第一次系统地论述椭圆空间的积分几何的工作。文中的核心是证明了椭圆空间运动的主要公式[2]。

参考文献

[1]科学家传记大辞典编辑组编:中国现代科学家传记·第三集,北京:科学出版社,1992.10 出版,第 21-27 页.

[2]程民德主编:中国现代数学家传·第二卷,江苏教育出版社,1995.12 出版,第 123-140 页.

例 4.

作者:Chao Ko(柯召)

论文题目:Note on representation of a quadratic form as a sum of squares of linear forms.

原文照登:(略)

原载:Quarterly journal of mathematics(oxford),1938,9(1):32-33.

作者及论文简介:

柯召(Ke Zhao),字惠棠,1910—2002。生于浙江省温岭县。1933 年清华大学数学系毕业,1935 年考取公费留英,入英国曼彻斯特大学,在导师 L. J. Mordell 指导下研究二次型,1937 年获得博士学位。柯召是近代数论研究在中国的创始人之一,是我国二次型研究的开拓者,1937 年他对 $Rn \leqslant n+3$ 给出一个简洁的证明,1938 年,在该文中证明了正定二次型不能表成 $n+2$ 个线性型之和,从而完全解决了这一问题。1957 年,柯召给出了另一个正定二次型 $f(x_1, x_2, \cdots, x_n) = \sum_{i=1}^{n-3} x_i^2 + 3x_{n-2}^2 + 3x_{n-1}^2 + 2x_n^2$ 不能表成 $n+2$ 个有理系数线性型的平方和。同时还得出一个表三元整系数正定二次型为 4 个有理系数线性型平方和的充要条件。柯召在 20 世纪 30 年代至 80 年代发表了近百篇卓有创见的论文,在数论、组合数学、代数等数学分支都有重要工作,特别在数论中的二次型、不定方程和组合数学中的极值集论等方面,贡献尤为突出,在国际上有很大的影响,是一位具有国际声望的中国数学家。

柯召 1938 年回国,主要在四川大学任教,先后担任四川大学数学系系主任、教务长、副校长、校长等职务,是中国科学院院士,中国数学会名誉理事长。他培养了几代学生,其中杰出的有朱福祖、陈重穆、陆文端、孙琦、魏万迪、万大庆等。

参考文献

[1]孙琦:序.《柯召文集》,成都:四川大学出版社,2000 年第 1 版,第 1-X 页.

[2]白苏华:柯召传.同上,第 4-10 页.

例5.

作者:Fu-Traing Wang(王福春)

论文题:On Riesz Summability of Fourier Series.

原文照登:(略)

原载:Proceedings of the London Mathematical Society,1942,47:308-325.

作者及论文简介:

王福春(Wang Fuchun),字梦强,1901年生于江西安福县。1927年毕业于武昌中山大学(现武汉大学)数学系。1929年东渡日本,入东北帝国大学数学系学习,发表了十多篇研究论文。1934年回国,先在暨南大学、西北农林专科学校任教,1938~1946年任浙江大学教授,浙大从贵州迁回杭州时,他因重病回到江西,受聘任中正大学数学系首任系主任,1946年中央研究院数学研究所(筹)聘为兼任研究员。由于王福春对数学研究的执著追求,多年带病日夜工作,抗战期间,生活动荡艰苦,贫病、劳累交加,于1947年9月在南昌逝世。他的学生有程民德、秦元勋、叶彦谦、越民义等。

王福春主要致力于傅里叶级数和黎曼ζ函数的研究。对傅里叶级数的研究,先后解决了哈代(G. H. Hardy)和利特尔伍德(J. E. Littlewood)提出的四个问题。其中最著名的工作是对里斯(Riesz)求和法理论的深入研究,于1939年解决了哈代和利特尔伍德1934年提出的猜测,给出否定的证明。这方面著文甚丰,该文讨论了里斯可和的充要条件及傅里叶级数的收敛问题。此外,他还用不少论文研究了黎曼ζ函数的中值定理。从1933年至1949年共发表学术论文43篇,被誉为20世纪30,40年代中国著名的分析学家。因成就卓著,先后获得第三届(1943年度)国家学术奖励金自然科学类三等奖,第六届(1946,1947年度)国家学术奖励金八大学科类中唯一的一个一等奖,也是1949年以前两次获该项奖金唯一的数学家。

参考文献

[1]程民德.《中国现代数学家传》(第二卷).南京:江苏教育出版社,1995:76-100.

[2]教育部教育年鉴编纂委员会.《第二次中国教育年鉴》.上海:商务印书馆,1948:867-872.

3、《论文集萃》目录(按汉语拼音顺序排列)

书写格式。序号,姓名:中文名(外文名);论文目录:论文题目,刊登期刊刊名缩写,刊出年代,卷(期):页.

(1)陈建功(Kien-Kwong Chen). Some theoreme on infinite products. Tôhoku Math. J.,1921,20:44-47.

(2)陈建功(Kien-Kwong Chen). On the class of functions with absolutely convergent Fourier series. Proc. Imp. Acad. Tôkyo,1928,4:517-520.

(3)陈省身(Shiing-Shen Chern). The geometry of higher path-space. J. Chinese Math. Soc. 1940,2(2):247-276.

(4)陈省身(Shiing-Shen Chern). Characteristic classes of Hermitian manifolds. Ann. of Math.,1946,47(1):85-121.

(5)陈省身(Shiing-Shen Chern). Local equivalence and Euclidean conne-ctions in Finslerian spaces. Sci. Repts. Tsing Hua Univ. 1948,5:95-121.

(6)程民德(Min-Teh Cheng). Uniqueness of multiple trigonometric ser -ies. Ann. of Math. 1950, 52(2):403-416.

(7)段学复(Hsio-Fu Tuan). On groups whose orders contain a prime number to the first power. Ann. of Math. , 1944,45:110-140.

(8)段学复(Hsio-Fu Tuan). On algebraic Lie algebras, Proc. Nat. Acad. Sci. USA. , 1945,31:195-196.

(9)樊𰀀(Ky Fan). On a theorem of Weyl concerning eigenvalues of linear transformations. I - II. Proc. Nat. Acad. Sci. USA. 1949,35:652-655;1950,36:31-35.

(10)胡达(胡明复)(Tah Hu). Linear integro-differentiai equations with a boundary condition. Trans. Amer. Math. Soc. 1918,19(4):1-43(总363-407).

(11)胡世华(Shih-Hua Hu). M-valued subsystems of $(m+n)$-valued propositional calculus. J. Symb. Logic,1949,14(3):177-181.

(12)华罗庚(Loo-Keng Hua). On Waring's theorems with cubic polynomial summands. Math. Ann. ,1935, III :622-628.

(13)华罗庚(Loo-Keng Hua). On Waring's problem. Quart. J. Math. (Qxford),1938,9:199-202.

(14)华罗庚(Loo-Keng Hua). On an exponential sum. J. Chinese Math. Soc. ,1940,2(2):301-312.

(15)黄用诹(Yung-Chow Wong). Quasi-orthogonal ennuple of congruences in a Riemannian space. Ann. of Math. ,1945,46:158-173.

(16)江泽涵(Tsai-Han Kiang). On the Poincare's groups and the extended universal coverings of closed orientable two-manifolds. J. Chinese Math. Soc. ,1936,1:93-153; Correction. Ibid. ,1940,2:341-342.

(17)姜蒋佐(姜立夫)(Chan-Chan Tsoo). The geometry of a non-Euclidean line-sphere transformation. Cambridge 1919,541. (Thesis-Harvard,1919).

(18)柯召(Chao Ko). Note on the representation of a quadratic form as a sum of squares of linear forms. Quart. J. Math. (Oxford),1938,9:32-33.

(19)柯召(Chao Ko). Note on the Diophantine equation $x^x y^y = z^z$. J. Chinese Math. Soc. 1940,2:205-207.

(20)李国平(Kwok-Ping Lee). On the unified theory of meromorphic functions. J. Fac. Univ. Tôkyo. Sect. 1937,13:253-286.

(21)李华宗(Hua-Chung Lee). The universal integral invariants of Hamiltonian systems and application to the theory of canonical transformations. Proc. Roy. Soc. Edinburgh,Sec. A, 1947,62:237-246.

（22）李华宗（Hua-Chung Lee）. On the factorization method for quantum mechanical eigenvalue problems. Chinese J. Phys. 1944,5:89-104.

（23）卢庆骏（Ching-Tsün Loo）. Note on the strong summability of Fourier series. Trans. Amer. Math. Soc. 1944,56:519-527.

（24）闵嗣鹤（Szu-Hao Min）. 相合式解数之渐近公式及应用此理以讨论奇异级数. 科学,1940, 24:591-607.

（25）闵嗣鹤（Szu-Hao Min）. On the order of $\zeta(1/2 + it)$. Trans. Amer. Math. Soc. 1949,65(3): 448-472.

（26）苏步青（Bu-Chin Su）. On certain periodic sequences of Laplace of period four in ordinary space. Sci. Repts. Tôhoku Imp. Univ. 1936,25:227- 256.

（27）苏步青（Bu-Chin Su）. On the cubic indicatrices of a surface. Sci. Repts. Tôhoku Univ. 1930,19:699-702.

（28）孙鎕（孙光远）（Dan Sun）. Osculating derivative of a ruled surface. Ann of Math, series 2. 1928,29:95-105.

（29）王浩（Hao Wang）. On Zermelo's and von Neumann's axioms for set theory. Proc. Nat. Acad. Sci. USA. 1949,35:150-155.

（30）王福春（Fu-Traing Wang）. On Riesz summability of Fourier series. Proc. London Math. Soc. ,1942,47:308-325.

（31）王宪钟（Hsien-Chung Wang）. The homology groups of the fiber bundles over a sphere. Duke Math. J. ,1949,16:33-38.

（32）王宪钟（Hsien-Chung Wang）. Homogeneous spaces with non-vanishing Euler characteristic. Ann of Math,1949,50:925-953.

（33）王湘浩（Shiang-Haw Wang）. On Grunwald's Theorem. Ann. of Math. ,1950, 51: 471-484.

（34）吴大任（Ta-Jen Wu）. Integralgeometrie 28: Über elliptische geometrie. Math. Z. 1938, 43:495-521.

（35）吴文俊（Wen-Tsün Wu）. On the product of sphere bundles and the duality theorem modulo two. Ann of Math. 1948,49:641-653.

（36）熊庆来（King-Lai Hiong）. Sur les fonctions entières et les fonctions méromorphes d'ordre infini,J. Math. Pures et Appl. 1935,14: 233-308.

（37）徐利治（Leetsch C. Hsu）. A theorem on the asymptotic behavior of a multiple integral. Duke Math. J. 1948,15:623-632.

（38）许宝騄（Pao-Lu Hsu）. On the distribution of roots of certain determinantal equations. Ann. Eugenics,1939,9:250-258.

（39）许宝騄（Pao-Lu Hsu）. Analysis of variance form the power function standpoint. Biometrika. 1941,32:62-69.

（40）严志达（Chih-Ta Yen）. Les représentations linéaires de certains groupes et les nombres de Betti des espaces homogènes symétriques. C. R. Acad. Sci. Paris. 1949, 228:1367-1369.

（41）杨克纯（杨武之）（Ko-Chuen Yang）. Representation of positive integer by pyramidal numbers $f(x) = (x^3 - x)/6, x = 1,2,\cdots$. Sci. Rep. Tsinghua Univ. A,1931,A:9-15.

（42）俞大维（Ta-Wei Yule David Yule）. Zur Grundlegung des klassen-kalküls, Math. Ann. ,1926,95:446-452.

（43）曾炯之（Chiungze C. Tsen）. Zur stufentheorie der quasi-algebrais-ch-abgeschlossenheit. Kommutativer Körper. J. Chinese Math. Soc. ,1936, 1:81-92.

（44）张世勋（Shih-Hsun Chang）. On the distribution of the characteristic values and singular values of linear integral equations. Trans. Amer. Math. Soc. 1949,67: 351-367.

（45）张素诚（Su-Cheng Chang）. Homotopy invariants and continuous mappings. Proc. Royal Soc. London Ser. A,1950,202:253-263.

（46）钟开莱（Kai-Lai Chung）. On fluctuations in coin tossing. Proc. Nat. Acad. Sci. USA. ,1949, 35:605-608.

（47）周绍濂（Shao-Lien Chow）. Le problème integral de la localisation des ensembles ponctuels plans bornés a paratingent incomplet. Fund. Math. ,1937,29:12-21.

（48）周炜良（Wei-Liang Chow）. Über zugeordnete Forman und algebraische systeme von algebraischen mannigfaltigkeiten. Math. Ann. ,1937,113: 692-704.

（49）周炜良（Wei-Liang Chow）. On compact complex analytic varieties. Amer. J. Math. 1949,71(4): 893-914. Errata,ibid. 1950,72:624.

（50）庄圻泰（Chi-Tai Chuang）. Sur les fonctions continues monotones. Ann. Sci. École Norm. Sup. , 1948,64:179-196.

编后:面临本书《二十世纪中国数学史料研究》的最后定稿。编者再细读专家们的来信。复查 2001—2002 年编辑而未完稿的这部数学论文集,对专家们给予这部文集编写工作的支持、关心和爱护,表示由衷的感激和深深的敬意。对于信中的指导、建议和意见,编者作了如下处理,是否妥当,敬请继续指教。

1、采纳专家信中建议,换掉了陈省身和钟开莱二位作者的各一篇论文。

2、再逐条复查,改正了论文中的文字错误;期刊缩写因各刊写法不完全一致,编者采用自认为比较通用的写法。

3、采纳严士健教授建议,增加张禾瑞、蒋硕民二位的博士论文。

4、王辉博士对这部数学论文集作了大量的具体工作:反复打印各次目录以便征求意见;几次到北京听取王元院士的指导;搜寻已定论文目录的原文及各种数学论文目录;分工编写作者论文简介等。这部论文集的最后定型,王辉的工作是至关重要的,特此记载。

第五篇 "五四"时期的数理学会和数理杂志及人才成长

西方数学传入中国,经历了十分缓慢的长期过程。鸦片战争后速度加快,"来自西方的数学方法在 19 世纪末已在中国占主导地位,中国传统数学方法和思维模式在当时已经基本被取代,并正在淡出历史舞台。"①全面取代似应在 20 世纪初辛亥革命后新文化运动时期,由几位早期出国学习西方现代数学的归国留学生实现的。本文仅通过民国初年,在新办的四所国立高等学校内,成立的四个数理学会及其各自创办的四种数理杂志这个截面,挖掘一些这几位归国学者在教学之余,如何利用学术团体、兴办专业杂志,传播现代数学,加速培养学生成长、锻炼成才的故事。

1911 年辛亥革命,推翻了统治中国两千多年的封建专制制度,使中国发生了历史性巨变。1912 年 1 月 1 日中华民国建立后,蔡元培出任临时政府教育总长,他首先否定了"忠君尊孔"的封建教育制度,禁用前清学部颁行的各种教科书,以及各种有碍民国体制和共和精神的书籍;学堂一律改称学校,增加自然科学、实业、实用方面的课程。在新建立的几所新型的国立高等学校内,聘用了一批具有民主革命思想、学贯中西文化的学者掌管学校和任教。最早在日本、美国、法国接受现代数学教育的几位留学生冯祖荀(字汉叔,1880—1940)、秦汾(字景阳,1883—1971)、王仁辅(字士枢,1886—1959)、黄际遇(字任初,1885—1945)、何鲁(字奎垣,1894—1973)、熊庆来(字迪之,1893—1969)等学成归国,在这几所高等学校主讲数学。他们借鉴西方的教育及学术研究理念,在教育思想、课用教材、教学方法等方面,全面取代了中国传统数学。

与此同时,几所高校的校长还倡导、或支持学生在课外组织各种学术社团,以此活跃大学生的学术思想,培养学生的学术研究能力和服务社会的意识。四个数理学会(或数理化研究会)就在这种良好的学校氛围中应运而生。各学会成立后,它们又纷纷创办各自的杂志,以上几位刚归国的数学教授都分别参与了这几个学会和杂志的指导工作。通过这些工作,扩展了现代数学在中国的传播及国际影响,加速培养了现代数学人才,促其成长。这四个数理学会及其四种杂志存在的整个阶段就是我国的"五四"新文化运动时期,也是现代数学在我国全面引进与研究的初期,是现代数学在我国全面起步阶段;这个阶段的活动为以后中国数学会的成立,做了许多先期的思想准备和组织准备工作。

本文首先分别简单介绍四个数理学会(或数理化研究会)及其各自创办的杂志,并列出各学会的部分干事或职员名单,以备后续。然后再综合介绍学会的活动、杂志刊登的主要内容,及以此锻炼成长的数位杰出人才的故事片断。

---

① 见田森著:《中国数学的西化历程》,山东教育出版社,2005 年,第 1 页。

一、四个数理学会及其杂志简介

（一）北京大学数理学会和《北京大学数理杂志》

1912 年 5 月 1 日,民国临时政府教育部下令改京师大学堂为北京大学校,设校长主管全校工作。改制后的北京大学分文、理、法、工四科,原格致科改称理科。当年 10 月,教育部正式公布"大学令":规定大学以教授高深学术、养成硕学宏才,应国家需要为宗旨。① 1913 年暑假后,北大分科招生,理科招收数学、物理、化学各一班。这些专业当时称为"门"(1919 年才改"门"为"系"),北大数学门便是我国最早成立的数学系。最早的数学教授是冯祖荀和胡浚济,冯是首任系主任;1915 年增聘秦汾和王仁辅,前两位是留日学者,后两位是美国哈佛大学的硕士研究生。

1916 年底,蔡元培受命任北大校长。蔡先生到校后,首先针对原京师大学堂残存下来的"老爷式学生"旧习进行改革。他第一次在北大发表演说就说明:"大学学生,当以研究学术为天职,不当以大学为升官发财之阶梯。"②他指出大学学生应当有新的世界观与人生观,主张发扬学生自动自主精神,培养服务社会之习惯。为达此目的,他一方面聘请大批著名学者任教,充实教学内容;另一方面提倡学生组织各种学会,举办讲演会,活跃学生的学术思想,在学校创造浓厚的学术气氛。

在蔡元培的倡导、支持下,各种专业学会应运而生。北京大学数理学会于 1918 年 10 月 27 日召开成立会,到会会员 18 人,校长蔡元培和数学门、物理门的主要教授冯祖荀、秦汾、王仁辅、何吟苣、张菊人、纽伦等均到会指导。蔡元培说:"数理之学,发达最早,应用亦最宏,有以数学讲音乐者,有以物理讲社会学者,故谓数学物理为诸科学之基本,诚非謷言,现在集会研究实为必要之举,将来联合他校,以及敦请名人演讲等事,校中必竭力协助。"③张菊人、纽伦教授相继说明数学与物理之关系。最后,王仁辅教授介绍了美国哈佛大学数理学会的情况,以资借鉴。

成立会上通过了《北京大学数理学会简章》共 8 条,其中:

宗旨:本会以研究数学、物理为宗旨。

会员:凡本校未毕业及已毕业同学,有志研究数学物理者,均得入会为会员。

会务:本会应办事项如次:

甲,共同研究及个人讲演　乙,发刊杂志　丙,敦请数学、物理专家莅会演讲并指导一切。

会上选举在校学生吴家象为主任干事,毛准和吴维清为文牍干事,张桑云为庶务干事,等。《简章》规定干事"任期均为一年"。④

第一批会员,除以上干事外,还有张崧年、张国焘、杨钟健、施仁培、齐汝璜、鲁士毅、

---

① 见萧超然等编著:《北京大学校史》,北京大学出版社,1988 年,第 44 页。
② 见杨扬编:《蔡元培》,上海三联书店,1997 年,第 35 页。
③ 见《北京大学数理杂志》,1919,1(1):82-83。
④ 见《北京大学数理杂志》,1919,1(1):80。

韩觉民、蓝芬、苏绍章等 40 余人。

该会主办的杂志刊名为《北京大学数理杂志》（The Mathematico-Physical Journal of The Government University Peking），于 1919 年 1 月创刊，在创刊号上公布了杂志简章共 12 条，其要点有：

本杂志定名北京大学数理杂志。

本杂志编辑及发行一切事务均由北京大学数理学会主持。

本杂志以发抒心得、交换知识、增进研究数学物理之兴趣为宗旨。

本杂志登载稿件以属于数学物理或与数学物理有直接关系之学科为限。

秦汾教授在创刊号的"序"中指出："吾校数学物理门诸君，既设数理学会，以为讨论切磋之所，复发行数理杂志，冀以研究之所得，及近日之学理，介绍于社会，意至善也。"该杂志两期为一卷，1919 年出完第一卷；第二卷于 1920 年出版，是一、二合期；1921 年 3 月出至第三卷第一期后停刊。三年共出刊三卷五期，共发表文章 41 篇次(注：连载文章一期计一篇，题解问答未计数，以下均同)。在 41 篇次中，属数学的有 19 篇次，占总数的 46.3% 。

（二）北京高师数理学会和《数理杂志》

民国初年，全国仅有北京大学一所国立综合大学。为解决新型中等教育师资缺乏之急需，教育部决定在北京、南京、武昌、广州、成都、沈阳六个学区各设一所国立高等师范学校，其目的就是培养中等学校师资。高师学生不仅免交学费，还由学校提供食宿，并酌量补贴必要的费用；同时规定高师公费生毕业后有服务教育界年限的义务；还规定高师学生如因学习成绩过差或品行不良或违反校规等而退学者，应令其偿还各种公费费用。①

鉴于此，高师学生中学习数理专业的，由过去一个班只有几名增到几十名。他们中相当多的同学来自农村一部分有知识的家庭，家境比较贫寒，生活勤劳朴素，学习自觉刻苦，有当中学教师的思想准备。高师课程整齐严密，本科各部都有其基本学科，对这些学科，除了掌握课堂教学内容外，还要求阅读一定的参考书，以充实专业课的内容，便于毕业后教学之用。几所高师校长、理科各部主任，都是学贯中西的饱学之士，具有民主革命思想；理科教授多是接受过西方教育的归国学者，他们不单纯地只教书，还注重培养人才，对学生强调自主、自动，养成自觉钻研的习惯。高师的数理学会及杂志便在这种社会背景下产生。

1912 年 5 月 15 日，民国教育部明令改京师优级师范学堂为北京高等师范学校，这是我国第一所国立高等师范学校。1915 年设立数理部，1916 年由数理部主任刘资厚发起

---

① 见刘问岫编，《中国师范教育简史》，人民教育出版社，1984 年，第 40 页。

组织课外研究机构,定名:北京高等师范学校数理学会。1916 年 10 月 27 日召开成立大会,通过《北京高等师范学校数理学会简章》共十七条。摘其要点如下:

第一条　本会以研究数学物理增进学识联络感情为宗旨

第三条　本会以下列各项人员组织之

1、本校数理部本科及预科之全体学生

2、数理部毕业生,3、4、(略)

第四条　本会研究之方法如下:

1、自由研究　2、指定研究　3、教授法研究

4、问题征解　5、介绍杂志

第五条　本会会员所得之结果,以下列方法发表之

1、讲演　　2、实验　　3、发刊杂志(每半年一册)

第七条　本会公推本校校长为名誉会长,并推与本会有关系的职教员为名誉干事。

第九条　本会名誉干事所任事项如下:

1、指定研究之题目及人员

2、审定研究之内容

3、审阅杂志之稿件①

北京高师数理学会干事全部由学生担任(见表1),每半年为一任期,干事任职最多只能连任一期,以便更多的同学有锻炼的机会。在第二个任期内,数理学会研究通过了"数理学会杂志部章程"共七条,摘其要点如下:

宗旨:本杂志以阐发数学物理上之知识为宗旨。

组织:设编辑干事四人,以在校会员充之;名誉编辑若干人,以名誉干事充之。

内容:本杂志暂不分类,凡有关于数学物理上之论文、研究、翻译、杂题、实验及教授法等材料均可登录。②

北京高师数理学会创办的《数理杂志》(Mathematical and Physical Magazine),1918 年 4 月 27 日出版创刊号,校长兼名誉会长陈宝泉(字筱庄,1874—1937)在"弁言"中说:"今数理学会诸君杂志之作,其斯为自由研究之先导乎,诸君日劳劳于闻铃上课之余,然不以谙一先生之言为己足,博稽详考各出其所心得者,以促社会数理之进步,虽未敢遽云创造,然其志向之广

---

① 见《数理杂志》,1918,1(1):112。

② 见《数理杂志》,1918,1(2):85。

远,固有以开风气之先矣,予嘉其用意之善,故推论之以志辨学之门径,学会诸君苟能扩而充之或有达创造目的之一日也夫。"[1]

该杂志四期为一卷,1918 年 4 月至 1920 年 2 月出完第一卷;1920 年 5 月至 1921 年 4 月出完第二卷,第二卷的第三、四期合刊;1921 年 10 月至 1922 年 10 月出完第三卷;1923 年 7 月出至第四卷第二期后,因经费困难,无法继续出刊,但各方订购者络绎不绝。经该学会的师生们商议决定:"无论经费如何困难,在本届任期内,决出杂志一册,以应社会之需。"(见《数理杂志》,1925,4(3):113)时隔两年半之久,才于 1925 年 12 月出版第四卷第三期,后停刊。该杂志延续 8 年(1918—1925),共出版四卷十五期,总共发表文章 198 篇次,其中有关数学内容的有 161 篇次,占总篇数的 81.3%。北京高师数理学会办的这份《数理杂志》,是"五四"新文化运动时期出刊最早、停刊最晚、期数最多、内容最丰富的一份杂志。

表1 北京高师数理学会六届任期内的学生干事名单

被选日期	正会长	副会长	纪录	编辑	庶务	会计
1916.11.13	汪如川	孙秀林	宋家琛 韩桂丛等	(无)	曲培礼	韩清波
1917.10.15	彭清杰	傅种孙	张鸿图 刘瑛	杜作梁、张缉 刘承祖、杨克纯	曲培礼 石松年	罗发勤 李榛
1918.4.27	傅种孙	刘承祖	刘瑛 张缉	杜作梁、张鸿图 靳荣禄、汤璪真	石松年 曲培礼	罗发勤 李榛
1919.1.9	傅种孙	张鸿图	李榛 宋国模	陈廷炳、汤璪真 徐燦云、靳荣禄	(无)	韩清波 杨际镐
1919.9.8	刘承祖	陈宏勋	宋国模 刘瑛	傅种孙、徐燦云 魏怀谦、陈廷炳	毕荣棠 傅维熙	韩清波 杨际镐
1920.2.17	林耀山	傅种孙	郦禄琦 李耀春	靳荣禄、赵桂芳 倪德基、傅求学 姚汝琪、张鸿图	阎宝海 宋国模	魏怀谦 丁文渊

注:表中杨克纯(字武之),陈宏勋("五四"运动后改名茝民)。

(三)武昌高师数理学会和《数理学会杂志》

1913 年 7 月,国立武昌高等师范学校成立,1914 年设立数理部。数理部第一届学员曾珹益(字昭安)、陈庆兆、刘勋、王义国等发起,于 1914 年 4 月 8 日成立"数学研究会"。初以研究数学演题为主,随后会员觉得该会偏重数学,忽视理化,又于同年 9 月 24 日更名为理学会。1915 年 9 月,留日学者黄际遇教授到武昌高师任数理部主任。"逮黄际遇先生主讲本部。会务益加扩充,凡先生毅力所能及者,无不筹备周至。又以理学名义,范

---

[1] 见《数理杂志》,1918,1(1):1。

围未免太广,集会公议,遂更名数理学会。"①1916 年 9 月 26 日召开数理学会成立会,通过《武昌高师数理学会简章》。其要点摘抄如下:

本会以研究数理　补助教科为宗旨

本会由本校管教员暨学生组织之,以本校学生为会员,管教员、毕业生为特别会员

本会设职员如下:

名誉会长一人,本校校长充之

会长一人,总理会务,由本校数理部主任充之

干事二人,经理一切事项②

1918 年 2 月 22 日,召开武昌高师数理学会主办的《数理学会杂志》成立会,通过杂志简章,其要点如下:

宗旨:本杂志以研究数理之科学,推广数理之知识为宗旨

组织:以本校数理学会会员及特别会员组织之

内容:本杂志按照数理学会章程所规定,专记数学、物理、化学等学科,以资专门之研究,且便于中等学界教授上及学业上之参考。③

《数理学会杂志》(Magazine of Mathematical and Physical Society)于 1918 年 5 月出版创刊号,发刊辞二是黄际遇写的。笔者未搜寻到原文,他另在"武昌高等师范学校数理部进行实况及成绩说明书"中有一段"课外课业"的说明:"课业之外以学生为主体组成数理学会。……际遇等确认欲造成健全之中等教师,不但以仅有数理之技能为满足,必有充分之常识,而后内可以为学,外可以教人,故学会之讲演尤注重此点。自民国七年,更由职教员学生集资,并由校年津贴七十元,发刊武昌高等师范数理学会杂志。"④出了两期后,该学会到北京高师出席三个数理学会联合会回校,将宗旨增加了"联络感情"四个字,即 1919 年 1 月 25 日修正为:"本会以研究数理、增进学识、辅助教育、联络感情为宗旨。"⑤1922 年 3 月 27 日,职员会议决定,数理学会扩大为数理化学会,增加了化学专业。杂志随之从总第 9 期起改名为《数理化杂志》(Mathematical Physical and Chemical Magazine)改名后又出版 3 期,停刊。该杂志从 1918 年 5 月至 1923 年 5 月,出版总共 11 期(未分卷),总载文 93 篇次,其中属数学内容的文章有 53 篇次,占总篇次的 57%。

武昌高师数理学会与其他三个学会不同之处,是会长直接由数理部主任兼任(表 2)。

(四)南京高师数理化研究会和《数理化杂志》

1914 年 8 月,在原两江优级师范学堂的基础上,成立国立南京高等师范学校,1915 年 9 月正式开学。初设国文、理化两部,不久理化部改为数理化部。该部学生组织有理化研究会和数学研究会。数学研究会的总干事是孙镕(字光远),于 1919 年 2 月 21 日召开职员会,讨论议题的其中两项是:应北京高师来函共同组织数理学会审定数理名词之

---

① 见《数理学会杂志》,1918,(1):92。
② 见《数理学会杂志》,1918,(1):93。
③ 见《数理学会杂志》,1918,(1):103。
④ 见《数理学会杂志》,1919,(3):80。
⑤ 见《数理学会杂志》,1919,(3):84。

表2　武昌高师数理学会三届职员分工名单

任职时间	会长	编辑出版部			总务部			
		主任	编辑	发行	主任	文书	会计	庶务
1919年	黄际遇	方兴楚 李芳柏	王基荣 吴景鸿 竺可桢	罗忠友 陈正干 周毓萃	詹鼎臣 廖维汉	李先正 李子纯	刘子瑜	赵济
1922年	黄际遇	李芳柏	刘俊民 陈世牲	张焕朝	丁德善	陶邱北 张吉祥等	周克刚	卫道隆
1923年	黄际遇	沈兴芷	王春元 邹芝山	萧文灿 王福春	丁德善 吴阴云	杨国椿 张鹏飞	毛凤翔 段振坤	陈世牲 卢龙光

注:1923年,武昌高师数理化学会增加研究部,研究部主任是曾炯,下分讲演和讨论两组,讲演:陈叔明、彭国荣、潘镇耀,讨论:邓必兴、赵培竣。

事;另一是与理化研究会合印杂志。3月21日,理化、数学两研究会职员联合会专门讨论合印杂志中编辑、付印、发行等事。杂志定名为《数理化杂志》(Mathematical Physical and Chemical Magazine),拟定刊登内容有11项,其要点是:

(1)介绍世界最新之数理思潮;(2)发表本会会员研究之心得;(3)数理化研究法之讨论;(4)数理化教授法之商榷,……(7)调查中等学校数理化教授状况之报告;(8)关于数理化上之历史等等。[①]

此后两会合并,称南京高师数理化研究会。该研究会主办的《数理化杂志》,"因暑假前罢课,影响迟期出版,无任抱歉,阅者谅之"。[②] 到1919年9月才出版创刊号。数理化部主任张准(字子高,1886—1976)在发刊辞中说:"数理化杂志,吾校数理化部诸生之所作也,揆其用意,约有三端:一曰广学;二曰善教;三曰通俗,……诸生既有志于数理化之学,则文字之业之外,更当探幽索隐,推理之精,发物象之秘,勿封于故步。吾知海内之士,观感之间,欣然起者必众矣。"[③]

1920年12月,经国家国务会议通过,在南京高师校内另组建东南大学。1922年12月,南京高师归并入东南大学。1923年7月南京高师取消。在两校的合并变化过程中,杂志随之变化。第一卷的编者是"南京高师数理化研究会";第二卷编者改称"东南大学、南京高师数理化研究会",杂志刊名改为《数理化》;第三卷编者则称"东南大学数理化研究会"(见原刊各卷封面)。

《东南大学数理化研究会章程》共15条。其要点有:

本会以研究数理化为宗旨。

---

① 见北京高师的《数理杂志》,1919,1(3):封三。
② 见《数理化杂志》,1919,1(1):封三。
③ 见《数理化杂志》,1919,1(1):1。

凡以数理化三系任一系为主系之同学(已毕业及在校)及其他各系同学志愿入本会者,皆得为会员。

本会得敦请本校及国内外理科专家为指导员。①

数学专业的指导员主要有:何鲁、熊庆来教授,他们都是留法学者。数理化研究会主办的杂志两期为一卷,至1924年6月出版第三卷第一期后停刊。该刊共出三卷五期,总发文章82篇次,其中数学内容的28篇次,占总数的34.1%。

表3列出数理化研究会其中四届部分学生职员分工名单。(1919年3月之前是数学研究会的职员名单)

表3　南京高师、东南大学数理化研究会学生职员分工名单

任职时间	正、副总干事	干事	书记	编辑主任	编辑	发行主任	会计
1919.3 之前	孙　镕周厚枢	薛元鹤方光圻	沈　袯、涂　冈郁　超、汪本善		吴有训		许爕章
1919.5	周厚枢吴有训	薛元鹤袁自堂	郁　超沈　袯	恽代贤	方光圻、孙　镕黄绍辙、丁　镇	楼良相	许爕章
1923.3	樊平章王式禹	李洪度	徐曼英张宗英	严济慈	吴新嘉、赵忠尧沙五彦、徐　戡	蔡　通	钱钟祥
1923.10	李洪度郑衍芬	戴良谟樊平章	俞仁铭张宗英	沙玉彦	徐曼英、胡坤陞朱正元、赵忠尧	张宗蠡	胡　塘

以上四个数理学会(或数理化研究会)及其主办的杂志的共同特点有:其一,它们都成立或创办于民国初建时期,现代高等教育实施之初,设在新型的四所国立高等学校之内,共存于"五四"新文化运动期间,横跨十年(1916—1925),共存三年(1919—1921)。其二,都是在现代高等学校校长的倡导与支持下,以专业教授为指导,以我国第一代现代大学生为主体而创办的数理化学术团体和专业杂志。其三,这些杂志一律用16开本、横排,全部使用西方科学使用的数字、符号、公式、图形等,这在我国当时是革新,叙述文字由文言文逐渐向白话文转变。其四,内容从习作研究、翻译,进而到有创见性的研究,均属于现代科学各分支,有一定的研究价值。作者们是在教育救国、科学救国的感召下,向着中华民族的独立、复兴宏伟目标,自觉地锻炼自己快快成长报效祖国。

为了对以上四个学会和四种杂志有个整体、综合的概念,也便于区分、比较,特列出表4。

---

① 见《数理化》,1924,3(1):145。

表4　四个学会和四种杂志简况比较表

学会名称	成立时间	杂志名称	创、停刊时间	总卷期	发文总篇次	数学篇次	数学篇占百分比
北京大学数理学会	1918.10.27	《北京大学数理杂志》	1919.1—1921.3	3卷共5期	41	19	46.3%
北京高师数理学会	1916.10.27	《数理杂志》	1918.4—1925.12	4卷共15期	198	161	81.3%
武昌高师数理学会（数理化学会）	1916.9.26	《数理学会杂志》（1918.5—1921）《数理化杂志》（1922—1923.5）	1918.5—1923.5	共11期	93	53	57%
南京高师（东南大学）数理化研究会	1919.3.21	《数理化杂志》（1919.9—1920）《数理化》（1923.1—1924.6）	1919.9—1924.6	3卷共5期	82	28	34.1%

二、活动内容及人才成长

（一）"五四"运动前

1、召开数理学会联合会，交流经验、相互促进。

北京大学数理学会成立不久，北京高师数理学会倡议召开三个数理学会联合会。1918年12月31日，在北京高师礼堂举行。到会的有武昌高师数理学会代表夏隆基，北京大学数理学会代表张燊云、吴维清。北京高师校长陈宝泉，数理部代主任、物理教授张少涵，数学教授冯祖荀，及北京高师数理学会全体干事。首先由北京高师数理学会会长傅种孙报告这次会议主旨，接着夏隆基、张燊云、刘承祖报告各自学会的组织与沿革，然后提出各项议题。经大家讨论，有以下结论：

（1）交换杂志：哪个学会的杂志出版后，就分送若干册给其他两学会。所送册数可临时斟酌。

（2）交换稿件：三会的会员可彼此互相投稿。

（3）难解的问题可以互相质疑。

（4）统一名词：数学物理上的名词，我国最不一致。议决由北大数理学会首先规定，把规定的结果印交本会；再转武昌高师数理学会。经我们这两个学会审定取得同意的，就于三会的杂志里面同时发表，以征求海内数理学家的同意，将来全国的数理名词，庶几可使统一。

（5）发启全国数理学会：这件事虽属重要，但一时不易着手，拟从缓进行。

会上陈宝泉校长表示对于这种集会非常满意，并鼓励："应用研究科学的精神，乃有最大的价值。"冯祖荀教授则极赞成统一名词的议案。又谓"我们的杂志，在灌输关于数理的新知识,翻译越多越好,不必拘拘于创造发明。"①

这次会议是我国数学物理学界最早的一次联合会,会议促进了各学会之间的信息交流,相互支援,还互登广告。北京高师数理学会将这次会议的情况通知了南京高师数理化部的有关人士,促成了南京高师数理化研究会的成立及其杂志的创办。联合会后不久,冯祖荀便在北京大学召开了数学名词讨论会。

这个时期的数理杂志除相互交换外,还与其他学科的杂志交流。北京高师的《数理杂志》曾专文介绍了中国科学社主办的《科学》前六卷刊登的全部数学、物理内容的文章目录,还传到日本。1922年,黄际遇在美国进修归国,路经日本(黄早年留日),几位日本教授对他说:"中国学校,我们虽然没有亲自看过,若以数理出版物而论,要以北师大数理杂志为第一。"②

2、介绍外国的数学学术团体、奖励、课程等,增进对外国数学界的了解。

《北京大学数理杂志》1919年在第一卷第一、二两期用大量篇幅介绍了世界各国重要的数学会,计有:英国伦敦数学会、法兰西数学会、意大利数学会、爱丁堡数学会、美国数学会、德意志数学会、印度数学会、西班牙数学会等,还介绍了国际数学家大会(当时称万国数学会议),是我国最早比较完整地向国内介绍这些外国数学学术团体。还介绍了诺贝尔奖,及1901~1918年间获得诺贝尔物理学奖的物理学家名单。武昌高师的《数理学会杂志》介绍了日本数学教员协议会,日本中等学校学生物理化学实验要目,日本东北大学数学部之课程;美国中等学校物理化学实验要目,美国芝加哥大学数学部之课程等。北京高师数理学会请留法刚归国的汪奠基教授向会员详述法国与本会类似的学会组织及法国近年数学活动之趋势等。这些介绍增进了我国学者对外国数学界的了解,起到了借鉴的作用。

3、从研究一些专题的历史入手,进一步了解现代数学的发展,并用现代数学观点研究我国传统数学。

北高(注:由于几种杂志名称雷同,且有变化,容易混淆,以下用各杂志所属的校名简称替代,如北高、北大、武高、南高。北高即代表北京高师数理学会办的《数理杂志》,以下类推)创刊号上发表一篇"π之略史"(杨荃骏,北高,1918,1(1):84-89),北大创刊号上有一篇"圆周率考"(齐汝璜,北大,1919,1(1):69-79)。两篇文章都是研究圆周率π的历史,前者比较了西方研究π与中国研究圆周率所用方法上的区别,并阐述了作者对两种方法的看法。后者着重考其各种算法的沿革,知其算法的进步。从这个专题研究的角度很自然地将中国数学的发展与西方数学的发展结合起来,提起了大学生们进一步研究现代数学的兴趣。

傅种孙当时是北京高师数理部二年级的学生,他运用新学到的现代数学观点、符号、公式,研究我国古算,写了一篇"大衍(求一术)"(北高,1918,1(1):70-77),是我国学者用现代数学观点研究传统数学最早的论文之一,影响很大。中算史专家李俨(字乐知,

---

① 见《数理杂志》,1920,1(4):117-118。
② 见《数理杂志》,1925,4(3):109-110。

1892—1963)曾经对人说:"由于这篇文章的启发,自己才对于中国古算的研究发生兴趣,于是决心把中国数学史整理出来。"①第二年(1919 年),李俨写出"中国数学源流考略",投给《北京大学数理杂志》,该刊编辑张崧年非常赞赏这篇论文,为扩大影响,张将该文推荐给《北京大学月刊》,连载三期。② 另一位中算史专家钱宝琮(字琢如,1892—1974)在其数学史论文"求一术源流考"(学艺,1921,3(4):1-16)节录了傅仲孙"大衍术"的证法。

这几种杂志刊登数学史方面的文章还有不少,例如:

①圆锥曲线史(彭清杰译,北高,1918,1(1):81-84)

②胡雪琴先生演讲西洋几何学略史笔记(张鸿图,北高,1918,1(2):53-55)

③代数记号之变迁(裴友右,北高,1922,3(3):55-63)

④中国数学书籍考(刘应先,武高,1922,(10)注:未标页码者是笔者未见该文页码,下同)

⑤π 之小史(周沛,北高,1923,4(2):35-45)

4、针对民国新颁布的现代中学数学教学大纲,为加深加宽对其教材内容的理解,翻译了一些外国的有关专题和名题。

译文一般比较长,多是几期连载。进而大学生们也写出了不少自己的研究成果。这方面的内容在高师的三种杂志中刊登数量较多。试举数例:

①几何学上三大问题之归宿(徐灿云译,北高,1919,1(3):61-72;1920,1(4):37-56;2(1):5-8)

②九点圆之研究(张辑译,北高,1918,1(1):50-64;1(2):31-36;1919,1(3):47-60;1920,2(2):45-52)

③内接正十七边形之作图法(夏隆基译,武高,1919,(3);(4))

④无定式之几何说明(朱正元译,南高,1923,2(1):86-92)

⑤一次有向量函数(吴维清译,北大,1919,1(2):53-59;1920,2(1,2):137-144;1921,3(1))

⑥约数与倍数(杨克纯,北高,1919,1(3):35-39)

⑦方程式之三角解法(严济慈,南高,1920,1(2))

⑧无理方程式根论(严济慈、张宗蠡,南高,1923,2(1):69-82)

⑨方程式应用标准线之解法(陈宏勋,北高,1920,1(4):33-36)

⑩代数的五次方程式之不能解(张哲农,北高,1920,1(4):13-19)

⑪极大极小问题十五则(魏元雄、刘泗滨,北高,1923,4(2):81-97)

⑫量之函数之研究(夏隆基、张希曾,武高,1918,(2))

5、随着现代数学进入中学,关于新的课程教材、教法的研究也提到议事日程。

北京高师的《数理杂志》第一卷先后发表了:

① 见赵慈庚:忆傅种孙先生,《赵慈庚数学教育文集》,上海教育出版社,1987:375。

② 见张祖贵:数学史与近代中国数学教育,台湾《数学传播》,1992,16(3):13。

①余之中等学校数学教授谈(陈廷柄,北高,1918,1(2):60-65)

②初等数学教授法(孙秀林,北高,1918,1(2):66-70)

③数学教授法(张忠稼译,北高,1919,1(3):107-119)

④初等数学今后宜扩充之直观教材(陈廷炳,北高,1920,1(4):95-108);2(1):53-62;2(2):57-64)

南京高师的《数理化杂志》第一卷也有类似的文章,如:"全国中学校数学科教授状况之调查"(倪尚达,南高,1919,1(1)),"余之中等学校数理教学谈"(吴国瑜,南高,1920,1(2))。

1923年1月,何鲁教授发表了一篇"算学教学法"(南高,1923,2(1):10-16)。文中说:"中国算学教育之坏,原因有二,其一师资不足,其二书籍太少。改良之法,当从造就师资及编纂书籍入手,乃得根本上解决,断非一二篇教学法空文所能生效,盖教师资格不足,虽与以良好之教法,彼亦无力实施,书籍缺乏,则无从参考故也。"冯祖荀教授也是这一月,在北京高师给学生们讲了"数学教授法"中的有关问题。武昌高师的黄际遇教授早在1919年就总结发表了"武昌高师数理部进行实况及成绩说明书"(武高,1919,(3):77-82)。这几所高师的教授们都在竭尽全力地培养出能适应现代中学数学教育的高质量的中学教师。

(二)"五四"运动中

1919年4月30日,巴黎和会通过凡尔赛和约,无理拒绝了中国代表提出的收回山东主权和取消21条不平等条约的正当要求,并决定把德国在山东的一切特权移交给日本。5月1日、2日,上海、北京的报纸先后披露了这一丧权辱国的消息,激起了全国人民的极大愤慨。首先行动起来反抗的是学生,5月4日下午,北京大学、北京高师等13所大专院校的三千多名学生集聚天安门,高呼"还我青岛""取消21条""外争国权,内惩国贼""拒绝和约签字"等口号,要求惩办卖国贼曹汝霖、陆宗舆、章宗祥;举行示威游行,直冲赵家楼曹汝霖的住宅,痛打章宗祥。北京高师数理学会会员匡互生点火烧了曹宅。当晚有32人被捕,被捕学生中有数理学会会员陈宏勋(荩民)、杨荃骏(明轩)等多人。5月5日,北京学生罢课,并通电全国。全国各地的学生、工人都纷纷响应,相继罢课、罢工声援北京学生反帝反封建的爱国运动。北京政府在全国人民巨大的压力下,释放了被捕学生;6月10日,解除了曹、陆、章的职务,并宣布拒绝在"和约"上签字,"五四"爱国运动基本获得胜利。

在运动中,各地数理学会会员和全国学生一道,停下学业都积极投入运动,有的担当了这次运动各级的组织者、领导者,有的当选为学生联合会负责人,他们的思想更加觉醒。广义而言,"五四"运动是一次追求民主、科学的思想解放运动,以爱国、进步、民主、科学为宗旨。学生的重要任务是学习。此刻,蔡元培作了及时的正面引导,蔡在返回北大前夕,写了"告北京大学学生暨全国学生联合会书",他首先肯定了广大学生在"五四"运动中的爱国行动,随后语重心长地劝导学生,说:"我国输入欧化,六十年矣:始而造兵,继而练军,继而变法,最后乃始知教育之必要。其言教育也,始而专门技术,继而普通学校,最后乃始知纯粹科学之必要。吾国人口号四万万,当此教育万能、科学万能时代,得受普通教育者百分之几,得受纯粹科学教育者万分之几。诸君以环境之适宜,而有受教育之机会,所以对吾国新文化之基础,而参加于世界学术之林者,皆将有赖于诸君。诸君之责任,何等重大!"①把学生们引导到持久的教育救国、科学救国的轨道上。

对数学,蔡元培有一段专门的论述。1920 年 8 月 31 日,北京大学第一次授名誉学位,被授予者是时任法国总理、著名数学家班乐卫(P. Painlevé,1863—1933),蔡元培在授予仪式致词中说:"大学宗旨,凡治哲学、文学及应用科学者,都要从纯粹科学入手。治纯粹科学者,都要从数学入手。所以各系次序,列数学为第一系。"②

(三)"五四"运动后

"五四"时期的青年,思想非常活跃,接受新事物快,敢于创新。学生们遵循蔡元培的教导,在各校校长、教授们的引导关心下,学习更加自觉刻苦。各数理学会恢复了专业活动,南京高师的《数理化杂志》很快出版了创刊号。此后三年(1919—1921),我国南北的四个数理学会(或数理化研究会)创办的四种数理杂志同时共存,互相交流,互通信息,互相促进,欣欣向荣。

1、教授们带头,或讲演或发文引导学生的数理研究向纵深发展。

冯祖荀教授写了长篇著作《微分方程式》,他在"弁言"中说:"顾微分方程之理精深宏大,非熟于函数论群论者,不能探其微妙,而学者急于待用又非速习不可。故寻常英美人所著教科书,多仅述解法而不言其理,令稍知微积分者即可学,其病常流于粗疏。而德法人所著高等解析又苦于艰深难读。余今折衷二者之间,凡理论中有可为初学道者,莫不以浅显出之,以为学者日后研究微积分方程论之基础,乃余之厚望也。"(北高,1920,2(1):71)该文在北京高师的《数理杂志》上从第二卷第一期起,连载八期,是我国学者最早编写的一部微分方程讲义。王仁辅教授作了题为"近世几何学之基础及其主要原素"的讲演(北高,1922,3(2):1),何鲁教授写了"数学家二性略论"、"几何读法"(南高,1920,1(2)),熊庆来教授写了"数学理论之精确"(南高,1923,2(1)),黄际遇教授写有"解分数方程式之二、三注意"(武高,1919,(4)),"用微系数以求方程式共同根之法"(武高,1921,(6))等。

这期间学生们的文章主要有:

①解微分方程之通法(张燊云,北大,1919,1(1):7-25)

②用微分方程解代数方程之法(靳钟麟译,北大,1920,2(1,2):55-60)

③数论(傅求学译,北高,1921,2(3,4):119-138)

④数之概说(郭善潮,北高,1922,3(3):1-4)

⑤傅理氏级数(吴有训,南高,1919,1(1))

⑥椭圆函数(孙镕,南高,1919,1(1))

---

① 蔡元培著:《蔡孑民先生言行录》,山东人民出版社,1998:190。
② 同上书,第 160 页。

⑦方程式之级数解法(胡坤陞,南高,1923,2(1):93-98)

⑧何谓几何(张宗英,南高,1923,2(2):41-53)

⑨积微法于圆锥曲线之应用(周燮欧,南高,1923,2(2):70-82)

⑩数学之基础(周武勋译,武高,1921,(8);1922,(9))

2、从习作研究到创造性研究。

汤璪真(字孟林,1898—1951)在北京高师的《数理杂志》上发表文章,从创刊第一期到停刊前最后一期,持续8年。这期间,他从一名在校大学生成长为一名留德归国的数学教授。《数理杂志》是他锻炼成长的园地。汤璪真在该刊发表的文章有以下6篇:

①Generalized binominal theorem(北高,1918,1(1):67-70)

②几何上物理应用之一例(北高,1918,1(1):100-102)

③任意一次无定方程式之解法(北高,1918,1(2):15-18)

④物理学家事略(北高,1918,1(2):48-52)

⑤开任意次方法(北高,1919,1(3):25-30)

⑥自然几何(北高,1925,4(3):1-10)

最后一篇"自然几何"是汤在德国柏林大学和哥廷根大学做研究工作时所写论文的一部分。该文中,他"把研究数学的方法分为两种:一种是发展旧路,另一种是开辟新路。'自然几何'就是他在几何学研究中'开辟新路'所得的一种几何学。"①

靳荣禄从1918到1923年在这个时期的北高、北大、武高的三种数理杂志上都发表过文章,共有10篇:

①零之概念(北高,1918,1(1):7-13)

②球面调和(译文)(北高,1918,1(1):96-100)

③关于极限值之定理(北高,1918,1(2):11-14)

④关于任意函数新导出之定理(北高,1919,1(3):7-14)

⑤阿伯尔定理之扩张及第二中值定理之别证(北大,1919,1(2):103-108)

⑥斯梯姆氏函数(北高,1920,1(4):9-12)

⑦数之方向(北高,1922,3(2):42-61)

⑧On the conditions necessary and sufficient to ensnare functional dependence(武高,1922,(10))

⑨Generalization of catenary theorem on the calculus of variation(武高,1923,(11):9-13)

⑩表复变数函数之面之推论(北高,1923,4(2):32-34)

后面三篇是靳荣禄在美国芝加哥大学研究院的研究成果。靳和汤璪真都是北京高师数理部第一届优秀学生,他俩同时连任两期《数理杂志》的编辑,在数理学会作过多次讲演,大学学生时期他俩合作的著作《级积论》,受到学校赞扬,1919年由北京高师出版。后来他们都留学海外。靳荣禄回国后,先后在东南大学、南开大学、北京师范大学、燕京

---

① 见李仲来主编,《几何与数理逻辑:汤璪真文集》,北京师大出版社,2007年,序一第2页。

大学等校任数学教授,以后到新加坡,长期任南洋大学数学系教授兼系主任,1973年去世。汤璪真留学回国后,在武汉大学任教18年,以后相继到中山大学、广西大学、湖南大学、安徽大学任教授,1948年应聘回北京师大任教务长,继而代理校长。1951年10月不幸英年早逝,终年54岁。

3、傅种孙(字仲嘉,1898—1962)是这个时期的数理学会会员中最活跃且最有成效者。

傅1916年考入北京高师数理部,正赶上成立数理学会。刚上二年级就当选为北京高师数理学会第二任副会长,是第三、第四任唯一的连任会长(1918.4—1919.9)。此间,他主持召开了三所高校的三个数理学会联合会,并通知了南京高师数理化研究会,把大家联合起来共创辉煌;还经历了"五四"运动。从此傅热心于"学会"的公益事业,持续他一生。

大学期间,傅种孙就表现出非凡的数学才能。这个时期最早出版的数理杂志,其中就有傅种孙用现代数学观点研究我国古算的创新性文章"大衍(求一术)",之后傅潜心于几何基础的研究,他首先翻译 F. S. Woods 著的"非欧几里得几何"(北高,1921,2(3,4):21-40;1922,3(2):9-42),然后翻译 O. Veblen 著的"几何学之基础"(北高,1922,3(4):1-22;4(1):1-23),后来又在韩桂丛协助下翻译 D. Hilbert 的名著《几何原理》,1924年由商务印书馆出版。傅种孙在翻译的同时,还写了"几何学之近世观"(北高,1925,4(3):10-18),介绍当时国外的几何基础学说。1926年便在北京师大开始讲授几何基础。通过教学实践和深入而系统的独立研究,整理出自己的观点,写出专著《几何基础研究》。该专著的重要特点是结合运用了数理逻辑观点,并且对 Veblen 等人的工作做了不少改进和对比。[①] 傅种孙还是最早将罗素的数理逻辑介绍到中国的学者之一。

北京高师的《数理杂志》共出版四卷15期,傅种孙在其上发表文章共18篇次(其中有5篇是连载),占总篇次的9%以上,不仅数量最多,而且质量高、涉及内容广。冯祖荀教授非常器重这位其貌不扬的小个子学生,1920年毕业后留在附中任教,第二年便提任北京高师数理部的讲师。数理部改为数学系后冯任系主任,许多系务工作,他都放手交傅种孙办理。1928年傅被聘为北京师大数学系教授,成为我国数学学科未出国留学而直接提升为教授的第一人。更难能可贵的是,傅种孙一生坚守在师范教育的岗位上,以改革中等数学教育为己任,坚持用高等数学观点指导研究初等数学,经常利用假期为中学数学教师办培训班,亲自讲授多门课,是我国现代数学教育研究的开创人。

4、关于数理逻辑。

1920年10月至1921年7月,20世纪最有影响的哲学家之一、英国著名数理逻辑学家罗素(Russell,1872—1970)应邀来华讲学。数理逻辑是当时刚发展的一门新兴学科。"罗素本不认为当时中国人有能力领会数理逻辑。"[②],但并非如此。北大数理学会会员

---

① 见《傅种孙数学教育文选》,人民教育出版社,2005年,代序第4,5页。

② 见冯崇义著,《罗素与中国——西方思想在中国的一次经历》,三联书店,1994:132。

张崧年,在北大数学系学习时,就认真阅读过罗素的著作。1917 年毕业留校教逻辑和数学,1919 年间,张写了三份很有分量的罗素传略,介绍罗素为和平与进步事业而奋斗的业绩,以及罗素的《论几何学的基础》《数学原理》《数学哲学导论》等十余部著作的梗概[①]。不过,罗素来华一个月,张崧年便应聘到法国巴黎的中法大学教逻辑学去了。所幸他与罗素见了面,并得到罗素的赏识。

1921 年 3 月,北大数理学会,联合北京高师数理学会和理化学会,公请罗素演讲。罗素应允,讲题为 Mathematical Logic,原预定讲四次,前两次在北大,后两次在北京高师。不幸的是只讲了前两次,后两次因病未讲。[②]《北京大学数理杂志》立即在 1921 年 3 月出版的第三卷第一期刊登了罗素讲的"物之分析"(潘祖述、王世毅记);同时刊登王世毅写的"罗素的数理哲学导论",长达 13 页。北京高师 1921 年 4 月出版的《数理杂志》第二卷第 3、4 合期刊登了傅种孙写的"罗素算理哲学入门书提要",随后以傅为主又翻译了罗素于 1919 年出版的 Introduction to Mathematical Philosophy,译名为《罗素算理哲学》,1922 年由商务印书馆出版;1931 年共学社再版。1921 至 1922 年,武昌高师数理学会还在它主办的杂志上刊登了周武勋翻译的"数学之基础",第 8 第 9 两期连载。汤璪真以后对数理逻辑也有研究。

张崧年(字申府,1893—1986)从欧洲回国后,1925 年继续研究和介绍罗素的哲学和数理逻辑。罗素向他的法国朋友介绍张崧年时写道:"他对我的所有著作知道得比我还清楚得多。"[③]张崧年对罗素的崇拜持续了一生,写有《罗素哲学译述集》等多部著作。是中国数理逻辑学派早期与金岳霖齐名的代表人物之一。

5、在"五四"新文化运动时期,通过数学会和数理杂志这块园地,锻炼成才的大学生有很多,下面再举数例:

(1)曾昭安(原名珹益,1892—1978),是武昌高师数理学会的发起人之一,1917 年毕业后即东渡日本留学,此时正值国内军阀政府同日本密订卖国条约之时,许多留日学生极为愤慨,相继罢课回国,参加"五四"运动。通过运动认识到只有科学民主才能救中国。经黄际遇教授的引导、建议,稍后再度出国到美国哥伦比亚大学深造。1920 年底,黄际遇到美国进修,将曾昭安写成的研究论文"Singular Solution of differential equations of the first order"及时发回在武昌高师的《数理学会杂志》第 7、8、9 三期连载。1925 年,曾昭安学成归国,任武汉大学数学系系主任 20 余年,培养了大批人才,并且热心于中国数学会的工作,成为该会在武汉地区的代表人物,为中国数学会的发展作出了贡献。

(2)孙光远(原名孙镛,1900—1979),是南京高师数理化研究会的发起人之一。1920 年毕业后留校任数学系助教,从事微分几何的研究。1925 年留美,1928 年获芝加哥大学博士学位,回国后任清华大学数学系教授。在清华数学研究所指导培养了我国的第一位数学专业的硕士研究生陈省身。1933 年回到已改名为中央大学的母校,在中央

---

① 同上书《罗素与中国》,第 94 页。

② 见《数理杂志》,1922,3(2):130。

③ 同上书《罗素与中国》,第 205 页。

大学任理学院院长长达 14 年,经历了抗日烽火,在学校西迁异常艰苦的环境中,始终致力于院系建设、坚持德才兼备的用人标准,保证了教学质量,在中央大学培养了众多人才。

(3)严济慈(1901—1996)曾任南京高师数理化研究会编辑主任。他在该会主办的《数理化杂志》上发表的第一篇文章是有关数学研究的。在校期间写成的《初中算术》和《几何证题法》,由何鲁教授推荐到商务印书馆,于 1923 年出版。严济慈说:"对我影响最大的、堪称恩师的是何鲁先生,还有一位是熊庆来先生。"①何鲁和熊庆来两位教授,不仅给他创造了良好的学习条件,毕业后,还资助他自费到法国巴黎大学学习物理。1927年获得博士学位,1928 年再次赴法从事研究工作。1930 年底学成归国,即任国立北平研究院物理研究所专职研究员和所长,第二年又兼任镭学研究所主任。1932 年,和叶企孙、吴有训等一起创建中国物理学会。严济慈为我国物理科学的发展做出了卓越的贡献。他早年的数学著作一版再版,久用不衰。1927 年,我国的第一位数学博士胡明复去世,严济慈写了"胡明复博士论文的分析"②。在数学界也是一位有影响的专家。

(4)杨武之(原名克纯,1896—1973),是北京高师数理学会最早的编辑之一,参与创办了《数理杂志》。"五四"时期的一首流行歌曲:"中国男儿,中国男儿,要将只手撑天空。长江大河,亚洲之东,峨峨昆仑,……古今多少奇丈夫,碎首黄尘,燕然勒功,至今热血犹殷红",伴随他一生,并传教给他的子女杨振宁等学唱。大学毕业后回合肥母校任教,用"五四"精神教育中学生,受阻。便发奋自学,于 1923 年考取安徽省公费留学赴美,1928 年获得芝加哥大学博士学位。成为我国代数、数论方向的第一位博士学位获得者。1929 年到清华大学任数学教授,以后长期担任清华大学数学系代系主任和系主任及西南联大数学系主任。善于团结同事,关心学生成长,是一位极富成效的数学教育家。仅在 1930 年代,直接受过他教育或帮助的学生有:华罗庚、陈省身、柯召、许宝騄、段学复、闵嗣鹤等,他们日后都成为我国著名数学家。1934 年,帮助陈省身顺利获得硕士学位,并实现了赴德留学的愿望。随后杨利用清华休假到德国柏林大学进修,经过三年师生交往的华罗庚,给杨武之写信说:"古人云生我者父母,知我者鲍叔,我之鲍叔乃杨师也。"③

(5)陈荩民(原名宏勋,1895—1981)曾任北京高师数理学会副会长,"五四"运动中被捕,北京高师校长陈宝泉出面作保释放。为避免将来到社会遇风险,陈校长亲自为他改名,由宏勋改名荩民。④ 1920 年毕业后留北京高师附中任教。1921 年考取公费赴法留学,1925 年获得硕士学位后回国,首先回北京师大任教授兼北京大学教授,随后赴上海,先后任暨南大学、大夏大学、复旦大学等校数学教授,抗日战争期间,回故乡浙江天台县,拿出自家积蓄,在各界人士帮助下,将沦陷区上海的育青中学迁至天台县复校自办。1942 年,北洋大学的工学院在浙江复校,称北洋工学院,陈荩民任院长。日本投降后,1946 年陈任北洋大学理学院院长兼北平部主任等职。1950 年暑假后,到北京工业学院

① 见《世纪老人的话:严济慈卷》,辽宁教育出版社,1999:62。

② 《科学》,1928,13(6):731-739。

③ 见王元著,《华罗庚》,开明出版社,1994:51。

④ 见《北京师范大学校史》,北京师范大学出版社,1982:47。

任数学教授至终。陈荩民一生潜心于数学教学与研究,著有多部著作,特别对工科院校的数学教材编写作出了重大贡献,他编的《高等数学教程》共三卷四册,流传甚广。

(6)匡互生(原名日休,1891—1933)的友好巴金说:"我最初只知道他(互生)是"五四"运动中'火烧赵家楼'的英雄,后来才了解他是一位把毕生精力贡献给青年的好教师,一位有理想、有干劲为国为民的教育家。"①匡互生 1919 年从北京高师数理部毕业后,相继到湖南第一师范、上海中国公学、浙江春晖中学执教,力图试行教育改革,都因难以如愿而辞职。1920 年代初在上海联络一批致力于新文化运动的人士:胡愈之、沈雁冰、朱自清、郑振铎等 50 余人,组织立达学会。1925 年由学会自建立达学园,其精神重在自由讨论,身教力行,匡认为称"学园"能符合于教育的真义,学园内集中了一批志同道合的好教师,多是立达学会成员。匡的大学同班好友、"五四"运动的急先锋刘熏宇(原名家镕)、周为群(原名馨)仍然和匡互生一道奋战。他俩主要致力于数学教材教法的改革,编了一套最新课程标准适用的初中算学教本:算术、代数、三角,1929 年由开明书店出版。1931 年再版,1939 年,1942 年又出修正本,在中学使用经久而不衰,1949 年还被解放区列为中学数学选用教材②。匡互生竭尽全力、历尽艰辛办立达学园,坚持了八年之久,培养了许多优秀青年,他本人终因劳累过度,于 1933 年 4 月 22 日英年早逝,终年才 42 岁。1993 年,北京师大出版社出版了《匡互生与立达学园》一书,纪念这位"五四"英雄教改先驱逝世 60 周年。

后　　记

1920 年代,全国各地纷纷兴办现代高等学校数学系,数学教授亟缺。冯祖荀暂时离开北大,先后任北京师大、北京女子师大、东北大学数学系主任。黄际遇离开武昌高师后,相继到中州大学(现河南大学)、山东大学等创办数学系。何鲁从南京高师到上海中国公学、然后到中山大学、安徽大学、重庆大学等校和他的留法同伴段子燮、郭坚白一道创办数学系。熊庆来先后到西北大学、清华大学、云南大学办学。1920 年代中期以后,他们培养的第一代学习数学专业的大学生,出国留学学成后逐渐归国服务,师生携手和其他数学家一道,在全国广大范围内建立培养现代数学人才的基地。到 1935 年,我国的数学人才队伍已初具规模,中国数学会成立时,设董事会计划发展本会事宜,冯祖荀、黄际遇、何鲁、秦汾、王仁辅当选为董事,在 9 个董事名额中占了 5 位;设理事会办理及推动会务,熊庆来、段子燮、孙光远、曾昭安当选为理事,杨武之、汤璪真是第二、三届理事。设评议会评议本会重要事务,傅种孙、陈荩民、汤璪真、胡坤陞、郭坚白、刘正经当选为评议。

(该文与赵爽英合著,为纪念"五四"运动 90 周年而作,2009 年 3 月完稿)

---

① 吕东明,"五四"英雄教改先驱——匡互生,《百科知识》,1989,(5):24。
② 见魏庚人主编,《中国中学数学教育史》,人民教育出版社,1987:255,256,260,343,421。

第六篇　对交通大学数学系早期的若干史实考证

2008 年,迎来了交通大学数学系创办八十周年。同时,还是该系创办早期的有功人员:20 世纪 30,40 年代交大校长黎照寰诞生 120 周年,逝世 40 周年纪念;早期系主任胡敦复逝世 30 周年纪念。可喜可贺!笔者仅就收集到的史料,回顾几点与他们有关的史绩,请大家指教。

(一)后起之秀

在交通大学数学系 1928 年成立之前,我国已有北京大学、清华大学、北京师大、南开大学、中央大学、浙江大学、厦门大学、中山大学、武汉大学、四川大学等十余所高校成立了数学系。交大是一所以工科为主的大学,1928 年成立的数学系,首任系主任是朱公谨,主要任务是为工科各系开设数学课。1930 年,黎照寰任校长,成立科学学院,加强了理科建设,决定理科各系单独招收本科学生。黎校长特聘请他早年的老师、中国一流教育家、曾任过多所高校校长或教务长的胡敦复(1886—1978)任系主任。

胡敦复不仅在教学上是多面手,能开多门课程,而且人缘好、交往广、善于用人。数学系招生初期,仅胡一位教授,他带领几位讲师,把全系的课撑了起来,还完成了全校工科所需的数学教学任务,同时,他又积极向外延聘人才,到 1933 年,交大数学系已经拥有顾澄、范会国、武崇林等几位经验丰富的教授。顾澄(1882—约1947),自学成才,1909 年在京师大学堂任教期间,翻译出版的《四原原理》是一部在我国最早介绍四元数的现代数学著作。之后,到清华学堂任教和胡敦复等十一位中国年轻教师组织立达学社,创办大同大学;1928 年后,任北平大学女子文理学院院长兼数学系主任。范会国(1899—1983),留法博士,1930 年回国,先后任北师大数学系教授、中央大学数学系主任。武崇林(1900—1953),北大数学系 1924 年毕业的高材生,留校任教。1928 年起,先后任东北大学、北京大学教授。这几位教授的加盟,使交大数学系实力顿时雄厚,随后,黎熙寰倡议科学学院在完成教学任务的基础上,再创办一刊物服务社会,提高大家的科研水平。黎校长说:"科学之昌明,关系文化之盛衰与国家之强弱。此近世学者所以努力求之,而国家所以竭力倡之者也。"[1]科学学院院长裘维裕在"发刊大意"中说:"本刊要旨约有四端:一以备中学教员之顾问;二以资大学学生之参考;三以助无师自修者之研究;四则本校校友散处各地,藉兹一编可相切磋,此尤本刊目的之所在,通讯二字所由起。"顾澄任该刊《科学通讯》总编辑,各系各出三个编委组成编辑委员会,数学系的编委是胡敦复、范会国、武崇林。《科学通讯》于 1935 年 4 月创刊,每年出 8 期为一卷,至 1937 年 5 月出版了三卷共 18 期。笔者作了一数字统计,该刊的前 18 期共发表文章 160 篇次(连载每期算一篇,累计次),其中数学内容文章 76 篇次,占总篇数的 47.5%。在数学文章中,顾澄每期至少发表两篇,共 43 篇次,占数学篇数的 56.6%。其余:武崇林有 12 篇次,范会园有 11 篇次,石法仁有 5 篇次,陈怀书 3 篇次等。此时,该系的教学、科研欣欣向荣,正处于发展时期,引起了我国数学界同仁的重视。

关于数学学会,早在 1918 年 12 月,当时的三所高校数理学会在北京高师(现北京师大)召开联席会时,就有人提出成立全国性的数理学会,鉴于条件尚不成熟,直到 1929 年 8 月,在张贻惠(物理学家)、冯祖荀等发起下才在北京成立了中国数理学会。1932 年 8 月中国物理学会单独成立;1933 年,冯祖荀领导的北京数学会开始活动。孙光远从北京清华大学回到南京中央大学后,也组织南京数学会。此时,成立全国性的数学学会已经提到议事日程,1934 年,胡敦复给冯祖荀先生写信,商讨筹建中国数学会之事,立即得到冯先生的积极响应。相继又有何鲁、熊庆来等先后从重庆、北京到上海,又到杭州,与胡敦复、顾澄、范会国、陈建功、苏步青等商讨成立全国性数学会的具体事宜。大家分析了我国当时数学工作者力量分布状况,北大冯祖荀先生是我国数学界的泰斗,但年事已高,且身体欠佳,秦汾已离开数学教育界;清华熊庆来先生刚从国外进修回国,杨武之随即出国休假;南开姜立夫先生也在国外进修。1934,1935 年在上海,交大数学教师的实力相对较强。在交大周边还有多所私立大学,其中不乏学贯中西的数学教授,如光华大学副校长朱公谨,暨南大学数学系主任汤彦颐等。而且,上海交通发达、联络方便;其中还有一特殊条件,是在上海的中国科学社明复图书馆内有美权算学图书室,内藏中外数学书刊丰富,是数学工作者良好的去处、集中之地。

经过我国两代数学家十多年的努力、积极筹备、反复酝酿,最后决定中国数学会成立大会,于 1935 年 7 月 25—27 日在上海交通大学举行。这也是交通大学数学教师努力争取的结果。胡敦复被推选为成立大会的主席,黎照寰校长应邀出席会议,并向大会致词,中国科学社也派有代表参加大会。大会通过了《中国数学会章程》,选举产生董事会、理事会、评议会三会的职员共 41 人,其中董事会的任务是"计划发展本会事宜,"由董事 9 人组成,他们均是我国数学界的资深元老级数学家,交大的胡敦复、顾澄当选。理事会的任务是"办理及推动会务",由理事 11 人组成,他们全是海外留学回国的博士和少数几位硕士,都是活跃在科研第一线较年轻的数学家,交大的范会国当选,且是内设的两位常务理事之一,负责处理日常会务,评议会的任务是"评议本会重要事务,"由评议 21 人组成[3],他们是数学界各方面的代表,交大的武崇林、陈怀书当选,石法仁当选为第三届评议。最后胡敦复当选为董事会主席,即中国数学会会长,主持学会的全面工作。在胡敦复的带领下,交大数学系的教师几乎都投入到中国数学会的工作中,为学会工作做出了大的贡献。中国数学会成立后,明复图书馆内的美权算学图书室便成了中国数学会最早的会址。

(二)苏步青、陈省身谈胡敦复、顾澄

1993 年 4 月,笔者和任南衡都到南京出席有关会议,我们因为编写《中国数学会史料》一书的进程,需要访问苏步青、陈省身二位对中国数学会早期知情甚多的老前辈。商定后,由笔者各拟一份访谈提纲。5月3日笔者和张奠宙、喻纬到复旦大学访问苏老;6月3日,任南衡和袁向东在北京友谊宾馆访问陈老。下面摘录苏老和陈老在访谈中提到的与胡敦复、顾澄有关的一些文字。

苏步青教授说:"胡敦复先生是很好的教育家。因为他不写论文,所以当时不那么出名。我们当时刚回国,30岁左右,年少气盛,不可一世,看不起人。表面上不说什么,心里头在想:你们连论文都不写,怎么行呢? 现在知道这种看法是不对的。那些论文,现在讲讲,有多少价值? 没有什么了不起,不过是'物以稀为贵'而已。回想起来,这些老前辈之间很团结,对我们非常爱护、提拔和帮助,难能可贵。""敌伪时期,胡敦复留在孤岛上海,在自己办的大同大学任教,但他和敌伪没有关系。1942年,胡敦复先生和我一起成为教育部的部聘教授,这说明他是爱国的。胡敦复先生待人也非常和气。当时我们议论,数学家中,英语最好的是胡敦复先生,他的文学也很好。"[4]陈省身教授说:"解放前是有部聘教授,他们都是各科的资深专家,数学方面有苏步青、胡敦复、何鲁等。那时我和华罗庚30岁出头,太年轻,都不是部聘教授。"[5]

陈省身教授说:"二、三十年代,熊庆来、冯祖荀、姜立夫等都是好先生,一心要教好学生,对社会活动没兴趣,有许多事如中央研究院的工作都是姜立夫出面在做。但姜先生不愿意领头组织中国数学会,后来把组织学会的事交给上海交通大学,那时交大的教授阵营不错,有胡敦复、顾澄、范会国等,交大也出了很好的学生,如吴文俊等,这些学生独立研究能力很强,没有老师自己也能干。""中国数学会胡敦复是会长,但胡不太管具体事情,中国数学会的实际工作、计划主要是顾澄在做,他们都是上海交大的教授,顾澄是自学成才的数学家,是一个不错的数学家,他翻译过好几本书,其中重要的一本叫《四原原理》,讲的是四元数;还有一本叫《定列式》,即是现在的行列式。顾澄与其他数学家是脱节的,他注重搞一些活动,后来他当了汉奸,在日伪政权中做官,与这都有关系。"[5]

关于在昆明成立新中国数学会,苏步青教授说:"这和顾澄有关。顾澄以前是北平大学数学教授,后来在上海交通大学当教授。1935年成立中国数学会时,他负责注册登记,出过一些力。可是抗战时期,顾澄倒向汪伪政权,在那里当'教育部次长',在沦陷区继续用中国数学会的名义搞活动,我们在大后方不承认它,所以有了新中国数学会,推姜立夫先生当会长。""顾澄在汪伪政权中没有做过特别的坏事,所以也没有惩办他,只知道抗战胜利不久就去世了。"[4]

为了实事求是地评价顾澄,笔者于1993年请教了汪伪政权研究专家、北京师大历史系的蔡德金教授。同年5月29日蔡教授回信说:"顾于1938年3月27日,在伪中华民国维新政府正式宣告成立的前一天出任伪教育部次长,1939年4月6日署理伪教育部部长,1940年3月30日,汪精卫伪中华民国国民政府成立时,伪维新政府宣布解散,顾澄没有被再委以任何伪职。从此,便不知此人去向,在已查得的逮捕审判汉奸的名单中,也未见其名字。"1994年,笔者直接到顾澄家乡无锡县档案馆,访问该馆馆长、《无锡县志》副主编之一李广平先生。李先生很负责任地查寻了有关档案,以后又走访了无锡县的有关乡镇,也没有查到顾澄的任何线索。顾澄投靠日伪政权后,留在上海的中国数学会会长胡敦复与两位常务理事(当时理事会没有理事长)朱公谨、范会国商议,取消了顾在中国数学会主办的普及刊物《数学杂志》主编的职务。以胡敦复为首,重新组织编委会,新的编委会于1939年11月出了《数学杂志》第二卷第1期后停刊。[6]

(三)胡敦复当选第一批部聘教授前后

民国教育部遵照1938年,国民党临时全国代表大会通过的战时各级教育实施方案纲要第13项:"全国最高学术审议机关应即设立,以提高学术标准"之规定,1940年在重庆设立"教育部学术审议委员会"。1940年12月6日,该会第一次常务委员会通过"设置部聘教授,由部径聘曾任教授职15年以上,对于学术文化有特殊贡献者担任,以奖励学术文化之研究,而予优良教授以保障"一案,随即将"规定部聘教授办法要点"交教育部学术审议委员会于1941年2月14日召开的第二次大会讨论修正。经讨论,将"任教授职15年以上"资格规定,改短为10年以上。部聘教授名额暂定为30人(战区可选2人),宁缺毋滥。此项人选原定由该会于1942年4月16日召开的第三次大会审议选出,后因须按照会中决议,再发交各久住教授荐举。待荐举完毕后,于同年8月24日下午召开该会临时常务委员会审议选出[7]。选举结果如下(括号内是该部聘教授所属学科):杨树达、黎锦熙(中国文学科),吴宓(英国文学科),陈寅恪、萧一山(史学科),汤用彤(哲学科),孟宪承(教育科),胡敦复、苏步青(数学科),吴有训、饶毓泰(物理科),曾昭抡、王琎(化学科),张景钺(生物科),艾伟(心理科),胡焕庸(地理科),李四光(地质科),周鲠生(政治科),胡元义(法律科),杨端六(经济科),孙本文(社会科),吴耕民(农科),梁希(林科),茅以昇(土木水利科),莊前鼎(机械航空科),余谦六(电机科),何杰(矿冶科),洪式闾(医科),蔡翘(生理解剖科)共29人。这个名单是笔者抄自1942年9月31日出版的《高等教育季刊》第二卷第3期第152页。之前,文献[7]中曾有说明,当选的部聘教授尚在战区者,姓名不正式公布。因此,这第一批部聘教授名单正式公布时,在数学科下特有一括号注明:"计2人,其中1人暂不发表。"[7]这"其中1人"就是胡敦复,他是1942年在战区中当选的唯一一名部聘教授(原定可选2人)。从此,在我国第一批部聘教授名单中,便没有了胡敦复的名字。而且在1948年商务印书馆出版的《第二次中国教育年鉴》第873页中,干脆说,1942年当选的第一批部聘教授是28人,胡敦复不仅名字没有,连名额也没有了。

事实上,1942年因为是我国第一次选举产生部聘教授,当时为博采众议,特别慎重起见,除办法规定外,还由国内大学及独立学院,暨已备案之全国性学术团体分别遴选。然后提交部学术审议委员会,再由该会将各候选人分科制成名单,发交公私立各院校教务长(主任)、各学院院长及各系科主任,各就本人之相关学科于名单中荐举2人,并注明对于被选举人之意见,以供该会审议时参考。数学科集中了14位候选人,胡敦复和苏步青是这14位中荐举票数最多者。[7]最后由教育部学术审议委员会审议通过胡、苏2位为数学科的第一批部聘教授,胡敦复在战区当选,除具备部聘教授的所有条件外,保持中华民族的气节,独立自主办教育是不言而喻的,是难能可贵的。足见胡敦复不仅是中国一流的教育家,也是中国一流的数学教授。以后在部聘教授的相关名单中未被记载,是由于当时的抗日战争环境所致。

参考文献

[1]黎照寰.弁言.《科学通讯》,1935,1(1).

[2]裘维裕.发刊大意.《科学通讯》,1935,1(1).

[3]任南衡、张友余.《中国数学会史料》.南京:江苏教育出版社,1995:14;17;25-33;96-98.

[4]张奠宙、张友余、喻纬.数学老人话沧桑——苏步青教授访谈录.《科学》,1993,45(5):51-54.

[5]张友余.陈省身教授谈中国数学会.《中国数学会通讯》,2005,(2):9-13.

[6]数学杂志编委会.《数学杂志》,1939,2(1).

[7]教育部学术审议委员会.三年来学术审议工作概况.《高等教育季刊》,1942,2(3):123-125;152-155.

(原载:上海交大《数学系八十年》(征求意见稿),2008 年)

H·庞加莱语录

若想预见数学的未来,正确的方法是研究它的历史和现状。

——摘自:《数学译林》,1995,14(3):243

柯召语录

拿破仑曾说:"一个国家只有数学蓬勃发展,才能表现它的国力强大。"培根还说过:"数学是科学的大门和钥匙。"作为一个数学教育工作者,就是造就更多精通数学的人才,使我们国家的数学能蓬勃地发展;希望有更多的人能掌握数学这把打开科学大门的钥匙。

——摘自:《柯召传》.北京:科学出版社,2010.5:199

第七篇　三十年代清华促进华罗庚、陈省身成才的思考

我曾请教一位北大入学、西南联大毕业的老师:"三、四十年代的清华为什么能够出那么多数学人才?"他说:"因为清华有钱呗,有钱就能吸引好的学生,那时有一句流行的话:'北大老,师大穷,唯有清华最适中。'"为此,使我联想到1911和1912年几位数学精英被撵出清华的往事。

清华学堂刚成立时的第一任教务长胡敦复(1886—1978),因主张学生多读理工科课程,与美籍教员主张多念英文和美国文学、美国史地的意见发生分歧,上诉到外交部,美国公使出面干涉,支持美籍教员的意见,胡敦复表示不能遵办,被迫辞职离开清华。1912年,有一位清华的学生叫何鲁(1894—1973),见美籍教员看不起中国人,恣意侮辱中国学生的人格,极为愤慨,奋起仗义执言,导致事态扩大,酿成学潮,被清华开除。

胡敦复和何鲁在青少年时期,智力超人,被人们誉为"神童"。胡敦复1907年和郑之蕃一道留学美国,在康奈尔大学主修数学,只用了两年时间就获得学士学位。1909年,清政府用美国退还的庚子赔款余额,在北京设立游美学务处,该学务处总办周自齐点名召胡敦复回国,负责考选、遣送直接留美学生的工作。胡敦复回国后,三年内参与、主持选送了梅贻琦、秉志、胡刚复、赵元任、胡适、张彭春、竺可桢、王仁辅、胡明复、姜立夫等三批直接留美学生共180名。当时胡敦复在青年中已经有一定的影响,国际著名语言学家赵元任(1892—1982)后来回忆说:"由于胡敦复对我解释过纯科学与实用科学的区别,于是我集中心力主要在数学与物理上,……。我得的最高分是数学,得了两个100分、一个得了99分,另外天文学得了100分。若干年后,听说我仍然保持康奈尔历史上平均成绩的最高纪录。"[1]经胡三年选送的这180位留美学生,后来许多人都成为我国20世纪科学发展的栋梁,著名科学家、教育家。

1911年初,在游美学务处的基础上,设立清华学堂。胡敦复此时正年轻有为,精明能干,清华学堂任命胡敦复为教务长是顺理成章的事。但是,受美国管辖制约的清华学堂,容不得不服从他们的中国人。殖民文化是不喜欢发展被殖民国科学文化的,这是胡被撵走的根本原因。胡敦复走后不久,一批在清华的中国年轻教员,不愿忍受美国文化奴役,也离开北京,到上海与胡敦复汇合,决定创办一所不受外国人干涉的大同大学(当时称大同学院)。"大同"校史中有如下记载:"1911年,北京清华学堂教师胡敦复、平海澜、吴在渊等十余人,因不满美国主事者操纵校政,立志教育救国,组织立达学社,相继辞职南下办学"[2]文中提到的吴在渊(1884—1935),是一位在数学上颇有建树的自学成才者,吴在渊不仅得不到进修提高的机会,反而遭受美国教员的欺凌歧视。由此可见,丧失教育主权的学校,不可能真正为自己的国家培养人才。吴在渊走后,直到1920年郑之蕃来清华任数学教授之前,将近10年的数学课,一直由低水平的美国教员担任。

何鲁被清华开除,更增强了他走"科教救国"道路的决心,当即参加了孙中山领导的同盟会。1912 年,通过留法俭学会设立的留法预备学校到法国留学。到 1920 年代,胡敦复、何鲁、吴在渊都成为创办我国现代高等教育的著名专家、数学家、数学教育家。然而由于国家连绵不断的内忧外患,办学经费常有困难,他们的办学道路异常艰难曲折,1935 年吴在渊英年早逝于过度劳累和贫困之中。胡敦复、吴在渊的办学经历说明,办好学校必须要有钱,但有钱不一定就能办好学校。

回头再说清华,到 1920 年代,一些学贯中西的归国留学生来此任教,是清华的少壮派,他们逐渐形成左右清华的一支骨干力量。在"五四"运动后的"改大潮"影响下,他们和当时的收回教育主权,争取教育自主和学术独立的运动相呼应,积极要求清华摆脱"留美预备学校"的附庸地位,尽快改办成一所独立的完全大学。1925 年,清华学校设立大学部,1928 年正式成立国立清华大学,结束了清华作为留美预备学校的历史。独立后的清华大学,在摆脱殖民文化的同时,也比其他高校较早地摆脱了封建专制文化的束缚,引进了一些西方办大学的成功经验,利用清华办学经费充裕的条件,把新的清华大学办成中国的学术中心和具有国际水准的大学,成了"改大"后的清华人的共同目标。在校长梅贻琦的领导下,经过校、院、系三级和广大教授的努力,到 1930 年代就开始大见成效,培养出一批出类拔萃具有世界水平的专家、学者,引起世界瞩目。本文以华罗庚、陈省身为例,探讨"改大"后的清华在 1930 年代初期培养帅才的经验。

著名的国际数学菲尔兹奖获得者、美籍华裔数学家丘成桐教授,1998 年 3 月 11 日在《中国科学报》上发表一篇题为:"中国数学发展之我见"的文章,文中说:

"中国近代数学能超越西方或与之并驾齐驱的主要原因有三个,当然我不是说其他工作不存在,主要是讲能够在数学历史上很出名的有三个:一个是陈省身教授在示性类方面的工作,一个是华罗庚在多复变函数方面的工作,一个是冯康在有限元计算方面的工作。……华先生在数论方面的贡献是大的。可是华先生在数论方面的工作不能左右全世界在数论方面的发展,他在这方面的工作基本上是从外面引进来的观点和方法。可是他在多复变函数方面的贡献比西方至少早了 10 年,海外的数学家都很尊重华先生在这方面的成就。"

丘文中提到的陈省身,是 1931 年正式成立的清华大学数学研究所培养的我国第一位数学学科硕士(1931—1934 年在读);华罗庚是在该研究所第一期研究生班听课的清华数学系办公室的助理员。下面探讨当年在清华有哪些因素促进了华罗庚、陈省身的快速成长。

从学校而言,在教育自主、经费有保障的大前提下,清华大学有一位献身教育事业且具有现代教育思想和现代学术知识的校长梅贻琦。梅贻琦(1889—1962)1914 年学成归国,1915 年来清华,先后任清华童子军教练、教授、教务长、代理校长及清华留美学生监督处监督,1931 年起任校长。[3] 在出任校长的当天,他就提出:"大学者,有大师之谓也",他把学校有无大师看作评价大学好坏的标准。为了在清华造就大师,梅校长特别重视教授的选拔,他千方百计地聘请当时各学科的著名专家、权威来清华任教。管理上实行教授治校,把校长摆在"公仆"位置为教授服务;学术上提倡学术自由,兼容并包;教学上采用通才教育,主张在大学阶段重视各学科基础知识的学习,为进一步深钻奠定扎实的基础，并且重视学生德、智、体、美等全面发展，提倡为国家造就实际有用的人才，学成为祖国的繁荣富强昌盛服务。此外，清华执行教授每工作五年休假出国一年的待遇，为教授进修提高、更新知识创造了条件。再有，学校委以各系系主任的权力较大，系主任掌握着全系的人权、财权和教务权，这对于发挥各系学科的特点，调动系主任工作的主动性、积极性都有好处。

清华大学数学系成立于1927年，第一任系主任郑之蕃（1887—1963）是清华资历最长的数学教授，1910年在美国获学士学位后继续进修一年，1920年到清华，1926年利用休假又到英国剑桥大学访问，回国后任系主任。第二任系主任熊庆来（1893—1969）于1928年接任，熊庆来在法国获硕士学位后回国，1921—1926年任东南大学数学系主任，在那里培养了不少优秀数学人才，1926年来清华前已经有很高的声誉，1932—1934年利用休假又去法国攻读博士学位。第三任系主任杨武之（1896—1973），1928年在美国芝加哥大学获博士学位，是我国代数数论领域的第一个博士学位获得者，1929年来清华，1932—1934年曾代理系主任，1937年因熊庆来调任云南大学校长而正式接任系主任，任期至1948年（1946年以后杨武之因病，赵访熊、段学复曾先后代理系主任）。三任系主任都是学贯中西的饱学之士，都有为发展祖国数学教育事业的献身精神，在清华大学办学的共同目标指导下，决心要在清华创建数学研究中心，为国家培养一流的出类拔萃的数学人才。他们在一起工作时，配合默契，互为补充，这一点难能可贵。虽然清华数学系成立之前，全国已经至少有九所大学设立了数学系，但是清华却率先创办招收硕士研究生的数学研究所，最后达到了培养出类拔萃人才的目的。

清华"改大"一完成，熊庆来和郑之蕃就开始集聚师资。1928年，聘请了刚从美国芝加哥大学获得博士学位研究方向是几何的孙光远（1900—1979）来清华任教授，1929年又将代数数论研究方向的杨武之从厦门大学争取来清华；熊庆来的研究方向是函数论。至此，创办数学研究所的师资力量已经具备。1929年便开始招收研究生，却未发现一个合格人选；1930年录取了刚从南开大学数学系毕业的陈省身和吴大任。不料，吴大任家庭经济发生困难，申请推迟一年入学，剩下陈省身一人，只得暂时留任当助教。此时数学系（所）共有教授4人、教员2人、助教1人。

1930年12月华罗庚在《科学》上发表的"苏家驹之代数的五次方程式解法不能成立之理由"（以下简称"苏"文）两页半短文，引起清华数学系几位知名教授共同的极大兴趣。其中最核心的可能是他们从中看到了该文作者的创新意识很强。从文章的字里行间可以分析出作者是一位勤于深钻理论、敏于发现问题、敢于提出异议，又具有说理透彻令人信服的清晰思路，进而预测该文作者有培养发展的前途，是一颗好苗子。清华数学研究所招生两年不能开班，说明"千里马"难觅，伯乐们求贤若渴、广为搜寻，杨武之从《科学》杂志上发现"苏"文，推荐给当时的系主任熊庆来，全系教师都同意调华来系上培养。数学系发现了一颗好苗子，引起清华上下各级领导的关注。虽然华罗庚只有初中毕业文凭，而且是一位跛脚的缺乏营养的残疾青年，但这些都不重要，重要的是发现华具有超群的智力，决策者看中华罗庚是一位极有培养发展前途的人才。鉴于此，清华为培养帅才制定的一些条条框框都为这位初中毕业生让路，华罗庚在清华"破格"一路顺风。仅八年他果成了国际知名的数学家。华罗庚的成功，除了他本身特有的条件外，与清华校、院、系各级领导的远见卓识,高水平的师资引导密不可分。任何一位天才的成长,都必须要有良好的外部条件,华罗庚比吴在渊幸运就在于此。请看这八年清华为华罗庚快速成长创造的外部条件是:

①调来清华:在 1930 年 12 月,"苏"文发表时,华仅是一位失学在家只有初中毕业文凭的青年。

②给他学习进修机会:1931 年 8 月,进清华园,在数学系办公室管理杂务,让他随研究班学习、进修。

③提供教学机会:1933 年春,提升为助教,让他给本系学生上课。

④及时提升其职务:1934 年,被委任为中华教育文化基金董事会的乙种研究员。1935 年,提升为教员。

⑤介绍他与国外名家接触请教:1936 年 5 月,来清华讲学的法国著名数学家阿达马(J. Hadamard,1865—1963)介绍华与当时的数论大师之一、前苏联数学家维诺格拉多夫(Vinogradow,1891—1983)通信。

⑥提供出国深造机会:1936 年 6 月,来清华讲学的美国著名数学家维纳(N. Wiener,1894—1964),介绍华到英国随当代数学大师哈代(G. H. Hardy,1877—1947)

华罗庚青年时代

深造。1936 年 8 月,清华帮助华很快申请到资助,启程赴英。华罗庚在剑桥大学进修两年,深得哈代重视。在哈代指导下,真正作出了世界第一流的工作,成为华一生中的第一个创作高峰。

⑦回国后委以重任:1938 年秋回国,到西南联大任教。

⑧破例越级提升:西南联大,清华大学越过讲师、副教授,直接聘华为教授,华罗庚此时才 28 岁。

在上列各项中特别值得一提的是:华罗庚到清华后的前三年,数学系(所)诸位教授给了他扎实的基础知识、专业知识教育,而且起点较高,为他以后数年顺利地向外国大师学习奠定了基础,所以进步发展特快,这一点非常重要。华罗庚曾说,在清华"引我走上数论道路的是杨武之教授"[4]。杨武之在总结他的教育经验时说,对于教育,"首要的是知人,也就是除了当伯乐外,更多的时间是认识每一位学生的长处和短处,充分让每一位学生发挥他的长处,……。若能遇到禀性异常的学生,更应当循循善诱,循序渐进,让学生的功课基础扎实,这才有成大器之可能。"[4]

陈省身的学习阶段比较正规,在南开大学受其业师姜立夫(1890—1978)的影响较深,1930 年大学毕业时对数学尤其是几何已经有了浓厚兴趣,他清楚地意识到要进一步深造必须留学,但家庭无法供给,只有靠公费,此时清华研究院已经成立,对成绩优异的研究生,毕业后有可能争取到两年公费留学;另外,清华数学系师资力量雄厚,有一位专门研究几何的教授孙光远,是当时获博士学位回国后继续做学术研究,在国外继续发表论文的专家。陈省身冲着这两点报考清华研究生,被录取。陈在清华除随孙光远学习几何外,还广泛选修其他教授最专长的课程,特别是还有机会去听来华访问的数学专家的讲演。1932 年,德国一位最好的几何学家布拉施克(W. Blaschke,1885—1962)到北京大学讲学,主讲 6 次"微分几何的拓扑问题"。陈省身每次都从清华园进城到北大原地址景山去听讲演,并作详细笔记。布拉施克对几何直觉有特别灵感,很有创见,是拓扑微分几何的创立者之一。陈省身听了这 6 次讲演后,大开眼界,更明确了自己的研究方向。

1934 年,陈省身研究生毕业,如愿得到清华两年公费留学的资助,他十分珍惜这次机会,希望去德国汉堡大学随布拉施克读博士。虽然清华资助多是留美,但又十分尊重优秀学生的自我选择,满足了陈省身赴德留学的要求,陈在德国两年,获博士学位后,经布拉施克推荐又到法国巴黎,随当代几何大师嘉当(E. Cartan,1864—1951)做博士后研究一年,仅 3 年功夫把陈省身推到了当代几何研究的前沿。1937 年受聘回清华任教授。陈省身第二次出国,是利用清华教授休假一年的机会,1943 年赴美国普林斯顿高级研究院(Institnte for Advanced Study)去闯自己的研究道路,因研究工作正在继续,清华又同意延长陈的休假时间,至 1946 年初才返回,陈省身一生中最重要研究成果的主要部分,就是在这几年完成的。陈省身早年在中国,如果说姜立夫是他走向几何研究的启蒙老师,清华大学则是帮助他实现通往几何研究高峰的出发点。

陈省身(摄于 1934 年)

到大师跟前去向大师学习,到世界科学研究的前沿去进行科学研究,然后闯自己的路,进行研究内容上的创新。这也许是华罗庚、陈省身从清华园走出国门后最成功的经验。清华给他们的是高起点的、扎实的基础知识、外语知识,研究学问的思想方法,以及良好的道德修养;还给予经费上的资助,保证他们研究工作的充分自由。

隔了半个多世纪之后,陈省身先生在"杨武之先生诞辰 100 周年"时接受笔者采访时说:"中国人应该搞具有中国特色的数学,不要老跟着人家走。发展中国数学,我觉得最关键的一点是如何培养中国自己的高级数学人才,世界一流水平的人才。"他又说:"数学工作是分头去做的,竞争是努力的一部分。但有一原则:要欣赏别人的好工作,看成对自己的一份鼓励,排除妒嫉的心理。中国的数学是全体中国人的。中国在 21 世纪成为数学大国是很有希望的!"[6]这是积陈省身先生攀登数学高峰几十年的经验,对中国数学发展寄予的殷切希望!

参考文献

[1]赵元任.从家乡到美国——赵元任早期回忆.上海:学林出版社,1997:112.

[2]上海大同中学编.上海市大同中学.北京:人民教育出版社,1997:前言第 4 页.

[3]清华大学校史编写组.清华大学校史稿.北京:中华书局,1981:106-111.

[4]徐胜蓝、孟东明.杨振宁传.上海:复旦大学出版社,1997:14,262.

[5]陈省身文选——传记、通俗演讲及其他.北京:科学出版社:1989:39-42.

[6]张友余.回忆杨武之——陈省身教授访谈录.科学,1997,49(1):47-48.

(原载《高等数学研究》,1999,2(4):42-45;25。此次转载,补上了原文漏排的 32 个字,删去一节尚未查清的史实,文字有少量增删)

第八篇　1938年的大学师生"长征"

1938年4月24日,长沙临时大学——西南联大湘黔滇旅行团第一大队第一分队摄于云南马龙县。左起,前排:唐教庆、王莲芳、刘兆吉、谭惠凡、胡崇尧、张立毅。后排:蒋增海、王德祎、栾汝书、李珍焕、赵悦霖、xxx、邓俊昌

1938年2月20日至4月28日,一支由大学师生组成的队伍,从长沙出发,行进在湘黔滇的崇山峻岭、深沟峡谷中,向昆明进发。这是抗日战争史中一次著名的西南联大师生长征,是被日本侵略者逼出来的一段我国教育史上的创举。距今整整70周年(1938—2008)。我校93岁高龄的李珍焕教授(1915.5.11—2008.9.6)亲历了这次长征。回忆往事,令人激动、亢奋,爱国之情油然而生。2008年3月根据李老师的回忆整理出如下文字:

1937年7月7日,日军制造的卢沟桥事变,猖狂地向平津发起总攻。那时,北平各大学二年级学生(李老师读北大二年级),正集中在北平西苑接受军训。军训团的领导是29团的何基沣旅长,他参加过古北口和喜峰口的抗日战争,是一位深受同学们尊敬和爱戴的爱国将领。当时驻守卢沟桥的部队就是何旅长的部下。7月7日晚上,在军训营中的同学们听见了卢沟桥方向传来的隆隆炮声。事变发生后,何旅长要赴前线指挥,军训团提前于7月21日结束。

抗日战争开始后,为了保存我国的教育实力,北京大学、清华大学、南开大学奉命急速南迁至湖南长沙,三校合组,成立长沙临时大学。然而日军并未到此罢休,继续向南侵

犯。1937 年 8 月 13 日,日本海军陆战队登陆上海,制造了"八一三事变",11 月 20 日,上海失落;12 月 13 日,南京沦陷,国民政府迁都重庆。日机直逼长沙,长沙临时大学遭到威胁,不能久留,学校决定再西迁至昆明。西南联大校歌第一段:"万里长征,辞却了五朝宫阙,暂驻足衡山湘水,又成离别。"生动而凄凉地述说了这段历史。

长沙至昆明横线,大山林立,丘陵起伏,那时尚无直达公路,更无铁路。比较畅通的一条交通线是从长沙乘粤汉铁路的火车南下,经广州、香港,坐海轮出国境,到达越南的海防,再沿滇越铁路乘火车到老街进入我国云南的边境县河口,经蒙自到达昆明。这是一条相对安全省劲的路,但经费开支过大,过境手续烦杂、人员容量有限。学校决定教师、女性和老弱病者走这条路,身体健康的男生组成步行团,直接向西,翻山越岭走向昆明。

李老师说:"我们这一代人,目睹了日本军人在中国的横行霸道、奸淫烧杀;他们侵占了我们的家乡,亲人、乡亲们流离失所、无家可归。……对日本侵略者非常痛恨。那时的青年学生通过各种方式参加抗日活动,一批人上了前线;留下来求学的目标很明确,就是学成后报效祖国、振兴中华,争取民族独立,不再受人欺辱。""只要能跟随学校继续学业,不考虑通过什么方式到达。一听说男生要步行到昆明,大部分都纷纷报名积极参加。"

全校经体格检查步行合格的学生约 300 人。实行半军事化编制,所有学生分编为两个大队,下设中队,分队。李老师被编在第一大队第一中队第一分队。此外,还有闻一多、李继侗、曾昭抡、袁复礼、黄钰生等 11 位年轻教师单编为辅导团,直属团部,负有辅导学生的任务。该团队的正式名称叫"湘黔滇旅行团",人们通常也称"步行团"。团员每人发一个水壶、干粮袋、搪瓷饭碗,一把油纸伞。学生一律穿黄色制服,戴军帽、扎绑腿,还备有一件黑色棉大衣御寒,备了草鞋防滑。

参加这次步行团的数学系学生共 12 人。他们当年是北大四年级的王寿仁和王联芳,北大三年级的李珍焕、栾汝书、谭文耀和陆智常。清华四年级的田方增、朱德祥和陈振南,清华三年级的高本荫和唐绍宾,清华二年级的兰仲雄。1993 年当选中国科学院院士的数学家严志达教授当年也参加了步行团,那时严是清华物理系二年级的学生,到达昆明后才转入西南联大数学系。

应长沙临时大学校方要求,湖南省主席张治中派省政府高参、陆军中将黄师岳随行,任旅行团团长,黄原是东北军张学良的部下,有带兵经验,讲究带兵艺术。另外还派一位上校任团参谋长,派两位中校分别任第一、二大队的大队长,其余职务均由同学自己选任。

旅行团于 1938 年 2 月 20 日正式出发,由长沙乘船到益阳,从益阳开始步行,第一个星期,每日行程不超过 40 华里。第一天走下来,有的同学脚上就磨起一个个水泡,有的两小腿胀痛难忍。经仔细研究,脚起水泡一是鞋不合脚,一是走得过快!小腿肿胀系未扎绑腿,血液下流之故。以后每逢步行,必将绑腿扎紧,到达宿营地,即解下绑腿,用温水浸泡双脚,疲劳很快消除。10 天下来最差劲的同学一天走四、五十里,也丝毫不觉累。

沿途地方政府对旅行团都热情接待,湖南省境内由湖南保安队护送。3月17日,进入贵州的第一站是玉屏县,在街上见到县政府在3月16日贴出的布告,内容是:"查长沙临时大学近由长沙迁往昆明,各大学生徒步前往,今日可抵本县住宿,本县无宽大旅店,兹指定城厢内外商民住宅,概为各大学生住宿之所。凡县内商民,际此国难严重,对此振兴民族领导者——各大学生,务须爱护惜重,将房屋腾让,打扫清洁,欢迎入内暂住,并予以种种之便利。特此布告,仰望商民一体遵照为要,此布。"县长刘周彝签名。到了镇远县,省立镇远师范是黔东的最高学府,校长是北大毕业生,对旅行团格外热情亲切,特地请曾昭抡先生向该校师生作了一场国防问题的报告,并备茶点、娱乐招待,为团员解乏。一进入云南边界,云南省政府就派车来接运行李。各地政府,学校团体,出于抗击日寇的共同目的,对旅行团的这一创举都倍加赞赏、热情关怀,大家同心协力,把旅行团安全送抵昆明。团员们也实地受到一次生动的爱国主义教育。

整个行程,从东到西横穿贵州全境,是三省中最长的一段,也是行走最艰苦的路程,有不少动人故事。贵州境内,险峻山峦不少,刚走过一座,迎面又是一座。尤其是普安县的一座山,从山脚到山顶的道路有24道弯,从上向下看,就像24个"之"字盘绕山腰。加之早春的濛濛细雨整日整夜地下。团员们打赤脚穿上草鞋,踏着泥泞走在崎躯的山间小道上,有的小道旁倚峭壁,下临深渊,又滑又险,耗费的体力是晴天走平路的数倍。一天走下来,像个泥人,疲困万分。饱尝了贵州的"地无三尺平,天无三日晴"的滋味。

除了山路难行,团员们还经历过一次急川涌流的险路。那是4月13日过盘江天堑,过江的铁索桥断了,江水湍流甚急,只有一种叫舟子的小船(有点像龙舟)可以横渡。团部包了四条,每条每次只限载六人,乘客直线排列蹲坐在船中间,两手紧握船舷,不得稍有晃动,必须保持船体重心平稳,前后各有一艄公掌舵。先选好对面上岸的地点,然后到离该点很远的上游放行。舟子顺急流俯冲而下,行至江心如弩箭离弦,艄公用篙急撑,掌准方向,渡江成功。渡江时间不过几分钟,却令人惊心动魄、目眩神迷,犹如遇难再生。全体团员终于被安全地送上了对岸。大家都十分佩服这几位彝族老艄公,惊叹他们的高超绝技,感激不尽。过了盘江,人烟极少,走了几十里找不到住宿之地,只得继续前行,到达安南县城,天色已晚,店铺早已关门。真是祸不单行,这天,装载炊事用具和行李的汽车,不幸坏在途中,当晚赶不到宿营地。团员们又渴又饿、又乏又冻,饥饿和寒冷使小伙们无法入睡,便购点木炭,大家围火坐待天明,直到第二天中午车到,才饱餐了一顿,睡了个好觉。

对于旅行团这些血气方刚、满怀抗日激情的大学生,把旅途中的那些艰苦、惊险、劳累等看成是锻炼自己的机会。越走越勇,兴致越大,风趣盎然。大家沿途饱览祖国西南的自然风光,壮丽山川,参观了各地许多名胜古迹、钟乳石洞、寺庙学校、村寨城堡等。只要一停脚休息就到处观看。比较著名的有:桃花园、松林寺、虎溪书院、飞云洞、牟珠洞、火牛洞、胜境关、黄果树瀑布等。增长了许多见识。

其中最著名的火牛洞,由狭窄的洞口进去,里面十分宽大,像一条小街,洞上玄垂的钟乳石成千上万、怪石参天、千姿百态,大洞里面支洞很多,奇形怪异,各种景观,美不胜数。黄果树瀑布,据说是世界三大瀑布之一,在离瀑布五公里处就听见水声震响,走近响声似万鼓齐鸣;水自三四十米高,一二百米宽的石台奔流直下,水花飞溅,如云似雾,在阳光下远处望去,像一堵大自然的白色屏风,与临山相配成一幅雄伟而优美的山水画。

走在苗族聚居地区,随处能听见苗胞的歌声。为此,途中还与能歌善舞的苗族兄弟举行了一次联欢会,大家唱歌跳舞,演出抗日短剧,很是高兴。旅行团随时不忘向民众宣传抗日,讲解抗战形势,宣讲科学常识等。有的团员专门收集各地的民歌民谣,了解民族地区的风土人情;有的在老师指导下采集生物标本,调查矿产资源。不少团员坚持写日记,实地纪录了旅行团行走的全过程,流传至今。有些团员带了照相机,拍了许多精彩的瞬间,现在在电脑上查相关网页还能见到。

进入云南,已近4月下旬,晴多雨少,风和日暖,万物复苏,道路也逐趋平坦。团员们在春天的绿树百花陪伴下,意气风发地向春城昆明挺进。4月27日,到了距昆明市20公里的板桥镇休整,先期到达的校方,立即派员来镇慰问,发给每人一双新袜、一双精制麻质草鞋,还带一张茶点券。28日,天气晴朗,全部团员整装列队前行。快到目的地,就见到学校领导梅贻琦、蒋梦麟等前来迎接,领导和教授的夫人们,女同学们献花、夹道欢迎,设茶点殷勤款待。然后黄师岳团长指挥全团列队点名,将湘黔滇旅行团全体团员名单递交西南联大领导。蒋梦麟代表西南联大常委会讲话,称:湘黔滇旅行团——西南联大师生此行,历时68天,途经西南三省,行程三千余里,备尝艰苦。其效果是既锻炼了体魄、增长了见闻,同时也向全世界表明我国青年的吃苦耐劳精神恐非外国青年所能及。在今国难严重关头,为增强抗战意志,振奋民族精神作出了贡献。最后宣布旅行团任务完成,即日起解散。

李老师说:"参加旅行团的同学,通过这次长征,受到了一次深刻的爱国主义教育;不仅锻炼了身体,还增强了克服困难的意志,是一次难忘的经历"。

(本文根据李珍焕老师参考有关文献回忆,由笔者整理成文。2008.3.27完稿)

西南联大校歌(后一半词)

千秋耻,终当雪,中兴业,须人杰。便一成三户,壮怀难折。多难殷忧新国运,动心忍性希前哲。待驱除仇寇复神京,还燕碣。

——摘自:《国立西南联合大学校史》,北京大学出版社,1996:前1

第九篇 抗日战争时期的西南联大数学系

1937年"七七"卢沟桥事变后,日军大举侵犯我国,华北、华东的大片国土很快沦陷。是年8月,国民政府教育部高等教育司拟定设立临时大学,其计划纲要草案中的第一条规定:"政府为使抗战期中战区内优良师资不至无处效力,各校学生不至失学,并为非常时期训练各种专门人才以应国家需要起见,特选定适当地点,筹设临时大学若干所。"[1]据此,北京大学、清华大学、南开大学奉命迁往湖南长沙,合组"国立长沙临时大学"。这三校数学系的师生组成了长沙临时大学理学院数学系。1937年10月4日,临大任命原北京大学数学系主任江泽涵为临大数学系主任,并在任命书上注有:"未到校前由杨武之代"。[1]

三校数学系的合组,聚集了当时数学界的许多精英。

江泽涵(1902—1994),1930年在美国哈佛大学获博士学位,1931年回国后在北大任教授,1934年兼数学系主任。1936年再次赴美进修。1937年回国的第二天,卢沟桥事变爆发,他携全家回原籍安徽旌德探亲,10月奉召立即赶往长沙赴任。11月1日开始上课(以后这一天就是西南联大的校庆日),江泽涵天天有课。陈省身,1936年在德国汉堡大学获得博士学位,接着到法国随当代伟大的数学家嘉当工作。1937年,当他决定回清华大学任教时,抗日战争已经爆发,这并未动摇他回国服务的计划。他乘远洋航轮辗转香港到达长沙,在临时大学讲授高等几何和微积分。相继到达长沙的三校数学教授有:杨武之、申又枨、江泽涵、刘晋年、郑之蕃、陈省身、程毓淮、赵访熊、蒋硕民等9位,还有赵淞、王湘浩、闵嗣鹤、段学复、孙树本,孙本旺等近10位副教授、专任讲师、教员和助教。

由于抗日战争的形势继续恶化,1937年底,国民政府首都南京失陷,长沙也危在旦夕,临时大学决定再往西迁至昆明。那时通往云南的交通极为不便,从内地赴滇没有铁路,公路也只有几段崎岖的盘山路。由于师生们对侵略者同仇敌忾,把自己紧密地与学校联系在一起,因此,一切听从学校指挥。临大先派人赴滇考察,后决定分水陆两路入滇。水路安排教职员、女生及体弱有病的男生,经粤汉铁路乘火车至广州转香港,换乘轮船入越南重镇海防,再乘

国立西南联合大学校门

火车进入我国云南边境县河口到昆明;陆路除从长沙坐民船到益阳,从沅陵乘汽车到晃县者外,其余的全部步行。走陆路的师生组成"湘黔滇旅行团",实行半军事管理,学生一律穿军装、打绑腿、背干粮、挂水壶,过行军生活。"湘黔滇旅行团"于1938年2月20

日从长沙出发,历时两月余,行程 1 663 公里,于 4 月 28 日到达昆明,与另一路师生汇合。此时,教育部已奉行政院命令,转知国立长沙临时大学更名为"国立西南联合大学"(简称"西南联大")。1938 年 5 月 4 日,西南联大开始上课,至 1946 年 5 月 4 日结束,[2] 与抗日战争相始终。

西南联大设有文学院、理学院、法商学院、工学院、师范学院,5 个学院共设有 26 个系,是当时国内规模最大的高等学校。师范学院是到昆明后新设立的,师院也有数学系,教师多由理学院数学系的教师兼任。理学院数学系主任先后由江泽涵、杨武之、赵访熊担任,他们在职期间还同时兼任联大师范学院数学系主任。其中杨武之任职时间最长,1939 年以后,除因病辞职一年(1943 年)外,系上工作均由他主持,他还一直兼任清华研究院理科研究所数学部主任,联大校务会议

西南联大男生宿舍区

教授候补代表等职。西南联大结束后,杨武之因病暂留昆明,担任由原联大师院独立设置的昆明师范学院(现云南师大)数学系主任,直到 1948 年夏离开昆明。

杨武之(1896—1973)是著名物理学家、诺贝尔奖金获得者杨振宁的父亲,1928 年在美国芝加哥大学获博士学位,1929 年任清华大学数学系教授,担任清华大学数学系主任 14 年,任西南联大数学系主任 6 年。他人缘极好、深孚众望,在西南联大缺书少刊、缺吃少住,不断跑空袭警报的十分艰难困苦的条件下,紧密团结三校教师,齐心协力,使在抗战中诞生的西南联大数学系出色地为国家培养了一批杰出的数学人才。

西南联大数学系的先天条件是师资雄厚,除在长沙时的 9 位教授外,以后还陆续有华罗庚、曾远荣、姜立夫、张希陆、许宝騄等教授来系任教,使西南联大数学系成为我国历史上教授人数最多、力量最强的数学系。其所以最强,是指这十多位教授全都留过学,除华罗庚外,他们在国外都获得硕士以上学位,而获博士学位者居多。这批教授中,最年长者刚过 50 岁,有 6 位刚步入而立之年,正处于年富力强、精力旺盛的人生最佳时期;此外,还有一批跟随教授们潜心做学问、教学认真、事业心强的讲师、助教。

作为一系之长的杨武之,善于团结同事,巧用人才,充分发挥各人专长,他采取多种形式办学,使数学系从整体上得到发展。本科的课程设置,必修课与战前大体相同,主要基础课程由年资较长的姜立夫、杨武之、江泽涵把关,教学上基本保持战前的严格要求与淘汰的做法。选修课多选派刚从国外回来的年轻人担任,门类较战前多,内容也比较新,有些能反映当时的国际水平。例如华罗庚结合自己在英国剑桥大学的研究成果,为数学系学生开了"解析数论"、"连续群论"、"行列式"、"方阵"等课程[3];陈省身在法国时,把嘉当的工作和属于近代数学主流的知识搞得很熟,回国时带了一批嘉当的著作和其他数学家的论文复印本,并结合自己的进一步研究,开出了"李群"、"圆球几何学"、"外微分方程"等选修课。[4]许宝騄在英国伦敦大学读博士学位时,在概率统计的研究方面取得

了杰出的成就,成为我国在该方向上达到世界水平的第一个学者。他 1940 年从英国回到西南联大,就给高年级学生开"数理统计"课,这是在我国最早开出的应用数学课程。数学系还专门抽出教师赵访熊、吴光磊等在工学院成立数学科,以适应工学院的需要讲授应用数学,我国的应用数学专业也就是从这时开始建立的。

为了进一步提高更多年轻人的研究水平,数学系决定招收研究生。联大的研究机构分属原来的三所学校自办,研究生的学籍也归各校管理,但在培养上互相合作,当时规定研究生的学习和研究年限至少 3 年。1939 年,北大、清华两校研究院理科研究所数学部各招研究生两名,他们是王湘浩、李盛华、钟开莱、彭慧云,1941 年清华还招收过一名研究生王宪钟。这 5 名研究生中,钟开莱和王宪钟入大学时考取的是物理系,后慕名转入数学系本科,毕业后继续报考研究生被录取。这个时期,数学系的几位青年教授:陈省身(1911—2004)、华罗庚(1910—1985)、许宝騄(1910—1970)、程毓淮(1910—1995)、蒋硕民(1913—1992)和专任讲师闵嗣鹤(1913—1973)等的研究工作异常活跃。他们领头办起了各种讨论班,如"近世代数讨论班"、"形式几何讨论班"、"分析讨论班"等。参加者除研究生外,还有高年级学生、助教和对此感兴趣的教师。讨论班是一个学术研究集体,参加者可作学术演讲或读书报告,师生在一块听讲,然后互相讨论切磋,对于扩大学术视野、增强研究兴趣、启发思维、提高研究能力等都有极大帮助。讨论班活跃了整个数学系的学术研究空气,使数学系的科学研究在理学院中例外地胜过战前,处于上升发展阶段,写出的研究论文在 120 篇以上[3],有几项成果达到了国际水平。其中华罗庚 1940 年完成的《堆垒素数论》,在国内外的反响最大。

在西南联大数学系的科研取得明显成绩之时,该系的教授们进而考虑如何把这种学术研究风气扩大,以促进中国数学的发展。当时远离大后方、总会设在敌占区上海的中国数学会,由于受时局影响及地理交通等条件的限制,无法组织大家实现这一愿望,于是倡议在大后方成立一个数学团体,可以就地经常组织校际之间的学术交流。这一倡议得到因战时搬迁和原设在重庆、成都、遵义、乐山等地的数所高校的数学工作者的积极响应。1940 年 9 月,借在昆明召开六学术团体联合年会之际,成立了"新中国数学会"。该会选出的 9 位理事中,西南联大教授有姜立夫、杨武之、江泽涵、华罗庚、陈省身等五位,因此总会就设在联大。姜立夫当选为会长,负责全面工作。陈省身任文书,华罗庚任会计,这两位青年承担了新中国数学会的主要事务工作。

姜立夫(1890—1978)是当时数学界的元老,他 1919 年在美国哈佛大学获博士学位,1920 年到南开大学,一人创办数学系并专心致力于培养青年,直到 1936 年他自己才成家。刘晋年、江泽涵、申又枨、吴大任、陈省身等都是他当时的学生。抗战期间,他将夫人和两个幼小的孩子安顿在上海,只身到西南联大任教整整 7 年。其间,他和他的学生以及学生的学生承担同样分量的教学任务[5],并以长者身份,积极支持、鼓励和帮助年轻人,组织各种学术讨论班。1935 年至 1948 年,他担任中央研究院评议会第一、二届评议员,是该院数学研究所未成立之前在该院任职的唯一数学家。1941 年 3 月,中央研究院决定增设数学研究所,鉴于当时处于抗战非常时期,后经该院院务会议议决,先在昆明设立数学研究所筹备处,聘姜立夫为筹备处主任,并聘请了数名兼任研究员,先开展研究工作,将后方的数学研究提到更高层次。这批研究工作者在姜立夫的组织领导下,至1945年2月,共完成70余篇高水平的研究论文,其中将近一半是联大数学系的教授完成的。

由于西南联大数学系有这么一批将教学与科研紧密结合的高水平的教师,因而培养出了一批优秀学生。抗战胜利后,1946年5月4日西南联大结束,至此从三校数学系和联大数学系在昆明毕业的学生总共近70人,他们是:严志达、王宪钟、钟开莱、田方增、朱德祥、徐贤议、王寿仁、陆庆乐、兰仲雄、李珍焕、伉铁健、廖山涛、陈国才、王浩、江泽培、冷生明、邓汉英、徐利治等。这些毕业生后来在我国数学发展的各条战线上,都做出了杰出的贡献。

参考文献

[1]西南联合大学北京校友会校史编辑委员会.国立西南联合大学校史资料.北京:北京大学出版社;昆明:云南人民出版社,1986:6;72.

[2]云南师范大学校史编写组.云南师范大学校史稿(1938-1949).云南师范大学学报(哲学社会科学版).(校庆增刊),1988:11-12;140-141.

[3]清华大学校史编写组.清华大学校史稿.北京:中华书局,1981:300;340-342.

[4]张洪光.陈省身文选.北京:科学出版社,1989:12;35.

[5]吴大任.姜立夫教授纪念册.天津:南开大学出版社,1989:87;107-109.

(原载《中学数学教学参考》,1995,(12):44-45)

熊庆来、苏步青语录

苏步青说:"1937年日本发动了侵华战争,在民族生死存亡的危急关头,整个中国已经放不下一张平静的书桌。"熊庆来说:"七七事变以来,我学术文化机关虽多被摧毁,但我学术界同人,不惟不因此而气馁,反努力作深湛之研究,其成就实非微鲜(甚少)。"苏步青"回顾1935年成立中国数学会到1949年这段时间的历史,我们不仅看到了创业之艰难,还深深感觉到当时中国数学家不屈不挠奋斗精神之可贵。"

——摘自:《科学》,1940,24(12):898;《苏步青文选》,

杭州:浙江科学技术出版社,1991:35,39

第十篇　数学老人话沧桑
——苏步青教授访谈录[①]

苏老诗云：

忆昔杭申辗转秋，苍颜衰鬓旧衫裘。

初哼俄语常侵夜，爱读洋书不说愁。

半百年华光壮岁，三千学子共优游。

如今报国心犹在，改革光辉照白头。

　　此诗作于1988年，为感1952年院系调整自杭州来上海所赋。匆匆又是5年过去了，苏老已届91岁高龄。在他连任全国政协副主席不久，我们怀着忐忑的心情，给他写信求见，为的是弄清当代中国数学发展历程上的一些史实。谁知信发出仅两天，苏老秘书蒋培玉先生就来电，说苏老答应接见。1993年5月3日，我们驱车前往复旦大学，是日已临近首届东亚运动会，交通畅行，街道两边鲜花怒放，彩旗招展，更增添了我们的喜悦心情。

1993年5月3日，张奠宙、张友余、喻纬在复旦大学访问苏步青教授
自左至右：张奠宙、苏步青、张友余（喻纬摄影）

　　访问在两层办公楼的校长办公室进行。话题从中国数学会的历史谈起，并涉及许多当代数学的珍贵史料，以及对中国数学和中国数学教育的期望。

---

① 本文作者：张奠宙（执笔人）、张友余、喻纬。

一、关于中国数学会

访:中国数学会到 1995 年就满 60 周年了,我们正在整理一份大事记。有些史实还不清楚,例如,1935 年中国数学会成立时,德高望重的姜立夫先生为什么没有被选为会长或董事长?请您谈谈当时的筹备情况。

苏:姜立夫先生当时去欧洲考察访问,没有参与筹备工作。记得是 1934 年秋天,熊庆来先生南下,还有范会国先生,到杭州,同陈建功先生和我商量筹备成立中国数学会的事。那时数学界的老前辈是冯祖荀先生和姜立夫先生,冯先生年纪大了没有来,姜先生则出国去了。1934 年我在南京教育部见过他们。那时我 30 多岁,他们拿我当小孩子看待。

1935 年成立了中国数学会。华罗庚先生当时很积极的参与工作。他在成立大会上报告说,当年中国数学家在国外共发表了 13 篇论文。数学会决定出版《中国数学会学报》,推我当主编,华先生当助理。1936 年,学报的第一卷出版,1937 年春出版了第二卷第一期。接着抗日战争就开始了。第二卷第二期于 1940 年在昆明出版,陈省身先生和我重新把它搞起来。我也寄了三篇论文去。《中国数学会学报》一共只出版了两卷。

访:1940 年在昆明成立新中国数学会,它和中国数学会关系怎样?

苏:这和顾澄有关。顾澄以前是北平大学数学教授,后来在上海交通大学当教授。1935 年成立中国数学会时,他负责注册登记,出过一些力。可是抗战时期,顾澄倒向汪伪政权,在那里当"教育部次长",在沦陷区继续用中国数学会的名义搞活动,我们在大后方不承认它,所以有了新中国数学会,推姜立夫先生当会长。

访:顾澄后来怎样了?

苏:他好像在汪伪政权没有做过特别的坏事,所以也没有惩办他,只知道抗战胜利不久就去世了。

访:抗战胜利之后,中国数学会在南京召开会议选举第四届理事会,是否成功?

苏:1948 年的第四届理事会没有搞成功。那次会议最初是中华自然科学社等十个学术团体发动,后来是中国科学社主持。会议来的人代表各个学科,数学会只是乘此机会进行活动而已。

访:会议进展情况如何?

苏:这次会议到的人很少,1948 年 9 月,局势很紧张,物价飞涨,大家穷得要死,没有办法到南京。南方只有我和范会国先生到会,其他的则是南京本地的数学家居多。到会的充其量二三十人。会上是我和陈省身先生两人唱"对手戏",等于组织了一个讨论会,我们两个人讲,别的都是听众。这种情形怎么选得出理事会?

访:《科学》杂志报道说,提交会议的数学论文相当多,在该刊 1948 年 12 期上发表了27 篇。

苏:论文是原有积下来的,没有发表。在《科学》上发表不算,后来都在别的地方正式发表。有一些登在中央研究院的英文刊物《科学记录》(Science Record)上,这杂志很好,论文不许长,至多两页,出版很快,质量也比较高。

访:1949 年 7 月,您在北京参加中华全国自然科学工作者代表大会筹备会,10 日那天您在北京师范大学主持一个会议,有一份油印文件说这个会议是"中国数学会重新筹组,组成了临时干事会",是否有这回事?

苏:有的。这次会议傅种孙先生非常热心,他客气让我做主席。傅先生是冯祖荀先生的学生,非常好。这次恢复数学会的活动主要是他主持。要讲中国数学会的历史,傅种孙先生的功劳不可缺少。我当时还当过中国科学院数学研究所的筹备处主任,等到1950 年华罗庚先生回国,数学所、数学会的事就由华先生接手了。

二、关于中国现代数学的前辈

访:想请您谈谈您和冯祖荀、姜立夫先生的交往情况。

苏:冯祖荀先生、姜立夫先生,这两位老先生好极了。冯先生老资格,生于1880 年。姜立夫先生小十岁,是 1890 年出生。姜先生很谦虚,总称冯先生为老师。冯先生用烟斗抽关东大烟,非常提拔后辈,说我怎么样怎么样。他是日本京都帝国大学数学系毕业,当时在北京高等师范学校和北京大学做教授,是数学界元老。

访:冯先生的许多事迹已搞不大清楚了,例如他的卒年,至今尚未最后定论[注]。现在已经弄清楚,冯祖荀先生在光绪二十九年十一月到日本,光绪三十四年九月进入日本京都帝国大学。

苏:光绪三十四年就是公元 1908 年,那时我只有 6 岁。

姜立夫先生是浙江平阳人,我的同乡,他原来叫姜蒋佐,我从小就知道他。1919 年,他从美国哈佛大学得博士回来时,我刚刚从旧制中学毕业。我去见他,问:"先生学的数学十分高深,究竟学了些什么?"他很客气地说:"我只学到数学大树上的一片叶子。"非常谦虚。这件事我记得很牢,他当然忘记了。

1927 年,我在日本用英语发表论文。姜立夫先生在南开就注意到了,他判定作者 Su Buchin 一定是中国人。1926—1927 年,姜立夫先生有一年学术休假,遂到厦门大学教书。离开厦门大学时,厦门大学请他推荐一位替代他的教授,姜先生就用英文打电报给"日本东北帝国大学苏步青",介绍我去厦大任教,月薪大洋 350 元。我虽然早知道姜先生,却不知道厦大的邀请是姜先生介绍的。那时姜先生连我的中文名字也不知道,更不知道我和他是同乡,接到电报时我还在读研究生,穷得很,口袋里只有买香烟抽的 8 个铜板,哪有钱回电报?仔细一看,才知道来电注明 R·P,就是 Reply Paid,拍电人已将回电的费用付了。我于是立即回电"很抱歉,不能去。"

后来,姜立夫先生知道了我的中文名字,他介绍给北大,北大来信请我去,月薪 420 元大洋。清华大学也来聘书,月薪美金 240 元,我都一概未接受。后来,姜先生通过驻日大使馆将聘书寄到东北帝国大学,我给姜先生回信说,因为研究还没有告一段落,不能回来。

1928 年,浙江大学文理学院成立,设有数学系,陈建功先生任教授。他写信告诉我,浙大原已聘了姜立夫先生,聘书已发了,课也排了,但是与校长商量,还是想请你来。就在这时,姜先生知道了浙江想请我去,就自动退还了聘书。

直到1934年,在南京教育部开会时,我才见到姜立夫先生。姜先生对我说:"我今天才知道你就是苏步青,而且知道我们还是小同乡。"姜立夫先生就是这样不遗余力地提拔后辈,数学界也因此非常团结。

陈省身是姜立夫先生的学生,他们之间感情也非常好。我逢人便讲,不是冯祖荀先生和姜立夫先生提拔后辈,中国数学不可能有今天。

访:胡敦复先生是1935年成立时的数学会董事会主席,姜立夫先生是抗战时期新中国数学会的会长。抗战胜利后,两会合并,合并过程是否有什么矛盾和问题?

苏:没有什么问题,他们两人的关系十分融洽。姜先生的夫人就是胡敦复的小妹妹胡芷华。胡氏三兄弟,胡敦复先生是大哥,我碰到过;胡明复是老二,去世很早;胡刚复最小,浙江大学理学院院长。敌伪时期,胡敦复留在孤岛上海,在自己办的大同大学任教,但他和敌伪没有关系。1942年,胡敦复先生和我一起成为教育部的部聘教授,这说明他是爱国的。胡敦复先生待人也非常和气,当时我们议论,数学家中英语最好的是胡敦复先生,他的文学也很好。

访:胡敦复先生开过许多课:数学、物理、文学、英语、拉丁语、写过五册中学英语教材,还在交通大学数学系当了15年系主任。

苏:胡敦复先生是很好的教育家。因为他不写论文,所以当时不那么出名。我们当时刚回国,30岁左右,年少气盛,不可一世,看不起人。表面上不说什么,心里头在想:你们连论文都不写,怎么行呢?现在知道这种看法是不对的。那些论文,现在讲,有多少价值?没有什么了不起,不过是"物以稀为贵"而已。回想起来,这些老前辈之间很团结,对我们非常爱护、提拔和帮助,难能可贵。

三、关于在日本研究数学的中国学者

访:我们最近在做一个数学学科的博士名录,发现日本留学生中,以数学得博士学位者很少,不知是什么原因。

苏:外国人在日本得博士学位是很难的,对博士论文的审查非常严格。第一难的是文学博士,其次是工学博士,第三难便是理学博士了。日本的医学博士最容易得。日本人很重视日本自己的博士,从外国得来的博士称为Doctor(按英文音译),不叫博士,连名字都两样。

访:陈建功先生是得日本博士学位的第一个外国科学家,是吗?

苏:是的。陈建功先生的导师是东北帝国大学的数学系系主任藤原松三郎教授,当时日本最重要的数学家之一。1926年,陈先生第三次到日本,仅用两年半时间就写出十几篇论文。藤原教授叫陈建功先生把这些论文集中起来写一本书,这就是日文本的《三角级数论》。这部书后来译成中文,由科学出版社出版。陈先生的博士论文和这本书差不多,共有200多页,还是我帮他打字的呢!

访:那么您的博士论文又是哪一篇呢?

苏:我在1931年完成的博士论文当时没有发表。初到浙江大学当教授时,《浙江大学理科报告》出过两卷。第一卷由我主编,博士论文就登在上面(1934年)。原来有200多页,登出来时作了删节,题目是"仿射几何学与射影几何学的关系",是我发表在《日本数学杂志》(Japanese Journal of Mathematics)上的12篇论文的总结和浓缩。

访:除了陈建功先生和您,谁是第三个日本数学博士?

苏:我记不清了。我曾看过日本东北帝国大学数学系的毕业同学录,1937年以后得博士学位的几乎没有。毕业后到工科大学做教授的,到保险公司和银行工作的比较多,因为得理科博士没有饭吃。

访:王福春也在日本留学,他的工作也很好。

苏:王福春先生是1901年出生,比我大一岁。他曾在武昌高师听过陈建功先生的课。1930年他到日本东北帝大,我还在那里。他手里拿着一篇关于傅里叶级数的论文,问我怎么办,我叫他交给藤原松三郎先生。由于王福春的论文很好,藤原先生破例让王福春先生免试进数学系做旁听生。但是日本的博士学位不轻易给外国人,王福春最后还是没有拿到博士学位。

王福春先生的数学很好,可是英文蹩脚。他有几篇论文在英国的《伦敦数学会杂志》(Journal of London Mathematical Society)上发表,是他一生中最好的工作。有一次,他把英国数学名家梯其玛希(Titchmarsh)的来信给我看,其中写道:"我已将您的英文(中式英文)翻译成英文了。"

王先生去日本前曾在陕西武功县的西北农业专科学校任教,回国后仍去武功,在那里生了肺病,抗战开始,我和陈先生商量,将王福春先生请到浙江大学,一面养病,一面教书。他讲课很好,跟我们一起到宜山、遵义。抗战胜利后,因病留在遵义,后回江西老家,病逝于南昌,只有40多岁。王福春先生的夫人还在北京,是程民德先生的大姨。

四、关于未来的数学研究和数学教育

访:您是中国现代数学的历史见证人,您能否谈谈中国数学现在应该怎么搞?

苏:我现在是"不在其位,不谋其政",什么都不管了,只是在那里空想。首先,数学要联系实际,联系中国经济发展的实际。数学与经济不是没有关系,而是大有关系。现在不少人在搞图论,如能真的用到上海的交通管理上去,该有多好?数学应该发展的东西很多,如控制论、系统科学、离散数学等等。物理上要求发展一些非线性科学,如孤立子理论等都很重要。

我们过去搞了一个计算几何,现在已经落后了。现在工厂里做一个曲面,用计算机模拟一下子就搞出来,不用那个解析式的数学模型了。你还在搞孔斯(Coons)曲面、贝齐尔(Bézier)曲面,但实际使用的不是这一套,雷诺公司也不用了。他们用的一套叫做应用几何(Applied Geometry)。

访:那么基础理论应该怎么办?纯数学怎么办?

苏:基础理论当然要搞,我主张少而精,不能老是跟在人家后面,拾人牙慧。基础数学研究队伍要精干些,保持稳定。现在科学基金很少,连许多杂志都订不起。复旦还算好的,国家教委拨了22万,别的地方还没有。对一些古典的、没有解决的纯数学问题,让少数人去搞,那里面油水不大,外国人搞得也不多。

基础理论研究怎样与实践相结合的问题很重要。华罗庚先生与王元先生曾经搞过数论在积分计算上的应用,我看蛮好,恐怕应当进一步发展。至于一般的解析数论,和我们的几何一样,也有个如何发展的问题。

访:我们想听听您对数学教育的意见。

苏:数学教育不改不行。过去教的数学都是欧几里得式的演绎体系,从公理公设开始,一点点演绎,把数学搞成很难的东西,这样搞法我看不行。因为世界上很多事情不可能由你的假设出发,适合你搞出来的定理。数学应该是很生动很实际的东西。

教学教育发展到今天,使数学不再是那么难学的科目了,并不比物理学、生物学难学,当然这需要大家努力。

访:谢谢您接见我们,给我们讲了许多重要的史实和看法,祝您健康长寿。

谈话持续了两个小时,已近中午。办公室里还有几位先生等待与苏老会见。我们为苏老的过人精力而惊奇,也为他的健康而欣喜。九一老人话沧桑,对师长、故人表示无尽的怀念,对祖国、未来充满殷切的希望。我们为苏老的真情所感动。"如今报国心犹在,改革光辉照白头",正是中国的一代数学名家,充满睿智和爱心的哲人——苏步青教授的真实写照。

祝苏老健康长寿,万事如意。

注:冯祖荀是著名数学家樊壋的姑父,1993年5月,樊壋从美国回来,在北京重修冯祖荀先生墓(位于八大处福田公墓)。樊壋请苏步青先生题写墓碑。5月23日,樊壋先生在杭州曾向笔者展示苏老题写的墨迹。

本文作者:张奠宙(执笔者)、张友余、喻纬。

(原载:《科学》,1993,45(5):51-54)

王元语录

"中国近现代科学技术发展综合研究"项目的研究,计划从收集史料和专题研究入手是比较好的。要建立资料库,这是正确的。搜集史料难度大,但很重要,要抓紧时间收集。我研究数学史,积累资料20多年。资料不光是科学家的论文著作,各方面的资料都要注意。

——摘自:王元院士谈中国近现代数学史研究。《中国科技史料》,2000,21(4):288

第十一篇　陈省身教授谈中国数学会

中国数学会成立刚两年,1937 年抗日战争在全国爆发;抗战胜利后,紧接着解放战争;及以后极"左"路线的干扰,致使近半个世纪中国数学会的活动断断续续,没有系统完整的记载,曾经记录过的又散失严重。20 世纪 80 年代改革开放后,学术团体恢复生机,中国数学会重述会史时,出现各说不一、疑点不少。

岁月流逝,到 1990 年,中国数学会早期的当事人,差不多都谢世了,个别健在者已是耄耋之年,知情者也都年过古稀了,真是时不等人! 我和任南衡同志商议,决定赶快找前辈们抢收史料,查清史实,澄清疑点,其重点首先放在新中国成立前的一段。此举很快得到数学会、数学家和有关人士的广泛支持与帮助。经过近 3 年的信函询问和亲临拜访,到档案室、图书馆广查史料,至 1993 年剩下的问题主要集中在 20 世纪四十年代战争期间存在 8 年(1940—1948)的新中国数学会上。因为这段历史,1985 年纪念中国数学会成立 50 周年,简述会史中只字未提(纪念 60 周年的总结报告中也未提到)。1993 年 4 月,我们在南京聚会时,决定访问两位键在的当事人陈省身和苏步青前辈,访问提纲由我拟定。然后我到上海,和张奠宙、喻纬一道访问了苏老;任南衡回北京后,邀请袁向东同行,于 1993 年 6 月 3 日下午在北京友谊宾馆访问陈老,并留下访谈录音。我和任南衡合作编写,1995 年出版的《中国数学会史料》一书仅摘录了这次访谈中有关新中国数学会的部分内容,全文至今尚未发表。今年(2005 年)时迎中国数学会成立 70 周年,为了缅怀陈省身教授对中国数学会的关怀,特将 1993 年的这次访谈的主要内容整理发表。

张友余

问:请您谈谈抗日战争期间,在昆明为什么成立新中国数学会? 新中国数学会是什么时间成立的?

陈:新中国数学会与我有很多关系。那时我们在昆明搞研究,只认为数学家需要有个组织,在一起讨论研究问题,取个什么名字好呢? 想来想去,加个"新"字最简单,目的是区别于当时在上海的中国数学会,另取一名,可以不受上海中国数学会的约束,可以独立活动,所以就叫新中国数学会。新中国数学会成立的时间,我想是在 1940 年昆明六学术团体联合年会的会议期间。成立时,除昆明的数学家外,陈建功特地从贵州湄潭赶来参加。

问:另有一说法,说成立新中国数学会,是因为中国数学会的负责人之一顾澄当了汉奸。

陈:这我就不知道了。中国数学会胡敦复是会长,但胡不太管具体事情,中国数学会的实际工作、计划主要是顾澄在做,他们都是上海交大的教授。顾澄是自学成才的数学家,是一个不错的数学家,他翻译过好几本书,其中重要的一本叫《四原原理》,讲的是四元数;还有一本叫《定列式》,即是现在的行列式。顾澄与其他数学家是脱节的,他注重搞一些活动,后来他当汉奸,在日伪政权中做官,与这都有关系。

新中国数学会成立后,与当时总部设在上海的中国数学会就没有关系了。中国数学会说的,1940年分散在七个地方召开年会,新中国数学会与此无关。当时,我们心里认为,昆明的新中国数学会才是中国真正的数学会。因为抗战期间,中国重要的数学家都转移到了西南的昆明、湄潭等地,那时在上海没有重要的数学家,但是我们没有明说。

问:请您谈谈新中国数学会开展的活动。

陈:那时,数学界的活动中心在昆明、在西南,新中国数学会成立后,每年有个年会,每次年会交流许多篇文章是有可能的。一个老师带一批学生,比如苏步青先生、陈建功先生,特别是苏先生他们就有很多学生,这批年轻人学术思想很活跃,一个学生一年写个八篇十篇文章是可能的,不过没有活动几年,抗战就胜利了。

问:您是否知道新中国数学会理事会的改选情况和1948年上半年在南京召开的数学会?

陈:1943年7月我就出国去了,1946年4月回国后直接到上海,后到南京。新中国数学会改选过没有? 我不知道。成立时,姜立夫是会长,熊庆来什么时候当选为会长? 以及成立成都分会、重庆分会,这些我都不知道,因为当时我不在国内。如果说1948年上半年在南京召开过一次数学讨论会,参加者主要是中央研究院的人,那我应该是参加的,但是我不记得有这么一个会。

问:请您重点谈谈1948年10月在南京召开的十学术团体联合年会及中国数学会的改选情况。

陈:1948年10月在南京召开的十学术团体联合年会,我是清楚的。这次会胡敦复也来了,大家讨论的事,是恢复中国数学会,而不是合并,我请胡敦复、姜立夫等到我家吃饭,吃过饭后,大家在一块拟定数学会会员的名单,不知道谁是会员,就把各学校的数学教授都写上,副教授、教员适当写了一些。会员名单和候选人名单都是我写的。那时我的主导思想就是如何把"新"字去掉。恢复中国数学会,就是一个数学会。此时的南京已经相当乱了,乱得很,开完年会之后,时局就不行了。至于以后改选了没有,选举结果怎样,我都不记得了。可能没有选成,但是从此"新"字就取消了,统一为一个中国数学会。不久我就出国了。

问:1942年6月,新中国数学会在西南联大举行茶会,庆贺华罗庚、许宝騄获"国家学术奖励金"。八十年代出版的文献中,有多处记载说华罗庚这次获奖是何鲁以"部聘教授"的声望坚持争取得来的,且是解放前唯一的一个数学奖,是否属实? 三十年代南开大学曾颁发过"南开大学特种奖学金",学数学的有谁得过这种奖金?

陈:华罗庚1942年得过学术一等奖,王福春的工作做得很好,听说也得过一等奖,严格讲王福春也是陈建功的学生。南开三十年代的奖学金我不知道,那时我已不在南开。我对学生说,得奖不得奖没关系,要紧的是读书做学问。我当学生时,向来没得过奖,成绩高高低低,我的数学成绩好,是因为我喜欢,读过很多这方面的书,但别的科目成绩不行。

解放前是有"部聘教授",他们都是各科的资深专家,数学方面有苏步青、胡敦复、何鲁等。那时我和华罗庚 30 岁出头,太年轻,都不是部聘教授。我不知道华罗庚得奖与何鲁的部聘教授身份有无关系? 王寿仁告诉过我,何鲁曾为华罗庚写过评奖推荐材料,这份材料后来搞丢了。

问:您在清华读研究生期间,是否知道北京的中国数理学会的活动情况? 与中国数学会有无关系?

陈:早年,可能是 1930 年,是有一个中国数理学会,那时我是学生,在清华。会员中赵进义肯定是其中的一个,还有冯祖荀、何鲁等。何鲁也是老前辈,他回国那个时候,是中国数学教育开始发展的重要时期。二十年代初,何鲁和熊庆来、段子燮在东南大学培养了一批人才,他们三人都是留法的,其中何鲁最要紧,他推荐熊庆来任东南大学数学系系主任,他又到上海办学。何鲁很有文才,还会做诗。

二、三十年代,熊庆来、冯祖荀、姜立夫等都是好先生,一心要教好学生,对社会活动没兴趣,有许多事如中央研究院的工作都是姜立夫出面在做。但姜先生不愿意领头组织中国数学会,后来把组织学会的事交给上海交通大学,那时交大的教授阵营不错,有胡敦复、顾澄、范会国等。交大也出了很好的学生,如吴文俊等,这些学生独立研究能力很强,没有老师自己也能干。我们搞数学的人,更重视数学研究工作,谁的学问好,成果特别多,贡献特别突出。我一贯不愿做行政工作,喜欢做研究。抗战胜利后,中央研究院提名让我当数学所所长,我坚决不干。姜立夫先生是所长,他在国外期间,我临时代理所长,姜先生回国后,我就把所长职务交还给他。

问:1995 年是中国数学会成立 60 周年,您对这次纪念活动有什么建议?

陈:我是喜欢学术活动,有没有可能邀请国外数学家参加? 应该有,最好请一些新人来参加,时间定在 1995 年夏天,地点在北京。要邀请就早点通知,让参加者及早准备。学术会议,你们事先分析研究一下,哪些方面中国好,着重抓一下好的部分,让好的部分较快发展起来,这是中国的根,着重培养一些年轻人上。

问:中国数学会今后需要做些什么工作,可以更快地发展起来?

陈:我觉得中国数学会要做的事情,首先是出版,会员的研究成果要及时发表。数学会如何使《数学学报》的地位升高,刊物升高的条件是要有好文章,好文章要主动去抢,收到好的论文,应该承诺一年内出版,不要拖。你们出版丛书,也是出版的一个方面。

还有一件事,是在国内普及数学,这方面有很多工作可做。数学普及能使整个社会数学水平提高,容易出人才。许多历史的事,让年轻人知道,很长志气,例如周炜良,他在抗日战争期间,被迫中断数学研究近 10 年,后来他奋发图强,专心致志做学问,出了很多重要成果,是中国人在数学上真正做出过重要贡献的人之一,贡献非常大,但知道他的人不多。我和周炜良是老朋友,很熟悉,他搞研究非常专心,其他什么都不管,连信也不回。他的夫人是德国犹太人,特别好,在家里给他安排一个很舒适的研究环境。《数学译林》

有很多人看，很起作用，能不能变通一点，不一定都登译文，也可以写点文章，如写周炜良传等。写的文章专业知识不要太深，要让一般人都能看懂。台湾的《数学传播》稍浅了一点。

北京的数学家有没有聚会？我们在国外，一、两个星期便邀请一些数学家，也邀请相关的学生，聚在一起喝酒、聊天。当然不是漫无边际地随便聊聊，事先要有些准备，基本上围绕一个主题，深入浅出，交流学术思想，这对数学家是一种训练。有些人很博学，知道的东西多，各方面都能谈谈，但不见得能够解决多少问题，这种人也要紧，有时能启发人的思路。有些人看了别的文章受到一点启发，便动手写文章，小文章写得不少，没多少新意，对年轻人是个习作训练。培养专家要使他们多知道东西，知识广了，容易出现具有原创性的研究课题。

张友余根据录音整理，任南衡、袁向东校对
（原载《中国数学会通讯》，2005，(2)：9-12）

钱宝琮语录

研究数学史首先必须把一切史实源流搞清楚，再在弄清史实的基础上，写成专著。把史实的年代和源流搞清楚，是研究数学史的第一步，是最基础的工作。

——摘自《一代学人钱宝琮》杭州：浙江大学出版社，2008：576，582

吴文俊语录

假如你对数学历史的发展，对于一个领域的发生和发展，对一个理论的兴旺与衰落，对一个概念的来龙去脉，对一种重要思想的产生和影响等这许多历史因素都弄清了。我想，对数学就会了解得多，对数学的现状就会知道得更清楚、深刻，还可以对数学的未来起一种指导作用，也就是说，可以知道数学究竟应该按怎样的方向发展可以收到最大的效益。

——摘自：《吴文俊文集》，济南：山东教育出版社，1986：96

第十二篇　陈省身教授回忆"新中国数学会"

1993 年,我们呈请访问陈省身先生,主要目的是希望弄清快临失传的"新中国数学会"这段历史。访问中,他回答的第一句话就是"新中国数学会与我有很多关系"。由此勾起了陈先生对这段历史的回忆,并在以后多次提及、叙说。

1995 年 5 月 18 日,在清华大学召开中国数学会 60 周年年会。陈先生在开幕式上的演讲内容,其主要部分谈的就是新中国数学会的始末,他说:"我给你们讲讲我所知道的一部分中国数学会和新中国数学会的历史,现在这方面的历史记载还没有,也许有一天我会把这些,把我的经历写下来。"[1]我和任南衡同志根据几年来调查访问的资料,汇集整理,在 60 周年年会前夕,出版了一本《中国数学会史料》[2]。书中有较多篇幅记载了有关新中国数学会的调查访问文字,另外,我又写了一篇题为"试谈新中国数学会的始末"文章[3],一并请陈先生审阅。年会之后,再细读陈先生在开幕式上演讲的文字稿时,其中的一句话"当时新中国数学会也有出版,出版了好几期中国数学会的杂志。"吸引我十分好奇地写信给陈先生,希望能够索取这份我从未听说过的杂志。

陈省身先生一次再次地述说他的这段经历,我认为这不是一段简单的历史回顾,而是这段历程的本身,饱含着中国老一辈数学家不屈不挠、奋发图强的爱国精神。这段历史发生在 20 世纪四十年代,那是在极其残酷的日本侵华战争企图灭亡中国的日子里,随学校西迁、逃难到战争的大后方中国西南的数学家们,住无安定房舍,食无充足食品,学又缺书少刊,海外信息不通,还要经常跑警报,躲避日机的轰炸。在这样极其艰苦的条件下,他们想到的仍然是中国的数学研究不能中断、不能停止,要因时因地地组织起来,群策群力发挥集体智慧,开展学术交流,以此推动中国数学继续向前发展。陈省身先生是这个学术组织的积极倡导者、组织者和实践人。田方增先生回忆说,那时"我在西南联大系办公室,收集各地寄来的推选新中国数学会理事会选票,集中后交给陈省身先生。"[4]选举结果,陈先生当选为 9 位理事之一,同时兼理事会文书,主动承担学会中的许多工作。新中国数学会成立后,对大后方开展数学研究有明显作用,成绩显著。日本投降抗战胜利后,到 1948 年,西迁的高校都复原回归原址,陈先生主动提出并亲自将新中国数学会中的"新"字去掉,归并为一个数学会即"中国数学会"。

(1995 年 7 月 5 日,陈省身先生回信,原件复印见下页)

至此,1940—1948 年间存在了 8 年的新中国数学会的使命完成了,但它的特殊历史意义不能就此消失,应该成为中国数学会历史的一部分,它的成员艰苦奋斗、爱国主义的精神应该发扬光大。

过去,由于种种历史原因,对新中国数学会这段历史,看法不一、说法不一,几乎濒临消失。我遵照陈先生的建议,将"试谈新中国数学会的始末"一文中的"试谈"二字取消,增删内容,分 6 个标题阐述,即:"引言;一、未提新中国数学会的历史原因探讨;二、成立友余仝志：

　　謝二位6/15的信和相片。情至護識，深感愉快。

　　也謝二位的書。書寫得認真，是為中國數學史重要的文獻。

　　关于新中国数学会的文章寫得很好，我想試讀兩字可以賦得了。當時我们覺得，數才的數學家需要一个組識，加一个數字最簡便。

　　在昆明开会，我管了一些事務。車西南聯大，學术是很活躍的，所以培養了一批优秀的年青學者。胜利以後，兩会合併，是一件自动的事。剛巧年夏在南京有科學聯合年会，我在中央研究院數學研究所，便曹時充当了文書。這是1948年，这解放不远了。

　　我這裏不存有中國數學会學報，最後一期是二卷二期，1940年左上海出版。當時西南与上海郵件局阻，許多稿是後方寄給的。新中国數學会有出版計劃，以未成事實，我的記憶恐怕不確。

　　很感謝你对於"新中—"的注意，它只是一段插曲。希望今後的數學会能起更大的作用。……。

　　　　　　　　　　　陳省身
　　　　　　　　　　　1995.7.5.

新中国数学会的历史背景;三、新中国数学会的成立;四、新中国数学会的活动;五、新中国数学会的结束",并以"新中国数学会始末"为题,写成后投给《数学的实践与认识》编辑部,该刊于1997年在第3期第281~288页上发表。万万没有料到,这篇核实史实的文章,发表后除多处文字或年代有误外,竟出现"纠错传错"的严重错误,原因是编辑,随意改动了原稿内容。在该期第286页,将原稿引自姚志坚先辈的一段引文中的"我"字,改写成作者的名字,便出现两个不同时代的"张冠李戴"的大错。该刊拖到第二年勘误时,又未在目录中标识,读者很难发现。这篇文章让不知情者读了反而会引起某些混乱和误解。而我又不能重新向他刊投稿,深感未完成陈先生的托嘱,对不起帮助查实史料的先辈们。其后只有期盼陈先生抽空将他的这段经历详细地写出来。去年年底得知陈省身先生匆匆离去的噩耗,我的这个期盼破灭了!

再次重温陈先生给我的信函中,发现还有一事,至今尚未找到适当的机会完成。1996年8月,陈先生给我的信中说:"关于数学会我的记忆错误,承指出至感,请择机更正。"这是指文献[1]的那次演讲内容,本文前面提到的那句话:"当时新中国数学会也有出版,出版了好几期中国数学会的杂志。"经他回美国查找,是《中国数学会学报》,新中国数学会曾有过出版计划,但未成事实,新中国数学会没有出版过杂志。另一句是:"1990年国际数学家大会在美国加州 Berkeley 开会,……"应该是"1986年"而不是"1990年"。陈省身先生这种对历史负责、对工作认真、有错必纠的精神,值得我们好好学习、付诸行动。

参考文献

[1]陈省身:在中国数学会六十周年年会开幕式上的讲话.《中国数学会通讯》,1995(2):6-7. 杨乐、李忠主编.《中国数学会60年》.长沙:湖南教育出版社,1996:104-106.

[2]任南衡、张友余.《中国数学会史料》,南京:江苏教育出版社,1995.5.

[3]张友余."试谈新中国数学会"的始末,《中学数学教学参考》,1995(5):1-3.

[4]田方增1992年6月1日给张友余的回信.

(原载:《中国数学会通讯》,2005,(3):19-22)

张恭庆语录

陈省身先生认为:"科学是杰出的科学家创造的,奖励有成就的人和培养下一代是提倡科学的重要任务。"他还认为"一个国家的高等科技教育,需要自己来做,不能交给他国。"因此他在帮助中国发展数学时,特别重视人才的培养,尤其是注意有突出才能的青年人才的选拔和提高。

——摘自:《陈省身与中国数学》,天津:南开大学出版社,2007:19

第十三篇　抗日战争时期的新中国数学会

引　言

中国数学会纪念成立 50 周年和纪念成立 60 周年的两次年会中,代表常务理事会分别作的两个报告,介绍中国数学会的简史时,均未提及 1940 年代在抗战期间曾经存在 8 年的"新中国数学会"。然而史实证明,新中国数学会确实是中国数学会早期不可缺少的一个历史阶段,它在极其艰苦危难的战争岁月,团结数学会的会员和广大数学工作者为我国数学事业的发展作出了重要贡献,在中国数学会的历史中,具有特殊的历史意义,是不能抹煞的。

1995 年 5 月 18 日上午,在中国数学会 60 周年年会开幕式上陈省身教授的讲话中提到:"我给你们讲讲我所知道的一部分中国数学会和新中国数学会的历史,现在这方面的历史记载还没有,也许有一天我会把这些,把我的经历写下来。""如果有人对中国数学会的历史有兴趣的话,有机会我要跟他们谈谈,把它们弄的准确一些"[1]。经查证,关于"新中国数学会",过去不是完全没有记载。商务印书馆 1948 年出版的《第二次中国教育年鉴》第六编第四章"学术文化团体",就有"新中国数学会"的专题介绍。书中谈到新中国数学会的"沿革:民国二十四年(即公元 1935 年)成立于上海,原名中国数学会,系一提倡并促进中国数学研究之纯粹学术团体。"七七"事变后,各大学相继内迁,总会干部仍留上海,会务曾一度停顿。至二十九年(即 1940 年),会员散居后方者倡议改组,成立新中国数学会,设总会于昆明[7]。"中华人民共和国成立后,1950 年出版的《科学通报》第 1 卷第 3 期第 149 页,有一则袁兆鼎写的《解放后的中国数学会》的报道,全文不足 400 字,其中却有一句提到:"抗战时期在后方的新中国数学会和胜利后的中国数学会是一脉相传的。"事过 30 余年之后,为什么在纪念中国数学会成立 50 周年、60 周年时,代表中国数学会常务理事会的报告中,不提"新中国数学会"这一重要历史阶段了呢? 其结果很可能在将来引起后人研究数学会历史的混乱,甚至可能把这一阶段彻底忘掉。目前趁尚有个别当事人和少数知情者健在之时,弄清楚"新中国数学会"这段历史是十分必要的,再往后拖困难将会越来越大,问题将会越积越多。

一、未提新中国数学会的历史原因探讨

1951 年 8 月,中国数学会在北京召开全国第一次会员代表大会。会议之前,"全国科联规定代表大会的任务是:第一,宣布学会正式成立,……"[2]此后,在否定前几十年"左"的思潮干扰下,中国数学会前期的历史,便很少有人去过问研究了。

  经过了 20 多年各种各样的"左倾运动",一直到 1978 年 12 月,中国共产党十一届三中全会召开以后,我国开始全面纠正过去的"左倾"错误,提倡尊重知识、尊重知识分子。各学术团体的活动才日趋活跃,随之在 1980 年代的书刊中,逐渐出现了一些介绍各专门学会的文章。在 1985 年中国数学会成立 50 周年前后,有关介绍中国数学会会史方面的公开发表的文章主要有:

  (1)《中国科技史料》1981 年第 2 卷第 3 期刊登的范会国和李迪合写的《中国数学会的历史》;

  (2)《自然科学年鉴》(1982 年)刊登的《全国性自然科学专门学会简介》;

  (3)《中学生数理化》(高中版)1987 年第 5 期刊登的任南衡写的《中国数学会简介》;

  (4)广西教育出版社 1987 年出版的莫由和许慎编著的《中国现代数学史话》。

  以上四篇文章中,第(1)、(2)篇未提新中国数学会,第(3)、(4)篇提了,但叙述极简且说法不一。这四份文献中影响最大的当推第(1)篇,因为该文的第一作者范会国教授是中国数学会前期(指 1935—1948 年)理事会中,仅设的两位常务理事之一,那时未设理事长,由常务理事主持日常工作。另一位作者是著名数学史专家;而且该文叙述详细,约 9 千字,是其他文献远不及的,理所当然地引起广大读者的重视。笔者将该文收为珍藏而认真地学习。随着笔者收集史料的增多,发现该文在记叙 1940 年代中国数学会的历史时,只反映了抗日战争期间留在上海的中国数学会总会一个方面的情况。据已查到的史料记载,上海总会多次将昆明的学会活动,称为中国数学会昆明分会的活动,从未提过"新中国数学会"这个词。1941 年以后,上海总会的活动基本停止了,范会国仍在上海,抗战胜利后又到海南,1953 年回到北京。因此,出现了该文对数学会 1940 年代的活动交代不够清楚和个别事件有出入之处。经过对照,中国数学会纪念成立 50 周年、60 周年年会的报告,介绍数学会简史的取材基本依据该文,是占有史料不全造成的。

  正是因为对新中国数学会存在异议,可能会为将来全史带来更多的困难和麻烦。笔者从 1990 年开始,决定对该问题进行一次力所能及的调查核实。由于这段历史已时隔半个世纪,在这 50 年中,中国经历了连续的战争破坏,和极"左"思潮、"文化大革命"的浩劫,不少文字史料被丢失、破坏;当事人多已谢世,幸存者已到耄耋之年,连知情者也已年逾古稀。虽然如此,这项工作依然得到健在者的积极支持和热心帮助,这些前辈有:苏步青、陈省身、吴大任、田方增、张素诚、陈杰、周伯埙、姚志坚、胡鹏等教授,以及从事汪伪政权研究的专家蔡德金教授。他们为本专题提供了珍贵的史料或旁证。配以笔者在各地图书馆从 1940 年代的有关书籍报刊中查到,与新中国数学会有关的零星记载[3]。1995 年 5 月,先整理成一篇《试淡"新中国数学会"的始末》[4]。希望以此文在更大范围内征集有关新中国数学会的资料。文章发表后,陈省身、段学复、田方增、张素诚、王元、赵慈庚、周伯埙等前辈,又来函来电支持鼓励,并提出了一些宝贵建议。1995 年 7 月 5 日,陈省身教授来信说:"关于新中国数学会的文章写得很好,我想'试谈'两字可以取消了。当时我们觉得,后方的数学家需要一个组织,加一个'新'字最简便。在昆明开会,我管了一些事务。在西南联大,学术是很活跃的,所以培养了一批优秀的青年学者。胜利以后,两会(注:指中国数学会和新中国数学会)合并,是一件自然的事。刚巧秋季在南京有科学联合年会,我在中央研究院数学研究所,便暂时充当了文书。这是 1948 年,离解放不远了。"

"我这里还存有中国数学会学报,最后一期是二卷二期,1940 年在上海出版。当时西南同上海邮件尚通,许多稿件是后方供给的。新中国数学会有出版计划,似未成事实,我的记忆恐怕不确。"

现在笔者根据史料和当事人、知情人回忆材料,经过增删修改正式发表"抗日战争时期的新中国数学会"的文章,希望"新中国数学会"这个特殊历史阶段,在中国数学会的历史中,从此永远不要再消失!

二、成立新中国数学会的历史背景

1937 年"七七"事变后,日本帝国主义大举进攻中国,华北、华东、华中大片国土很快失守,被日军侵占。为了保存我国的科学技术实力,在国难紧急关头,继续培训各种专门人才,以应国家战时和建设之亟须。原在这些地区的重点大学,奉国民政府之命转移到大后方的西南、西北各省,主要集中在昆明、重庆、成都、城固、遵义、乐山(旧名嘉定)等地。原在这些学校任教的数学工作者,身体健康、较年轻的基本上都随校西迁。其中设在昆明的西南联合大学理学院数学系,是由清华大学、北京大学、南开大学三校的数学系合组而成,集中了我国数学界的大批精英,先后在该系任教的数学教授就有 14 位,他们是:郑之蕃(1887—1963)、姜立夫(1890—1978)、杨武之(1896—1973)、张希陆(1901—1988)、申又枨(1901—1978)、江泽涵(1902—1994)、曾远荣(1903—1994)、刘晋年(1904—1968)、赵访熊(1908—1996)、程毓淮(1910—1995)、华罗庚(1910—1985)、许宝騄(1910—1970)、陈省身(1911—2004)、蒋硕民(1913—1992)。这些教授全部都在海外学习或做过研究,有相当高的专业水平,每个都年富力强。最年长者才 50 岁出头,系主任是 40 岁左右的壮年,特别是有 6 位 30 岁左右的青年教授,他们正处于开创性数学研究的最佳年龄段,其中最突出者是华罗庚、陈省身、许宝騄,他们都刚在国外取得重要研究成果,抗战爆发后,为报效祖国,辗转来到西南联大,同时带回一批最新资料和书刊,准备继续研究工作。在教授下面,还有一批 20 多岁的讲师、助教,如闵嗣鹤、段学复、王湘浩、徐贤修、孙本旺、钟开莱、田方增、邓汉英、王寿仁等,他们富有数学才华和相当的研究能力。1939 年,在昆明的北京大学数学研究所和清华大学数学研究所又恢复了招收研究生。在这里,形成一支庞大的数学研究梯队。

除西南联大外,抗战初期学成归国的留学生到大后方的不少,庄圻泰到了昆明的云南大学,柯召、李国平、李华宗到成都的四川大学,吴大任、陈鸂到离成都不远的乐山武汉大学等等。原清华大学数学系主任熊庆来,此时任云南大学校长。中央大学迁到重庆大学的隔壁,两校集中了何鲁、孙光远、段子燮、郭坚白、胡坤陞等一批知名数学家。浙江大学在日军不断西逼和敌机轰炸下,两年半的时间历经了四度搬迁。在颠沛流离、历尽艰难险阻的搬迁途中,陈建功和苏步青领导的数学讨论班,一直没有中断。1940 年 2 月,浙江大学迁到贵州遵义,数学系设在离遵义75公里的湄潭,该校刚基本稳定下来,就在这一年(1940年),新成立了浙江大学数学研究所,正式招收研究生程民德等,壮大了研究实力。至此,我国数学界当时的研究主力,从北京、天津、上海、南京、杭州、武汉等地基本上都转移到了西南的昆明、重庆、成都、乐山、湄潭等地。

另一方面,我国数学界的学术团体——中国数学会总会的几位主要负责人:主席胡敦复(1886—1978),常务理事范会国(1899—1983)和朱公谨(1902—1961),因他们任职的学校仍在上海而留在上海,与西南各地的联系被日军隔断,大后方的数学工作者开展学术活动,向上海总会请示、商量、汇报都极为不便,困难甚多。例如:《中国数学会学报》第二卷第二期,总编辑苏步青从1939年初开始通知各地组稿。要求把稿件先集中到当时任助理编辑的华罗庚处——昆明西南联大数学系,自1月10日至4月14日在西南就收到注明收稿日期的14篇和未注日期的3篇共17篇高质量的论文。于5月9日该期组稿完毕,然后辗转拿到上海出版,11月从上海发出出版预告,到第二年(1940年)才正式与读者见面。这一期刊物出版花了一年时间,不仅费时,而且影响了研究工作的进展。

另外,全国抗战爆发不久,设在上海的数学会总会发生一起引起全国数学界极大公愤的事:原在总会协助董事会主席胡敦复工作的一位董事顾澄,投靠日本当了汉奸。顾1938年3月出任"中华民国维新政府"的教育部次长,1939年4月署理伪教育部部长。国难当头,他丧失民族气节投敌卖国,遭到全国人民特别是数学工作者的唾弃。总会虽然免去了顾澄原任的《数学杂志》总编辑的职务,重新组织了编委会,但是大后方各地的数学会会员,不容许顾澄玷污了中国数学会的荣誉,仍然要求脱离上海总会,重新改组数学会。

三、新中国数学会的成立

1936年,在中国数学会第二次年会上决定:第三次年会预定1937年暑期在杭州与中国科学社等学术团体联合举行。后因时局突变,抗战在即,年会被迫延期。至1940年,各高校西迁基本稳定后,中国科学社便决定于该年9月在昆明召开年会,同时邀请中国数学会等共六学术团体联合举行。此时,中国数学会上海总会通知各地:"中国数学会自在北平举行第二次年会之后,迄未再开。缘军兴以来,交通阻梗,无论在何地开会,他处会员为经济及时间所限,事实上鲜克赴会者。唯该会以数年来会员研究所得,亟待切磋观摩,职员亦宜照章改选,为顾全实事及权变计,乃定于八九月间分重庆、昆明、成都、遵义(笔者注:该地区的湄潭,当时是浙江大学数学系所在地)、城固、嘉定(笔者注:四川的乐山,古名嘉定,当时是武汉大学数学系所在地)、上海七处举行年会"[5]。除上海遵照总会通知于1940年9月1日在上海中国数学会会所召开年会外,其余地处大后方的六处:重庆、昆明、成都、遵义(湄潭)、城固、嘉定(乐山),至今未查到任何有关召开第三次年会的消息,但是却有多处谈到1940年在大后方成立"新中国数学会"的记载。摘录如下:

本文开头引用的文献[7]提到"至二十九年,会员散居后方者倡议改组,成立新中国数学会,设总会于昆明"。1948 年出版的《科学大众》第 4 卷第 5 期第 261 页,刊登过陈省身当时写的题为"中国数学会"的文章,文中说:"抗战开始,中国数学会职员,大部留在上海,不易活动。后方数学界同志,鉴于学术工作,不宜中断,而与上海联络,困难甚多,乃发起组织新中国数学会。于民国二十九年,在昆明宣告成立。"[3] 由这两份文献记载证实"新中国数学会"于 1940 年在抗战时期的大后方成立。至于何月? 陈省身教授 1993 年 6 月经过仔细回忆后说:"新中国数学会成立的时间,我想是在 1940 年昆明六学术团体联合年会的会议期间。成立时,除昆明的数学家外,陈建功特地从贵州湄潭赶来参加。"[3] 张素诚教授也证实说:"1940 年 9 月在昆明举行新中国数学会年会,有别于上海的数学会,故称新中国数学会。到昆明去开会的人只有陈建功先生。因为交通不便,从别地到昆明去并不容易,且旅费是自己承担的,所以能去的人少。陈建功先生自遵义去昆明,带去浙江大学数学研究所研究人员的论文,记得有陈建功、苏步青、卢庆骏、熊全治和我的文章。选举不易,因为会员散居各地,记得数学会在昆明开会时,只两个干部,一为华罗庚是会计,二为陈省身是庶务。这是陈建功先生告诉我的。"[3]

新中国数学会成立于何日? 未查到确切日期记载。根据其他记载分析:1940 年昆明六学术团体联合年会于 9 月 14 至 18 日在昆明云南大学举行,日程安排是:14 日报到,15 日上午举行开幕典礼;15 日下午各学会召开会务会议;16 日全天与 17 日上午宣读论文;17 日下午公开演讲,末由这次联合年会筹委会委员长、执行主席熊庆来致词散会,18 日赴昆明附近工厂参观。1940 年 9 月 16 日的《云南日报》第 4 版有一则消息报道,题为:"六学术团体联合年会昨日开幕",文中说:"中国科学社、中国物理学会、中国天文学会、新中国数学会、中国植物学会、新中国农学会等六学术团体联合年会于昨日上午九时,在云大致公堂举行大会开幕式……。"[3] 这则消息报道值得注意的是新中国数学会这个名称第一次出现,若要成立必定在 16 日之前,而联合年会的日程安排仅在 15 日下午有各学会的单独活动。由此分析,新中国数学会成立的日期最大可能是 1940 年 9 月 15 日。

至于为什么要成立新中国数学会? 陈省身教授说:"那时我们在昆明搞研究,只认为数学家需要有个组织,在一起讨论研究问题,取个什么名字好呢? 想来想去,加个'新'字最简单,目的是区别于当时在上海的中国数学会,另取一名,可以不受上海中国数学会的约束,可以独立活动,所以就叫新中国数学会。"[3] 苏步青教授回忆说:"这和顾澄有关……。1935 年成立中国数学会时,他负责注册登记,出过一些力。可是抗战时期,顾澄倒向日伪政权,在那里当'教育部次长',在沦陷区继续用中国数学会的名义搞活动,我们在大后方不承认它,所以有了新中国数学会。"[3] 四川大学姚志坚教授证实:"历史背景是抗战前中国数学会主要负责人之一顾澄投靠日伪政权,故在大后方改名'新中国数学会'。我这项记忆没有错误……。我和本系胡鹏教授谈过这段历史,他的记忆和我一样。"[3]

关于新中国数学会理事会理事名单的产生,中国科学院数学研究所田方增教授回忆,是在"论文报告会散后,及数学界筹建新中国数学会之集议后"。田老回忆说:"我在西南联大数学系办公室,收集各地寄来的推选新中国数学会理事会理事选举票,集中后交给陈省身先生。"[6]选举结果,当选的九人是:姜立夫,熊庆来、陈建功、苏步青、杨武之、孙光远、江泽涵、华罗庚、陈省身。再经过理事之间互推,姜立夫当选为新中国数学会的会长,华罗庚兼任会计,陈省身兼任文书。华、陈二人是新理事会中的小字辈,当时他们都未过而立之年,主动承担了新中国数学会理事会中的许多具体事务。其余的七位理事,除姜立夫外,全部是中国数学会理事会中的理事,共六人。占新中国数学会理事会九位理事的三分之二,占中国数学会理事会十一位理事的一多半,足见这两会之关系。

四、新中国数学会的活动

新中国数学会自成立之日起,无论抗战时期环境多么恶劣,条件多么艰苦,都因地制宜,坚持每年召开一次学术年会,及时交流大家的研究成果。

表1列出新中国数学会成立后,召开的各界学术年会的时间、地点和当届交流论文篇数[7]。

表1 新中国数学会各届学术年会简况统计表

届次	年份	召开地址	论文(篇)
第一届	1940	昆明	41
第二届	1941	昆明	63
第三届	1942	贵州湄潭	72
第四届	1943	重庆北碚	48
第五届	1944	昆明	48
第六届	1945	重庆	(未知)
第七届	1946	成都	(未知)

陈省身教授对此证实说:"新中国数学会成立后,每年有个年会,每次年会交流许多篇文章是有可能的。一个老师带一批学生,比如苏步青先生、陈建功先生,特别是苏先生,他们就有很多学生,这批年轻人学术思想很活跃,一个学生一年写个八篇十篇文章是可能的。"[3]据当时记载,1944年10月在昆明召开的第五届年会上,交流论文的作者及其篇数至少有:华罗庚6篇,许宝騄、徐利治、孙本旺各3篇,严志达、钟开莱各两篇,程毓淮、江泽涵、庄圻泰各1篇[8]。

新中国数学会除每年召开学术年会外,还组织一些与学术有关的其他活动。例如:1942年春,国民政府教育部学术审议委员会,第一次面向全国评选各学科的优秀成果,进行学术奖励。在文学,哲学、古代经籍研究、社会科学、自然科学、应用科学、工艺制造、美术共八类学科中,仅评出一等奖两项。属自然科学类的华罗庚著《堆垒素数论》,是此两项一等奖之一。另一位数学家许宝騄以他的数理统计论文获得二等奖。全国第一次评选学术奖励金,数学界就获得两项重奖,对大后方的数学研究工作者是一个大的鼓舞。新中国数学会专门为此于1942年6月3日晚,在西南联大为华罗庚、许宝騄获奖举行了庆贺茶会[3],以此激发大家进一步搞数学研究的积极性。1943年,新中国数学会与其他学会联合组织学术报告会,隆重纪念牛顿(1643—1727)诞辰300周年等等。用多种方式组织会员参加各种学术活动,激发研究兴趣、培养研究能力,提高学术水平,此时西南的昆明、湄潭等地成了当时中国数学界的活动中心。

新中国数学会有过两个分会:重庆分会和成都分会。重庆分会在1943年第四届年会中成立。成都分会成立于1944年。姚志坚和胡鹏教授回忆说:"1944年6月,成都各校召开了一次新中国数学会成都分会成立大会,并聚了餐。主持这次成都分会的是吴大任,出席的教授有曾远荣、赖璞吾、柯召、赵淞、刘为汉、胡少襄、魏嗣銮、李晓舫、张孝礼、余光烺、张鸿基、余介石,稍年轻一点的有陈鹥、蒲保明、徐荣中、张济华、李绪文等,还有胡鹏、杨从仁、关肇直和我(指姚志坚)以及在蓉各大学的几位青年教师。会上……推吴大任为召集人,并每校推一位委员或理事。"[3]分会活动内容有:宣读论文、交流个人研究心得、请专家作专题演讲等。

又据文献[7]记载:"现任会长为熊庆来"。新中国数学会理事会可能有过一次改选。第五次年会,原任会长姜立夫在召开地昆明,而年会主持人是熊庆来,估计在第四次年会中理事会换届,会长更迭。1946年,姜立夫出国进修前交代工作中,未提及数学会的工作,也可说明换届一事。

五、新中国数学会的结束

1945年8月15日,日本投降,我国抗日战争取得最后胜利。1946年5月4日,西南联合大学宣布正式结束,原来三校:清华大学、北京大学、南开大学各自恢复返回原来校址。这一年,因抗战由北京、天津、上海、南京、杭州、武汉等地西迁的各所学校,都陆续北上或东返原址。1947年10月间,各学术团体在北京、上海分别召开联合年会,中国数学会参加了北京的六学术团体联合年会,但未见报道这次数学会活动的具体内容[3]。1948年10月,在南京召开的十个学术团体联合年会,根据当时的记载,是以"新中国数学会"的名称参加的。胡敦复,范会国、苏步青、都分别从上海、杭州赶来赴会,姜立夫、孙光远、陈省身等当时都在南京。中国数学会和新中国数学会两方负责人聚集一堂,共商中国数学今后的发展。1940年因抗日战争非常时期的需要,在大后方昆明成立的新中国数学会,已经完成了它的历史使命,主动提出恢复中国数学会,去掉"新"字,统一为一个数学会,重新组织理事会。陈省身教授回忆说:

"1948年10月在南京召开的十个学术团体联合年会,我是清楚的。这次会胡敦复也来了,大家讨论的事,是恢复中国数学会,而不是合并,我请胡敦复、姜立夫等到我家吃饭,吃过饭后,大家在一块拟定数学会会员的名单,不知道谁是会员,就把各学校的数学教授都写上,副教授、教员适当写了一些。会员名单和候选人名单都是我写的。那时我的主导思想就是如何把'新'字去掉,恢复中国数学会,就是一个数学会。此时的南京已经相当乱了,乱得很,开完年会之后,时局就不行了。至于以后改选了没有,选举结果怎样,我都不记得了。可能没有选成,但是从此'新'字就取消了,统一为一个数学会。不久我就出国去了"[3]。

这次联合年会之后，1948年10月30日，在南京的陈省身给在上海的范会国写了一封信，全文是："会国先生惠鉴：在京（指当时的南京）得晤甚快。数学会通知书因整理费时，最近方得就绪，兹另邮附上若干份，旧会员方面乞为斟酌分发，已发通知书名单附上备考。专此即请大安，弟陈省身十月三十日"。

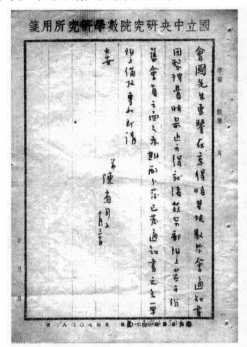

1948年10月30日，陈省身写给范会国的信

1948年中国数学会会员名单

姚志坚教授说:"据我回忆,1948年秋冬之交,看到过这份'通知书',它是以中国数学会的名义向会员们发的一封通知书,信是由陈省身教授经手发的,……通知书内容是中国数学会第四次年会会议的情况,具体内容记不确切了。"[3]

南开大学吴大任教授将陈省身给范会国的这封信复印件、连同这份共168人的会员名单保存了40多年,至今成了"恢复中国数学会"的历史见证,证明新中国数学会历时8年,至1948年10月结束。

"新中国数学会"诞生在中国受日本军国主义欺辱蹂躏到了民族存亡的紧要关头,它的出现本身就反映了中国数学工作者,以发展科学、增强国力为己任的高度爱国主义精神。在海外留学的青年学子,正临国难当头纷纷赶回,在祖国的土地上,同他们的老师、学生团结在"新中国数学会"自己的学术组织内,大家以开展数学研究、发展中国数学的宏愿报效祖国。此时的客观条件是:住无安定房舍,食无充足食品、学又少书缺刊、海外信息不畅,在经常跑警报、躲轰炸的动荡日子里,利用山洞、破庙、茅屋,靠着强烈的拼搏精神,潜心钻研数学,每年拿出几十篇有相当水平的研究论文。其研究成果是战时各学科中的佼佼者,成绩最佳。这些数学研究成果中,有的水平超过战前,个别的达到了世界先进水平,引起国际数学界的瞩目。教育部1942年开始评选国家学术奖励金,每年一届,在评选的六届中,自然科学类共获一等奖8人,数学家占了其中4人,是自然科学类一等奖的二分之一,还有10余人获二等、三等奖,足见其成果之丰。而这些成果全部是战时在大后方取得的,显然与新中国数学会理事会的组织指导、支持鼓励有密切关系。更重要的是伴随着研究成果,培养了一批青年数学家,他们不仅在知识业务上得到提高,同时受到了战争环境艰苦生活的磨炼。这批青年对数学有执着追求,特别能吃苦,善于克服困难,勇往直前,日后多数在国内外都有大的成就,其中相当一部分,成了1950年代以后中国现代数学建设和高等数学教育发展的骨干和领头人。由此可见,历时8年的新中国数学会,是中国数学会60年历程中最辉煌的历史阶段之一。不仅不能将这一客观存在抹掉,而且应该从中认真总结成功的经验,也许对今后中国数学的发展和数学团体开展活动有所教益。

最后,笔者再次感谢老一辈数学家陈省身、苏步青、吴大任、田方增、张素诚、陈杰、周伯埙、姚志坚、胡鹏等教授,以及汪伪政权研究专家蔡德金教授等,为本专题提供珍贵史料。文中若有不妥之处,请批评指教。

参考文献

[1]杨乐、李忠主编.中国数学会60年.长沙:湖南教育出版社,1996:105.

[2]中国数学会重新筹组经过.中国数学杂志,1951,1(1):36.

[3]任南衡、张友余编.中国数学会史料.南京:江苏教育出版社,1995.5:63-88.

[4]张友余."试谈新中国数学会"的始末.中学数学教学参考,1995,(5):1-3.

[5]中国数学会第三届年会上海开会消息.科学,1940,24(11):807.

[6]田方增教授1992年6月1日给张友余的回信.

[7]新中国数学会.第二次中国教育年鉴.上海:商务印书馆,1948:850.

[8]中国科学社三十周年纪念昆明区年会暨其他七学术团体联合会.科学,1946,28(4):205.

说明:本文原载:《数学的实践与认识》,1997,27(3):281-288.原题为:新中国数学会始末.该文刊出时,由于编辑任意改动作者原引文内容,在第286页竟然出现两个不同时代人物"张冠李戴"的大错。这次录入已改正并增删少量文字。

附①　文献[7]原文：

商务印书馆1948年出版的《第二次中国教育年鉴》第六编第四章"学术文化团体"中,有关于"新中国数学会"的介绍。全文如下：

"新中国数学会

"(一)沿革　民国二十四年成立于上海,原名中国数学会,系一提倡并促进中国数学研究之纯粹学术团体。七七事变后,各大学相继内迁,总会干部仍留上海,会务曾一度停顿。至二十九年,会员散居后方者倡议改组,成立新中国数学会,总会设于昆明。

"(二)研究事业与成绩　该会(笔者注:指中国数学会)曾发刊学报,专载国内专家研究学术之论文,共出二卷四期。二十九年第一届年会在昆明举行,宣读论文四十一篇;三十年第二届年会,仍在昆明举行,宣读论文六十三篇;三十一年第三届年会,在贵州湄潭举行,宣读论文七十二篇;三十二年第四届年会在四川北碚举行,宣读论文四十八篇。会员有百余人。有分会二,重庆分会在第四届年会中成立。成都分会于三十三年六月成立。三十三年第五届年会与八科学团体在昆明联合举行,宣读论文四十八篇。三十四年第六届年会在重庆举行。三十五年第七届年会在成都举行。

"(三)职员及会员　该会现有会员约二百人,现任会长为熊庆来。"

(原载《第二次中国教育年鉴》,商务印书馆,1948年12月版,总第850页)

附②　田方增教授1992年6月1日给张友余的回信。

张友余同志：

你好！下面是我对你提的问题的回答,不一定准,不一定对。有些知情人年纪大了,若能拜访联系,可得到许多重要的第一手的材料。

新中国数学会成立的情况(1940年,昆明)。同意陈省身先生关于建立此会的说法,这可以理解为所谓的三种说法的笼统概括,较含蓄也符合实际。抗战时期,在几个重要大学数学系,有几个颇有作为的青年教授的作用及积极性要反映到数学界的共同活动中,也是重要背景。客观地讲当承认此点。1940年秋后我从中学回到西南联大当助教(清华发聘书),知道那年暑假有数学界的活动,一些重要大学的重要数学家们及青年到了学术论文报告会(可问孙树本、王寿仁、蓝仲雄、张素诚等人),且我接替王寿仁管数学系办公室内具体事(多为文书、事务方面的),在系主任杨武之先生领导下工作,这样接触了一些涉及北大、清华、南开的人的事。这年秋后(当上述论文报告会散后及数学界筹建新中国数学会之集议后),我在西南联大系办公室收集各地寄来的推选新中国数学会理事会选举票,集中后交给陈省身先生。此外我没有为此会做什么,只有个印象文书为陈省身先生,会计为华罗庚先生。

田方增

1992.6.1

注:其他有关信函和访问,请见《中国数学会史料》。南京:江苏教育出版社,1995年第1版,第63-71页。中国教学会1948年168人的会员名单,抄录在该书第86-87页。

第十四篇　四十年代获国家学术奖励金的数学家

（一）国家学术奖励金的由来

在《教育部举办民国三十年度著作发明及学术奖励经过述要》一文中谈到：

"关于学术研究之奖励，为政府夙定之政策。国民革命以还，中央曾有奖励学术研究及著作发明之议。民国十八年，教育部教育改进方案，曾拟筹款二百万元为奖励学术研究基金，顾以时局影响，迄未付诸实施。时隔十年，第三次全国教育会议，举行于陪都重庆，教育部交议案全国高等教育改进案六：学术文化之整理与研究一项内，复以'高等教育所负学术文化使命至为重大，对于本国学术文化，应加整理与阐扬，对于外国学术文化，应加以研究与采择'。爰有'规定奖励学术研究技术发明及著作办法'之决议。抗战期内，一切措施，胥以军事胜利之获致为其基准，而学术文化之发展与经济物质之建设，尤为争取最后胜利与完成建国使命之重要途径。故二十九年五月教育部复据第三次全国教育会议决议'奖励学术研究技术发明及著作'一案之原则，拟为'补助学术研究及奖励著作发明案'交付该部学术审议委员会第一次全体委员会议审议，决定办法数则。"[①]

"关于奖励著作、发明部分，旋由教育部照原案颁行著作、发明及美术奖励规则规定奖励之范围。其中发明分：（1）自然科学，（2）应用科学，（3）工艺制造。……此项奖励，每年举办一次，受奖励之著作、发明或美术制作，应以最近三年内完成者为限。给奖之标准为：（1）具有独创性或发明性，对于学术确系特殊贡献者列为第一等；（2）具有相当之独创性或发明性而有学术价值，但不及第一等者列为第二等；（3）在学术上具有参考价值或有裨实用，但不及第一等第二等者列为第三等。各项一律严格审选，给奖名额宁缺毋滥。一等奖各奖一万元，二等奖各奖五千元，三等奖各奖二千五百元。"[②]

（二）1941 年度学术奖励金评选经过

"申请奖励之著作发明或美术作品，均须缴送：（甲）说明书；（乙）原著作发明或美术作品；（丙）学术审议委员会或专家二人出具之介绍书，详载介绍人对于该著作发明或美术作品之意见；（丁）属于工业发明之专利证书。教育部学术审议委员会接获合于规定手续之申请奖励各件后，发由学术审议委员会专门委员或另行聘请之专家三人以上，予以审查，如均认为合格，即提学术审议委员会大会，予以决选，奖励其优良作品。"1941 年度学术奖励规则公布之同时，发布公告接受申请，截至 1941 年 11 月底止，8 个月间收到申请共 232 起，除不合规定者外，均"分别送请专家，为数度之审查，每次审查，均须从某

---

① 摘自《高等教育季刊》，1942.6,2(2)：103,104。
② 摘自《第二次中国教育年鉴》，商务印书馆，1948：总866,867。

著作之观点、材料、组织及文笔等方面,详加考核,分别评分,以觇其观点是否正确,材料是否丰富,组织是否完善,与文笔是否畅达,最后并综观全书之有无价值,评定其总分。至于人选标准,则视有无创见或独到之处以为抉择,根据专家数度审查之结果提请学术审议委员会常务委员会审议及全体大会决选。"①

1942 年 4 月 16,17 日,教育部学术审议委员会举行第三次大会,最后决定 1941 年度学术奖励人选名单,决定选各类著作 30 件,计一等奖 2 件,二等奖 11 件,三等奖 17 件。数学属自然科学类,自然科学类在被评选的 11 件作品中,选中 4 件,数学占了其中的一半,获奖人华罗庚、许宝騄。

(三)华罗庚获自然科学类第一个国家学术奖励金一等奖的评语,原文抄录如下:

"华氏对于数学方面之成就,世界科学研究之士,类知其名,其于分析的数论,造诣甚深,而于堆垒数论 Additive number theory 尤有甚大贡献,在质与量两方面,均引起国际学者之重视。苏联数论名家 Vinogradow 教授,曾于 1941 年函商华氏,将近年所得关于堆垒数论之结果,汇集成书,于莫斯科出版,嗣以时局影响,不果实现,是稿即系本届获奖之件。关于堆垒数论之研究,熊庆来先生曾略分析其内容,兹录于此,以当介绍,其言曰:'堆垒数论之研究,始于英国之大数学家 Hardy 与 Littlewood 二氏,其说咸基于未经证明之 Riemann 假定。舍该假定而立论,以期得根本正确结果之工作,则苏联大数学家 Vinogradow 氏实开其端,而华君集其成。所研究主要问题中素数变数之联立方程式之讨论,则始于华君,进而为精深之研究者,亦惟华君。所论三角函数和中之一著名问题,乃堆垒数论之重要工具,当代大数学家 Weyl, Hardy, Littlewood, Vinogradow 及 Mordell 诸氏,均有甚深之研究,而华君所得结果,较诸氏为优,且据称为至佳者云。又华君关于著名 Goldbach 问题及为堆垒数论之基础之 Mean-Value theorem 定理,均有超卓之结果,此其贡献之荦荦大者,其他创获之结果甚多。书末提出甚为有趣之问题,可为致力于此者之导线,亦属可贵'云云。由此可知华氏对于数学研究上之成就,而堆垒素数论一著作之伟大价值,盖可知矣。"②

华罗庚获奖的评审专家,除熊庆来外,还有何鲁。华罗庚的《堆垒素数论》送审后,1941 年夏天,何鲁在"重庆火炉"中挥汗校勘,一再对人说:"此天才也!"看完后写了长篇介绍,以他当时的声望,坚持要求设在重庆的陪都国民党教育部给奖。尤其难能可贵的是,他还用工整小楷抄录了这部佳作的全稿,共抄了 12 大本珍藏。1950 年代他将这 12 大本手抄稿回赠给了华罗庚,收藏在中国科学院数学研究所,王元院士见过这些抄本。

(四)40 年代数学家获国家学术奖励金的简况

从 1941 年度开始至 1947 年度,国民党政府教育部共颁发了六届国家学术奖励金。表 1 现将这六届获奖的数学家综述如下:

1941 年度(第一届),自然科学类,一等奖 1 人,华罗庚的"堆垒素数论"获此奖;二等奖 3 人,其中许宝騄的"数理统计论文"获此奖;三等奖缺。

---

① 摘自《高等教育季刊》,1942.6,2(2):104,105。
② 摘自:教育部举办民国三十年度著作发明及美术奖励经过述要,载《高等教育季刊》,1942.6,2(2):108。

1942 年度(第二届),自然科学类,一等奖 3 人,其中苏步青的"曲线射影概论"获此奖;二等奖 6 人,其中周鸿经的"傅氏级数论文"和钟开莱的"对于概率论与数论之贡献"分别获此奖;三等奖 6 人,无数学家获奖。

1943 年度(第三届),自然科学类,一等奖 3 人,其中陈建功的"富里级数之蔡查罗绝对可和性论"获此奖;二等奖 7 人,其中李华宗的"方阵论"获此奖;三等奖 8 人,其中王福春的"富里级数之平均收敛"、卢庆骏的"富里级数之求和论"、熊全治的"曲线及曲面之射影微分几何"分别获此奖,还有胡世华的"方阵概念之分析"获哲学类的三等奖。

1944 年度(第四届),自然科学类,一等奖缺;二等奖 3 人,无数学家获奖;三等奖 8 人,其由张素诚的"曲线与曲面射影微分理论之新基础"、吴祖基的"曲面之附属二次曲面系统"、蔡金涛的"展开一般行列式"分别获此奖。

1945 年度(第五届),自然科学类,一等奖缺;二等奖 1 人,无数学家获奖;三等奖 6 人,其中吴大榕的"同步机常数之理论分析"获此奖。另外,陆德慧的"新式珠算除法"给予奖助。所谓"奖助",是指该作品不合给奖标准,但作者已费长时间精心研究,特给予奖助。每项 0.2 万元,以鼓励继续研究。

1946,1947 年度(第六届),自然科学类,一等奖 1 人,王福春的"三角级数之收敛理论"获此奖;二等奖 2 人,三等奖 3 人,均无数学家获奖。另外,蔡方荫的作品"用求面积法计算变梁之弯曲恒数"获应用科学类二等奖,王仁权的作品"土木工程实用联立方程式之新解法"获应用科学类三等奖。

表1　国家学术奖励金自然科学类各届获奖情况统计表

届次 (年度)	一等奖		二等奖		三等奖		备注
	获奖 人数	获奖 数学家	获奖 人数	获奖 数学家	获奖 人数	获奖 数学家	
第一届 (1941 年度)	1	华罗庚	3	许宝騄	0	0	1942.4.17 审查决定
第二届 (1942 年度)	3	苏步青	6	周鸿经 钟开莱	6	0	
第三届 (1943 年度)	3	陈建功	7	李华宗	8	王福春 卢庆骏 熊全治	胡世华获哲学类三等奖
第四届 (1944 年度)	0	0	3	0	8	张素诚 吴祖基 蔡金涛	
第五届 (1945 年度)	0	0	1	0	6	吴大榕	陆德慧获自然科学类奖助
第六届 (1946,1947 年度)	1	王福春	2	0	3	0	

　　为了清楚便查,再将以上各届情况统计列表如下,表中"获奖人数"一栏的相应数字,仅指自然科学类在该届的获奖人数。

　　颁发这六届学术奖励金的 1941—1947 年期间,正值战争年代,全国各主要高等学校先西迁、后东搬北上,经常逃警报、躲避飞机轰炸,生活极不安定;缺设备,少资料,科研条件很差;教授们微薄的薪金,难于养家糊口,最多只能求得基本温饱。然而,就是在这样极其艰难困苦的环境中,数学家们丝毫没有放松他们的研究工作,老一辈专家仍然积极培养年青一代,从获奖名单中可以看出,年青一代数学家在战争年代中苦壮地成长起来。新中国数学会在大后方西南的几个文化重镇,组织每年至少一次的学术交流年会,对数学研究起了推波助澜的作用。艰苦的努力,换来了世界瞩目的研究成果,在自然科学类中,六届获一等奖的共 8 项,数学成果占了其中的一半共 4 项。在获国家学术奖励金的数学家中,王福春是唯一获两次奖的数学家,可惜他在获第六届一等奖尚未公布之前就去世了,终年仅 46 岁。

　　(资料来源:①教育部学术审议委员会,三年来学术审议工作概况,载《高等教育季刊》,1942.9,第 2 卷第 3 期第 120-123 页;②学术之审议与奖励,《第二次中国教育年鉴》,商务印书馆 1948 年版,总第 866-872 页)

　　(原载:任南衡、张友余《中国数学会史料》。南京:江苏教育出版社,1995.5:72-78)

华罗庚语录

　　数学是一门基础性科学,数学在人类的精神与物质生活中起着重要作用。数学文化在相当大的程度上反映一个国家的发展水平。数学是人类研究自然现象与处理工程技术问题的一个强有力的工具。数学的发展一方面受着自然现象与工程技术研究的推动与刺激,一方面也有着它的内在的必要性。因此,我们必须遵循理论与实际密切结合的精神。

　　　　　　　　——摘自:华罗庚在 1956 年 8 月召开的"中国数学会论文宣读大会"
　　　　　　　上的开幕词.《中国数学会史料》,南京:江苏教育出版社,1995:210

第十五篇　四十年代的部聘教授

　　1936年12月12日"西安事变"之后,随着抗日民族统一战线的建立,全国出现了一致对外抗击日本侵略的局面。为了促进抗日战争的开展,1938年3月29日至4月1日,国民党在武汉召开临时全国代表大会,就战时各方面的工作,包括:军事、外交、政治、经济、教育、民众运动等,通过了许多议案和《抗战建国纲领》。其中通过之"战时各级教育实施方案纲要"第13项规定:"全国最高学术审议机关应即设立,以提高学术标准"。1940年3月经行政院呈准设立"教育部学术审议委员会"即为全国最高学术审议机关。1940年12月6日,该会第一次常务委员会通过"设置部聘教授,由教育部径聘曾任教授职15年以上,对于学术文化有特殊贡献者担任,以奖励学术文化之研究,而予优良教授以保障"①一案随即将"规定部聘教授办法要点"交该会(教育部学术审议委员会)于1941年2月14日召开的第二次全体委员大会讨论修正。经讨论,将"任教授职15年以上"资格规定,改短为"10年以上",部聘教授任期5年名额暂定为30人(战区可选2人)。教育部同意后提交行政院。1941年6月3日,行政院第517次会议通过,由教育部颁行。

　　教育部又将部聘教授服务细则草案,交教育部学术审议委员会,1942年4月8日召开的第七次常务委员会讨论修正,原定由该会于1942年4月16日召开的第三次全体委员大会审议确定人选。大会确定第一届部聘教授30人,在24个学科中遴选,其中,中国文学、史学、数学、物理、化学、生物6个学科各选2人,其余18个学科只能各选1人;敌占区可从这30个名额中遴选2人,但特别注明"以尚在战区,姓名不正式公布"。酝酿中,24个学科荐举部聘教授候选人共156人,其中数学学科14人。为进一步博采众议,特别慎重起见,大会决定将这156位候选人名单分科列表,发交各公私立院校教务处主任、各学院院长及各系科主任,各就本人之相关学科于名单中荐举2人,并注明对于被选举人之意见。教育部学术审议委员会将各院校再次荐举名单收齐后,于同年8月24日下午召开临时常务委员会再审议,分别统计各学科,以该学科票数最多者当选。结果如下:(括号内是该部聘教授所属学科)。杨树达、黎锦熙(中国文学科),吴宓(英国文学科),陈寅恪、萧一山(史学科),汤用彤(哲学科),孟宪承(教育科),胡敦复、苏步青(数学科),吴有训、饶毓泰(物理科),曾昭抡、王琎(化学科),张景钺(生物科),艾伟(心理科),胡焕庸(地理科),李四光(地质科),周鲠生(政治科),胡元义(法律科),杨瑞六(经济科),孙本文(社会科),吴耕民(农科),梁希(林科),茅以昇(土木水利科),莊前鼎(机械航空科),余谦六(电机科),何杰(矿冶科),洪式闾(医科),蔡翘(生理解剖科)共29

① 摘自:教育部学术审议委员会:三年来学术审议工作概况。《高等教育季刊》,1942,2(3):123。

人。这个名单原载 1942 年 9 月 31 日出版的《高等教育季刊》第二卷第 3 期第 152 页。这 29 人中，生物学科原计划 2 人，只选出 1 人；敌占区也只选出 1 人，即数学学科的胡敦复。胡当时在上海，任交通大学数学系教授、系主任 12 年。遵照大会约定，第一批部聘教授 29 人名单正式公布时，在敌占区的胡敦复的名字未公布，但在数学学科名下特有一括号注明："计 2 人，其中 1 人暂不发表"。[①] 非常遗憾的是，1948 年 12 月，商务印书馆出版的《第二次中国教育年鉴》第 873 页中，公布 1942 年当选的第一批部聘教授只有 28 人，胡敦复的名字不仅没有登载，连名额也没有了。根据 1942 年 9 月公布的荐举名单顺序，胡敦复是数学学科得票最多者，在敌占区是唯一当选者，除具备部聘教授所有条件外，保持中华民族的气节，在敌占区独立自主办教育、教数学难能可贵，足见胡敦复当时在众多教授中有崇高的威望。

有了 1942 年荐举第一批（1941 年度）部聘教授的经验，荐举 1943 年度（第二批）部聘教授比较顺利，他们是：胡先骕、楼光来、柳诒徵、冯友兰、常道直、何鲁、胡刚复、高济宇、萧公权、戴修瓒、刘秉麟、邓植仪、刘仙洲、梁伯强、徐悲鸿等 15 人。[②]

1947 年，《教育部公报》第 19 卷第 9 期第 10 页又公布了一批部聘教授的名单，全文抄录如下："教育部聘书人字第 46655 号（民国三十六年八月二十五日）。兹聘杨树达、黎锦熙、吴宓、陈寅恪、汤用彤、孟宪承、苏步青、吴有训、饶毓泰、曾昭抡、王琎、秉志、张景钺、艾伟、胡焕庸、周鲠生、杨瑞六、胡元义、孙本文、吴耕民、梁希、莊前鼎、余谦六、何杰、洪式闾、蔡翘先生为部聘教授。任期自三十六年八月起至四十一年七月止。此聘"。这一届部聘教授共 26 人。特别注明任期，从公元 1947 年 8 月至 1952 年 7 月。

笔者目前只发现三届部聘教授名单，这三届中，属数学学科的部聘教授仅 3 人，即胡敦复、苏步青、何鲁。

附：华罗庚的《堆垒素数论》获奖与部聘教授

笔者搜寻 20 世纪 40 年代的学术奖励和部聘教授专题史科，源于 1984 年几种报刊的一则报导。其中《百科知识》，1984 年第 9 期第 80 页有如下文字："华罗庚的成名作《堆垒素数论》写成后，何鲁以他'部聘教授'的声望（他是旧政府仅有 6 名部聘教授之一），坚持对华罗庚授予数学奖，这是旧政府颁发的唯一的一次数学奖。"同年，《人物》第 5 期第 120 页有类似文字，当年的《文摘报》也有转载，以后类似提法见于多种书刊，笔者 1990 年也曾在有关文章中引用，多年流传甚广。这则 50 余字的文字究竟真伪如何？

根据前两文：①四十年代获国家学术奖励金的数学家；②四十年代的部聘教授，其主要内容均摘自当年（1942 年）的记载。当年的国家学术奖励金和部聘教授均由全国最高学术审议机关——教育部学术审议委员会直接审议、评选。评定结束后由教育部颁行。1942 年评定的都是第一届（属 1941 年度）。1941 年度（第一届）学术奖励项目，是 1942

① 见：附录：教育部学术审议委员会临时常务委员会会议记录。《高等教育季刊》，1942，2(3)：153。
② 见《第二次中国教育年鉴》，商务印书馆，1948；873。

年 4 月 16、17 日召开的教育部学术审议委员会第三次大会确定的。决选各类著作共 30
件,其中一等奖 2 件,华罗庚的《堆垒素数论》获一等奖。是自然科学类唯一的一等奖获
得者。1941 年度(第一届)的部聘教授名单是 1942 年 8 月 24 日召开的教育部学术审议
委员会临时常务委员会确定的,在 24 个学科中共遴选 29 人,其中数学学科 2 人,他们是
胡敦复和苏步青。由此判断,学术奖励项目确定在前,部聘教授人选在后,华罗庚的《堆
垒素数论》获奖与部聘教授没有任何关系,这是其一;其二,何鲁是《堆垒素数论》的评
审人之一,但不是以部聘教授身份。何鲁是 1943 年度(第二届)的部聘教授,比《堆垒素
数论》获奖晚两年。笔者收集到的部聘教授名单,各届都大大多于 6 名;其三,国民政府
时期,1949 年以前共颁发六届学术奖励金。数学学科除华罗庚获第一届一等奖外,苏步
青、陈建功、王福春分别获第二届、第三届、第六届一等奖;在这六届中,还有多位数学工
作者获二等、三等奖,故华罗庚获奖也不是唯一的。综上所述,1984 年的相关报道,文字
虽少,但多处失实。

王元语录

华罗庚先生将寻求中国数学独立于世界之林视为自己的奋斗目标。虽然为了这一
目的,他生前屡受挫折,但从未放弃过努力。

——摘自:《传奇数学家华罗庚》.北京:高等教育出版社,2010:前言(王元)

柯召语录

华罗庚不仅是一位卓越的数学家,他对组织领导工作,教育工作,普及工作也做出了
出色的贡献,特别是他多年来从事应用数学的研究与推广工作,收获极为丰富,影响至为
深远。

——摘自:《柯召传》.北京:科学出版社,2010:197

第十六篇 算学、数学与 Mathematics 译名的变迁

中国传统数学，"以计算见长，形成算法化的特色。所以中国古代数学，核心是算数；算数之术，即是算术；算术之学，即是算学。"[1]算学是我国传统数学对数学的总称。

19世纪中后期，西方数学著作传入我国日渐增多，翻译传播这些著作，牵涉许多数学专业术语的译名。清代著名数学家李善兰（1811—1882）和英国传教士伟烈亚力（A. Wylie，1815—1887）先后合译了《几何原本》后九卷、《代数学》十三卷、《代微积拾级》十八卷等多部西文著作。此间李善兰创制了大批中英数学译名，首先将 Mathematics 译为算学，Arithmetic 译为数学，也就是数数之学；那时也有将前者译为象数学，后者译为数术。李善兰创制的译名，有相当一部分沿用至今，有少数与当今译名变动较大。例如：那时将 Newton 译为奈端，《奈端数理》就是当今的牛顿著《自然哲学的数学原理》[2]。而Mathematics 究竟译为算学或数学之争则延续了数十年。因为东邻日本早将 Mathematics 译为数学，Arithmetic 译为算术，我国早年留日归国学者多沿用的是日本译名。20世纪初就开始形成了一英文词（Mathematics）两中译名（算学、数学）混用，如北京大学一直用的是"数学"，而清华大学理学院在20世纪40年代之前用"算学"等。

民国初年，鉴于译名混乱，由中国科学社主办，于1915年创刊的《科学》杂志，早年陆续刊登了一些科学译名，以求逐渐统一。1918年，教育部设科学名词审查会，委托中国科学社起草数学名词。中国科学社推何鲁（书记）、胡明复、姜立夫（主席）为代表，联合其他单位的代表，组成数学名词审查组。自1923年到1926年间，科学名词审查会先后通过数学名词十二部。1931年中国科学社年会又通过两部，共计十四部。审查定稿后，决定将 Mathematics 一律译为"算学"，取消"象数学"的译法，将 Arithmetic 译为"数学"或"算术"[3]。

1932年夏，国立编译馆成立，当即就以上成稿再着手编订。1933年4月，教育部召开"天文数学物理讨论会"，该会数学组会议通过常用数学名词百余条。"至于全部名词，则议决以中国科学社起草、科学名词审查会通过者为蓝本，汇印成帖，分送各大学中学征询意见，并分请各专家审查。"[4]

1933年11月，编译馆将该年审查结果制成初审本，送请全国数学专家及各大、中学审阅。1934年9月，又对初审本中的意见整理，编为二审本，再送审查。1935年8月，就二审本意见进行整理，制为三审本。

1935年7月中国数学会在上海成立，受教育部及国立编译馆之请托，将前由何鲁、胡明复、姜立夫等拟定之数学名词基础上的三审本，做最后一次决定。中国数学会当即推胡敦复等15人组成数学名词审查委员会负责审查，由数学会主席胡敦复主持。于

FIRST REPORT

OF THE

GENERAL COMMITTEE

ON

SCIENTIFIC TERMINOLOGY

SECTION OF MATHEMATICS

科學名詞審查會

算學名詞審查組第一次審查本

審查員名單

十二年七月

江蘇省教育會代表	顧貽琉[?]	段撫羣[?]	胡明復
中國科學社代表	何 魯(奎紀)	胡明復	姜立夫(主席)
	段調元	段撫羣	
理科教授研究會代表	周劍虎	吳廣涵	
特請專家	胡敦復	吳在淵	

1923 年印刷的《算学名词审查组第一次审查本》封面和审查员名单

1935 年 9 月 5 日至 9 日,在中国数学会会所——中国科学社明复图书馆美权算学图书室召开审查会议。审查结果,得名词 3 426 条[5]。其中唯有 Mathematics 译为"数学"或"算学"未能统一,二词并用如故。

中国数学会早期的董事之一黄际遇(字任初,1885—1945),早在 1925 年 11 月到北京师大数理学会的演讲中说:"算学本来是我们中国一个称数学的总名,后来跟着日本改称数学,近时又有人要改回来叫算学。其实,'数'字有两种解说,一为名词含着数的意义,一为动词含计算(Account,Compute)的意义;但是'算'字只有计算的意义,没有数的意义,所以用算学不如用数学的名称好。"[6]而中国数学会早期理事之一熊庆来(字迪之,1893—1969)和抗日战争时期新中国数学会会长姜立夫(名蒋佐,1890—1978)直到 1935 年仍然主张用算学[5],等等。

教育部认为此事未了,又于 1938 年 9 月,通令再次征询设有该学系的高等院校教授的意见[4]:

"至二十八年(注:公元 1939 年)六月,各校院教授意见陆续报部者,计二十八单位,其中赞成采用'数学'者,计十四单位,赞成采用'算学'者,计十三单位,皆言之成理,此外有一单位,则无所主张。教育部为慎重计,将原案及统计结果提交由部召集之理学院课程会议。该会议认为:二名词中可任择其一,议决:'由教育部决定,通令全国各校院一律遵用,以昭划一'。

教育部鉴于'数','理','化'已成为通用之简称;六艺之教,'数'居其一;且教育规程中,久已习用'数学'一名词;又各校院之沿用'数学','数理',或'数学天文'为系名者,共二十九单位,而沿用'算学'或'天文算学'为系名者仅七单位,因此选用'数学'为Mathematics 之中译名,而于同年八月通令全国各校院一律遵用之。"

至此,即 1939 年 8 月,Mathematics 译为"数学"一词便已定论。但是,国立编译馆根据最后定论而编订的《数学名词》一书,交位于上海闸北的商务印书馆印刷,正值抗日战争,闸北被焚;再度到香港交印。1941 年,香港沦陷,纸型又被毁。因此抗战期间仍然存在两词并用,如西南联大理学院下属系称算学系,而西南联大师范学院下属系则称为数学系[7]等。直到抗日战争结束,1945 年 12 月《数学名词》才在重庆印出初版。1946 年 9 月又在上海出版沪一版。Mathematics 只译为数学一词才正式与广大读者见面,至此统一。

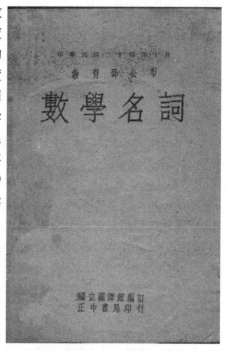

1946 年 9 月正中书局出版的
《数学名词》封面

参考文献

[1]王渝生. 中国算学史. 上海:上海人民出版社,2006:1.

[2]李迪. 中国数学史简编. 沈阳:辽宁人民出版社,1984:352-355.

[3]科学名词审查会. 算学名词审查组第一次审查本(内部印刷),1923:1-8.

[4]国立编译馆编订. 数学名词. 重庆:正中书局,1945年 12 月初版;上海:正中书局,1946 年 9 月沪一版:(1)-(5).

[5]任南衡、张友余. 中国数学会史料. 南京:江苏教育出版社,1995:33-35.

[6]周陞恩笔记. 黄际遇先生在数理学会之讲演"数学今后在教育上的地位".《数理杂志》,1925,4(3):112.

[7]西南联合大学北京校友会编. 国立西南联合大学校史——1937 至 1946 年的北大、清华、南开. 北京:北京大学出版社,1996:183,408.

（此文与赵蕴清合著,原载《高等数学研究》,2012,15(4):126-127）

第十七篇　中华人民共和国建国前后中国数学会恢复活动史实考证

（一）问题的提出

目前，我国一些有影响的书刊，对中国数学会前期的活动，提法不一。再经过相互间"引证"、"转抄"、"讲授"等多种传播途径，影响面将越来越大，误传也会越来越广。日久天长，对后人将会带来混乱，造成"不准确"后患。时间越长，史料越难查实，必然影响到将来我国现代数学史的编写质量。下面按时间顺序，引证几例说明此事。

1、1950年7月，《科学通报》第一卷第3期第149页，有一段几百字的小报道，题目是"解放后的中国数学会"，全文如下：

"中国数学会自一九三六年在上海成立以来，到现在已有十四年的历史。抗战时期在后方的新中国数学会和胜利后的中国数学会是一脉相传的。十数年来，该会刊行了中国数学学报和数学杂志，举行年会，宣读论文，但并没有在交流学术、集体研究上发挥多大的作用，对于数学的普及工作，自然做的更少。"

"解放以后在一九四九年春，数学会在京复会。确定了为文化经济建设而努力的方向，并推定各地临时干事，恢复各地分会，重新办理会员登记，争取中学数学教员入会，一九五〇年二月参加十二学会联合年会，同时就数学会原有章程加以修改，制成草案，分发各地会员加以研究，又讨论了大学数学系课程，推举代表参加教育部中等教育司的中等数学课程精简工作。"

"目前全国登记的会员有482人，分散在十六个城市里。北京、青岛各分会均宣告成立，其他各地分会，多在积极筹备中。"

《中国科技史料》1981年第3期第72-78页刊登的范会国、李迪二位先生的文章，题目是"中国数学会的历史"中的第二部分"解放后的中国数学会"的第一段，沿引了上文中的第二段和第三段。

2、1986年8月，山东教育出版社出版的《中国数学简史》其中第563页有这样一段叙述：

"中国数学会于1949年10月恢复工作，吸收新会员（主要是中学数学教师），到1950年2月有会员482人。1950年1月11日、12日，中国数学会与其他在北京地区的十一个学会举行联合年会。中国数学会的这次年会，除宣读论文外，还修改了会章，讨论了大、中学校的数学课程，并决定恢复会刊的出版，同时组成了编委会。"

3、1988年11月，中国大百科全书出版社出版的《中国大百科全书》（数学），其中第845页有这样一段：

"1949年中国数学会作为全国科协的一个会员于北京复会。此后会址一直设在中国科学院数学研究所。1952 年召开全国数学工作者代表大会,成立了理事会。此后,成立了《数学学报》、《数学通报》、《数学进展》等编辑委员会。……"

以上三份引文,至少提出两个问题:

① 对中国数学会早期工作,如何评价的问题。

② 建国前后,中国数学会的活动情况核实问题。细心的读者,从三份引文中不难看出,它们在主要活动的时间提法上是不一致的,而且史实叙述有些含混不清。

本文只考证第二个问题。顺便更正,属第一个问题的第一点,在第一份引文中提到的中国数学会成立的时间显然是错的。已有充分史料说明:中国数学会成立于 1935 年 7 月。7 月 25 日至 27 日在上海交通大学图书馆举行的成立大会,到会 33 人,胡敦复被推选为会议主席,记录是袁炳南。(参见《数学杂志》,1936 年 11 月,第一卷第 2 期第 137-140 页)

(二)史实的考证

1990 年初,西北大学数学系赵根榕教授,将他珍藏多年有关陕西省数学会的史料给笔者(张友余),其中有一份是 1949 年 7 月 10 日《中国数学会在平数学者座谈会记录》油印稿原件。全文如下:

"中国数学会在平数学者座谈会记录"

日期:三十八年七月十日

地点:北平师范大学数学系图书馆

出席:吴文潞、汤璪真、张异军、张禾瑞、程廷熙、钱端壮、刘景芳、傅种孙、李维铮、王仁辅、苏步青、曾昭安、申又枨、龙季和、庄圻泰、王榘芳、余敬吾、郑桐荪、段学复、闵嗣鹤。

主席:苏步青　　　记录:钱端壮

决议事项:

(1)中国数学会会务继续进行。

(2)进行各地中国数学会会员登记。

(3)推定已解放各地区临时干事如下:

北平:申又枨(北大)、傅种孙(师大)、段学复(清华)、徐献喻(燕京)、吴文潞(中法)、刘景芳(辅仁)。

天津:吴大任(南开)、李恩波(北洋)。

东北:张德馨。　　　青岛:董树德。　　　西安:杨永芳。

安徽:单粹民。　　　江西:彭先阴。　　　武汉:曾昭安。

南京:孙光远(中央)、余光烺(金陵)、周振衡(江南)。

杭州:苏步青。

上海:张　鸿(交大)、李锐夫(复旦、暨南)、范会国(大同)、谢苍璃(同济)、朱公谨(光华)。

国外由陈省身先生联络。

(4)成立平津区干事分会,以傅种孙、申又枨、段学复、徐献喻、吴文潞、刘景芳、吴大任、李恩波为干事。

（5）由平津区干事分会分函其他各区进行会员登记。限在三十八年八月登记完了。

（6）中国数学会会址将来设在北平旧刑部街"清华数学研究所"，未迁入前暂由北平师范大学数学系转。"[1]

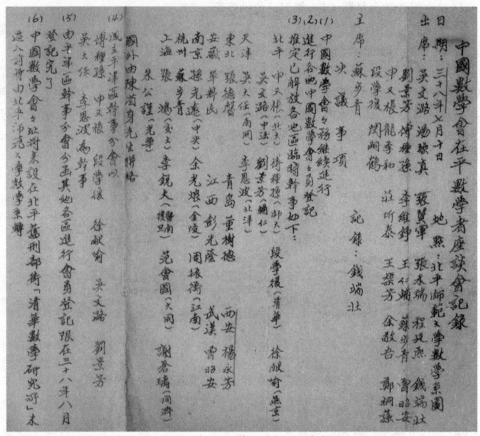

1949 年 7 月 10 日，中国数学会在平数学者座谈会记录

以下两份史料可以进一步说明这次"座谈会"的历史背景及其前后左右关系。

其一是：1950 年 7 月，《武汉数学通讯》第一卷第 1 期第 5 页，发表一篇武汉大学曾昭安教授写的《本会筹备经过》（注：系指武汉区数学会），文中开头写到：

"中华全国自然科学工作者代表大会筹备会，于去年七月开会于北京。当时会中数学工作者与在京同仁，于七月十日在北京师范大学聚会，到会的有北大、清华、浙大、武大、燕大、辅仁、中法等校。大家同意，全国数学工作者，根据"科代"规定包括大中学校教师，应该团结起来，交换经验，配合需要，为建设新中国而努力。当时推定了各地区召集人，以备在各地成立数学会。"[2]

其二是：1951 年 11 月，《中国数学杂志》第一卷第 1 期第 35-36 页，

刊登的《中国数学会重新筹组经过》，其中第二段写道：

"（二）重新筹组 解放以后，本会应求新的改进。1949 年 7 月，中国自然科学工作者代表会议筹备会在北京举行。北京及由各地来京之数学工作者集议数次，商讨本会重

新筹组办法,当经决定:就其时已经解放的各大城市推选临时干事,办理会员登记,筹组该地分会;由京津同人修改会章,分寄各地同人征求意见;一俟条件具备,本会即宣告重新成立。"[3]

以上三份史料已足以说明:中国数学会在中华人民共和国成立前夕,恢复活动时间,既不在1949年春,也不是1949年10月,准确的时间应该是1949年7月10日。它是在中华全国自然科学工作者代表大会筹备会议期间正式恢复活动的。但这不是"复会"。上一段文献[3]已经提到:"一俟条件具备,本会即宣告重新成立。"该文献是1951年7月31日写成的,它的后半部分还写道:

"…此外尚有较为重要的两点,要在这里说明一下:第一,代表大会是有关组织和会务的会议。与学术方面无关,全国科联规定代表大会的任务是:①宣布学会正式成立;②通过学会会章;③决定学会任务和工作计划;④选举;⑤其他有关会务进行事项。本会本届会员代表大会即照此原则办理。"[3]

在中国数学会第一次代表大会(1951.8.15—20)的"议程"中

对此作了证实。

"4、议程

"八月十五日　报到,下午三时预备会议。

"八月十六日上午八时起始　①开会;②推举主席团及中国数学会宣布成立;③筹备委员会报告筹备经过;④临时干事会主席致开幕词;⑤首长来宾讲话;⑥摄影。……"

由这些史料说明,中国数学会在1949年7月10日起恢复活动,还不能算是"复会"。它复会的准确时间应该是1951年8月16日,"1949年复会"的提法是不准确的。

关于中国数学会的领导关系。1950年8月,中华全国自然科学工作者代表会议在北京举行,会议产生了两个组织机构:一个是中华全国自然科学专门学会联合会(简称"全国科联"),另一个是中华全国科学技术普及协会(简称:"全国科普")。从此,各自然科学专门学会,都属"全国科联"领导,中国数学会也不例外,当属"全国科联"领导。中国数学会各地方分会则接受当地"科联"和中国数学会总会的双重领导。1958年9月,"全国科联"和"全国科普"联合召开全国会员代表大会,会议决定:"全国科联"与"全国科普"合并,建立中华人民共和国科学技术协会(简称:"中国科协")。自此以后,中国数学会属于"中国科协"领导。解放前后,我国曾经有一个名叫"中国科学工作者协会"(简称:"科协")的组织,它于1945年在重庆成立。解放初,"科协"是发起组织"中华全国自然科学工作者代表大会筹备会"的单位之一。1950年8月,中华全国自然科学工作者代表大会召开以后,成立了"全国科联"和"全国科普","科协"认为它自己的历史任务已经胜利完成,于1950年9月,经过"科协"代表会议的讨论,一致决议总会即日宣告结束,各地分会陆续结束。[5]

关于中国数学会在建国前后的会址问题。参考文献[1]已有交待:"中国数学会会址将来设在北平旧刑部街清华数学研究所,未迁入前暂由北平师范大学数学系转。"1950年8月,中国数学会借"全国科代"在北京召开会议之便,于8月21日在北京颐和园开了一次具有代表全国性的会议,会中提到"数学总会的地址暂设在北京师范大学"[3]。中国科学院数学研究所,于1950年6月才成立"数学研究所筹备处",正式成立"数学研究所"是在 1952 年 7 月。因此,建国初期,中国数学会的会址不可能在中国科学院数学研究所。

三个问题:①中国数学会 1935 年成立后,解放前是否在各地成立过分会? 或各地分会是解放后才成立? ②中国数学会解放后的会址,是否迁过清华大学数学研究所? 或者直接由北京师大迁至中科院数学所? 何年何月迁入? ③两种期刊的编委会,建国后是何时成立的?

（三）中国数学会从恢复活动到重新宣布成立之间的主要活动日程

1949 年 7 月,中华全国自然科学工作者代表大会筹备会在北京召开。

1949 年 7 月 10 日,在北京师大,中国数学会召开在京数学者座谈会。决议六项,中国数学会会务继续进行,组成临时干事会等。（详见本文第二部分）。

1949 年 7 月 14 日,在北京中法大学,中国数学会召开在京干事第一次会议。决议三项,其②推汤璪真等为司选委员,办理（甲）选举"全国科代"数学代表;（乙）选举本会理事。

1949 年 8 月 5 日,中国数学会平津区干事分会向其他各地区发函,要求各区临时干事负责办理该区会员登记。

1950 年 2 月 11,12 日,召开北京区自然科学十二学会联合年会,开幕式在北京中法大学举行。11 日下午和 12 日上午,各学会分别活动,12 日下午全体大会,通过了《对于各种自然科学学会章程共同原则的意见》和《北京区自然科学十二学会联合年会决议》。

1950 年 2 月 11 日下午,在北京大学理学院召开中国数学会京津分会会议。主要讨论:①关于十二自然科学学会章程共同原则;②关于中国数学会章程草案作初步修正。

1950 年 2 月 12 日上午,仍在北京大学理学院召开中国数学会京津分会会议,主要议题有:①推选吴大任、傅种孙为分会主席;②王湘浩报告提案整理委员会整理结果;③关于总会问题;④改组京津分会问题,京津两地区应各成立一分会等;⑤中学数学课程问题;⑥大学入学考试问题;⑦大学数学系课程问题;⑧大学课本编译问题;⑨推选段学复、江泽涵代表出席科学院。

1950 年 2 月 14 日上午,在北京师大数学系办公室召开中国数学会京津临时干事座谈会。决议:①关于中国数学会章程草案中各要点;②关于北京分会章程草案议定理事会设理事 15 人,任期一年,……;③补推中国数学会各地区临时干事,并请从速组织各该地区分会等。

1950 年 5 月 2 日,学术名词统一工作委员会成立。

1950 年 6 月,中国科学院数学研究所筹备处成立。

1950 年 8 月 18～24 日,中华全国自然科学工作者代表会议（简称"全国科代"）在北京举行,成立了"全国科联"和"全国科普"两个组织机构。至此,中国数学会接受"全国科联"领导。

1950 年 8 月 21 日,借"全国科代"在北京召开之机会,中国数学会在北京颐和园开了一个具有代表全国性的会议,会中报告:全国指定设立数学会分会的地区有 26 处,当时已成立北京、天津、武汉、青岛、太原、西安等六处,并敦促未成立分会的地区迅速成立。推举傅种孙等 17 人为常务干事,组成临时常务干事会,办理本会一切事务。

1950 年 10 月,开始重新编订数学名词工作。本应由学会来办理,但当时学会尚未成立,中国科学院编译局便委托中科院数学研究所筹备处开始进行这一工作。学术名词统一工作委员会先后聘请数学名词审查委员计有王竹溪等 33 人。

1950 年 12 月 23 日,奉到中华人民共和国中央人民政府内务部内社字 751 号批复,准予筹备设立中国数学会。

1951 年 7 月 8 日,由临时干事会推选 12 名筹备委员组成中国数学会筹备会。

1951 年 7 月 31 日,完成《中国数学会重新筹组经过》。

1951 年 8 月 15 ~ 20 日,在北京大学召开中国数学会第一次代表大会,此时,数学会各地分会已成立十七处,会员共有二千多人。这次大会通过了会章;选举理事 21 人、候补理事 7 人,华罗庚、江泽涵、陈建功、曾昭安、吴大任、傅种孙、关肇直、段学复、王寿仁等 9 人为常务理事。决议案共 9 项,计有:①数学名词审查案;②本会期刊:数学学报已经发行,数学杂志在印刷中,又武汉分会已出版数学通讯一种;③大中学教材问题;④业务学习问题;⑤编辑参考书籍问题;⑥编印书目;⑦师资问题;⑧设备;⑨其他。其中甲项是"号召中国数学家研究中国数学史"。……

(四) 现代数学史料研究中存在的问题

以上我们用一些史料说明另一些史料记载有误。能不能说我们这一次的说明就很完美呢? 不能。只能说目前我们引用的这些史料比那些史料的理由更充分一些,仍有待进一步探讨之处,有待在大家的讨论和不断补充、更正中,日趋完善,恢复历史的本来面目。只是目前的一些史料,存在以下几个主要问题,给史料研究工作带来困难。

1、排版上的字误,混淆了史实真假。例如:"北京区自然科学十二学会联合年会"召开的时间问题,一位署名(马)的同志在 1950 年 5 月《科学通报》创刊号第 50 页上写了一段该会的报道:"在本年一月十一至十二日举行。"以后的史料记载有说一月也有说二月的。我们开始相信了前者,因为《科学通报》是国家级刊物,又是创刊号,且报道时间仅隔三、四个月,又是专题报道,可信度比较高。后来发现一份与该会有关的"中国数学会京津分会会议记录",写的是 2 月。于是便去查当时《人民日报》的新闻报道,因为报纸一般不可能有一个月之差,以此证实《科学通报》创刊号记载的"一月"是错的,该会是在 1950 年 2 月 11,12 日召开。排版上的字误近年越来越普遍越严重,只求速度,质量把关不严。

2、完全凭记忆、传说、直觉写史,出现一些似是而非的模糊史料,甚至有张冠李戴的现象。例如:三十年代,创办过一种名叫《中等算学月刊》的杂志,在当时的影响面较大,是我国 1949 年以前出刊最多的数学期刊,该刊元老之一现在回忆,《中等算学月刊》是余介石在南京创办的;原刊物上清楚地写着,该刊是武汉大学刘正经(又名刘乙阁)在武汉创办。没占有原始资料的读者,多数会相信前者,如果没有人为刘正经正名,创办《中等算学月刊》的功劳,将被记在余介石名下,时间越久,更正越难。记忆、传说、直觉只能作为撰写史实的参考,也是重要的有价值的参考资料,但不能完全据此决定史实,必须辅以相关的史料。尽可能查对当时的记载,或者索其旁证,核实记忆,特别是一些"传说",取材更应慎重。

3、写史者搜集资料的局限性,照抄、转抄多了,容易形成"事实"。以我国数学竞赛为例,不少文章上都说是从 1956 年才开始举办的。我们查到了《数学通报》1956 年第 3 期第 8～9 页刊登的一篇文章,题为"迎接我国有史以来第一次举办的数学竞赛"。于是张友余在她的文章中便引用了这句话。最近从武汉大学路见可教授那里得知:1940 年代初,当时的教育部曾经组织过高等学校一年级学生数学竞赛,他获得这次竞赛第一名。……每个人写史或写某一事件,都以他占有的一些资料为依据,各人搜寻的角度、范围各不相同,资料浩如烟海,很难求全责备。但还是可以要求尽可能多查一些相关资料,多进行分析、比较,尽量减少以点带面,不准确等现象出现。

参考文献

[1] 中国数学会在平数学者座谈会记录(油印原件).

[2] 本会筹备经过(曾昭安),《武汉数学通讯》,1950.7,1(1):5.

[3] 中国数学会重新筹组经过,《中国数学杂志》,1950.11,1(1):35-36.

[4] 中国数学会第一次代表大会总结报告,《中国数学杂志》,1951.11,1(1):37-53.

[5] 中国科学工作者协会宣告结束(新华社稿),《科学通报》,1950.10,1(6):421.

[6] 曾昭安先生报告暑假中赴北京开会之情形,《武汉数学通讯》,1950.10,1(4):32.

(原载《数学情报学通讯》(内刊),1990,1(2):81-86)

附一:本文征求意见信及王元、田方增、吴大任、王寿仁四位教授回信

尊敬的×××教授:

今寄上《中华人民共和国建国前后中国数学会恢复活动史实考证》资料一份。目的是请您在百忙中抽空对这份史料中提供的史实给予鉴定、更正或补充,使咱们数学会的历史立足于可靠的史实之上,以它本来的真实面貌流传给后代,有利于将来实事求是地总结历史经验,推动我国数学的进一步发展。这份史料仅仅是一个尝试性的开头。

现代的老一辈数学家已有不少相继谢世;过去由于种种原因,对我国现代数学史料的记载、收集、整理又比较差。因此,目前从当事人或有关负责人那里抢收史料,显得格外迫切而刻不容缓。在中国数学会秘书处任南衡同志的支持和帮助下,准备试着先搜集、整理一些有关数学会的史料,这一工作要做好,还需要得到您的指教和帮助! 也希望您能提供一些有关线索或史实!

　　致

敬礼

张友余、何思谦敬上

1990.7.28

1、王元院士的回信。

友余、思谦同志:

来函及文章收到。我一直认为中国近代数学史研究很重要。你们关于中国数学会的研究是个好课题。1978 年后的情况比较清楚,也应注意搜集这方面的材料,使研究更全面。还要注意各时期的工作。

关于数学竞赛,似应从1956年起算。过去是有过个别竞赛,但未形成体系。例如1926年曾举行上海市的珠算竞赛,年仅十六岁的职业高中一年级学生华罗庚获得冠军,他能胜过熟练珠算的银行职员与钱庄伙计,全靠智取。即将乘法答数直接打上算盘,心算加手算而取胜的。这类材料是有趣的插曲。

任南衡也写过中国数学会史,可与他联系。祝工作顺利。

王元

1990.8.12

2、田方增教授回信。

张友余、何思谦同志:

您们好!承寄下"中华人民共和国建国前后中国数学会恢复活动史实考证",谢谢。个人由此得悉一些过去不知或未亲历的事项,并引起对个人对曾亲历的事项的回顾。您们实事求是地总结历史经验的工作态度值得大家学习。

个人于1950年7月中、下旬到中国科学院数学研究所筹备处开始工作。考证中所说1950年8月中华全国自然科学工作者代表大会召开一事,个人还记得清楚,因为个人曾在该会中管点事(不是代表),但因是临时被找去的,已淡忘了,只记得由此成立了"科联"。此会中统管会的秘书工作的是中国科学院植物研究所简焯坡同志(已病休多年在家)。

个人认为中国数学会恢复活动前后的事情过程,如果您们想进一步搞得明确,可以向下列同志提出您们想问的问题:

(1)段学复,现北大数学系,当时他是清华数学系负责人,但他近时身体不太好,想去信问具体的问题或可以。他对事很注意求实。

(2)王寿仁,现中国科学院应用数学所,当时在北大数学系任教,解放前后他知道及参与的数学界学术社会活动较多。考证上写的1949年7月的会,1950年8月出席科代会的数学界同志聚会,考证中9页上1950.12.23;1951.7.8;1951.7.31;1951.8.15~20之事,王寿仁同志知道的、能回忆的定必不少。个人印象中王寿仁同志长期从事中国数学会组织工作。

(3)孙树本,现北京理工大学应用数学系,当时在北大任教,曾管过战前中国数学会刊的编辑(在北大比王寿仁高一、二个年级)。

(4)吴大任,现天津南开大学数学系。(吴、段当时都是教授,对有关姜立夫先生的事都清楚)

(5)王湘浩,当时在北大数学系任教,他参与过一些学术性社会活动。

(6)丁尔陞,现北京师范大学,他一直在那里,在中国数学会任理事及职务多年,对有关北师大的当时教授的事(如傅种孙、程廷熙、李恩波、汤璪真、张德馨)可能能忆起的不少。

等等。(徐献瑜当时在燕京大学,现北大,可能对当时与燕京大学有关的事了解多些。赵访熊过去及现在一直都在清华,考证中未见涉及他之处但他知道的事也是一个方面)

4页上:(6)中国数学会会址将来设在北平旧刑部街"清华数学研究所"。过去从未听到过,也很难设想(也许是个人那时不在北京),请向段学复同志了解(段负责清华的事)。至于"未迁入前暂由北平师范大学数学系转",这对在当时倒易理解。可问丁尔陞同志。当时所谓"会址"仅起通讯地址作用,往往看做具体工作的人在的单位。真正有会址(也就是一间办公室)是50年代后期以后中国科学院数学研究所搬到现址后的事。

个人在抗日战争时在昆明西南联大,仅知道一点有关"新中国数学会"的事,但个人没有受该会指派做何具体事。

匆复。此致

敬礼

田方增上

1990.8.1

3、吴大任教授回信。

张友余、何思谦同志:

接来信和大作《……中国数学会恢复活动史料考证》,读后深感你们的辛勤努力已经取得了丰硕而科学的成果。

我的记忆不佳,谨就我目前当能忆及的几点缕述如次:

(1)中国数学会于1935年成立,已证据确凿。我只提出旁证。当时姜立夫在德国。这年秋,他到汉堡,我们会见,他给我看熊庆来给他写来的信,介绍了开会情况。信中还提到,会上还讨论了"算学"与"数学"两个名词之争。(注:有人主张用"算学",有人主张用"数学",双方人数基本相等,未得结论。姜与熊是主张"算学"的)

(2)我参加了"中华全国自然科学工作者代表大会筹备会",会前到达北平,然后反津。1949年7月10日的"中国数学会在平数学者(有无错字?)座谈会"我没有参加。一个可能性是我那时在平西,没有通知我,或我得到通知而未参加。另一个可能是座谈会举行在我到平之前或在我离平之后。如果属于第二种情况,那就不能说中国数学会恢复工作(按:不如说"恢复活动";因为并非由数学会领导正式开展工作)是在自然科学工作者代表大会筹备会议期间(《考证》第5页)。

(3)据上述座谈会记录,有两项决议涉及我个人,我都无印象。

(4)《考证》第8页有推举吴大任、傅种孙为(数学会京津)分会主席之说,这我也无印象。

"无印象"不能否定任何历史史实。但不能完全排除执行决议中存在着某些问题(包括属于我个人的问题)。(注:要排除这可能性,可查"筹备会议"开会时间。要了解决议执行情况,是艰巨的工作)

(5)关于对数学会早期工作评价,我以为宜以正面叙述为主,避免反面评价,要考虑当时各种客观条件。

(6)我从未听说解放前曾经成立过数学会的地方分会。

(7)中国数学会第一次代表大会我是参加者。

(8)关于《考证》第11—12页所谈的"第一次"数学竞赛出现两种说法问题,我以为路见可参加的(我估计是1940年上半年)是教育部组织的高等学校一年级学生的数学竞赛,1956年《数学通报》报导的是数学会(群众团体)组织的中学生数学竞赛。一个是官方组织的,一个是群众团体组织的;一个参加者是大学生,一个是中学生,性质不同,讲清楚了,并无矛盾。

以上所说,多半无关宏旨,也许有可参考之处。

吴大任

1990.8.1

4、王寿仁教授回信。

友余、思谦同志:

收到两位撰写的"中华人民共和国建国前后中国数学会恢复活动史实考证"一文,拜读之后,感觉与本人回忆基本相符,希望能将此文发表,作为确实史料公诸于众。文中第三页倒数第六行把程廷熙先生的名字错印为延熙,希于更正,又第五页倒第一行"代表大会是有关有组织和会务的会议"中的有字似乎引错。

就我回忆,1935年中国数学会成立后,解放前似乎没有成立分会。

专此,顺致

敬礼

王寿仁上

八月八日(1990年)

附二:《中国数学会史料》的几处勘误

笔者在《中国数学会史料》(江苏教育出版社,1995年版)一书中,仍然存在以讹传讹的错误,曾印过勘误表,发现还在误传。在此将几处确切错误再更正如下:

1、第23页第10行。浙江大学设立数学系年份是1928年,不是1929年。首任系主任是钱宝琮;第11行安徽大学设立数学系年份是1929年,不是1930年。首任系主任是郭坚白。第6行"余光琅"应为"余光烺"。

2、第105页第3行。胡敦复原名胡炳生;第4行周达的出生年代是1879年,不是1878年。

3、第107页第6行。陈建功的籍贯是浙江绍兴,不是杭州。

4、第108页和第125页。曾昭安出生于江西吉水,后迁居湖北宜昌,籍贯应是江西吉水。第109页末行,周炜良卒年,1995.8.10。

5、第111页第3行,钱宝琮逝于苏州,不是北京。第4行,胡浚济的籍贯是浙江慈溪。

6、第116页第10行。"1904年他在日本写成……"应改为"1902年他回国后写成……"

7、第174页倒1行,"李映第"应为"张映第"。

是否还有其他错误,欢迎广大读者随时赐教。将"错误难免"尽可能做到"尽量避免"。谢谢大家!

第十八篇　陕西省数学会成立前后

陕西省数学会原名中国数学会西安区分会(当时的"西安区"包括以西安为中心的陕西地区)成立于 1950 年 6 月 11 日,1990 年是它成立四十周年纪念。1989 年 12 月,省数学会常务理事会商定:整理我会四十年来的历史,得到该会元老、历届理事的积极支持,赵根榕教授、张德荣教授等将他们珍藏多年的有关我会的历史资料奉献出来,热情协助编纂会史,给这一工作带来了极大的方便,由于文字史料目前留存有限,还有相当部分的史科需要当事人回忆、提供。为此,该会于 1990 年 3 月 3 日下午在陕西师大召开了会史史料回顾座谈会,特邀创建该会的部分元老及早期的理事:魏庚人、刘书琴、陈怀孝、胡希正、叶彦润、王幼鹏、李联杜等参加座谈。东道主陕西师大数学系王新民系主任出席了会议,会议由本届理事会秘书长张文修教授主持,内容以我会成立前后的活动为中心。整理如下:

(一)陕西地区早期的数学组织

早在 1945 年,西北大学校址还在陕南城固县时,西北大学数学系曾经成立过一个名叫"数学学会"的组织,会员限于本系的师生,已毕业的西北大学校友也可以入会。那时全系不过二、三十人,几乎都填表入了会。学会的领导是西北大学数学系系主任,当时的系主任是赵进义,后来是刘亦珩都曾经任过学会的领导。学会的日常事务工作,主要由兼管系办公室的年轻助教兼任,开始是王协邦管理,后来移交给赵根榕负责。学会的主要活动有:办壁报、组织学术报告、送旧迎新等,以交流活跃学术思想,联络师生、校友之间的感情为主。这些活动一直持续到西北大学迁回西安后的 1946 年,但始终仅限于西北大学范围,与中国数学会等其他组织没有任何联系。

(二)中国数学会西安区分会的筹备经过

1949 年 1 月 31 日北京解放,西安于这一年的 5 月 20 日解放。1949 年 7 月,中华全国自然科学工作者代表大会筹备会第一次会议在北京召开,出席这次会议的外地数学工作者和北京的数学工作者共 20 人,于 7 月 10 日在北京师大数学系图书室聚会。会议主席:苏步青,记录:钱端壮。主要商讨恢复中国数学会的活动等事项,共作出了六项决议。这次会议,西安区没有人参加,会上大家推定当时西北大学数学系系主任杨永芳教授为临时干事,负责西安区的学会工作。8 月 5 日,中国数学会平津区干事分会向杨永芳发函,推请他担任西安区临时干事,并负责办理该区会员登记事项等。原通知全文如下:"敬启者兹据本年七月十日在平数学家座谈会议决,推请台端担任西安区临时干事,并负责办理该区会员登记事项等。由今检同座谈会记录、在平干事第一次会议记录,并登记表各一份随函奉达,希即查照办理为荷。此致杨永芳先生。中国数学会平津区干事分会启。八月五日。"当时西安区在"中国数学会会员登记表"上登记的只有魏庚人教授一人,估计在西安区分会成立以前的老会员仅魏老一人,他 1935 年在北京入会。

随后,杨永芳便和在西北大学数学系工作的刘亦珩、魏庚人二位教授商量,如何在西安地区开展中国数学会的活动问题。魏提议邀请当时在西安铁路局工作的著名数学史专家李俨参加。之后便由他们四人发起成立中国数学会西安区分会筹备委员会。第一次筹委会于1950年春天在西安市西大街的民生茶馆举行,会议由杨永芳主持,参加这次会议的除杨、刘、魏、李四人外,还有陈怀孝(西北中学,后改名西安市六中)、夏自强(东南中学)、李联杜(省一中)、张玉田(西北大学)、胡希正(西北大学)等。以后相继在西安高中、西安老二中召开了第二次、第三次筹委会,起草了分会会章草案。

经过数月的筹备酝酿后,1950年6月初,由中国数学会西安区分会筹备委员会和中国数学会西安区临时干事杨永芳联合发出通知:推请李俨、刘亦珩、杨永芳、魏庚人、刘冠勋(西北工学院,在咸阳)、叶志刚(西北农学院,在武功)、张百奄、陈怀孝、夏自强、蒋学敏(西大学生)共10人担任成立大会主席团成员,与召开成立大会的通知于6月6日同时发出。

成立大会的通知全文如下:

"本会为团结数学工作者交流学术经验,谋数学之普及与提高,为新民主主义文化经济建设服务起见,经数月的筹备工作业已就绪。兹定于本月十一日上午八时(准时)在本市东厅门西安高中礼堂,召开中国数学会西安区分会成立大会。除通知各会员外,特请xxx指导,以便今后工作推行上获得联系和协助。"

《通知》共发出79份,其中直接发至单位的有42份,中等学校占了34份。当时只有西安市市区的三所高等院校即:西北大学、西北医学院和西北人民医学院,被邀请参加了成立大会。那时,只西北大学有理学院数学系和师范学院数学系,市区高校的数学工作者基本上都集中在西北大学。

(三)中国数学会西安区分会成立大会

1950年6月11日在西安高中礼堂举行了分会的成立大会,是中国数学会成立分会较早的地区之一,到会有九十余人。会议首先宣布主席团名单、报告筹备经过;然后宣读《中国数学会西安区分会章程》,并讨论通过;最后选举产生理事会。第一届理事会由十一人组成,推定杨永芳为理事会主席,又由理事们互选五人:杨永芳、李俨、刘冠勋、魏庚人、刘亦珩组成常务理事会,为中国数学会西安区分会的执行机构。根据会章规定,"本分会在工作方针上应接受总会之领导。"1950年8月,中华全国自然科学工作者代表会议在北京召开,成立了"全国科联"和"全国科普"两个组织机构,自此以后,西安区分会接受中国数学会总会及"全国科联西安区分会"的双重领导。

(四)第一届理事会的主要活动

根据西安区分会章程第四条(五)"本分会因工作需要,得设各种委员会及各种研究会。"理事会的第一项工作便是成立"研究计划委员会"。1950年6月16日,由杨永芳签发"中国数学会西安区分会聘书",聘请:杨永芳,刘亦珩、魏庚人、赵根榕、张玉田担任"研究计划委员会"委员,还聘请:赵根榕(兼)、张玉田(兼)、李植民、胡希正、宗秀槐、任建华、樊兑才担任该委员会干事。于6月17日下午在西大召开了第一次研究计划委员会的委员和干事联席会议。

研究计划委员会的工作是:研究西安区分会的各种问题,根据情况订出长远和近期的工作计划。例如:发展会员,确定会议与学术报告的内容、地点、时间等等。办数学普及刊物和数学学术理论刊物则是长远计划,当时大家都认为是必办的,非完成不可。属于数学普及和教学方面的杂志《数学学习》,一直到1954年4月才得以创刊,可惜只出了一卷四期,到1955年3月以后就停刊了。停刊25年后,到1980年12月复刊;属于数学学术理论方面的杂志,是在三十五年以后,经刘书琴教授的百般努力,才于1985年4月创刊,刊名为《纯粹数学与应用数学(Pure and Applied Mathematics)》,主编刘书琴。遗憾的是对此梦寐以求的杨永芳、刘亦珩教授未来得及见到。

研究计划委员会除制订计划外,还带执行计划、总结经验,给理事会提供年会报告稿等。这些工作主要是由赵根榕与张玉田具体经手,向杨永芳、刘亦珩二位教授请示汇报,该委员会的其他干事也协助做些具体工作。具体分工是张玉田管内务,赵根榕管外勤。张将委员会的决议书写成文、写通知等;赵与各有关单位联系、征求意见、发送通知等。学术报告是经常举行的,报告人首先由刘亦珩、杨永芳开始,一直轮到一般会员。例如:李俨曾经作过"中国数学史"方面的报告;1952年上半年在北大街老二中赵根榕作了一次"苏联数学与数学教育"的报告,这次报告会由刘书琴教授主持。

由于第一届理事会成立不久,魏庚人调往北京师大工作;李俨1955年奉调北京中科院;1951年2月,刘书琴教授又调来西大工作。因开展分会工作的需要,1951年5,6月间,常务理事扩大会议研究决定:①推请刘书琴、潘智源、弓矢石为本分会常务理事;②聘请郑醒华、凌岭、王幼鹏为本分会干事;④聘请党修甫为本分会研究计划委员会委员兼秘书。同时决定成立"业务问题整理委员会",聘请潘智源、弓矢石、叶彦润、闫昌龄、党修甫、张东京、凌岭、张以信、王幼鹏为"业务问题整理委员会"委员。

业务问题整理委员会的主要工作是:讨论课程改革,研究对待文化程度较低的工农学员的态度问题,如何向苏联学习,为院系调整作准备,以及理论联系实际等问题。目的是使大学、中学数学教育如何适应新中国政治和经济的需要。

1951年8月15日至20日,中国数学会第一次全国代表大会在北京大学召开。西安区分会常务理事会推举刘书琴、叶志刚、李联杜三人代表西安区分会出席大会,因故,只有刘书琴一人到会,会议期间,刘当选为"选举提名委员会"委员。

(张友余主笔,赵根榕修改补充)

(原载:《陕西数学会通讯》,1990,(3):14-16)

1991年4月5日赵根榕教授因病去世后,多种因素使这项工作再未继续进行下去。

第十九篇 "文革"期间
《马克思数学手稿》的出版

　　1966 年,"文化大革命"开始后,全国高校停课闹革命,停止招收新生。数学学科与其他学科一样,几门理论性较强的基础课程内容,遭到脱离实际、否定一切的大批判。紧接着的教师下放劳动改造,中学生上山下乡,全国大串联、文攻武卫等。经过几年大混乱之后,开始拨乱反正。1970 年,少数几所高校,开始试点性地接受由基层推荐的工农兵学员入学,说是对高校进行"上、管、改",经过 1971 年,到 1972 年,全国各省市的重要高校都陆续接收工农兵学员,高校恢复了教学工作。

　　对于数学学科的几门基础课程,在当时的情况下,面临教什么? 如何教? 等不少疑难。1971 年,复旦大学理科资料组,根据日文版本,试译出版了《马克思数学手稿》,该译本除了马克思数学手稿的译文外,还有玉木英彦写的"解说"和"年表",与译文一起组成第一部分。第二部分是今野武雄写的,题为"作为历史科学的自然科学再编成的一个尝试"。根据"解说"中所述,马克思的数学手稿于 1925 年由苏联马克思恩格斯列宁学院进行复制,1927 年组织了一个小组,由雅诺夫斯卡娅、赖依可夫、纳依莫夫斯卡娅等人组成,他们将马克思的数学手稿加以研究和整理,并翻译成俄文。后来,雅诺夫斯卡娅附加她自己的解释,发表于杂志《在马克思主义的旗帜下》(1933 年第一卷);不久,又和其他的论文一起汇编成题为《马克思主义与自然科学》的单行本。1933 年年底俄译《马克思数学手稿》传到日本,当即由玉木英彦翻成日文出版。但在 1948 年玉木重新修订旧译文成为现有的日文译本时,没有对照原俄译本。在这次中译本内,还附上马克思和恩格斯的通信中有关内容的摘录。在手稿由德文译成俄文,由俄文又译成日文,由日文再译成中文的过程中,有些词句的含义变得模糊不清,有些则可能变了样。尽管如此,这份试译本当年 4 月发行后,立即有不少相关单位翻印。1972 年至 1973 年,笔者在数学系资料室,先后收到以下单位的翻印交流版本。他们是:中国科学技术大学数学系、安徽工农大学数学系、华中师范学院数学系、四川师范学院数学系、山西师范学院数学系、兰州大学数学力学系等等。足见那时各高校数学系,对新出现的《马克思数学手稿》的急迫与急需和渴求。

　　1973 年,复旦大学理科资料组又根据德文原文对手稿的整个论文部分重新进行翻译,印了第二个试译本,1974 年出版的《自然辩证法杂志》第 2 期和第 3 期相继刊登了这个译本中的"导函数的概念"、"论微分"、"微分演算的历史发展过程"和"达兰贝尔方法分析"等主要内容。《复旦学报》编辑组还专门召开了一次学习《马克思数学手稿》座谈会,指出这是我国学术界的一件大事,该刊 1974 年第 2 期摘要发表了这次座谈会的部分发言内容。

　　早在 1958 年,北京大学数学力学系曾经组织人力,准备翻译《马克思数学手稿》,后因故中断。在复旦大学相关工作的推动下,1973年,由孙小礼、邓东皋组织了《马克思数学手稿》编译组,成员包括江泽涵、冷生明、丁同仁、吴文达、黄敦、郭仲衡以及德语教研室的姚保琮、俄语教研室的鲍良骏、颜品中等[3]。为了翻译准确,通过外交部从荷兰的阿姆斯特丹存放马克思数学手稿的社会科学研究院购得全部原件复印件,江泽涵和姚保琮每天辨认原稿中的手迹,其他同志则根据1968年苏联出版的《马克思数学手稿》德俄对照本,分别翻译德文、俄文原稿与注释。试译稿于1974年译出,发表在《北京大学学报》当年5月出版的专刊上,受到广大读者的热烈欢迎。

从1972年到1974年,全国自发地掀起了学习《马克思数学手稿》的热潮,各高校学报、有关报刊都发表了许多学习《手稿》的文章。有从极左思想出发批判性的,也有不少从正面引导学习数学的好文章,对推动当时的数学教学起到了正能量的作用。

北京大学的试译稿印出后,又得到于光远、胡世华、陆汝铃,以及中央编译局同志帮助校改,再请北京师大留德老教授张禾瑞、蒋硕民对全部译稿从德文作了详细校订。最后将马克思关于微积分的大部分手稿,和一部分关于初等数学札记编译成书。1975年7月由人民出版社正式出版第1版。

1974年下半年,复旦大学理科资料组又将前两次的试译稿进行了全面修订和补充,进一步征求对译文的意见。第三译稿收集了他们所见到的比较完整的手稿内容,整理成六部分,1975年由《复旦学报》(自然科学版)第1期(专辑)全文发表。参加这三次翻译工作的教师有:复旦大学的王福山、谷超豪、苏步青、陈少新、陈国亮、张开明、李立康、金若水、秦曾复、舒五昌;华东师范大学的吕乃刚、茆诗松、周宝熙、程其襄等。[1]

鉴于这两部《马克思数学手稿》的出版,正值"文化大革命"十年(1966—1976)的后期,它好似一道光芒,照射着数学基础理论这块基石,使高校数学教学循此基本上能正常运行。在当时影响极大,研究者众多。这两部书能够出版,还反映了我国数学家,在"非常时期"仍然坚持求真务实、坚持真理的美德,在广阔浩瀚的书海中不懈求索。探求真知,反复核查,群策群力,终于译出了一个基本满意的译本,其精神难能可贵,其成果将流传千古。

两部《马克思数学手稿》封面,右是北京大学《数学手稿》编译组的编译本

为此,笔者特将这两部书的目录抄录于此。以资纪念、参考!

北京大学和复旦大学各翻译的《马克思数学手稿》,都在 1975 年出版,下面将两个版本目录抄录于下:

(一)北京大学《数学手稿》编译组编译:《马克思数学手稿》

北京:人民出版社,1975 年 7 月第 1 版。

目　录

（二）复旦大学理科资料组编译：《马克思数学手稿》

复旦学报自然科学版（专辑），1975 年第 1 期。

目　录

参考文献

[1] 复旦大学理科资料组:译者的话.复旦学报(自然科学版·专辑),1975,(1):166.

[2] 北京大学《数学手稿》编译组:编译说明.《马克思数学手稿》,北京:人民出版社,1975.7:I-IV.

[3] 戴月、韩永生:邓东皋.中国现代数学家传(第五卷).南京:江苏教育出版社,2002.8:550-551.

吴文俊语录

在人类知识的领域中,数学是一门古老而又青春常在的学科。在我看来,数学的生命力在于它是以一种最基本的常理来处理数的关系和空间形状。归根结底,数与形状反映了现实世界中事物的最本质的特征。因此,毫不奇怪,数学家们所研究的抽象理论和方法,几乎涉及科学技术的所有领域。

——摘自:《光明日报》2002 年 8 月 23 日

马克思语录

纯数学的对象是现实世界的空间形式和数量关系,所以是非常现实的材料。这些材料以极度抽象的形式出现,这只能在表面上掩盖它起源于外部世界的事实。

——摘自:北京大学编译,《马克思数学手稿》,北京:人民出版社,1975:217

第二十篇　"六五"期间我国数学学科博士研究生的培养工作

（一）综述："六五"期间(1981—1985)我国数学博士培养工作总览

《中华人民共和国学位条例》是从"六五"规划的第一年1981年1月1日开始实施。1981年11月和1984年1月经国务院批准，先后两批下达了"博士学位授予单位及其学科、专业和指导教师名单"，1983年5月27日首批共18名博士学位获得者，在人民大会堂接受《博士学位证书》。从此，结束了我国完全依靠外国培养博士研究生的局面，是我国学者在外国获得第一位数学博士的66年(1917—1983)之后。至1985年12月31日，整个"六五"期间，全国已批准博士学位授予单位196个，博士学位授权学科、专业点1 151个，博士研究生指导教师1 788人。学位按十个学科门类(不包括1985年4月新批的军事学)，共授予博士357人。数学属于第七门类理学，是理学下分的十二个学科的第一个。在357名博士学位获得者中，理学博士149人，其中属于数学学科的理学博士54人，它占理学博士的36.2%，是全国博士总数的15.1%；而数学学科的专业点是53个，只占总点数1 151个的4.6%，指导教师106人，占导师总数1 788人的5.9%。显然，数学学科在"六五"期间培养出的博士人数，处于全国众多学科的领先地位。特别是首批授予的18名博士中，有12名属于数学学科，占其中的三分之二，仅有的一名工学博士，学的也是与数学密切相关的"计算机软件"专业；许多高等学校，如北京大学、北京师范大学、复旦大学、华东师范大学、中国科技大学、山东大学、武汉大学等单位授予的第一位(或第一批)博士都是学习数学的。

根据首批授权学科专业的划分，数学学科下设：基础数学、计算数学、应用数学、概率论与数理统计、运筹学与控制论、数学教育与数学史共六个专业。"表1"列出了数学学科的"博士学位授予工作"在全国总体中、在理学学科门类中的数字及其所占的百分比，和在它下属六个专业的分布情况。表中的"首批"、"第二批"是指1981年和1984年经国务院批准下达的两批授权学科、专业点和指导教师人数；表1中第四栏"授予博士学位数"第二行的年月是指这个时间段内授予博士学位的人数。

从表1的数字表明，数学学科中基础数学专业已授予的博士最多共36人，占学科博士总人数的66.7%，目前这支专业队伍在数学界也最庞大，它主要有八个研究方向，即：代数、数论、微分几何、拓扑学、泛函分析、函数论、微分方程、数理逻辑与数学基础。相比之下，某些专业力量还比较薄弱，同时，在各地区、各单位之间的发展也不均衡，而且各有特点。表2是数学学科在"六五"期间我国自己培养的54名博士的授予单位、学习专业，及他们取得博士学位时的年龄等统计数字，表中的"资格博士导师"是指经国务院批准的首批和第二批博士指导教师人数，"已培养博士的导师"是指这54名博士研究生的指导教师,"＋"号后的数字是外单位参与指导的教师数,最后一栏写出了这几位导师的姓名。

表2与表1比较,"六五"期间,数学学科被批准授予博士的25个单位中,有12个单位已经授予了博士,占总数的48％,参与指导的教师共42人,是博士导师总数106人的39.6％。其中已培养出三名以上博士的导师有:李大潜(7人)、谷超豪(6人)、陈希孺(4人)、关肇直(3人)、严士健(3人)、严绍宗(3人)、夏道行(3人)、曾肯成(3人),他们中多数都是两人合作指导;华东师范大学仅一位博士导师曹锡华教授,已培养出博士2人,复旦大学8位导师培养出12名博士,中国科技大学5位导师培养出9名博士,……。在这54名博士中,获得学位时的年龄集中在35岁至44岁之间,占87％,其中尤以35岁至39岁的比例最大,共27人,正巧是他们总数的一半,30岁以下仅一人,他是数学研究所万哲先研究员指导的陈宇博士,时年29岁。在数学界,我国自己培养的、第一位博士学位获得者,是中国科学院数学物理学部系统科学研究所关肇直研究员指导的谢惠民博士,授予时间是1982年5月11日;数学界第一位女博士是复旦大学谷超豪和李大潜教授指导的陈韵梅博士,授予时间1985年2月,时年41岁。

"六五"期间,我国在实行博士学位制度之后,吸取国外进一步培养高级专门人才的经验,1985年7月国务院正式批准试办博士后科研流动站,11月,首批博士后科研流动站公布,确定在全国73个单位建站102个,其中数学学科有六个单位建站7个,授权于15个学科专业点。表3列出了:"六五"期间第一、二批博士授予单位和博士后科研流动站的首批建站单位,以及它们的专业点分布情况。其中第二批博士授予单位,授权学科、专业包括1985年12月31日国务院学位委员会批准的一个单位和两个专业点,即上海科技大学计算数学专业,复旦大学运筹学与控制论专业。

依靠我国自己的力量培养并授予博士学位,是"六五"规划为我国教育事业和科技发展事业开创的一件大事,这在中国历史上是第一次,为我国今后大批培养高级专门人才奠定了基础。数学学科在这个开创的事业中起了率先作用。由于有前五年的良好基础,进入"七五"规划的第一年,博士学位工作就得到较大的发展。例如,1986年8月下达的第三批博士学位授予单位及其学科、专业和指导教师名单中,数学学科虽然只增加了3个单位11个专业点,但原专业点得到充实,大批中年数学专家、学者补充进博士生指导教师的队伍,同时还涌现了一些青年博士导师,最近几年获得博士学位的学者,也有被批准为博士指导教师的。这批人年富力强,精力充沛,实力雄厚,多数是战斗在新学科的前沿。1984年招收的攻读博士学位研究生,正是"七五"期间第一批授予博士学位者,数量比前三年多一倍,年龄显著下降,入学时。35岁以下的占录取总数的84％,其中有28％是25岁以下者,近年来还开展了多种形式的博士生培养工作。一年多来,我国的博士后研究工作也逐步走上正轨,博士后研究制度开始显示其旺盛的生命力,不少的博士后科研流动站已经位居科技前沿。在正确的政策指导下,只要大家同心协力,以发展我国的科学技术事业为重,不断总结经验,学习先进,乘胜前进,陈省身教授的预言:"二十年后中国将成为数学大国"是一定能够实现的!

(原载:《中国数学会通讯》,1987年第4期第3-7页)

表1 "六五"期间数学学科的博士学位工作总体分布表

数字／分类 学科专业	授予单位(个)			授权学科专业(点)			博士指导教师(人)			授予博士学位数(人)			
	首批 (1981)	第二批 (1984)	合计	首批	第二批	合计	首批	第二批	合计	1983.5.27	1983.6～ 1984.12	1985.1～ 1985.12	合计
全国总计	151	45	196	835	316	1 151	1 202	601	1 788①	18	103	236	357
理学				233	59	292	412	175	587	17	38	94	149
数学	19	6	25	38	15	53	76	30	106	12	13	29	54
数学占理学的百分比				16.3%	25.4%	18.2%	18.4%	17.1%	18.1%	70.6%	34.2%	30.9%	36.2%
数学占总体的百分比	12.6%	13.3%	12.8%	4.6%	4.7%	4.6%	6.3%	5%	5.9%	66.7%	12.6%	12.3%	15.1%
基础数学	15	1	16	16	1	17	51	10	61	8	5	23	36
计算数学	4	7	11	4	7	11	6	9	15	0	1	0	1
应用数学	5	4	9	6	4	10	8	9	17	0	2	2	4
概率论与数理统计	6	2	8	7	2	9	9	2	11	3	3	3	9
运筹学与控制论	3	1	4	4	1	5	6	1	7	1	2	1	4
数学教育与数学史	1	0	1	1	0	1	1	0	1	0	0	0	0

注①博士指导教师人数"合计"为已扣除重复人次的实际人数,少于分批、六个专业博导的总和。

首批、第二批中的数字包括在这期限内的补充数字(但不包括未正式公布的)

(二)我国的学位学科门类及数学学科在其中的位置

根据1981年5月20日国务院批准的《中华人民共和国学位条例暂行实施办法》第二条:学位按下列学科的门类授予,即:哲学、经济学、法学、教育学、文学、历史学、理学、工学、农学、医学。1985年,增加一个军事学,现在总共是十一学科门类。学科门类的含义是广泛的,每个门类下分若干个学科,例如:理学门类下分有:数学、物理学、化学、天文学、地理学、地球物理学、地质学、大气科学(气象学)、海洋学、生物学、管理科学,1984年又增加一个自然科学史,目前是12个学科,数学仅是理学门类中的12个学科之一。

数学学科本身又下分若干个专业,根据1981年第一批授权学科专业的划分,数学学科下分:基础数学、计算数学、应用数学、概率论与数理统计、运筹学与控制论、数学教育与数学史共6个专业。1984年第二批授权学科专业的划分中略有变化,将"数学教育与数学史"专业从数学学科中提出来,拆为两部分,"数学教育"划归教育学科门类;"数学史"划归理学门类中的自然科学史学科,现在数学学科下分五个专业,每个专业又包括若干个研究方向,以基础数学专业为例,它包括:代数、数论、微分几何、拓扑学、泛函分析、函数论、微分方程、数理逻辑与数学基础等。在各研究方向中还有许多分支,攻读学位一般是选定某一学科中的某个专业的某一研究方向,例如:选定数学学科中的基础数学专业的代数研究方向等等。而代数下面有许多分支,学位学术研究及其论文只能在某一个分支中的某些或某一个课题进行。获取的学位名称则按学科门类划分,例如:攻读数学某个分支中获得的博士,称为"理学博士"。

将上述关系汇总如下,便可清楚地看出数学在其中的位置,及各级层次关系。

表2　"六五"期间数学学科授予的54名博士的单位、学习专业及年龄分布表

单位 (分类 / 人数)	学科专业							取得学位时的年龄					指导教师		
	基础数学	计算数学	应用数学	概率论与数理统计	运筹学与控制论	数学教育与数学史	合计	二十九岁	三十至三十四岁	三十五至三十九岁	四十至四十四岁	四十五岁	资格博士导师	已培养博士的导师	外单位参与培养的博士导师姓名
北京大学	3		1				4	1	2	1			19	4	
北京工业大学		1					1				1		1	1	
北京师范大学	3			3			6	1	2	3			5	5+1	侯振挺
吉林大学	4						4			1	2	1	6	4	
复旦大学	12						12	1	5	6			8	7	
华东师范大学	2						2	1		1			1	1	
浙江大学					1		1			1			3	1	
中国科技大学	5			4			9		7	2			5	4+2	华罗庚、王元
山东大学	2						2			1	1		3	2	
武汉大学	4						4	1	2	1			5	2	
中国科学院 数学研究所	1						1	1					9	1	
中国科学院 应用数学所			1	2			3			2	1		4	2	
中国科学院 系统科学所					3		3			2	1		8	3+1	张恭庆
中国科学院 计算中心			1	1			2			2			5	2	
合计	36	1	4	9	4	0	54	1	5	27	20	1	82	38+4	

注:博士导师仅限于"六五"期间内批准的两批人数

表3 "六五"期间数学学科博士学位点和博士后科研流动站建站单位及专业点分布表

批次／单位＼专业	基础数学	计算数学	应用数学	概率论与数理统计	运筹学与控制论	数学教育与数学史
北京大学	①△	①△	①△	①		
清华大学		①	②			
北京工业大学			①			
北京师范大学	①			①		
南开大学	①△			①△		
吉林大学	①	①				
复旦大学	①△	②△	①△		②	
华东师范大学	①					
南京大学	①	②				
杭州大学	①					
浙江大学	①		②		①	
中国科技大学	①△	②△		①△		
山东大学	①				①	
武汉大学	①		②			
长沙铁道学院			①			

批次／单位＼专业		基础数学	计算数学	应用数学	概率论与数理统计	运筹学与控制论	数学教育与数学史
中山大学			②		①		
四川大学		①					
数理学部	数学所	①△					
	应用数学所				①	①	①
	系统科学所	①△			①	②	①
	科学史所						①
技术部	计算技术所		①				
	计算中心		①△	①△			
内蒙古大学					②		
湖南大学					②		
西安交通大学			②				
兰州大学		②					
航天部二院（计算站）			②				
上海科技大学			②				

注：表中①、②分别表示第一批、第二批博士学位授予单位专业点；

△表示博士后科研流动站首批建站单位的专业点

（一级）门类　　（二级）学科　　（三级）专业　　（四级）研究方向

			代数
			数论
			微分几何
			拓扑学
		基础数学	泛函分析
		计算数学	函数论
		应用数学	微分方程
哲　学	数　学	概率论与数理统计	数理逻辑与
经济学	物理学	运筹学与控制论	数学基础
法　学	化　学	数学教育与数学史（后拆另分类）	
教育学	天文学		
文　学	地理学		
历史学	地球物理学		
理　学	地质学		
工　学	大气科学		
农　学	海洋学		
医　学	生物学		
军事学	管理科学		
	自然科学史		

（三）我国数学学科各单位、专业前三批博士指导教师名单

国务院学位委员会于 1981 年 11 月 3 日批准第一批博士指导教师；1984 年元月 13 日批准第二批博士指导教师；1986 年 8 月 11 日批准第三批博士指导教师；在第二批和第三批之间于 1985 年 12 月 31 日还特批了部分博士指导教师。为方便记载，以下简称"博导"，第一、二、三批和特批博导分别用①、②、③、Ⓣ标注。按学校、分专业记载，数学学科各学校各专业的博导名单如下：

北京大学　　基础数学：丁石孙①，庄圻泰①，江泽涵①，吴光磊①，段学复①，聂灵沼①，
　　　　　　　　　　　程民德①，廖山涛①，姜伯驹①，沈燮昌②，张芝芬②，张恭庆②，
　　　　　　　　　　　丁同仁Ⓣ，邓东皋Ⓣ，李　忠③，潘承彪(兼)③。

　　　　　　计算数学：徐献瑜①，黄　敦①，应隆安Ⓣ，滕振寰③，周毓麟(兼)①。

　　　　　　应用数学：郭仲衡①，程民德①，姜礼尚②，钱　敏②，石青云③，张恭庆③。

　　　　　　概率论与数理统计：江泽培①。

清华大学　　计算数学：赵访熊①。

　　　　　　应用数学：肖树铁②。

北京师范大学　　　基础数学:王世强①,刘绍学①,孙永生①,陆善镇②。

应用数学:汪培庄③。

概率论与数理统计:王梓坤①,严士健①。

北京工业学院　　　应用数学:孙树本①。

南开大学　　基础数学:严志达①,周学光①,史树中Ⓣ,陈省身(兼)③。

概率论与数理统计:胡国定①,沈世镒③,王梓坤(兼)①。

大连工学院　　　计算数学:徐利治①。

吉林大学　　基础数学:王柔怀①,江泽坚①,谢邦杰①,伍卓群②,孙以丰③,周钦德③。

计算数学:李荣华②,王仁宏③,冯果忱③。

哈尔滨工业大学　　　基础数学:吴从炘③。

内蒙古大学　　　应用数学:陈天权②。

复旦大学　　基础数学:许永华①,严绍宗①,苏步青①,李大潜①,谷超豪①,胡和生①,

夏道行①,陈恕行Ⓣ,任福尧③。

计算数学:蒋尔雄②。

应用数学:苏步青①,李大潜②。

概率论与数理统计:汪嘉冈③。

运筹学与控制论:李训经Ⓣ,俞文魮Ⓣ。

华东师范大学　　　基础数学:曹锡华①,沈光宇③,肖　刚③。

概率论与数理统计:何声武③,郑伟安③。

上海科技大学　　　计算数学:郭本瑜Ⓣ。

南京大学　　基础数学:叶彦谦①,周伯埙①,莫绍揆①,王声望②,马吉溥③,郑维行③。

计算数学:何旭初②。

杭州大学　　基础数学:王斯雷①,白正国①,施咸亮③。

计算数学:王兴华③。

浙江大学　　基础数学:董光昌①,贾荣庆③。

应用数学:郭竹瑞②,梁友栋③。

运筹学与控制论:张学铭①。

中国科技大学　　　基础数学:龚　昇①,曾肯成①,彭家贵Ⓣ,陆洪文③,冯克勤③。

计算数学:石钟慈②。

应用数学:李翊神③。

概率论与数理统计:陈希孺①,殷涌泉①。

山东大学　　基础数学:郭大钧①,潘承洞①。

计算数学:袁益让③。

运筹学与控制论:管梅谷①,谢力同③。

武汉大学　　基础数学:齐民友①,李国平①,余家荣①,路见可①。

概率论与数理统计:张尧庭②,胡迪鹤③。

湖南大学　　　应用数学:李森林②。

长沙铁道学院　　概率论与数理统计:侯振挺①。
中山大学　　计算数学:李岳生②。
　　概率论与数理统计:梁之舜①。
四川大学　　基础数学:柯　召①,蒲保明①,刘应明②,陈重穆(兼)③。
　　应用数学:魏万迪③
西安交通大学　　计算数学:游兆永②。
兰州大学　　基础数学:陈文塬②,陈庆益②,郭聿琦③。
中国科学院数学研究所　　基础数学:万哲先①,王　元①,王光寅①,华罗庚①,杨　乐①,张素诚①,陆启铿①,陈景润①,张广厚②,钟家庆Ⓣ,龙瑞麟③,戴新生③,许以超③,吕以辇③,沈信耀③,余澍祥③,陈翰麟③,张　同③,虞言林③。
中国科学院应用数学研究所　　应用数学:华罗庚①,秦元勋①。
　　概率论与数理统计:王寿仁①,方开泰Ⓣ,刘璋温③,严加安③。
　　运筹学与控制论:华罗庚①,越民义①,徐光辉Ⓣ,吴　方③,韩继业③。
中国科学院系统科学研究所　　基础数学:吴文俊①,李邦河Ⓣ,洪加威(兼)③。
　　应用数学:丁夏畦①,林　群②,万哲先③,王靖华③。
　　概率论与数理统计:张里千②,成　平③。
　　运筹学与控制论:关肇直①,许国志①,陈翰馥②。
中国科学院计算技术研究所　　基础数学:胡世华①。
中国科学院软件研究所　　基础数学:胡世华③,杨东屏③。
中国科学院计算中心　　计算数学:冯　康①,朱幼兰②,黄鸿慈②,孙继广Ⓣ,邬华漠Ⓣ,黄兰洁Ⓣ,张关泉③。
　　应用数学:冯　康①,屠规彰②。
航天部第二研究院计算站　　计算数学:袁兆鼎②。
应用物理与计算数学研究所　　应用数学:孙和生③,符鸿源③。
中国科学院自然科学史研究所　　数学教育与数学史:严敦杰①。

(注:本文名单依据《国务院学位委员会公报》1981 至 1986 年各期中公布的数学学科博导名单,集中核对,然后按学校分类整理而成)

(四)"六五"期间(1981—1985)数学学科授予的 54 名博士简介。

1983 年 5 月 27 日,我国首批共 18 名博士学位获得者,在人民大会堂接受《博士学位证书》。这 18 名博士中,理学博士 17 人,工学博士 1 人。理学博士中属数学学科的 12 人。他们是:谢惠民、白志东、赵林城、李尚志、单墫、苏淳、洪家兴、李绍宽、张荫南、童裕孙、王建磐、王秀源;其余 5 位理学博士是:马中骐、黄朝南、徐功巧、徐文耀、范洪义。唯一的一位工学博士冯玉琳在中国科学院计算技术研究所计算机软件专业学习,博士论文题目是程序逻辑和程序正确性证明。

"六五"期间数学学科授予的 54 名博士简介依次是:姓名,出生年月。授予博士学位的时间和单位,导师姓名,专业名称。学位论文题目。

1、张筑生,1940 年 11 月出生。1983 年 7 月 28 日由北京大学授予理学博士,是北大授予的第一位博士,导师:廖山涛,专业:基础数学。学位论文题目:微分半动力系统的不变集。

2、赵春来,1945 年 2 月出生。1984 年 7 月 7 日由北京大学授予理学博士,导师:聂灵沼、丁石孙,专业:基础数学。学位论文题目:关于素数分圆域的分圆单位群;Vandiver 猜想的等价命题。

3、钱涛,1948 年 12 月出生。1984 年 7 月 27 日由北京大学授予理学博士,导师:程民德,专业:基础数学。学位论文题目:多线性奇异积分与高阶交换子;极大算子的 Lip 有界性。

4、沈学宁,1954 年 9 月出生。1985 年 7 月由北京大学授予理学博士,导师:程民德、石青云。专业:应用数学。学位论文题目:数字图像的若干局部性质及其在指纹模式识别中的应用。

5、葛渭高,1943 年 1 月出生。1985 年 12 月由北京工业学院授予理学博士,导师:孙树本,专业:应用数学。学位论文题目:二阶非线性微分方程的周期解。

6、陈木法,1946 年 5 月出生。1983 年 11 月 17 日由北京师范大学授予理学博士,是北京师大授予的第一位博士。导师:严士健、侯振挺,专业:概率论与数理统计。学位论文题目:马尔可夫过程论中的存在唯一性和可逆性研究。

7、罗运纶,1948 年 8 月出生。1985 年 6 月 22 日由北京师范大学授予理学博士,导师:刘绍学,专业:基础数学。学位论文题目:Goldie 定理的一个一般化。

8、王昆扬,1943 年 10 月出生。1985 年 6 月 22 日由北京师范大学授予理学博士,导师:孙永生、陆善镇,专业:基础数学。学位论文题目:多元 Fourier 分析中的逼近及强求和问题。

9、郑小谷,1949 年 12 月出生。1985 年 6 月 22 日由北京师范大学授予理学博士,导师:严士健,专业:概率论与数理统计。学位论文题目:两类无穷质点系统。

10、唐守正,1941 年 5 月出生。1985 年 6 月 22 日由北京师范大学授予理学博士,导师:严士健,专业:概率论与数理统计。学位论文题目:离散无穷粒子系统中的某些问题。

11、沈复兴,1945 年 5 月出生。1985 年 10 月 9 日由北京师范大学授予理学博士,导师:王世强,专业:基础数学。学位论文题目:Ⅰ、格值模型理论及其力迫法;Ⅱ、一些具有和不具有 Goldbach 性质的可换环。

12、李成章,1940 年 9 月出生。1985 年 6 月由吉林大学授予理学博士,导师:王柔怀,专业:基础数学。学位论文题目:关于拟微分算子有界性的几个结果。

13、赵俊宁,1945 年 1 月出生。1985 年 6 月由吉林大学授予理学博士,导师:王柔怀、伍卓群,专业:基础数学。学位论文题目:二级拟线性退缩抛物方程和拟线性退缩椭圆方程。

14、孙善利,1945 年 12 月出生。1985 年 6 月由吉林大学授予理学博士,导师:江泽坚,专业:基础数学。学位论文题目:关于可分解算子的若干问题。

15、郭元春,1944 年 12 月出生。1985 年 6 月由吉林大学授予理学博士,导师:谢邦杰,专业:基础数学。学位论文题目:左理想几乎满足链条件的环与满足某些多项恒等式的环。

16、李绍宽,1941 年 12 月出生。1982 年 6 月 24 日由复旦大学授予理学博士,是我国首批博士学位获得者之一。导师:夏道行、严绍宗,专业:基础数学。学位论文题目:关于非正常算子和有关问题。

17、张荫南,1942 年 2 月出生。1982 年 6 月 24 日由复旦大学授予理学博士,是我国首批博士学位获得者之一。导师:夏道行、严绍宗,专业:基础数学。学位论文题目:关于非局部紧群的拟不变测度理论。

18、童裕孙,1943 年 12 月出生。1982 年 6 月 24 日由复旦大学授予理学博士,是我国首批博士学位获得者之一。导师:夏道行、严绍宗,专业:基础数学。学位论文题目:不定度规空间上线性算子谱理论的若干结果。

19、洪家兴,1942 年 1 月出生。1982 年 6 月 24 日由复旦大学授予理学博士,是我国首批博士学位获得者之一。导师:谷超豪、李大潜,专业:基础教育。学位论文题目:蜕型面为特征的微分算子的边值问题。

20、姜国英,1942 年 11 月出生。1985 年 2 月由复旦大学授予理学博士,导师:苏步青、胡和生,专业:基础教育。学位论文题目:Riemann 流行间的二重调和映照与守恒律。

21、刘林启,1943 年 7 月出生。1985 年 2 月由复旦大学授予理学博士,导师:谷超豪、李大潜,专业:基础数学。学位论文题目:半线性双曲方程最佳奇性传播。

22、孙龙祥,1946 年 6 月出生。1985 年 2 月由复旦大学授予理学博士,导师:谷超豪、李大潜,专业:基础数学。学位论文题目:一类二阶混合型方程的边值问题。

23、李得宁,1947 年 3 月出生。1985 年 2 月由复旦大学授予理学博士,导师:谷超豪、李大潜,专业:基础数学。学位论文题目:拟线性双曲抛物耦合组的非线性初边值问题与自由边值问题。

24、陈韵梅,女,1944 年 1 月出生。1985 年 2 月由复旦大学授予理学博士,是我国第一位女数学博士。导师:谷超豪、李大潜,专业:基础数学。学位论文题目:非线性发展方程解的整体存在性。

25、黄昌龄,1945 年 12 月出生。1985 年 2 月由复旦大学授予理学博士,导师:许永华,专业:基础数学。学位论文题目:本原环的 Galois 理论。

26、姚慕生,1946 年 9 月出生。1985 年 2 月由复旦大学授予理学博士,导师:许永华、李大潜,专业:基础数学。学位论文题目:一类模所带环及自同态环的结构。

27、穆穆,1954 年 10 月出生。1985 年 9 月由复旦大学授予理学博士,导师:谷超豪、李大潜,专业:基础数学。学位论文题目:非线性涡度方程的一些定解问题。

28、王建磐,1949 年 1 月出生。1982 年 12 月由华东师范大学授予理学博士,是我国首批博士学位获得者之一。导师:曹锡华,专业:基础数学。学位论文题目:G/B 的层上同调与 WEYL 模的张量积、余诱导表示与超代数 br 的内射模。

29、叶家琛,1944 年 2 月出生。1984 年 12 月由华东师范大学授予理学博士,导师:曹锡华,专业:基础数学。学位论文题目:关于超代数 Un 的主不可分解模的 Weyl 模滤过。

30、陈叔平,1950 年 9 月出生。1985 年 11 月由浙江大学授予理学博士。导师:张学铭,专业:运筹学与控制论。学位论文题目:算子值 Riccafi 方程与线性 Fredholm 积分方程的等价性及其应用。

31、单墫,1943 年 11 月出生。1983 年 5 月 13 日由中国科技大学授予理学博士,是我国首批博士学位获得者之一。导师:王元、曾肯成,专业:基础数学。学位论文题目:若干数论问题的研究。

32、苏淳,1945 年 10 月出生。1983 年 5 月 13 日由中国科技大学授予理学博士,是我国首批博士学位获得者之一。导师:陈希孺,专业:概率论与数理统计。学位论文题目:关于分布函数和极限理论的研究。

33、李尚志,1947 年 6 月出生。1982 年 5 月 25 日由中国科技大学授予理学博士,是我国首批博士学位获得者之一。导师:曾肯成,专业:基础数学。学位论文题目:关于若干有限单群的子群体系。

34、白志东,1943 年 11 月出生。1982 年 5 月 25 日由中国科技大学授予理学博士,是我国首批博士学位获得者之一。导师:殷涌泉、陈希孺,专业:概率论与数理统计。学位论文题目:随机变量的独立性及其应用。

35、赵林城,1942 年 11 月出生。1982 年 5 月 25 日由中国科技大学授予理学博士,是我国首批博士学位获得者之一。导师:陈希孺,专业:概率论与数理统计。学位论文题目:数理统计的大样本理论。

36、余其煌,1940 年 8 月出生。1985 年 1 月由中国科技大学授予理学博士,导师:华罗庚、龚昇,专业:基础数学。学位论文题目:有极点流形上的调和映射。

37、陈广晓,1945 年 4 月出生。1985 年 1 月由中国科技大学授予理学博士,导师:华罗庚、龚昇。专业:基础数学。学位论文题目:典型域的调和分析中的若干问题。

38、张贤科,1946 年 7 月出生。1985 年 1 月由中国科技大学授予理学博士,导师:曾肯成,专业:基础数学。学位论文题目:四类代数数域和代数函数域研究。

39、缪柏其,1946 年 7 月出生。1985 年 7 月由中国科技大学授予理学博士,导师:殷涌泉、陈希孺,专业:概率论与数理统计。学位论文题目:关于特征函数、分布函数有关问题的研究。

40、于秀源,1942 年 2 月出生。1983 年 5 月由山东大学授予理学博士,是我国首批博士学位获得者之一。导师:潘承洞,专业:基础数学。学位论文题目:代数函数对数的线性形式。

41、孙经先,1948 年 1 月出生。1984 年 12 月由山东大学授予理学博士,导师:郭大钧,专业:基础数学。学位论文题目:关于非线性算子的若干问题。

42、孙道椿,1943 年 7 月出生。1985 年 5 月由武汉大学授予理学博士,导师:余家荣,专业:基础数学。学位论文题目:Nevanlinna 方向与 Borel 方向的存在性定理。

43、杜金元,1949 年 1 月出生。1985 年 5 月由武汉大学授予理学博士,导师:路见可,专业:基础数学。学位论文题目:奇异积分的数值计算与奇异积分方程的数值解方法。

44、马道玮,1954 年 6 月出生。1985 年 9 月由武汉大学授予理学博士,导师:路见可,专业:基础数学。学位论文题目:含有奇异积分算子的卷积型方程的解法。

45、毛超林,1947 年 12 月出生。1985 年 9 月由武汉大学授予理学博士,导师:余家荣,专业:基础数学。学位论文题目:某些核算子的遍历性质与逼近论中的若干问题。

46、陈宇,1956 年 3 月出生。1985 年 3 月由中国科学院数学物理学部(数学所)授予理学博士,导师:万哲先,专业:基础数学。学位论文题目:除环上线性群到代数群的同态。

47、管克英,1942 年 9 月出生。1984 年 8 月由中国科学院数学物理学部(应用所)授予理学博士,导师:秦元勋,专业:应用数学。学位论文题目:人工释能法——利用解运动方程初值问题求稳定定态解的一种方法。

48、马志明,1948 年 1 月出生。1984 年 8 月由中国科学院数学物理学部(应用所)授予理学博士,导师:王寿仁,专业:概率论与数理统计。学位论文题目:Feynman-Kae 半群与发展方程的 Canchy 问题。

49、刘坤会,1947 年 6 月出生。1984 年 8 月由中国科学院数学物理学部(应用所)授予理学博士,导师:王寿仁,专业:概率论与数理统计。学位论文题目:(未搜到?)

50、谢惠民,1939 年 12 月出生。1982 年 5 月 11 日由中国科学院数学物理学部(系统所)授予理学博士,是我国首批理学博士获得者之一。导师:关肇直,专业:运筹学与控制论。学位论文题目:一类半整数自由度极的非线性振动及其在电力系统中的应用。

51、曹志强,1945 年 12 月出生。1983 年 9 月 27 日由中国科学院数学物理学部(系统所)授予理学博士,导师:关肇直、许国志,专业:运筹学与控制论。学位论文题目:关于心理现象的现代控制理论——代数系统和它的意义。

52、刘嘉荃,1945 年 6 月出生。1983 年 9 月 27 日由中国科学院数学物理学部(系统所)授予理学博士,导师:关肇直、张恭庆,专业:运筹学与控制论。学位论文题目:非线性弦与梁振动。

53、余德浩,1945 年 4 月出生。1984 年 12 月由中国科学院技术科学部(计算中心)授予理学博士,导师:冯康,专业:应用数学。学位论文题目:正则边界归化与正则边界之方程。

54、吴雄华,1946 年 5 月出生。1984 年 12 月由中国科学院技术科学部(计算中心)授予理学博士,导师:朱幼兰,专业:计算数学。学位论文题目:分离奇性法的某些发展及其在若干复杂问题上的应用。

(资料来源:光明日报,1983 年 5 月 27 日;《科学家》,1986,(4):23;以及报刊中有关内容的积累。多属转抄)

第二十一篇　我国数学学科率先赶上世界先进水平的可能性①

内容提要

首先,我国自己培养博士生的工作,数学学科在国内已经起到率先作用;其次,我国数学界有培养人才的优良传统,一批中青年数学家的科研成果,目前已具世界水平,在国际数学奖的获奖者中,开始出现了中国大陆数学家的名字;第三,中国有争取成为数学大国的科学依据,外籍华裔科学家的大力支援,必将加速数学学科赶超世界先进水平的进程;第四,国内大陆数学期刊的迅速发展,为数学人才的锻炼成长提供了良好的土壤,加速了国际交流;第五,近几年在参加国际中学生数学竞赛中,我国取得的优异成绩,显示出我国数学人才有雄厚的后备力量。要实现"率先赶上"世界先进水平,目前亟待解决的问题有经费不足,领导问题,阻碍"赶超"的思想问题,情报工作问题等等。

曾荣获国际大奖的几位美籍华裔科学家,在不少场合均提到 21 世纪的科学中心将转向中国,特别是当代数学大师陈省身教授,多次提到"20 年后中国将成为数学大国"。我出于一位中国知识分子的爱国之情,对这句话是敏感且有兴趣的。1981 年,同时读到陈省身教授的两句话,一句是"……无论是纯粹数学或应用数学,中国的人才,尤其是领导科学技术的人才,少得可怜,……";另一句是"我们的希望是在 21 世纪看见中国成为数学大国。""中国人是有数学天才的,经过努力奋斗,到 20 世纪末,中国有可能成为数学大国!"这是两句距离遥远的话,一句点出了现状,一句展望着未来。自此以后,我一直在搜寻着、思索着:我国数学界是否真具有在短期内实现这一宏伟目标的条件?

从 1978 年 3 月召开"全国科学大会"时算起,至今年(1988 年)3 月整整十年。十年前,我国正处在遭"文革"严重破坏后"百废待兴"的时刻,我国数学界与世隔绝二十多年,我们对现代数学的许多分支和重要方向及其进展,都很不了解,而自己的人才又青黄不接。那次大会上,国家领导人已经看到,并强调指出"人才问题是实现科学技术现代化的一个十分突出的问题",并实地着手在国内外同时创造条件培养大批科学技术的高级人才。一批专家、学者走向世界,或访问,或讲学,或进修,或共同研究,同时又送出一大批出国留学生;国内着手自己培养博士生,……仅经过这十年的投资和广大科技工作者的艰苦奋斗,今天来看,应该说我国的科技事业在这十年中得到了高速的空前发展,目前虽仍然落后,不尽如人意,但确实已经大大缩短了与世界的距离。特别是近两三年,由于

---

① 本文是 1988 年 8 月在天津南开数学研究所召开的"21 世纪中国数学展望学术讨论会"会议交流论文。

有前些年人才培养的基础,已经开始发挥出这些人才的作用,成果已是捷报频传,不少科学家和他们研究的项目已经开始走向世界,这些人又多属于中青年科学工作者。在我国科学发展的进程中,尤其是许多平行学科或高校、科研单位中,同时还显示出数学的成才和成果常是领先的。根据已过去这十年(1978—1988)的现实,本文着重对最近几年报刊上的资料,进行综合性的收集整理,统计分析,分五个方面说明我国数学学科率先赶上世界水平的可能性,最后说明实现这种可能性的必要条件。

(一)在我国自己培养博士生的工作中,数学学科已经起到了"率先"作用

"六五"规划的第一年第一天,即1981年1月1日,《中华人民共和国学位条例》开始实施。1983年5月27日,首批共18名博士学位获得者,在人民大会堂接受《博士学位证书》,标志着从此结束了我国完全依靠外国培养博士生的时代。在这18名博士中,有12名是学数学的,占其中的三分之二;仅有的一名工学博士,学的是计算机软件专业,也与数学密切相关。扩而广之,看看这项培养高级专门人才工作的前三年,也就是在整个"六五"期间,数学科学的"授权学科、专业点"仅占全国总数的4.6%,"博士指导教师"占总数的5.9%,所完成的任务,即培养出的博士却占了总数的15.1%,共54名(参见表1),表1列举的数据说明数学科学在这项工作中起到了率先作用。表1的下半部分是数学各专业的分类统计数字,从中可看出基础数学专业取得的成绩最大;起初,数学教育与数学史专业,是隶属数学学科的,1984年后才划出数学范畴,其中数学史划归科学史学科,这个学科的第一位博士于1987年7月毕业,他研究的是数学天文史(博士论文),仍然与"数学"息息相关。再看博士学位的授权单位,国内的主要几所大学,如北京大学、北京师范大学、复旦大学、华东师范大学、中国科技大学、山东大学、武汉大学等,授予的第一位或第一批博士,研究的方向都是属数学学科,说明这些单位的数学工作者,在培养高级专门人才工作中,都起到表率作用(参见本书第一编第二十专题)。

从发展来看,"七五"规划期间,1986年8月,国务院学位委员会下达了第三批博士指导教师名单,在这个行列中,增加了一大批中年数学家;近几年在国内外获得博士学位的青年数学家,也陆续被批准加入博士导师的队伍,或已经参加了博士生指导工作。这批学者年富力强、精力充沛、接触面广,对新事物敏感,接受新知识快,他们中多数人都是战斗在数学学科的新专业方向的前沿。由这批人来带博士生,可以预料,走的步子比过去更快。博士生的入学年龄在大幅度下降,从30多岁降至20多岁,这些青年在学业上未受到影响,他们思想单纯、精力集中,他们的学习条件将比上一代有所改善。1985年7月,我国开始试办博士后科研流动站,数学科学第一批就有6个单位建站7个,授权于15个学科专业点,且都是我国数学学科实力最雄厚的单位和专业。博士后流动站的设立,为年轻的博士们又提供了一条脱颖而出的成长途径,这更有利于今后我国数学学科的发展。

表1 "六五"期间数学学科的博士学位工作总体分布表

学科专业 \ 数字 分类	授予单位(个)			授权学科专业(点)			博士指导教师(人)			授予博士学位数(人)			
	首批	第二批	合计	首批	第二批	合计	首批	第二批	合计	1983.5.27	1983.6~1984.12	1985.1~1985.12	合计
全国总计	151	45	196	835	316	1 151	1 202	601	1 788①	18	103	236	357
理 学				233	59	292	412	175	587	17	38	94	149
数 学	19	6	25	38	15	53	76	30	106	12	13	29	54
数学占理学的百分比				16.3%	25.4%	18.2%	18.4%	17.1%	18.1%	70.6%	34.2%	30.9%	36.2%
数学占总体的百分比	12.6%	13.3%	12.8%	4.6%	4.7%	4.6%	6.3%	5%	5.9%	66.7%	12.6%	12.3%	15.1%
基础数学	15	1	16	16	1	17	51	10	61	8	5	23	36
计算数学	4	7	11	4	7	11	6	9	15	0	1	0	1
应用数学	5	4	9	6	4	10	8	9	17	0	2	2	4
概率论与数理统计	6	2	8	7	2	9	9	2	11	3	3	3	9
运筹学与控制论	3	1	4	4	1	5	6	1	7	1	2	1	4
数学教育与数学史	1	0	1	1	0	1	1	0	1	0	0	0	0

注①博士指导教师人数"合计"为已扣除重复人次的实际人数;少于分批、六个专业博导总和。

首批、第二批中的数字包括在这期限内的补充数字(但不包括未正式公布的)

(二)我国数学界有培养人才的优良传统,近年来,一批中青年数学工作者的科研成果,已经具有世界水平,国际数学奖的名单中已开始出现中国大陆数学家的名字

1、当代已故数学家姜立夫、熊庆来、华罗庚等前辈非常重视发现和培养数学人才,他们的美德连同他们培养的下一代数学家都是我国数学界最为宝贵的财富,如今,这些数学家已成为当今发展我国数学学科的栋梁之才和相关学科的总教练。复旦大学以陈建功、苏步青教授为第一代的数学人才"梯队",正在代代相传,已发展到第四代、第五代,他们培养了一批数学研究的出色人才和学科带头人。在我国开始授予博士学位的前三年,数学学科授予的54名博士中,复旦大学占12名,占数学博士总数的22%,而他们的指导教师只有7名,仅占数学博士导师的6.6%。在全国培养自己的博士生的进程中,复旦大学的数学工作者们起了表率作用。有人把苏老培养人才的"师道"和"师德"概括为一句话"教师的天职——培养超过自己的学生",并把这种教育现象谓之"苏步青效应"(参见:光明日报,1981.7.6,1985.9.22)。

"苏步青效应"在我国数学界有光荣的传统和广泛的影响,如南开数学研究所副所长胡定国教授,热情鼓励和具体帮助自己的学生赶上、超过自己,他指导的研究生张簇,研究"多输出信源编码在最特殊情况下上下界重合问题",取得重要突破,解决了不少国际著名信息论专家未能解决的挑战性难题(参见:光明日报,1982.12.9);浙江大学郭竹瑞教授带研究生有方,所带研究生已有6名以上成为正副教授,他的研究生贾荣庆已获得博士生指导教师的资格,目前,贾荣庆教授和浙江大学一批中年骨干教师,已形成了高层次的函数逼近论研究的学术梯队(参见:中国教育报,1987.10.6;光明日报,1986.11.17)。从1986年、1987年的有关新闻报道中可以看到,许多高校或科研单位,如北京、上海、天津、哈尔滨等地一大批青年教师、科研骨干力量的成长,首先列举的都是数学界人士,这与数学人才的培养有方有关。

2、最近几年,一批中青年数学工作者的科研成果,已经具有世界水平,中国科学院武汉数学物理研究所曾于1985年底,特邀我国数学界30余名教授、研究员,帮助论证制定"七五"期间学科发展战略规划,提出保持特色、缩短战线、突出重点、集中力量、形成"拳头"、加强团结、协力公关等措施(参见:科学报,1986.1.4)。该所所长丁夏畦研究员身体力行,同罗佩珠副研究员,及丁指导的博士生陈贵强合作,解决了一个在世界数学界35年悬而未决的重要的著名难题;"等熵气流拉克丝——弗立德里希差分格式的收敛性"。该课题被数学家们公认是当今国际数学界具有代表性的研究方向之一。国际应用数学大师拉克斯评价该难题的解决"具有重要的实际意义,是一项巨大的学术成就"。这项成果已被评为中国科学院1988年度科技进步特等奖(参见:科学报,1988.5.27;科技日报,1988.6.6;人民日报,1988.6.8),在完成这个研究项目中,同时培养、锻炼了年仅24岁的陈贵强,其中的部分工作是陈独立完成的,并提前通过了他的博士论文:"补偿列紧理论与气体动力学方程组",为气体动力学和水力学等冲击波的计算提供了理论依据(参见:中国青年报,1987.3.31)。

我国最年轻的教授和博士生导师肖刚(时年36岁),在代数几何方面获得的一系列具有世界水平的科研成果,不仅填补了我国数学研究的一个空白,而且在国际上有很大影响。肖刚的专著《以亏格2的曲线作纤维化的曲面》,已由西德施普林格出版社收入在国际学术界影响很大的一套丛书——《数学讲座丛书》(第1137号)出版,他是第一位在该套大型丛书中撰写著作的中国学者(参见:光明日报,1987.3.18)。

1988年5月,中国科学院系统科学所发布新闻说,寂寞了几十年的计算数学中的"外推技术",近年来由于我国应用数学家林群等人创造了一种新的方法和理论——统称为"高维区域有限元外推技术",将外推技术开拓到高层次科学计算,从而突破了多年来被国际数学界认为"不可能用于高层次问题"的悲观结论,使这项研究开始形成一个国际性课题,为计算机用于高层次科学计算提供了高精度、低费用的算法。一些外国学者将这一研究成果称为"林群方法"、"林群理论"、"林群迭代"等,这已被法国、西德、美国、英国等国家收入专业书籍,我国清华大学、西安交通大学等单位已将此技术用于反应堆计算,效果良好(参见:人民日报,1988.5.12)。

中国科技大学李翊神教授和他研究组里的陈登远、田畴、顾新身、朱国城、曾云波、程艺等人,经过九年奋战,将数学领域前沿的孤立子理论不断地推向更高水平,引起了国际同行的瞩目。他们的成果被认为:不仅在国内是第一流的,而且达到国际水平(参见:科学报,1987.11.27)。

我国模糊数学的研究,虽然比国外起步晚10年,却进展迅速,与美国、日本、欧洲一起被公认为模糊数学的四支主力,某些方向的研究还居于国际前列。北京师范大学数学系模糊数学专家汪培庄教授指导的博士生张洪敏等人,1988年研制成功我国第一台模糊推理机分立元件样机,是继去年7月11日日本山川烈博士首次推出模糊推理机后世界上的第二台样机,它的推理运算速度已由山川烈的1千万次/秒提高到1.5千万次/秒以上,比前者更成功地实现了各种倒摆控制实验。这是我国在突破模糊信息处理难关方面迈出的重要一步,是研制和开发新一代计算机的一项高科技成果,它标志着我国已在这一条新的起跑线上与日本、美国展开了竞争(参见:光明日报,1988.5.7)。

以上列举的仅是 1987 年、1988 年在报上公布的数学成果中的一部分,显示出我国中年数学家还有相当的实力,青年数学工作者在老一辈的指导和带动下,正在顺利成长。在受"文革"冲击,并曾荒废了学业的一代当中,有一批年轻人以他们顽强刻苦的独立奋斗精神,直接赢得了更高层次的深造机会——研究生教育,并使自己的学术水平得到迅速提高,已开始在数学领域中发挥他们的聪明才干。这次《21 世纪中国数学展望》学术讨论会的发起人之一、中国科学院最年轻的研究员堵丁柱(时年 39 岁)就是其中一例,他没有上过大学,当 9 年工人后直接考入研究生,他在留美学习工作期间,共完成学术论文 65 篇,其中的几个题目属于"重要先进成果",推进了国际上有关问题的研究,如"关于罗素梯度方法收敛性的证明",被认为是长期以来未解决的重要理论课题。国内外一些著名数学家称他为"能力很强、相当成熟的数学家"(参见:光明日报,1987.7.21,1988.3.31)。

荣获我国"许宝騄统计数学奖"头奖的郑伟安,"文革"中初中毕业,当了多年街道房修队"小木匠",1978 年被破格录取为华东师大研究生,经他刻苦学习,并在国外进一步深造,围绕着数理统计基础、鞅论、随机微分几何等研究领域,发表了 20 余篇具有较高水平的论文。他关于随机过程的完美收敛性的成果,被一些专家称为"郑氏定理",赞扬他"具有突出的数学创造才能,是国内数学界难得的人才之一"(参见:西安晚报,1987.2.10)。前面提到填补我国数学研究空白的代数几何学家肖刚,动乱年代也只念到初中二年级便到农村插队劳动。

堵丁柱、郑伟安、肖刚,仅仅经过了十年,他们便从荒废了中学学业的工人、农民一跃成为站在世界数学研究前沿的知名数学家。以他们为代表的这群人身上,充分显示了我们中华民族优秀子孙超凡的聪明才智,卓越的数学天赋,顽强刻苦的拼搏精神,这些年轻而有才干的数学家,正是我国数学学科有条件在 21 世纪率先步入世界先进行列的希望和中坚力量。

当然,他们在过去十年中能迅速成才,也有不可忽视的客观条件。首先是当时国家抓科技的政策和措施,都顺应了科技教育发展的时代潮流。在国内外给他们创造了好的学习、深造条件,使他们有可能得到名家指导,从而缩短了原有的差距。有人做过统计,由于实行了改革开放的政策,我国科学家在世界上将近四千种权威性杂志上发表的学术论文数,已由 1979 年的第 38 位上升到 1982 年的第 23 位,其发展速度是平均每年增长 62%,其中如数学、凝聚物理、宇航科学等方面,已经做出了世界公认的第一流成果(参见:光明日报,1988.1.17)。

3、国际数学奖中,已开始出现中国大陆数学家的名字;我国设立的数学奖,获奖者的学术水平并不逊色于其他国家。

1978 年,数学家侯振挺(时年 42 岁)获戴维逊奖,这是我国大陆数学家在国外第一次获奖。9 年后,侯振挺的学生、长沙铁道学院科研所应用数学研究室主任邹捷中和中山大学数学系余耀琪又共同获得 1987 年的戴维逊奖。这项奖是为纪念英国已故青年概率论学者洛勒·戴维逊而于 1976 年设立的,旨奖励在数学领域中从事概率研究并取得卓越成绩的青年数学家(参见:光明日报,1978.10.13;中国教育报,1987.4.18)。

第三世界科学院于 1985 年开始设立数学、物理、化学、生物学奖各一名,授予作出杰出贡献的第三世界科学家,它首次颁发的数学奖授予了我国数学家、北京大学数学系教授廖山涛,是为了表彰廖山涛"在'球上的周期变换'、'动力学定性理论'两个不同数学领域中作出的奠基性贡献"(参见:中国数学会通讯,1986 年第 2 期第 5 页;文汇报,1986.10.24)。廖山涛还曾荣获我国第二届(1982 年)全国自然科学奖二等奖,第三届(1988 年)全国自然科学奖一等奖等。

1987 年国际数学建模学会根据宋健(我国控制论专家,国家科委主任)在科学和数学上的卓越成就,对科学界远见卓识的领导,特别是在人口最优控制方面的开拓性工作,该学会特授予他学会的最高奖——艾伯特·爱因斯坦奖(参见:人民日报,1987.8.17)。

中国科学院系统科学研究所研究员王毓云,1987 年在第十一届国际运筹学大会上,以高水平的论文"黄河流域农业资源开发配置"获这次大会的论文荣誉奖。这是我国学者从七十年代参加三年一度的国际运筹学大会以来第一次获奖(参见:人民日报,1987.11.7;科学报,1987.11.27)。

西安交通大学赴英国剑桥大学攻读博士学位的乐慧玲(女),1987 年以一篇"突多边形生成的形态密度"学术论文,在数百名世界各国的论文选送者竞争中,获得剑桥大学已设立二百多年的最高数学奖——那依特奖(参见:西安交大学报,1987 年第 4 期)。

我国从 1985 年开始,也陆续设立了几种数学奖,"陈省身数学奖"是我国设立的第一个数学奖,1985 年和 1986 年度的获奖人是钟家庆和张恭庆教授,这两位都是国际数学界知名的数学家。"许宝騄统计数学奖",1986 年首次颁发,获奖人郑伟安(时年 34 岁),现任华东师范大学教授,他的研究成果达到世界先进水平。为了纪念英年早逝的我国优秀数学家钟家庆(1938—1987),从今年(1988)开始设立"钟家庆数学奖",奖励最优秀的数学专业硕士研究生,重点在于鼓励具有创造性的数学研究工作。

目前我国大陆虽然还没有数学家获得国际数学大奖,但以上数例说明,他们距离数学大奖已为时不远了。

(三)中国将成为数学大国,有一定的科学依据;外籍华裔数学家的大力支援,将加速数学科学赶超的进程

根据科学发展史资料的记载,16 世纪以来,科学中心一般在一个国家持续 80 年左右,就会转移到另一个国家。科学中心这种世界性转移,已经经历过 4 次。最近一次是 1930 年代,"中心"从德国逐渐转移到美国,到 1950 年代以后,美国科技发展速度逐渐减缓。最近,美国竞争力研究会发表研究报告,认为有竞争力的许多指标上,美国正在迅速丧失领先地位(科技日报,1988.6.14)。若按平均周期 80 年计算,到 20 世纪末或 21 世纪初,科学中心将又会转移,这次将转移到哪个国家呢?

又据美国各大学研究所的毕业名录最新统计,每年在数学和电脑科学的博士毕业生中,外籍学者占 40%,从事博士后研究的外籍学者和工程师,已占研究人员总数的

2/3，……。在美国有一个流行的说法："美国的金钱在犹太人口袋里，美国的智慧在华人的脑袋里"，这不仅因为在美国第一流的科学家中华人占了很大比例；还因为无论是美籍华人的后裔，还是从大陆、或从台湾、香港到美国留学的华人学生，都勤奋好学、成绩突出。1985年李政道教授回国访问时，举了一个例子说明中国人很聪明，他说："……拿我们哥伦比亚大学来说，六年来，物理系每年第一次总考，第一、二、三名都是中国留学生。现在在世界上第一流的科技人员当中，在美国最好的科技人员当中，很大一部分是华人。"1986年中美合作，利用美国的一种SAT学习能力测验，通过对上海市19所重点中学的145名数学成绩优良的初二学生，与美国东部二万多名不满13岁的尖子学生，参加数学部分考试后所得成绩的比较分析，结果表明："上海初中尖子学生的数学学习能力远远强于美国同类尖子学生。"（参见：文汇报，1986.12.6）

中国人"智商"较高的原因之一，是中华民族文化的潜在影响。中国是个文明古国，对世界文化的发展曾做出过巨大的贡献，产生过深远的影响。16世纪以后逐渐落后于西方，其落后的主要原因是：当政者采取了闭关自守的保守主义政策，在教育文化上的封建科举制度，长期与外界隔绝，夜郎自大。从1978年起，我国一改过去的几百年传统，实行"改革开放"政策，认清了自己已经远远落后于西方先进国家的科学技术水平的现实，果断地采取了许多符合时宜的政策和改革措施，很快取得了显著的成绩，收到了较好的效果。

现在在国外的华裔著名科学家中，不少人都在国内受过多年的基础教育，又在国外进行长期的科学研究，他们对东西方的传统文化比一般人了解深刻，比任何一方都能更客观地剖析现状，预测将来。杨振宁教授曾说过："……对我来说，因为通过对另一个传统（即西方传统）的了解，使对自己的传统又增加更深一层的认识。有了比较，才能使人对自己的优点有许多的认识。"（参见：光明日报，1987.2.8）近年来，在我国"改革开放"政策的感召下，许多华裔科学家纷纷回国，热忱帮助我国在科学技术上早日赶上世界先进水平。他们借助"外籍""华裔"这一特殊关系，不仅在国外积极为我国培养人才，而且多次回国，亲自传经送宝，并陆续在国内一些重点院校、科研单位兼职。最近十年，我国在科技事业上已经取得的巨大进展，有他们的特殊功劳，外籍华人的这些贡献将永载史册、誉传千古。但是，他们并不满足于此，其目标是要帮助他们的出生国赶超世界先进强国。

在数学界，这种援助相当突出，而且效果十分显著。

1978年，美国加利福尼亚大学伯克利分校的项武义教授，向我国提出编写《中学数学实验教材》的设想，当时我国教育部根据他的设想组织人员编写这套实验教材，1979年开始在全国一些重点中学初中一年级试用，收到了好的效果，对促进我国中学数学教材的改革起了推动作用。

当代数学大师、国际数学界最高荣誉奖——沃尔夫奖获得者陈省身教授，在他的倡议和组织下，从1980年开始，在我国举行一年一度的微分几何与微分方程研讨会（简称"双微会议"），由陈省身教授出面，每届邀请世界第一流的专家来华作最新研究成果和动态报告，为我国打开一扇了解世界数学发展的窗口。另外，由陈省身教授出面联系，美国数学会来华招生,选取优胜者免费赴美参加"陈省身项目"研读,每年 20 名。

为了促进我国新一代数学人才的迅速成长,提高我国数学研究生的学术水平,从 1984 年开始举办"数学研究生暑期教学中心",这也是根据陈省身、项武义等几位教授的倡议举办的。连办五年,每年一期,每期六周。"教学中心"的课程均聘请国外第一流的数学家主讲。讲授内容着重基础数学、近代数学、应用数学和国内比较薄弱而又急需发展的新课题(参见:光明日报,1984.7.19)。

陈省身教授深谋远虑、卓识超群,早在 1980 年,他就明确提出,并坚决主张高级人才的培养应立足于国内,"要有一两所大学的确达到国际水平,逐渐减少留学的需要,训练人才是国家大事,不能交给外国人来做。"(参见:中国科技史料,1981 年第 1 期第 1 页)。他建议,在中国的土地上建立培养基地,借助引进世界第一流数学家的指导,结合国内专家的力量,可以成批地培养中国数学高级人才。他决心亲自来完成这项任务,除前面列举的几项事例外,1984 年他辞去美国国家数学研究所(伯克利)所长职务,为在他的母校南开大学建立数学研究所奔波忙碌,大至研究所的组织和研究工作,小至数学大楼的设计都提出具体建议。1985 年 10 月,他接受我国聘请,正式担任南开数学研究所所长。该所的目的是延揽中外数学家于一起,为促进中国数学发展做贡献。办所方针是:立足南开,面向全国,放眼世界。研究所每年确定一个或几个重点方向。接纳全国各地选来的百名优秀数学硕士、博士研究生,包括博士后、青年教师在内的数学工作者来此学习进修,同时邀请国内外著名数学家来讲学,从事研究和工作。

南开数学研究所建所两年多来,已经取得显著成效。在"偏微年"内,国内人员通过系统的讲座、讨论,开展学术交流,完成有一定创造性的科研论文共 41 篇。在第七届国际双微讨论会上,我国提交论文 133 篇,有 67 篇在会上宣读,其中在该所做出的论文占一半以上。这些论文,有的触及国际数学研究的前沿;有的在国际数学重大课题的研究中,取得了重要的实质性进展。杨振宁教授对这个所给予高度评价,他与陈省身合作还在南开数学所内建立了理论物理研究室,使理论物理的研究和数学研究密切地结合起来,互相促进(参见:厦门数学通讯,1987 年第 3 期第 3 页;光明日报,1987.10.19)。

陈省身教授认为,中国数学今为"取经"时期,经努力很快可以达到"通经"时期,再过 20 年或更长一点时间,可达到"大成"时期。到那时,像阿基米德、高斯这样的大数学家可能在国内产生,中国将成为数学大国。他特别寄厚望于青年一代,祝愿他们在本世纪末或下世纪初,能成为夺取世界现代数学金牌的先锋!

(四)数学期刊的迅速发展,为数学人才的锻炼成长提供了良好的土壤,促进了国际交流,是选拔"国家队"数学人才的广泛群众基础

我国的第一份数学期刊起于 1897 年,是浙江黄庆澄创办的《算学报》,比世界上第一份数学专业期刊——1810 年在法国创办的《Ann. Math. Pures et Appl.》(理论和应用数学记事)晚 87 年,这两种期刊都未延续下来。延续至今我国最早的数学期刊是武汉的《数学通讯》,它的前身是 1933 年在武汉大学创办的《中等算学月刊》,至今有 55 年历史,比世界上延续至今的最早数学期刊——1826 年在德国由克雷尔(A. L. Crelle,1780—1855)创办的《Journal für die Reine und Angewandte Mathematik》(理论与应用数学杂志)晚 106

年。1930 年代以前延续至今的外国数学期刊至少有 51 种。而我国仅有 3 种。从 1897 年 6 月我国第一份数学期刊算起，截止 1949 年 12 月，在半个多世纪的 53 年间，我国共创办数学期刊 18 种（含数理期刊），总共才出 135 期，平均每年出刊不到 3 期，而且绝大多数属初等数学教学方面的文章，仅有的一份数学学术期刊《中国数学会学报》，只出版 4 期就被迫停刊了。

解放后的 1950 年代，数学期刊曾一度有所发展，但由于各种限制，发展仍然很缓慢，数学学术刊物也只有《数学学报》、《数学进展》两种。1960、1970 年代是世界数学期刊发展高峰时期，这个时期恰巧是我国数学期刊的空白期。由此与世界拉大了距离，一方面由于各种"运动"的冲击和"闭关锁国"的政策，使我国数学家对外国的学术研究进展很难了解；另一方面我国数学家在无法得到最新情报和资料等十分困难的条件下研究出来的成果没有地方发表，得不到交流，压抑了众多的数学人才，直接阻碍了我国数学的发展，我们知道的事例有：

1987 年第三届国家自然科学奖一等奖的获得者陆家羲，早在 1960 年代初对组合数学的"寇克满系列"问题作出了具有世界领先水平的工作，由于国内杂志没有及时发表，又不能寄往国外，致使 1971 年意大利数学家宣布解决了"寇克满系列"问题，陆家羲在这个问题上失去了被国际数学界承认的机会。

我国博士生指导教师、原陕西师大校长王国俊教授曾在 1962 年，对拓扑学中"两个 H-闭空间的乘积是否仍为 H-闭？"的问题做了肯定的回答；对"两个 R-闭空间的乘积是否仍为 R-闭？"问题，附加一个小条件仍是 R-闭的解答。将其论证结果寄给《数学学报》编辑部，三年后即 1965 年，稿子被退了回来，附信写道："你所谈论的问题日本学者解决了"。粉碎"四人帮"后，他设法找到了日本人在 1963 年（比王晚一年）解决以上两个问题的文章，相比之下，他不仅失掉了率先解决这两个问题的机会，而且日本人用的条件比他强。

以上两例都说明由于我国学术刊物贫乏、信息不灵等原因而阻碍了我国数学赶超世界水平。1978 年以后，情况有了很大的变化，数学期刊得到了前所未有的飞速发展，截至 1987 年底，我国的数学专业期刊已有 80 余种，在这 80 余种中，1976 年粉碎"四人帮"时仅有其中的 4 种，12 年间在数量上增长了 20 多倍，表 2 列出 1976 年至 1988 年我国数学学术刊物各年的增长数据，如 1976 年创刊一种，原有 3 种，当年实际存在 4 种，其中，有两种通过邮局发行。1981 年是数学学术期刊增长的高峰年，这一年共增加了 9 种，其中创刊 6 种，复刊 1 种，我国办英文版期刊 2 种，与前面累计，这一年共存在 21 种，其中有 11 种通过邮局发行。截至 1988 年 8 月，我国共有 47 种数学学术期刊存在于读者之中，另外还有近 40 种面向大中学生的数学教学普及期刊尚未统计在内。

表 2 中特将我国办的外文版数学学术期刊的增长情况单独列出（数字包括在当年的总数之中），它从 1980 年开始创办，至 1988 年已经发展到 11 种，英文版期刊的发展，促进了我国的对外交流，加强了我国与国际数学界的对话，必将推动我国数学科学的发展。表 3 将这 11 种英文版数学期刊作一简介，这些期刊中，多数有它们相应的中文版，编委会、编辑部地址都相同，但两种版本刊载的文章内容基本不同，有的是同时创刊，例如表

3 中的前 3 种,有的是以后创办,创办前间有外文文章刊登。

表2   1976—1988 年数学学术刊物增长数据统计

分类 \ 年份	1976	1977	1978	1979	1980	1981	1982	1983	1984	1985	1986	1987	1988	备注
当年净增种数	1	0	1	1	6	9	2	3	6	5	4	3	3	包括外文版、创刊、复刊,不包括二级学会以下不定期刊
累计实存种数	4	4	5	6	12	21	23	26	32	37	41	44	47	1981 年是净长高峰期
邮局发行种数	2	3	4	5	7	11	13	14	15	15	13	14	15	
其中:我国办外文版 净增					2	2	0	1	2	2	0	0	2	外文版全部自办发行
其中:我国办外文版 实存					2	4	4	5	7	9	9	9	11	

我国现行 47 种数学学术期刊的分布情况,也呈发展趋势,1979 年以前都集中在北京中国科学院系统内,1979 年 10 月受原教育部委托在南京大学创办《高等学校计算数学学报》,1980 年 6 月又委托在复旦大学创办《数学年刊》,至 1983 年存在的 26 种期刊中,南京、上海、武汉、重庆、天津、长沙已拥有 10 种。从 1984 年起,至 1988 年,又创办 21 种期刊,主要分散在北京以外各地,目前全国六个大区,每个大区都有两种以上的数学学术期刊,分布在 16 个城市。详见表4,它列出了这 16 个城市拥有期刊的种数,加号后的数字指的是英文版种数,通过邮局发行的仍然集中在北京,共有 8 种,外地期刊基本上是由该编辑部自办发行或由出版单位直发,其中英文版 11 种全部未交邮局发行,其主要原因是订数少,而邮局收费太高。

数学的五个专业:基础数学、计算数学、应用数学、概率与数理统计、运筹学与控制论,在这 47 种中,都有各自的专业期刊,高、中、低档次都有,这对各个专业的各类人员都提供了发表成果、交流信息的场所。

目前在我国,还存在不少二级学会办的不定期刊物,这些刊物特别给青年人、初学者以及本专业人员更多的方便,而且周期短,最新信息能很快传播出去。如《运筹通讯》、《青年计算数学通讯》、《福建应用数学通讯》等,省、市级数学会还常常印发一些学术报告年会文集,这些都有利于数学科学信息的交流。

在自然科学的综合期刊中,数学科学的研究成果也处于领先地位。以《中国科学》A辑的中、外文版在 1982 年至 1986 年五年间发表的研究论文为例,A 辑中文版,1982—1986 年共出 60 期(月刊),总共发表论文 639 篇,其中属数学学科的 267 篇,占总数的 41.7%;A 辑英文版,1982—1986 年共出 60 期(月刊)总共发表论文 600 篇,其中数学学科有 264 篇,占总数的 44%,《中国科学》A 辑刊载内容包括数学、物理学、天文学、技术科学等学科,数学学科论文数量最多。表5列出国家教委直属的 11 所综合大学和 6 所师范大学,中国科学院属的中国科技大学共 18 所重点大学学报的自然科学版在 1982—1986 年刊载文章的统计表,12 所综合大学这五年间共出学报(自)242 期,总共发表 4 405篇文章,其中属数学学科的 1 068 篇,占总数的 24.2%,6 所师范大学五年间共出

114 期,总共发表文章2 098篇,数学学科 633 篇,占 30.2%,在广泛的自然科学研究领域中,数学领先(表 5)。

表 3　1988 年我国出版的英文版数学学术刊物简表

刊名	创刊年月	主编	编辑部地址	刊期	国际刊号ISSN	与中文版文章异同
应用数学和力学(英文版)	1980.5	钱伟长	重庆交通学院	月刊		相同
数学年刊(B 辑)(英文版)	1980.6	苏步青	上海复旦大学数学研究所	季刊	0252-9599	不同
数学物理学报(英文版)	1981.4	李国平	中国科学院武汉数学物理研究所	季刊	0252-9602	不同
数理科学(英文版)	1981.10	刘世泽	中国科学院成都分院数理研究室	不定期		无中文版
计算数学杂志(英文版)	1983.1	冯 康	北京中国科学院计算中心	季刊	0254-9409	不同
应用数学学报(英文版)	1984.6	越民义	北京中国科学院应用数学所	季刊		不同
逼近论及其应用(英文版)	1984.10	程民德	南京大学数学系	季刊		无中文版
数学学报(新辑)(英文版)	1985.4	王 元	北京中国科学院数学研究所	季刊	0379-7570	不同
微分方程年刊(英文版)	1985.1	林振声	福州大学数学系	季刊		无中文版
偏微分方程(A 辑)(英文版)	1988.2	姜礼尚	郑州大学数学研究所	半年刊		不同
系统科学与数学(英文版)	1988.8	陈翰馥	北京中国科学院系统科学所	季刊		不同

表 4　1988 年数学学术刊物编辑部所在地分布表

数字分类＼城市	北京	天津	上海	南京	杭州	合肥	福州	长春	大连	郑州	开封	武汉	长沙	重庆	成都	西安	总计
实存数(加号后为外文版)	13+4	1	4+1	2+1	1	1	0+1	1	1	1+1	1	3+1	4	1+1	0+1	2	36+11 种
邮发种数	8	0	2	1	0	0	0	0	0	1	0	0	2	0	1	0	0	15 种

表5　十八所大学学报(自)1982—1986 年数学文章统计表

刊　　名	总期	总篇	数学篇	百分比%
中国科技大学学报	20	402	101	25.1%
北京大学学报	30	363	74	20.4%
南开大学学报	8	141	26	18.4%
吉林大学学报	20	385	128	33.2%
复旦大学学报	20	321	119	37%
南京大学学报	20	444	66	14.9%
厦门大学学报	22	378	101	26.7%
山东大学学报	21	323	104	32.2%
武汉大学学报	20	383	70	18.3%
中山大学学报	20	417	79	18.9%
四川大学学报	20	353	120	34%
兰州大学学报	21	495	80	16.2%
合　　计	242	4 405	1 068	24.2%
北京师大学报	20	322	76	23.6%
东北师大学报	20	332	114	34.3%
华东师大学报	20	357	149	41.7%
华中师大学报	21	476	116	24.4%
西南师大学报	20	约375	117	31.2%
陕西师大学报	13	236	61	25.8%
合　　计	114	2 098	633	30.2%

　　到目前为止,期刊仍然是公布成果,发现人才的重要场所,这些年来我国选拔、破格提升、重点培养的许多年轻人,多数是从他们发表的论文发现的。这些年轻人是各种期刊中最活跃的作者,他们的人数增长很快,以《数学学报》1976 年至 1986 年发表文章的作者为例,1976 年《数学学报》第 19 卷共发表文章 25 篇,作者共 27 人,其中有 11 人是第 1 次在该刊上发表文章,占作者总数的 40.7%,1986 年《数学学报》第 29 卷共发表文章 124 篇,作者共 127 人,其中第 1 次在该刊发文者有 67 人,占作者总数的 52.8%。《数学学报》从 1936—1986 年五十年间,共有 778 位作者为其撰稿,从中发现的数学人才是数学界有目共睹的。现在如此众多的刊物,发表论文以万篇计,数以千计的作者、撰稿人活跃在这块广阔的沃土中,各种人才是不难破土而出的,这块沃土也锻炼催促他们更快成长。

（五）国际中学生数学竞赛，中国取得的优异成绩，显示出我国数学人才有雄厚的后备力量

在青少年中举办数学竞赛，1894年起源于匈牙利，除因世界大战和匈牙利事件间断过七年外，一直延续至今。早期优胜者中，有后来成为著名数学家的费叶尔、冯·卡门、寇尼希、哈尔、舍苟、拉多等。波利亚不仅是匈牙利数学竞赛的优胜者，也是竞赛的热心组织者，他曾主办过延续多年的美国斯坦福大学的数学竞赛，还是美国著名的普特南数学竞赛的组织者之一，普特南竞赛的优胜者中，日后成名的很多，其中有三人获得菲尔兹奖，即米尔诺、孟福德、奎伦。这些人物的出现，使得匈牙利、美国相继成为在数学上享有盛誉的国家。

第一届国际中学生数学竞赛，缘于罗马尼亚的倡议，1959年在布加勒斯特举行，以后每年一届。开始时，参加的是几个东欧国家，1967年起，西欧国家也先后参加，美国是1974年参加的，至1987年共举办了28届，参加国发展到44个，238名代表参赛，是历届参赛国和参赛代表最多的一次。

我国开始举办中学生数学竞赛是1956年，先在北京、上海、天津、武汉四大城市举办。后来其他省、市也仿效举行，但尚未形成全国统一的竞赛，因国内时局动乱而停止了。中间停了十多年，到1978年4月，经国务院批准在北京、上海、天津、广东、四川、安徽、辽宁、陕西八省市举办中学生（高中）数学竞赛。方式是自下而上，先由各地区、省、市分别举行预、复赛，参加者计有20万以上在校的青少年学生，然后在各省、市的优胜者中，共选出350名参加全国数学竞赛决赛，最后评选出57名优胜者，其中一等奖5名，他们是：李骏、严勇、胡波、王丰和曹孟麟。1981年制定了"中国数学会中学生数学竞赛简章"（草案），简章中提出："……为参加国际数学竞赛作准备。"1984年5月，中国数学会普及工作委员会与天津数学会联合举办"天津初中数学邀请赛"，有十多个省、市、自治区报名参加，这实际上是我国举办的第一次初中数学竞赛。1984年11月，在中国数学会召开的第三次普及工作会议上决定："从1985年起，每年举办高中联赛和初中联赛各一次。"在1986年4月的第四次普及工作会议上，又决定将竞赛工作日程固定："初中竞赛定于每年4月的第一个星期日举行；高中竞赛定于每年10月的第二个星期日举行。"从中选拔优秀的青少年，再组织集中培训，准备挑选参加国际数学奥林匹克的选手。

从1983年起，北京、上海首先参加了"美国中学数学竞赛"，这项竞赛除美国外，还有其他十余个国家参加，已经发展为国际性的比赛。1983年举行的第34届"美国中学数学竞赛"，我国首次参加。获得这次竞赛满分的共两名，其中就有一名是上海建设中学的学生车晓东，另一名是美国学生；1984年举行的第35届"美国中学数学竞赛"中，获得满分共4名，其中北京两名，上海一名，美国一名；1985年举行的第36届，仅上海地区有14所中学的131名学生参加，其中就有109名学生分数在95分以上，获准参加更高一层次的第3届"美国数学邀请赛"，复旦大学附中以420分的优异成绩荣获学校优胜者（美国学校优胜者的最高成绩是370）；在1986年举行的第37届"美国中学数学竞赛"中，上海赛区的陆春勇、夏立群获一等奖；被选拔参加第4届"美国数学邀请赛"的上海学生张

浩、丘隆东、吴思皓、郭峰获特等奖。1986 年,天津也正式参加了第 37 届"美国中学数学竞赛"。

我国派代表参加国际数学竞赛,最早是 1985 年,已经是第 26 届"国际数学奥林匹克"了,按规定,每个参赛国可派六名选手组成一个代表队参赛,而我国第一次(即第 26 届)仅派出两名选手试探性地参加。竞赛结果,上海向明中学高二学生吴思皓名列第 76 名,获三等奖(吴思皓是 1985 年第 36 届"美国中学数学竞赛"一等奖获得者),参加竞赛的另一位代表成绩排在第 127 名,团体总分位居第 16 名。总成绩属中下水平。回国后,以领队王寿仁、裘宗沪二位专家为首,认真地总结了"成绩不佳"的原因,立即加强了组织领导、集中培训等准备工作。1986 年元月 21 日至 25 日,首届"全国中学生数学冬令营"在天津南开大学举行,从全国 29 个省市自治区中选出 78 名同学参加。冬令营选拔竞赛仿照"国际数学奥林匹克"的方式举行,通过选拔赛,从中挑出 21 名再集中在北京训练一段时间,然后从中再选出 6 名组成"中国代表队",参加第 27 届国际数学奥林匹克。这次参赛结果,3 人获一等奖,1 人获二等奖,1 人获三等奖,团体总分由第 26 届的第 16 名跃为这届第 4 名,其中一等奖获得者、上海选手张浩曾是 1986 年第 4 届"美国数学邀请赛"特等奖获得者。1987 年第 28 届国际数学奥林匹克参赛结果,我国 6 名选手全部获奖,一、二、三等奖各两名,表 6 列出我国参赛前三届的获奖者名单。

表 6　国际中学生数学奥林匹克第 26 ~ 28 届中国代表队获奖名单一览表

届次	参赛时间	地点	代表队人数	获奖人数	获奖者姓名	性别	年级	所在中学	获奖等次
第 26 届	1985.7	芬兰赫尔辛基	2 人	1 人	吴思皓	男	高二	上海向明中学	三等
第 27 届	1986.7	波兰华沙	6 人	5 人	方为民	男	高三	河南省实验中学	一等
					张浩	男	高三	上海大同中学	一等
					李平立	男	高三	天津南开中学	一等
					荆秦	女	高三	西安八十五中	二等
					林强	男	高二	湖北黄冈中学	三等
第 28 届	1987.7	古巴哈瓦那	6 人	6 人	滕峻	女	高三	北京大学附中	一等
					刘雄	男	高三	湖南湘阴一中	一等
					潘子刚	男	高三	上海向明中学	二等
					林强	男	高三	湖北黄冈中学	二等
					高峡	男	高三	北京大学附中	三等
					何建勋	男	高二	华南师大附中	三等

从我国最初三届参加的国际数学竞赛成绩的跃进中,说明我国青少年确有较高的数学潜力,关键在于挖掘、培养和训练,因此,发现和培养青少年中的数学人才,应该是我国数学界值得重视的一项重要任务,它密切关系着我国数学科学发展的未来。

在数学"率先"参加国际中学生竞赛之后,1986年,我国物理学界也首次派代表参加了第17届"国际物理奥林匹克";化学是1987年首次派代表参加的。值得注意的是,1987年我国同时参加了四项国际中学生竞赛,是有史以来第一次参加这么多竞赛,而且四项参赛者全都获奖,取得了"满堂红"的好成绩。这四项竞赛是:第28届国际中学生数学竞赛,参赛6人全部获奖,团体总分名列第八;第18届国际中学生物理竞赛,参赛5人全部获奖,团体总分名列第三,其中实验总分名列第二;第19届国际中学生化学竞赛,参赛4人全部获奖,团体总分名列第二;第6届国际中学生俄语比赛,参赛10人全部取得金牌,其中5人获留苏奖学金。我国中学生开始走向世界就取得如此好的成绩,显示出我国存在雄厚的后备大军。只要政策对头、引导得法、现在获奖的这些青少年,包括在国内、国外参加其他竞赛获奖的我国青少年,他们是我国科学大发展的希望,他们将成为21世纪我国赶超世界先进水平的先锋。

粉碎"四人帮"初期,西方研究中国问题的专家曾认为,十年"文革"给中华民族造成的灾难和创伤,要恢复至少也得30年。国际战略研究中心注意到了我国近几年的大发展,认为中国在最近5年间创造了当代奇迹,现在国际上有不少战略研究中心都在研究这一命题:"在中国,既然可以出现5大于30的奇迹,那么,未来20年,能不能做到大于140年呢?"美国前总统尼克松在他最近出版的一本书中说:"我们时代的奇迹之一是,在本世纪饱经忧患的中国,将在21世纪成为世界主要大国之一。"

（六）为实现数学学科率先赶上世界先进水平,目前需要注意解决的几个问题

1、数学学科作为一门基础科学,属远程效益学科,它的研究经费很难从自身的"短、平、快"创收中获取,绝大部分需要由国家拨款。目前由于经费短缺,影响到一些已经起步的科研项目的顺利开展。书刊单价上涨幅度远大于单位购置书刊经费增长的幅度,我所在单位的报刊购置费甚至在逐年递减;交流资料的邮费要价惊人,使许多已长期建立的国内外信息交换关系被迫中断;印刷、纸张、邮局收费昂贵,使一些期刊刚刚发展起来又濒于停刊境地;还有些数学人才开始在"流失",……。数学学科与其他一些学科比较,它需用经费相对来说并不很多,如果科学研究对这些最低限度的要求都难于满足,数学发展就会受到阻碍。我想,在调整物价的过程中,用于基础科学的研究经费,在"面"上也应该保证处于"同步增长"幅度,略高一点则更好。重点项目经费一定要保证,如果没有"面"上的提高,"重点"也很难高水平、多项目。

2、重复引用陈省身教授1981年对我国数学学科现状说的那句话:"……无论是纯粹数学或应用数学,中国的人才,尤其是领导科学技术的人才,少得可怜,所以培养人才是一切的先务。"八年来,我国已经培养出一批纯粹数学和应用数学中各专业方向的人才,但是缺乏领导人才。大家稍一留心会注意到,目前国内许多所综合大学、师范院校的校长、副校长几乎都有一名数学家担任,有的院校高达3人,远超过其他学科的科学家担任的校级领导职务;但是,再上一层,在国家级的科学界中,却没有一人是数学家。当前我国数学界缺乏数学方面的社会活动家、数学研究领域的总指挥家和整体动态评论家。各人多埋头自己的研究方向,谈论整体者极少,……。总之,我国急需要在中、青年数学工作者中培养像陈省身教授那样的总指挥和总教练。

3、我国长期的封建文化统治思想，在数学界也不无反映，尤其是在个别同辈专家集聚的单位，相互间的忌妒、自傲、拆台，对下一代家长制的管理，……非常不利于我国数学的整体长远发展。有的甚至阻碍了青年一代的成长。如果大家都能以国家、民族数学发展的利益为重，同心同德，减少"内耗"，增加谅解、协作和帮助，那才是中华民族之大幸。希望在"改革开放"的形势感召下，能够将那些不利于我国数学发展的思想统统抛弃，将国家第一、科学第一、事业第一的精神引进来。

4、目前各高等院校、科研单位有一支不小的数学专业资料工作队伍，这些人多数都是数学系的大专以上毕业生，其中一批有丰富的实践经验。这支队伍的作用基本尚未发挥，当前也存在些待改进的问题。如果数学界的领导层能够重视利用这批力量，加强严格管理、注意业务指导，他们可以为战斗在第一线的科研工作者服务得更好。至少可以搜寻、提供信息，节约科研人员查找资料的时间，还可以做数学研究的后勤尖兵，从他们提供的最新信息中得到启发、开阔思路、少走弯路。再者，我国当前的数学情报工作本身也是一个薄弱的环节，现有的一些零散信息报导，也基本上是通过手工整理、操作的。

纵观过去十年(1978—1988)我国数学学科发展的速度，洞察现有数学人才的阵营及其发展潜力，话说"21世纪中国将成为数学大国"绝非是一句堂皇之词，它有其科学的依据，有其实现的可能。当然，要能实现这一宏伟目标，必须要有一定的条件，也绝不是说一说就会从天而降，首先政策必须顺应科技发展的需要，路子要对头；其次数学界的人士要能同心同德、共同努力克服在前进中遇到的各种主、客观困难；有一定数量的指挥家、总教练，我国数学学科发展的前景是美好的！

陕西师大张友余

1988.7.9 完稿

附：会议秘书组许忠勤教授邀请函

尊敬的张友余同志：

您好！您写的"我国数学科学率先赶上世界先进水平的可能性"，任南衡同志已及时转给我了，我怀着极大的兴趣看了您写的这个材料，觉得非常好，尤其是第二次寄来的材料，内容非常丰富，论据也充分，与八月南开会议的主题完全吻合，我想主持和领导这个会议的专家们特别是程民德、胡国定两位也一定很有兴趣，经向程先生报告决定邀请您八月到天津参加会议，并参加会议的筹备工作，不知您届时能否来参加会议，请尽快回信。

目前会议的准备工作正在紧张地进行，其中一个方面是为大会准备材料，您若在北京就好了，可以帮我们做许多工作，我们将为大会准备一系列的文字材料，其中许多材料要用到您写的文章中提供的材料，这样就需要对您写的东西做一些内容上的增减，提法和文字上的修改，因时间紧，您又不在北京，来不及征求您本人的意见了，只有请您谅解了。但您做了这么多的工作，我们是不会忘记的。

会议是八月廿 日开，您若能早一二天到南开我们将非常高兴。

谨祝

夏安 许忠勤 7.21(1988 年)

注：本文根据"21 世纪中国数学展望"学术讨论会的通告的精神和要求写成。

许忠勤当时是"21 世纪中国数学展望"组织委员会秘书组负责人。

第二十二篇　参加"21世纪中国数学展望"学术讨论会纪实

"21世纪中国数学展望"学术讨论会于1988年8月20日至24日在天津市南开数学研究所隆重举行。这是即将进入21世纪中国数学率先赶上世界先进水平的动员大会、检阅大会,意义深远。我有幸被邀请参加了这次盛会。现将会议的基本情况记述如下:

(一)会议概况

"21世纪中国数学展望"学术讨论会,是由著名数学大师陈省身教授倡议,由吴文俊、王元、程民德、谷超豪、冯康、杨乐、胡国定、齐民友、堵丁柱、李克正十位著名的老、中、青数学家发起。会议的组织委员会由上述十位数学家组成,其中程民德担任组织委员会主席,胡国定任副主席,南开大学博士后李克正任秘书长。会议的中心议题是研讨"我国数学学科率先赶上国际先进水平"问题,其目的是要充分发挥我国青年工作者的作用,加深年轻一代对赶超世界先进水平的责任感和使命感,加强学术交流,增进相互了解,推动我国数学科学的迅速发展。会议所需经费全部由国家自然科学基金委员会提供。

出席这次会议的成员包括三部分:①国内参加《现代数学若干基本问题》各课题研究的主要成员;②部分正在国外工作或学习的我国优秀青年数学工作者;③部分国内的优秀青年数学工作者。实际到会的国内数学家有70余人,在国内的青年数学工作者50余人,在国外的青年工作者30余人,还有少数几位特邀代表(我属特邀之列),有不少报社的记者、出版社的编辑以及电视工作人员20人,8月23日全体大会那天到会的有250余人。出席会议的数学家中,有六位学部委员(院士),他们是:吴文俊、程民德、谷超豪、冯康、杨乐、姜伯驹,在中国科学院的学部委员中是数学家的,除高龄、因病,在国外等原因未能到会者外,几乎都出席了会议;出席会议的还有时任大学校长的十位数学家,他们是:丁石孙(北京大学)、谷超豪(中国科技大学)、齐民友(武汉大学)、李岳生(中山大学)、潘承洞(山东大学)、曹策问(郑州大学)、伍卓群(吉林大学)、郭本瑜(上海科技大学)、王梓坤(北京师大)、黄启昌(东北师大);老一辈著名数学家:越民义、叶彦谦、徐利治、曹锡华、周伯埙、……。首批陈省身数学奖获得者张恭庆;我国两位著名的女数学家胡和生、张芷芬等。这些数学家中,年龄在50岁以下者近30名,加上90多名国内外青年数学工作者,有四分之三的正式代表年龄在50岁以下。从与会成员年龄结构的比例上看,我国现代数学率先赶上国际先进水平的任务,是在老一辈数学家的带领下,主要依靠年轻一辈的努力来实现。

这次会议的内容主要分三个方面：①交流有关学科研究的最新动态和发展方向，请国内外优秀数学工作者做学术报告；②交流国家自然科学基金委员会组织的重大科研项目"现代数学若干基本问题"各课题研究的进展情况；③讨论如何加快步伐，使我国数学学科尽快赶上世界先进水平。会议的前三天是专题报告，上午是大会报告，分为纯粹数学和应用数学两个组。其中第一天上午报告人是重大科研项目的参加者或带头人，第二、三天上午的报告人主要是在国外留学的青年数学工作者代表，三天上午共有18人发言，每人报告时间在45分钟左右。下午是分组报告，每人发言15分钟左右。两天共有71人在会上介绍了自己的研究成果。他们主要是国内外的青年数学工作者。第三天下午是"加快步伐，赶上数学国际先进水平"大会报告，报告内容有：①关于发展数学方法讨论研究的建议（徐利治，大连理工大学），②关于数学事业的科学管理的一些想法（王体，加拿大多伦多大学），③从数学教育到教育数学（张景中，中科院成都分院），④"法国21世纪数学展望大会"简述（肖安军，法国）。8月23日上午全体大会（见本文第二部分）。下午分三个专题组分别讨论：①基金的资助，②数学教育，③青年数学家的培养。最后一天即8月24日上午分两个专题组分别讨论：①数学在国民经济中的应用与开发；②核心数学的发展。在下午的结束会上，留美博士生丁克权简要介绍了"美国数学21世纪展望会"的情况。接着几位著名数学家吴文俊、胡国定、叶彦谦、徐利治、黄启昌、严士健、张景中等，就国内青年人培养中存在的一些问题发表了意见，建议数学家要关心国内的经济发展，因为数学发展离不开经济的发展；在国内坚持科研的同志要注意知识面的不断扩大，建议招收跨学科研究生，召开跨学科的学术会议；建议重视数学思想史的研究、数学教育的研究，在"率先赶上"进程中，要强调精神因素，注意学术道德，要能团结人，气量要大。

（二）全体大会上的重要讲话

8月23日上午的全体大会是这次会议的高潮。国务委员、兼国家教委主任李铁映出席了这天的大会，出席会议的还有全国政协副主席周培源、国家科委副主任朱丽兰、国家教委副主任朱开轩、国家自然科学基金委员会副主任师昌绪、天津市副市长钱其琛等。时任大学校长的十位数学家和南开大学校长、光学家母国光都在座。程民德代表这次会议的组织委员会做了题为"群策群力，数学可望率先赶上国际水平"的报告，他说，我们提出数学能较其他学科"率先赶上"国际水平，主要是数学自身的特点所致，数学学科的投资效益是很高的，它的研究是智力的角逐，主要依靠知识的积累和勤奋的思考，相对于其他学科较少涉及对设备、器材的需要，而且数学的应用可以部分地弥补其他学科实验设备的不足，限于国家的财力，使数学率先赶上相对地说比较容易，而一旦数学上去了，也就会带动我国整个科学的进步。程民德在报告中宣布了目前我国数学发展的主攻方向，首批制定的9个数学重大项目，它们是：①计算机数学；②非线性分析；③动力系统；④偏微分方程数值解法及其在科学、工程上的应用；⑤整体微分几何及其物理应用；⑥复分析；⑦代数几何与代数数论；⑧最优化、辨识与控制；⑨粒子系统与随机分析。这9个课题融合数学基础理论研究和应用基础研究为一体,体现了我国数学界在数学整体上追赶国际先进水平的强烈意识,国家自然科学基金委员会为此提供 200 万元专款(1985—1987 三年国家给数学资助的总金额才 256.5 万元)。国家一次拿出这么多钱,组织数学家对以上 9 个数学的重大研究项目"现代数学若干基本问题研究"协作攻关,这在中国数学史上是没有先例的。这次会议,国家自然科学基金委员会就给了 13 万元人民币的资助,现在还有 40 万元的重大项目基金可以资助青年数学工作者,欢迎国内外有志研究新的重大数学项目的青年同志来申请。国家的支持,是数学能够实现"率先赶上"的重要保证。

青年数学家李克正就十一届三中全会以来,我国在培养数学人才方面取得的成绩做了介绍,他说,改革、开放的政策加速了我国的数学事业的发展,到目前已有 3 300 余人获得硕士学位,100 余人获得博士学位,有 10 余人从事博士后研究工作,这些在数量上都远远超过"文化大革命"结束(1976 年)前的总和。许多我国原来十分薄弱的学科现在大大加强了,空白学科也一个个逐步填补了,其中很多青年人素质很好,使他们得以从较高的起点上开始做研究工作,其成效今后将更为显著,到 21 世纪初,我国数学事业发展的重任将历史地落在今天这批青年数学家身上,他们是有能力、有条件担当起这个重任的。其中有些年轻人已经担起了重任,如肖刚、堵丁柱已经是学科评审组成员。但是,摆在我们面前的任务是艰巨的。到 21 世纪只有 12 年了,我们都有紧迫感和使命感,除了现在正在进行的体制改革外,还需要国家对数学事业给予更多的投资和政策上的优惠。只要我们数学研究事业保持现在的势头顺利发展,那么到 21 世纪中国数学跻身于世界上数学先进国家的行列,不仅是大有希望的,而且我们是充满信心的。

国际数学界最高荣誉奖——Wolf(沃尔夫)奖获得者,原美国数学研究所(伯克利)所长、现任南开数学研究所所长、美籍华裔著名数学家陈省身在讲话中说:我充满信心看见中国数学发展的前途是十分光明的。近几年来,大批中国青年出国学习,就整体讲,成绩是优秀的,国外一些著名数学家都说他们最好的学生是中国留学生。因此,20 年后必然有大批中国数学家成为数学界的领袖。中国数学的目标,到 21 世纪初,要能在国际上取得平等、独立的地位,具有同样的水平,目前最要紧的是要在国内建立培养人才的基地。建立基地一是设备,另一是政策,设备除图书外,还有交流、讨论,待遇与西方不要差别太大,才有利于吸收人才。政策要使一切方面灵活一些。政府与民间团体都要注意灵活,尽量利用中国的人才。

国务委员、国家教委主任李铁映对陈省身教授为中国数学及发展所做的贡献表示感谢,他把数学家们对 21 世纪中国数学的展望——"让数学率先赶上国际先进水平"称为"陈省身猜想"。他说这个"猜想"也给我们出了一道方程式,解开这个方程式,要做好"硬件"和"软件"两项工作。"硬件"是必要的物质基础,国家科委、国家教委、全国自然科学基金委员会、中国科学院、国家计委将根据数学家的提案,都具体地给予资金支持,让数学家自主地去使用这些经费。"软件"主要环节是确立 21 世纪我国数学达到世界先进水平的方案,制定特殊的政策,加强国内与国外的学术交流和人才交流。他最后强调,要解这个"猜想"之谜,还应建立我国自己的数学"大本营",陈省身教授领导的南开数学研究所给我们做出了很好的典范。李铁映主任的讲话,博得了大会几百位数学工作者热烈的掌声。

全国政协副主席、著名物理学家周培源教授最后讲话,他很激动,他说,这次会议集中了我国数学界最优秀的老、中、青三代,国家对这个会议很重视,给了很大的支持。数学是所有科学的皇后,数学的基础性决定了它应用的广泛性。我国有些领导人不重视科学,更不重视基础科学。这个会议对开展基础科学研究具有深远的意义,是基础科学的一个创举。数学提出"率先赶上"对物理、化学也是一个挑战。它必然推动我国整个科学的发展。

(张友余　1988.9.10 完稿)

注:此文是向陕西省数学会理事会的汇报稿。

程民德语录

现在,国家的现代化建设对数学的发展提出了更高的要求,整个科学事业更期待现代数学的建树和突破。尽管我们还面临着许多困难,但是展望将来,我们充满信心。我们要给我们数学工作者自己特别是要给在数学领域耕耘的青年一代,提出这样的任务:让中国数学率先赶上国际先进水平。

——摘自:《程民德先生纪念文集》,北京:北京大学出版社,2000:385

王梓坤语录

高技术是保持国家竞争力的关键因素。高新技术的基础是应用科学,而应用科学的基础是数学。

数学科学对提高一个民族的科学文化素质起着非常重要的作用。

——摘自:《面向 21 世纪的中国数学教育》,南京:江苏教育出版社,1994:4-5

第三排右起第六人为作者

第二十三篇　中国与国际数学家大会

国际数学家大会(简称 ICM)是数学学科领域中最高水平的全球性学术盛会,每四年举办一次。ICM 能够在一个国家举行,通常被看作是该国数学水平和国际学术地位提高的标志。因此,确定 ICM 的主办国存在着激烈的竞争,被称为数学界的国际奥林匹克。中国数学会在国家的支持下,经过十多年几届领导的努力,终于促成 21 世纪开始的第一届(总第 24 届)ICM 申办成功,于 2002 年 8 月 20 日至 28 日在北京举行。这是 ICM 设立一百多年来第一次在中国举办,也是第一次在发展中国家举办,是值得庆贺的一件大事。

2000 年 10 月 12 日,国家主席江泽民在中南海会见中国科学院外籍院士陈省身、国际数学联合会主席和秘书长,以及中外著名数学家,他说:"中国政府支持 2002 年在北京召开国际数学家大会,并希望借此契机力争在下世纪初将中国的数学研究和人才培养推向世界前列,为中国今后的科技发展奠定坚实雄厚的基础。"[1]

本文对国际数学家大会的有关情况、发展简史,及中国与国际数学家大会,分三部分作简略介绍。

(一)国际数学家大会(ICM)与国际数学联合会(IMU)

四年一届的国际数学家大会(International Congress of Mathematicians,简称 ICM)一般为期 10 天左右。ICM 的方针是:大会必须包含数学的一切分支,并且提供机会使所有数学分支的带头人能够聚集一堂,交流思想,总结现状,探讨今后前进的方向。ICM 的主要内容是进行学术交流。学术交流的形式很多,其中最重要的是由大会程序委员会邀请的若干名专家作 1 小时的大会报告和 45 分钟分组会的报告,这些报告基本上全面地反映了近四年中,数学各分支的最重要的进展、成果;此外,大会还提供一切可能的学术交流条件,凡已注册登记者均可报名作 15 分钟的专题报告,大会予以安排;与会者还可以自由结合,举行专题小会。在这 10 天左右的会议中,可以学到许多平时学不到的知识。因此,争取参加 ICM 的人越来越多,由刚开始的二三百人发展到近几届的三四千人。ICM 还有一项引人注目的项目,是在每届开幕式上颁发的菲尔兹(Fields)奖和奈瓦林纳(Nevanlinna)奖,这是两项具有国际水平的最高数学奖,其中菲尔兹奖被人们称为数学界的诺贝尔奖。

ICM 距今已有一百余年历史。19 世纪下半叶,西方数学发展的速度逐渐加快,数学家们的研究工作需要互相交流、相互切磋,一些发达国家首先在本国成立专业性的数学学术团体。最早建立的是英国伦敦数学学会(1865 年),随后相继成立的主要有:法国数学会(1872 年)、日本东京数学会(1877 年)、意大利巴勒摩数学会(1884 年)、美国纽约数学会(1888 年)、德国数学家联合会(1890 年)等,这些学会组织会员定期进行学术交流。数学本身没有国界之分,它的进一步发展需要国际间的交流。德国数学家联合会首任会长、集合论的创始人康托尔(G. F. L. Ph. Cantor,1845—1918),首先认识到组织各国数学家之间合作的重要性,从 1890 年便开始与各国数学家联系,积极倡导召开一次国际性的数学会议。

1893 年,为纪念哥伦布发现美洲新大陆 400 周年,在美国芝加哥举行世界博览会,德国数学家联合会的创始人之一克莱因(F. Klein, 1849—1925)代表德国政府参加这次会议。他在大会开幕式上作了题为"当前数学的状况"的简短发言,强调"以前由一个巨匠所开创的事业,现在必须用联合与协作的方式来完成"。他带去的十余篇德国数学家的论文,在会议期间都一一进行了宣读,深受与会者欢迎。会后,多国数学家纷纷要求联合起来,单独召开国际数学家会议,德国、瑞士等国数学家便担起了筹办国际会议的任务。

1897 年 8 月 8 日,16 个国家的 242 位数学家聚集在瑞士苏黎世,出席大家盼望已久的国际数学家大会。这次大会的宗旨是"鼓励科学交流",主席是选举产生的瑞士数学家盖泽尔(F. Geiser, 1843—1934)。在这次大会上曾提出追认 1893 年会议为第一届国际数学家大会,但是后人仍以数学学科单独召开的 1897 年大会称为第一届国际数学家大会。

第二届 ICM 于 1900 年在法国巴黎召开,会议主席是法国数学家庞加莱(H. Poincaré, 1854—1912)。这次大会安排了 4 位主要发言人,其中有德国数学家希尔伯特(D. Hilbert, 1862—1943),他在发言中提出了"23 个尚待解决的数学问题"。这些问题提出后,成了许多数学家研究工作的奋斗目标,对整个 20 世纪数学的发展产生了巨大影响。这就是著名的"希尔伯特 23 个问题",至今尚未完全解决,国际数学家大会也因此受到全世界更广泛的关注,从此规定 ICM 每四年举行一次,主办国由上一届大会确定。

第五届 ICM 于 1912 年在英国剑桥举行,恰遇著名数学家庞加莱逝世,大会对这位英年早逝的杰出数学家进行了沉痛的悼唁。之后不久,爆发了第一次世界大战,原定在瑞典斯德哥尔摩召开的第六届 ICM,被迫停开。

第一次世界大战后,协约国控制了国际科学组织,1920 年在法国斯特拉斯堡成立了一个"国际数学联盟",刚一成立便主持了当年在这里召开的 ICM,在大会上通过的《国际数学联盟会章》中,明确把战败国的数学家排斥在联盟之外。此举遭到了许多数学家的反对,抗议对战败国数学家的歧视,强调所有数学家在 ICM 上都享有平等自由进行学术交流的权利。从而抵制这次不具有广泛国际性的会议,不同意将这次会议编入 ICM 的届次序号,更名为"国际数学大会"(少一个"家"字)。自此以后召开的 ICM,很少提第几届,多以召开的年代或地点称呼,如"ICM'2002"、"ICM-2002"或"ICM 北京会议",现在以前者称呼居多。不过,ICM 的历史长了,召开的届次多了,后来人为宏观统计上的方便,从 1897 年起计,有时仍然将 1920 年的法国会议,列为 ICM 第六届,依次往下排序[3]。

ICM'1924 召开之前,加拿大数学家菲尔兹(J. C. Fields, 1863—1932),竭尽全力主持筹备这次会议,他强烈主张数学发展的国际性,积极呼吁在数学界消除民族沙文主义,多次奔走于欧美两大洲之间,穿梭往返,说服、团结各国数学家,并且筹集了大额经费,终于争取到 ICM 走出欧洲,第一次到美洲的加拿大多伦多举行 ICM'1924,这次大会对于促进北美的数学发展产生了深远影响。菲尔兹由于筹备大会劳累过度,健康每况愈下,当他得知这次大会的经费有结余时,便萌生了把它作为基金设立一项国际数学奖的念头,用以奖励世界顶尖级数学家,继续促进数学的发展。

1932 年,菲尔兹去世前,捐出了他自己的一大笔钱,再加上多伦多大会的节余经费,一并交给 ICM,正式建议设立国际数学奖励基金。他逝世不久,第九届 ICM 回到第一届召开地苏黎世举行。与会者中,有 20 位曾在 35 年前参加 1897 年第一届 ICM 的数学家,包括年届 90 高龄的第一届大会主席盖泽尔,共 700 余位各国数学家聚集一堂,充满了团结而庄重的气氛。大会宣读了菲尔兹的遗嘱,与会者一致同意他的建议:设立国际数学奖。为纪念菲尔兹的高尚品德和奉献精神,会议通过将这项国际数学奖命名为"菲尔兹奖",奖给那些能对数学未来的发展起重大作用的青年数学家,只授予 40 岁以下的人。1966 年以前每次评选 2 人,从 1966 年起每次可以增至 4 人,在四年一届的 ICM 开幕式上颁奖。

ICM'1936,在挪威奥斯陆举行,挪威国王和王后出席了开幕式,第一次菲尔兹奖由挪威国王颁发,气氛隆重而热烈,获奖者是美国的两位年轻人:阿尔福斯(L. Ahlfars, 1907—?)和道格拉斯(J. Douglas, 1897—1965)。与会者注意到,美国的数学将要发生大的转折,当时出席大会的美国科学发展协会主席、前美国数学会主席伯克霍夫(G. D. Birkhoff, 1884—1944),趁机申请 ICM'1940 在美国举行,获得了大会的通过。

1940 年,正处于第二次世界大战紧张阶段,ICM 无法按时召开,以后又推延了 10 年,直到 1950 年,才按原计划在美国的坎布里奇举行 ICM'1950。但是,又由于战后冷战加剧,美国对一些人民民主国家实行经济封锁,这些国家的数学家拒绝赴美国参加大会;而且针锋相对,在美国召开大会的同时,苏联、波兰、匈牙利、捷克、罗马尼亚、保加利亚、东德、中国等国数学家组成的另一个国际数学会议,在匈牙利的布达佩斯举行。由于二战期间,美国从世界各地吸收了许多大数学家到美国工作,世界数学中心已经随着这些大数学家的转移而转至美国,仅美国国内就有许多各国优秀的数学家,因此,出席 ICM'1950 的人数仍然有 1 700 余人,是此前历届人数最多的。

召开 ICM,有十分庞杂的组织、筹备工作,积历届经验,需要另有一固定的组织来承担这些任务。趁 ICM'1950 在美国召开之机,1950 年 8 月,由 22 个国家的数学学术团体,在纽约倡议成立"国际数学联合会"(International Mathematical Union,简称 IMU),获得大会通过,并于 1952 年在意大利罗马召开成立大会。现在有人或在著文中称这个"国际数学联合会"为"国际数学联盟"或"国际数学家联盟",但这个称呼与 1920 年在法国成立的那个"国际数学联盟"完全是两回事,互不相干。

1952 年正式成立的国际数学联合会(IMU)是世界各国和各地区的数学学术团体联合组成的非政府性的国际学术组织。IMU 的宗旨是:促进国际间的数学研究合作,支持和资助四年一届的国际数学家大会和有关的学术会议,鼓励和支持有助于数学科学发展的国际数学活动。IMU 在成立的当年便加入国际科学联合会理事会(简称 ICSU,中文简称"国科联"),成为其组织中的一员。"国科联"成立于 1931 年,是一个具有特色并享有最高国际威望的国际民间学术团体,它的根本宗旨是促进国际科学事业的发展。为实现这一宗旨,它制定了"科学的完整性"、"非歧视政策"、"科学家自由交往"等原则作为维护科学的全面发展和科学家权益的基本准则。把倡议、组织和协调国际间的跨学科的研究作为其重点任务。此外,"国科联"还与其他非政府间国际科技组织及联合国各有关组织和专门机构有着密切的合作关系,它在一些重要的国际性研究计划中都起着中枢作用。

IMU 成立后,便积极参与 ICM 的组织工作:负责各届 ICM 东道国的确定,邀请在大会期间作 1 小时和 45 分钟学术报告的各国数学家,资助发展中国家的数学家前来参加大会的经费,安排会议议程,并和东道国一起做好大会的各项组织工作。从 1962 年开始,IMU 专门设立了一个"菲尔兹奖评审委员会",开展具体的评选活动;在每届 ICM 的开幕式上,由 IMU 的领导人宣布本届菲尔兹奖获得者名单,并向他们颁发金质奖章和奖金。从 ICM' 1983 开始,每届又增设一项奈瓦林纳奖。奈瓦林纳(R. H. Nevanlinna, 1895—1980)是芬兰最著名的数学家,专门研究信息科学与数学之间的关系,曾任 IMU 主席、菲尔兹奖评审委员会首任主席,为纪念他的杰出贡献而设此奖,每届奖励一名在信息科学的数学方面有杰出研究成果的青年数学家。

国际数学联合会的最高权力机构是会员国代表大会,按五组分配的代表人数,由会员国数学会的代表参加,代表大会一般在每届 ICM 召开前夕举行,为期两天。大会闭幕期间的执行机构是执行委员会,由主席 1 人、副主席 2 人、秘书长 1 人、委员 5 人,以及前任主席 1 人组成;IMU 执委会下设若干委员会,分工执行代表大会通过的各项任务,保证每一届国际数学家大会的顺利召开。

下面列出历届 ICM 召开的时间、地点:

1、1897 年　瑞士苏黎世

2、1900 年　法国巴黎

3、1904 年　德国海德堡

4、1908 年　意大利罗马

5、1912 年　英国剑桥

6、1920 年　法国斯特拉斯堡

7、1924 年　加拿大多伦多

8、1928 年　意大利波伦亚

9、1932 年　瑞士苏黎世

10、1936 年　挪威奥斯陆

11、1950 年　美国坎布里奇

12、1954 年　荷兰阿姆斯特丹

13、1958 年　英国爱丁堡

14、1962 年　瑞典斯德哥尔摩

15、1966 年　苏联莫斯科

16、1970 年　法国尼斯

17、1974 年　加拿大温哥华

18、1978 年　芬兰赫尔辛基

19、1983 年　　波兰华沙

20、1986 年　　美国伯克利

21、1990 年　　日本京都

22、1994 年　　瑞士苏黎世

23、1998 年　　德国柏林

24、2002 年　　中国北京

百余年来，ICM 跨越三个世纪共召开了 24 届大会，其中瑞士苏黎世是唯一主办过三届的城市，它是 ICM 和菲尔兹奖的发源地，得到国际数学界的厚爱；法国主办过三届，德、意、英、加、美各主办过两届，都不在同一城市。直到第 21 届 ICM'1990 才第一次争取到亚洲主办。12 年后，ICM'2002 又回到亚洲，估计今年的规模将是空前的。它预示着世界数学中心将逐渐向亚洲转移。

（二）中国与国际数学家大会

国际数学家大会最早介绍入我国，是在"五四"运动前夕，由归国留学生翻译，刊登在 1919 年 4 月出版的《北京大学数理杂志》第 1 卷第 2 期。那时译名叫"万国数学会议"，文中列举了从 1897 年至 1912 年各国数学家之间学术交流的几次会议，特地用表格列出前 5 届 ICM 召开的年月日、城市、参加人数和国家。

1919 年，我国的数学状况是：现代意义的高等学校刚兴办不久，单独设立数学系只有北京大学一所，一个年级不足 10 个学生；其余高校因师资力量薄弱，几个专业合设数理部或数理化部。现代数学在中国，此时处于传播的初始阶段。

到 20 世纪 20 年代末，国内试行教育改革，在国外学习数学专业的留学生，学成后回国任教的已有 20 人左右，他们在高校创办的数学系已发展到十余所，渐成气候。1929 年 8 月 19 日，一批到北京开会和原在北京工作的数学、物理学家，共 27 人聚集在北京中山公园，成立了"中国数理学会"。这是我国数理学界第一个全国性的学术团体，引起国际学术界的重视。不久，中国数理学会接一通知，邀请派代表到瑞士苏黎世参加第 9 届国际数学家大会（ICM'1932），中国数理学会派熊庆来为代表前往，上海交通大学派许国保（物理教授）参加。行前，熊庆来又函告正在德国留学的李达（字仲珩）和曾炯之，让他们以个人名义就近参加大会，曾炯之因迟到未能与会。第一次参加 ICM 的中国代表熊庆来、许国保和李达，虽未在会上发表演讲，ICM 因第一次迎接由亚洲东方远道而来的同行，颇受与会者注意。会议期间，中国人结识了希尔伯特等国际著名大数学家，增长了见识。会后，李达感慨地说："惟我国会员，会前既因经济关系，不能决其能否参加，致毫无预备；又不知讲演内容，不敢登台尝试，以致分组讲演，亦未参加，殊为可惜！"[7]

ICM'1936，在挪威奥斯陆举行。此时，中国数学会已于 1935 年成立，会章规定："以谋数学之进步及其普及为宗旨。"其工作任务是："（甲）举行定期常会，宣读论文、讨论关于数学研究及教学种种问题；（乙）出版数学杂志及其他刊物；（丙）参加国际间学术工作。"与欧美的数学团体已很接近，惟经费比较困难。ICM'1936，中国数学会派正在德国进修的姜立夫为代表参加。姜急于返国，未能出席；不过中国数学会会员中已有论文寄去托人宣读。[8]另外，中山大学派了刘俊贤、清华大学派了在清华讲学的维纳（N. Wiener,1894—1964），代表这两个学校参加 ICM'1936。

正当中国数学会与国际数学会议开始接轨时，时局发生了急剧变化，这一变化竟使中国数学会在 ICM 之外徘徊了近半个世纪。

第二次世界大战之后，冷战加剧，美国对中国实行封锁。而第二次世界大战后的第一次 ICM'1950 正巧在美国召开，中国随当时的苏联和人民民主国家一起，集体拒绝赴会，针锋相对地在匈牙利举行了另一个"国际数学会议"，中国派代表华罗庚、程民德、周毓麟、徐献瑜、迟宗陶等参加了匈牙利会议。1952 年国际数学联合会（IMU）正式成立后，接纳台湾为会员，而且在 IMU 会章中，有数十处出现"国家的"字样，在"一个中国"的原则下，中国数学会拒绝参加 IMU 和 ICM。虽然在此后的 30 余年，IMU 的领导人多次来函，先后邀请我国数学家华罗庚、吴文俊、陈景润、冯康等到大会的分组会作 45 分钟报告，均因"代表权"未获解决，始终未赴会作报告。

在这期间，旅居海外的华裔数学家，随他们的所在国一起，积极参加 ICM 活动，进行学术交流。其中美籍华裔著名数学家陈省身，曾先后应邀在 ICM'1950、ICM'1958、ICM'1970 三届作大会或分组会报告；各届应邀到大会作 1 小时报告，或分组会作 45 分钟报告的华裔数学家还有：项武忠、肖荫棠、丘成桐、王宪钟、项武义、钟开莱、林建平等。其中，丘成桐在 1982 年还获得了数学最高奖——菲尔兹奖，丘是获此殊荣的第一个中国人。丘成桐，1949 年生于广东汕头，1971 年在美国加州大学伯克利分校、由陈省身指导获博士学位；由于杰出的科研成果，获得过多项重要科学奖；1994 年首批当选为中国科学院外籍院士。

我国在结束极"左"路线的干扰后，进入 20 世纪 80 年代，国家需要实现"四个现代化"，实行"改革开放"政策，加强了国际交往。中国数学要发展亦需要加强与国际同行的交流。1982 年 8 月，IMU 在波兰华沙召开第 9 次会员国代表大会，经陈省身等华裔数学家的积极联系与热情协助，中国数学会当时的正副秘书长王寿仁、杨乐接受了 IMU 秘书长的邀请，到华沙与 IMU 领导人商谈中国数学会加入 IMU 的问题，经过多次接触，以"一个中国"为前提提出了一个初步方案，但仍然还存在一些障碍。这次会晤后，中国科协和中国数学会又多次与 IMU 领导人交涉、商讨，终于达成共识。

1986 年 7 月 31 日至 8 月 1 日，IMU 第 10 次会员国代表大会在美国加利福尼亚州举行，修改 IMU 会章和解决中国加入 IMU 问题是这次大会议程中最重要的两项。最后这次会员国代表大会表决时通过了中国数学会提出的方案，其具体内容如下：

"（一）修改 IMU 会章，将会章中所有'国家的'字样删除。

（二）中国数学会和台湾数学会作为一个整体加入 IMU，在 IMU 中作为统一的成员，列名为：

中国

中国数学会（Chinese Mathematical Society）

位于中国台北的数学会（The Mathematical Society Located in Taipei，China）

中国列在 IMU 最高的一组（第五组），可以有五票表决权（中国数学会三票，后者两票）。

(三)中国台湾在 IMU 的会籍自动停止。"[9]

中国数学会当时的理事长吴文俊和秘书长杨乐,应邀以观察员身份出席了第 10 次 IMU 会员国代表大会。会下,台湾数学会会长赖汉卿明确表示,希望加强台湾与大陆数学家在海外的接触与交流,中国作为一个整体,从此正式加入 IMU。

紧接着在美国加州大学伯克利分校举行 ICM'1986(第 20 届),参加大会的有 81 个国家和地区的 3 711 位数学家,其中有:中国大陆 30 人,中国台湾 17 人。我国著名数学家吴文俊和从台湾到美国工作的年轻女数学家张圣容,分别应邀在分组会上作 45 分钟的报告。刚加入 IMU 的中国数学家在 ICM'1986 中,受到各国与会者的欢迎。

1990 年 8 月,我国海峡两岸的数学家第一次联合组成代表团,出席在日本举行的 IMU 第 11 次会员国代表大会。中国代表团的 5 人中,有中国数学会 3 人:丁石孙、石钟慈、胡和生,位于中国台北的数学会 2 人:胡德军和刘丰哲。这次大会上,吴文俊当选为 IMU 发展与交流委员会委员。紧接着在日本京都举行的 ICM'1990,是 ICM 九十余年来第一次到亚洲召开,对亚洲数学的发展产生了深远影响。在与会的 76 个国家和地区的 3 939 人中,中国大陆有 65 人、中国台湾 28 人,其中有 13 位中国青年数学家得到大会资助。有两位旅美中国青年数学家田刚、林方华在分组会上作了 45 分钟报告。

1994 年的 IMU 第 12 次会员国代表大会在瑞士举行,中国代表团成员由杨乐、张恭庆、冯克勤,和台湾的王怀权、黄启瑞 5 人组成。这次代表大会对世纪之交的数学活动展开了热烈的讨论,其中特别强调:要以各种方式宣传数学对人类发展的重要意义和数学教育的重要性,会议成立了负责此项工作的专门委员会。在大会讨论下届的主办国家时,中国数学会理事长杨乐诚挚地表示:中国要求承办 ICM'2002。申办 ICM'2002 的还有澳大利亚、以色列、挪威等国。IMU 第 12 次代表大会后,ICM 第三次到瑞士苏黎世举行 ICM'1994。这次到会的 2 300 多人中,中国共有 68 人(包括内地 50 人、台湾 10 人、香港 8 人);张恭庆、马志明、励建书、李俊 4 人,分别应邀作了 45 分钟报告。

ICM'1998 在德国柏林举行,有 99 个国家和地区的 3 348 人参加,中国有 63 人(其中台湾 11 人),还有不少旅居海外的中国数学家也自费前来参加这次大会。张寿武、阮永斌、夏志宏、侯一钊 4 位旅美中国数学家,分别应邀在分组会上作了 45 分钟的报告。

在 ICM'1998 前夕,1998 年 8 月 15 日召开的 IMU 第 13 次会员国代表大会,对中国来说是一次关键性的会议,它将决定中国申办 ICM'2002 是否成功。中国代表团除张恭庆、李大潜、杨乐和台湾的郭沧海、刘丰哲 5 人外,还有香港代表王世全和台湾代表李国伟,中国数学会秘书长李文林以观察员身份列席。关于 ICM'2002 主办国,与中国竞争最激烈的是挪威,因为 2002 年正值挪威著名数学家阿贝尔(N. H. Abel,1802—1829)诞生 200 周年,该国不放弃这次申办机会。另一方面,有的国家代表对我国的人权问题、西藏问题、入境签证问题等提出责难或疑问。中国数学会理事长张恭庆代表中国代表团发言,阐明中国申办 ICM'2002 的动机、立场以及所做的准备工作,一一解答了代表们提出的质疑;一些了解中国、到过中国的代表以亲身经历作了解释。经过长达一个多小时的讨论,按 IMU 惯例,正准备举手表决时,又有代表提出异议……上午休会时间到了,午餐时中国代表心里难免有几分紧张。下午 2 时,改用无记名投票表决,结果以 99 票压倒多数的优势,终于通过了中国为 ICM'2002(第 24 届)的主办国。[10]

申办 ICM'2002 成功,来之不易,原因是多方面的,但最根本的原因是两个方面。一是改革开放以来,我国综合国力的加强和国际地位的提高。为会议能够提供良好的有保障的物质条件和政治环境;二是近 20 年来,我国数学得到空前发展,繁荣昌盛。中国的一批优秀中青年数学家,活跃在国际数学界的多个方面:在世界各地的许多大学数学系里,都有中国人任教;在一些高水平的国际学术会议上,作特邀报告的有中国数学家的名字;在重要的数学刊物上,中国学者的论著频频出现,并且不断地被各国学者引用;在有影响的国际奖励中,中国人的名字出现越来越多。

1998 年 12 月 26 日,中国数学会在中科院数学所召开第七届常务理事会第十一次会议,首先讨论并通过了"ICM'2002 筹备小组"提出的"ICM'2002 地方组织委员会"(以下简称组委会)成员名单。他们是:丁伟岳、马志明、王世全、田刚、冯克勤、刘应明、李大潜、李文林、林群、杨乐、张恭庆、姜伯驹、侯自新共 13 人(台湾地区暂缺)。中国数学会第七届理事会理事长张恭庆任组委会主席。

1999 年 8 月 22 日,组委会在中科院五所召开全体会议,根据组织工作需要、中国数学会理事会的改选及组委会委员所在区域等因素,对组委会委员进行了补充和调整。增补了:王建磐、张继平、陆善镇、陈叔平、袁亚湘、章祥荪、彭立中 7 位委员;海外委员应田刚要求去职,增补林方华任海外委员。会议决定中国数学会第八届理事会理事长马志明从 2000 年 1 月 1 日起接任组委会主席,张恭庆作为前任主席协助马志明工作。确定袁亚湘任组委会秘书长、彭立中任副秘书长[12];确定了组委会各分管委员会负责人名单。以后又增加了冯琦、刘太平、周青 3 位委员,至此,组委会由 23 人组成,副秘书长除彭立中外,增加了冯琦。

2001 年 1 月 7 日,ICM'2002 组委会和中国数学会常务理事会召开联席会议:①讨论由组委会秘书处制定的 ICM'2002 筹备进程表;②关于大会新闻、宣传与公关工作;③有关筹款委员会的工作;④《Beijing Intelligencer》和大会服务接待工作;⑤关于大会司库。讨论决定冯琦为大会的司库(Treasurer),由马志明和冯琦共同负责 ICM'2002 的财务支出工作,请章祥荪担任顾问。……。在国家、各部委的关心支持下,动员了社会各界多方面的力量,特别调动了数学界广大人士的积极性,使 ICM'2002 的筹备工作,具体稳妥、紧张有序地进行。

(三)2002 年北京国际数学家大会(ICM'2002)

1、IMU 第 14 次成员国代表大会:根据历届惯例,在每届 ICM 召开前夕,且在该届 ICM 主办城市之外的地点举行 IMU 成员国代表大会。本届(第 14 次)成员国代表大会,于 2002 年 8 月 17,18 日在上海国际会议中心明珠厅举行,来自 46 个国家和地区的 110 名代表和 10 名观察员参加了会议。这次会议是 ICM'2002 开幕前的一次重要的决策性会议,中国参加这次会议的有马志明、张恭庆和李大潜,台北的郑国顺和刘丰哲,香港的汤涛。会上选举产生了新一届 IMU 执行委员会,任期为 2003—2006 年(这一届 IMU 执委会已于该会前一天 8 月 16 日在上海和平饭店举行)。中国数学会理事长马志明院士当选为新一届 IMU 执委会委员,这是我国代表第一次进入 IMU 执委会;北京大学张继平教授入选为执委会下属的发展与交流委员会的委员,中国科学院数学与系统科学研究院李文林教授入选为国际数学史委员会委员。此外,挪威女数学家 R. Piene 当选为新一届 IMU 执委会委员,是执委会第一次出现女性委员;挪威代表在这次会议上宣布设立国际数学奖——阿贝尔(Abel)奖,纪念挪威著名数学家阿贝尔(N. H. Abel,1802—1829)诞生 200 周年。英国皇家学会会员、牛津大学的 J. M. Ball 教授当选为下一届 IMU 主席,会议决定下一届 ICM'2006 在西班牙的马德里市举行。[16]

2、ICM'2002 开幕式:2002 年 8 月 20 日下午,新千年、新世纪的第一次国际数学家大会(ICM'2002),在中国北京人民大会堂万人大礼堂隆重开幕,中国国家主席江泽民出席了开幕式,在 ICM 历史上首次有主办国的最高领导人出席会议。出席开幕式的还有中国国务院、全国人大、全国政协各相关的领导人;大会名誉委员会和大会指导委员会的成员;IMU 的领导人。来自 104 个国家和地区的 4 175 位数学家(其中有我国内地数学家 1 965 位);北京市部分高等学校校长;青少年数学爱好者的代表等共五千余人参加开幕式。

开幕式由 ICM'2002 组委会主席、中国数学会理事长马志明院士主持,IMU 主席帕利斯(J. Palis)致大会开幕词,他说这次大会"是一次非同寻常的大会,因为这是第一次在一个发展中国家举办大会,而这个国家又是目前世界发展速度最快的国家,它的人口占人类的四分之一,这一切从本质上使得国际数学家大会更具包纳性,而包纳性又是我们的联盟的基本原则。""这次大会也是全世界一系列数学学术活动的高潮,又是未来数学科学发展趋于成熟的标志。"[17]……国务院副总理李岚清代表中国政府致辞;全国人大副委员长、中国科协主席周光召代表中国科技界向大会致贺词;北京市长刘淇代表东道主城市致欢迎词。ICM'2002 名誉主席陈省身和 ICM'2002 主席吴文俊相继在开幕式上讲话。陈省身说:"本届大会很有希望成为中国现代数学发展史上的一个里程碑。"吴文俊说:"我们正处在一个新世纪的开端。似乎由于计算机的影响,数学在这一转折时期正处在一个以往任何时候都不曾有过的独特境遇。……对于中国数学家来说,这可能意味着更大的挑战和希望,因为中国正努力实现从一个发展中的社会向一个以信息和知识为基础的社会转变。"[17]马志明报告了 ICM'2002 的筹备工作与大会的有关情况。

按照惯例,在每届 ICM 的开幕式上,由 IMU 的领导人宣布本届菲尔兹奖和奈瓦林纳奖获得者名单。国家主席江泽民应 IMU 主席帕利斯的邀请,为本届菲尔兹奖两位获得者颁奖;IMU 秘书长格里菲斯(P. A. Griffiths)为本届奈瓦林纳奖获得者颁奖。IMU 主席帕利斯指出:"菲尔兹奖和奈瓦林纳奖获得者的成就显示出高度的创造性和深刻性,他们所选择的问题、使用的方法和获得的结果互不相同,各有千秋,说明整个数学科学充满了活力。全世界数学界都为他们的卓越贡献鼓掌喝彩。"[14]

在大会开幕式上,IMU 主席帕利斯还宣布数学界将建立两项新的奖项。第一个新奖项是"高斯数学应用奖",是为纪念数学家高斯而设立的,每四年由 IMU 和德国数学会联合授予一次。第二个新奖项是为了纪念伟大的数学家阿贝尔而设立的"阿贝尔奖",每年一次由挪威科学院授予,与诺贝尔奖相似。帕利斯认为,该奖有可能改变数学科学在世界各学科中的地位和前景。[15]

　　大会开幕式之后,紧接着在人民大会堂举行介绍以上三位获奖者工作的学术报告会。菲尔兹奖获得者之一拉福格(L. Lafforgue)是法国高等科学研究院的教授,拉福格的主要成就是在朗兰兹纲领(Langlands Program)的研究方面取得了重大进展,从而在数论与分析两大领域之间建立了新的联系。另一位获奖者费沃特斯基(V. Voevodsky)是美国普林斯顿高等研究院的教授,费沃特斯基的主要成就是发展了新的代数簇上的同调理论,从而为深刻理解数论与代数几何提供了新的观点。奈瓦林纳奖获得者迈度·苏丹(Mandhu Sudan)是美国麻省理工学院教授,迈度·苏丹的主要贡献是概率可验证明最优问题的不可逼近性以及纠错码。[13]

　　8 月 20 日当晚,ICM'2002 组委会在人民大会堂宴会厅举行招待会,招待与会的中外数学家及他们的家属。

　　3、ICM'2002 的学术报告:ICM 邀请的 1 小时大会报告和 45 分钟报告,一般被认为代表了近四年数学科学中最重大的成果与进展。ICM'2002 共邀请了 20 名数学家作 1 小时的大会报告;邀请了 174 名数学家分别在 19 个学科组上作 45 分钟报告,其中有 11 名中国大陆的数学家,8 名中国大陆赴海外的数学家,2 名旅居海外的华裔数学家作 45 分钟报告。ICM'2002 还安排了 1 100 多人作 15 分钟的小组报告,还有 90 多篇学术论文以张贴墙报的形式作学术交流。下面列出邀请作 1 小时大会报告的数学家姓名和他们的报告题目:

①N. Alon:离散数学:方法与挑战.

②D. Arnald:从正合序列到对撞黑洞:数值分析中的微分复形.

③A. Bressan:一个空间维数的双曲守恒律系统.

④L. Caffarelli:非线性椭圆方程的一些新结果.

⑤张圣荣:共形几何中的非线性偏微分方程.

⑥D. Donoho:几何多尺度分析.

⑦L. Faddeev:扭结状孤立子.

⑧S. Goldwasser:现代密码学的数学基础:一种复杂性观点.

⑨U. Haagerup:随机矩阵,自由概率与相关于 von Neumann 代数的不变子空间问题.

⑩M. J. Hopkins:代数拓扑与模形式.

⑪V. Kac:超对称的分类.

⑫H. Kesten:渗流的若干重要结果.

⑬F. C. Kirwan:模空间上的同调.

⑭L. Lafforgue:Drinfeld 簇与 Langlands 纲领.

⑮D. Mumford:模式理论:认知的数学.

⑯H. Nakajima:仿射代数表示之几何构造.

⑰肖荫堂:代数与复几何中的一些新的超越技术.

⑱R. Taylor:Galois 表示,L-函数,Motive 和模形式.

⑲田刚:几何与非线性分析.

⑳E. Witten:弦理论中的奇异性.[13]

以上报告体现了不同数学领域的相互渗透与联系,以及数学与其他学科的交叉。所有内容已被收集在 ICM'2002 论文集第一卷。第一卷内容还包括 ICM'2002 开幕式和闭幕式上的讲话等。该论文集由 ICM'2002 组委会出版委员会(负责人 李大潜)承担编辑工作,我国高等教育出版社负责出版。第一卷于 2003 年 1 月出版,第二、第三卷在 ICM'2002 召开前已赶印出版发给与会者。

4、ICM'2002 的其他学术活动:

4.1 大会公众报告:在新世纪(21 世纪)的开端,ICM'2002 组委会认为激发公众对现代数学的关注和兴趣非常重要。为了使公众更好地了解数学,加强数学与社会的联系,在大会期间,组织了三个公众报告,邀请我国首届国家最高科技奖获得者吴文俊教授,诺贝尔奖获得者、美国普林斯顿大学的纳什(Nash)教授,美国纽约大学的 Poovey 教授,就数学的作用和对其他科学的影响、对社会的影响等方面做了三场公众报告。世界著名科学家、英国剑桥大学的霍金(Hawking)教授应中国科学院的邀请,也做了一场公众报告。[13]

4.2 青少年数学活动:①8 月 20 日至 24 日,ICM'2002 组委会和中国少年科学院、中国数学会、中国教育学会共同主办了"走进美妙的数学花园"少年数学论坛,有来自全国各地的 300 多名中国学生参加,论坛邀请了部分中外数学家与中国青少年座谈。②8 月 19 日至 23 日,中国数学会和北京数学会联合主办了"ICM'2002 中学生数学夏令营"。③中国科技馆和北京玩具协会联合举办了"古典数学玩具展览"。

4.3 其他学术团体组织的活动:主要有①国际数学科学研究所所长(简称 ICSI)会议。②妇女数学家协会组织的 Emmy Noether 报告(邀请胡和生作报告)和"妇女在数学中的作用与机遇"研讨会。③国际数学联盟电子信息与传播委员会(简称 CEIC)组织的"电子出版的新特点"研讨会。④国际数学联盟数学史委员会组织的"中国数学史国际研讨会"。[13]

5、卫星会议:举办卫星会议是 ICM 的惯例。但 ICM'2002 扩大了卫星会议的规模,从 8 月 5 日至 9 月 4 日一个月时间,共举行 46 个卫星会议。他们分布在中国东西南北中的 26 个城市,包括香港、澳门和台北;以及俄罗斯的莫斯科、韩国的浦项和大田、越南的河内、日本的京都、新加坡 6 个城市。几乎每一个卫星会议都是国际合作的成果,一些菲尔兹奖、沃尔夫奖和诺贝尔奖获得者的参与使得这些卫星会议更加引人注目,为 ICM'2002 增添了风光[18]。表 1 列出这 46 个卫星会议的专题内容,召开的城市和时间。

6、咬定目标,决不放弃:

ICM'2002 能够成功在北京召开,前前后后,国际数学大师、中科院外籍院士陈省身起了十分关键的作用。20 余年来,陈省身竭尽全力内外联系、上下疏通,从 1980 年代初开始,他就力争中国数学会早日成为 IMU 的成员,其后正式参加历届 ICM,逐步扩大中国数学界在国际数学界的影响。1993 年陈省身适时地向中国国家领导人建议:争取 20 世纪末或 21 世纪初在中国召开 ICM。1998 年,中国申办 ICM'2002 成功后,为办好 ICM'2002,他又积极投入大会的各项筹备工作,为 ICM'2002 组委会出谋献策,做了大量细致的重要工作。

表1 ICM'2002 46个卫星会议安排表[19]

序号	专题内容	地点	时间
①	离散、组合与计算拓扑	北京	8.13—19
②	数学软件	北京	8.17—19
③	数学中的电子信息与通讯	北京	8.29—31
④	随机分析	北京	8.29—9.3
⑤	微分几何与大范围分析	天津	8.17—18
⑥	代数几何	上海	8.13—17
⑦	复分析	上海	8.14—17
⑧	矩阵论及其应用	上海	8.14—18
⑨	21世纪数学课程及教育改革	重庆	8.17—19
⑩	数理逻辑	重庆	8.29—9.2
⑪	组合论	石家庄	8.30—9.3
⑫	非线性泛函分析	太原	8.11—19
⑬	算子代数及应用	承德	8.14—18
⑭	计算数学与应用	大连	8.30—9.3
⑮	力学与物理学中的非线性偏微分方程	哈尔滨	8.29—9.3
⑯	分形几何与应用	南京	8.30—9.2
⑰	代数拓扑	苏州	8.30—9.3
⑱	代数	苏州	8.29—9.2
⑲	弦理论	杭州	8.12—15
⑳	调和分析及其应用	杭州	8.14—18
㉑	多复变中的几何函数论	合肥	8.30—9.2
㉒	非线性发展方程与动力系统	黄山	8.29—9.1
㉓	对策论及应用	青岛	8.14—17
㉔	数论与算术几何	威海	8.13—17
㉕	后向随机微分方程	威海–北京	8.29—31
㉖	微分方程与应用	长沙	8.11—17
㉗	数学生物学	桂林	8.15—18
㉘	辛拓扑与几何	成都	8.14—18
㉙	分岔与浑沌	昆明	8.13—17
㉚	数学教育	拉萨	8.12—17
㉛	几何拓扑	西安	8.12—16
㉜	数学史	西安	8.15—18
㉝	科学计算	西安	8.15—18
㉞	控制与优化	西安	8.30—9.1
㉟	常微分方程	兰州	8.30—9.4
㊱	代数及相关课题	香港	8.14—17
㊲	组合、图论及应用	香港	8.15—17
㊳	非线性偏微分方程与逼近	香港	8.29—9.2
㊴	Clifford分析	澳门	8.16—19
㊵	非线性分析	台北	8.12—18
㊶	微分方程与泛函微分方程	莫斯科	8.11—17
㊷	无穷维函数论	韩国浦项	8.12—16
㊸	多复变与复几何	韩国大田	8.14—18
㊹	抽象分析与应用分析	越南河内	8.13—17
㊺	动力系统中的新方向	日本京都	8.5—15
㊻	随机过程及应用	新加坡	8.15—17

陈省身被推选为 ICM'2002 名誉主席,他在大会开幕式上的讲话中,预见性地指出:"中国在现代数学领域还有很长的路要走。""本届大会很有希望成为中国现代数学发展史上的一个里程碑。"[17]大会期间,陈省身接受光明日报记者专访。他说:"大会的成功,其象征意义要大于实际的作用。要使中国数学有一个明显的进步,关键还要靠数学工作者踏踏实实地苦干,要有绝不放弃的精神,只要我们一步步努力,相信终有一天我们的工作会得到国际的承认。""现在大家都在努力,数学界需要时间,数学家们需要一个宽松平和的工作生活环境。至于中国数学何时才能创造出具有国际影响的成绩,有可能很快,也有可能需要经过几代人的努力。但只要我们咬定目标,努力去做,迟早会获得奖励,这其实是一件'水到渠成'的事情。"[20]这次 ICM'2002 在中国成功举办,陈省身几十年各方奔走、创造条件、努力争取起了重要的作用。也是他帮助中国早日成为数学大国的重要步骤之一,他以"咬定目标、决不放弃"的行动,为我们做出了示范性的榜样。

参考文献

[1]江泽民说:中国政府支持在北京召开 ICM'2002. 中国数学会通讯,2000,(4):1.

[2]任南衡. 国际数学家大会、国际数学联合会. 中国大百科全书(数学). 北京、上海:中国大百科全书出版社,1988:282-283.

[3]叶路. 历届 ICM 简介①、②. 科学,1993,45(3):59-60;45(4):59-61.

[4]H. S. Torpp 著,陆柱家译. 菲尔兹奖的由来与历史. 数学译林,2002,21(2):160-169.

[5]奥利·莱赫托著,王善平译. 数学无国界——国际数学联盟的历史. 上海:上海教育出版社,2002:8-12. 杨乐,中译本序.

[6]张恭庆. ICM 和我们. 中国数学会通讯,1999,(4):7-13.

[7]李达. 世界数学家会议记录. 科学世界,1932,1(1):69-73.

[8]中国数学会概况. 科学,1936,20(10):819.

[9]任南衡. 中国数学会加入 IMU. 中国数学会通讯,1986,(4):1-2.

[10]李文林. IMU 成员国代表大会投票表决 ICM'2002 举办国现场纪实. 中国数学会通讯,1998,(3):4-5.

[11]中国数学会召开七届十一次常务理事会会议. 中国数学会通讯,1999,(1):1-2.

[12]ICM'2002 组委会召开会议. 中国数学会通讯,1999,(3):1-2.

[13]中国数学会. 2002 年国际数学家大会总结报告. 中国数学会通讯,2003,(1):1-7.

[14]A. Jackson 著,李文林译. 2002 年菲尔兹奖和奈凡林那奖得主及成就介绍. 高等数学研究,2002,5(4):53.

[15]金振蓉. 数学界将创建两个新奖项. 光明日报,2002.8.21①.

[16]IMU 第 14 次成员国代表大会在上海举行. 中国数学会通讯,2002,(3-4):4;光明日报,2002.8.18①.

[17]IMU 主席 J. Palis 的开幕词、陈省身、吴文俊在开幕式上的讲话. 中国数学会通讯,2002,(3-4):6-9.

[18]马志明. 关于 ICM'2002 筹备工作的报告. 中国数学会通讯,2002,(3-4):10-11.

[19]ICM'2002 卫星会议一览. 高等数学研究,2001,4(4):封二;封三.

[20]金振蓉. 要有决不放弃的精神. 光明日报,2002.8.23①.

附:1932年中国代表参加国际数学家大会纪录(原文)

李 达

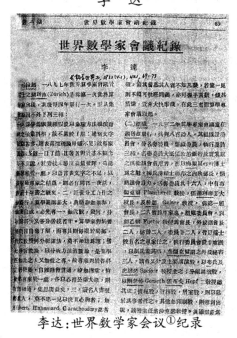

李达:世界数学家会议①纪录

(一)缘起(此处略)

(二)组织

一九三二年算学专家会议重在趋利市[Zürich]②举行,共到八百余人。其组织设委员会,分名誉委员,组织委员,执行委员三种。名誉委员大抵系政治银行及实业家之供给该会费用者,而以梅尔(Meyer)博士为之魁。梅氏为瑞士联邦之内政部长,捐助该会最力。名誉委员共十六人,中有布兰克尔(Plancherel)教授,系趋利市工大校长,及解瑟(Geiser)教授,系第一届会长,二人皆算学家也。组织委员会,以胡乙铁(Fueter)教授为会长,外设副会长二人,秘书二人,委员廿二人,皆以瑞士较有名之专家任之。执行委员会设主席团,以胡氏董其事,布兰克尔副之外设秘书三人,该会又分设主要讲演股,以布氏及史培瑟(Speiser)教授主之;分组讲演股,以刚瑟特(Gonseth)霍布夫(Hopf)二教授总其成;情报股,财务股,居室股,则以熟于共事者任之。其他如印刷股,则专司出版,该股主任者沙克瑟教授。其通信处为 Herrn Prof Dr. Saxer, Eil, Tech. Hochschule, Zürich (Schweiz)闭会后一切事宜,均由彼处理。国内专家如关于会务所有咨询,请直函彼可也。至女宾招待股,则以家于趋利市之诸教授夫人任之。又总会设名誉会长一人,以瑞士联邦枢密院长摩他(Motta)任之。分组讲演内分(一)代数及数论(二)分析(三)几何(四)概算统计及保险算(五)天文及理论工艺(六)力学及算学物理(七)数理哲学及算

① 世界数学家会议现称国际数学家大会。

② Zürich 现译苏黎世,文中译名均与现今译名有异。

学史(八)算学教授法。分组讲演以十五分钟为限论文大意限八百音节,须于七月十五日以前邮寄到会,以便判定去取。又每会员应缴会金三十瑞士佛;家属每名半价;其优待,则有电车免费,火车七折,及赠送印刷器等。

(三)日录

九月三日:八月廿九日接熊迪之先生手书,嘱来瑞士参加世界数学会议,余本有意参加,至是遂决。九月三日晨,余自明兴乘快车过马格列,瑞士关史以余忘携护照,不放行,站长禹思德争之,前并为电熊先生请共电款到关,缴入境税,盖余时亦囊空如洗也。余感其意,作菩萨蛮一阕赠之。下午六时抵趋利市,晤熊先生,师生相见,至为快慰,言谈间,知中国数学界年来进步一日千里,欢忭莫名。是日并晤我国代表徐君。

九月四日:是日至办事处报到,悉日本亦有数人来,事毕,参观国家博物馆,下午参观美术陈列所,是晚即赴招待会。此次参加会议者,各国均有,类皆耆硕之士,老如 Hilbert 少如 Vander Waerden 咸来参加。熊师公子秉明聪明活泼,教授见者莫不怜爱,教授夫人尤争与握手。余等是夕得识 Hilbert, Courant, Hurwitz Weitzenboek 诸人。Hilbert 须眉皆白,人亦清瘦,其记忆力似不健全,然精神尚好。Fejer 为人极和蔼,屡嘱致意余师白朗(Perron)教授,以其身体欠安未能到会也。Vander Waerden 廿六岁即任正教授,贡献甚多,好谈论,言时频瞬其目。招待会具有各种茶点,然专家忙于问讯,惟口渴时,频索茶水而已。

九月五日:是日上午九时正式开会,由胡乙铁报告开会,略谓:此次会议较第一次大会有显著之差异:

年度	发出请帖	到会人数	集会日数	组数	发表所用文字种数
一八九七	二〇〇〇	二四〇	四	五	二
一九三二	六〇〇〇	八〇〇	九	八	四

此次会议出席者四十一国,相当各数均有激增,惟会金至则无甚增减。其最可纪念者,为年近九十之第一届会长解瑟,上届(一九二八)主席 Pincherle,及 de la Vallee Poussin 男爵,Borel 教授,均能到会。又第一届会议系在工大举行,此次亦在工大举行,为时三十五载,而工大建筑焕然一新,重来此地者,能无今昔之感?又瑞士政府苦心维持本会,并以工大及大学为本会会场,此吾人应诚心感谢者!次由政府主席 Streuli 博士致欢迎词,辞毕,由 Pincherle 提议推定胡氏为主席。胡又提出 Hilbert(德),Hadamard(法),Pincherle(意),Young(英)等为副主席 Gonseth 及 Speiser 为秘书。并议决援第一届慰问 Hermite 老教授例,电问其婿 Picard 老教授,最后提出加拿大已故教授 Fields 捐助奖章二枚,分赠青年算学家以资鼓励;并由 Synge 教授宣讲赠送宗旨书。读毕,布兰克尔校长表示其对本会之希望,并附述工大及大学之发展情形,与瑞士数学会赠送 Commentarii Mathematici Helvetici 杂志与本会会员事。十一至十二时胡氏出席公开讲演,题为 Ideal 原理与函数论。下午三时至六时举行分组讲演。演词整理后,由印刷股出版,兹不赘。是晚走音乐会。

九月六日:九至十明兴大学教授喀那脱窝多利(Carathéodory)讲:多个复变数的函数之变圆。十至十一巴黎大学教授日利亚(Julia)讲:复变教函数论之发展,趋利市工大教授鲍立(Pauli)讲:研究量子论所用之数学方法。十一至十二俄国卡山大学教授 Tscheboaroaw 讲:群论中之新问题,Carlemann 讲:线性积分方程之理论及应用。十四时,游湖,舟中得识 Pringsheim,Knopp,Hadamard,Mäller,Julia Wiener,Doetseh 诸教授,Hadamard 尤和谒[学问深,意气平,]洵非虚语!熊先生公子秉明未满九岁,善画能诗,日为硕儒画相,咸逼真,教授多为签名作纪念,有奇童之目。

九月七日:九至十巴称大学教授 Cartan 讲:利曼氏对称空间。十至十一柏林大学教授 Bieberbach 讲:函数论之运算范围,美国模尔司(Morse)教授讲:大范围内之变分学。十一至十二哥廷根女教授 Noether 讲:Hypercomplex 系与互换代数及数论之关系,丹麦哥本豪大学教授 Bohr 讲:近乎周期的复变数函数。下午三时至六时。分组讲演。

九月八日:分组旅行,余等因费用不足,未参加;乃参观物理学院及天文台,时台长不在,助手代为引导,事毕,欲出东京天文台刊物相示,余告之曰:"余等系中国人,中国在天文学昔有极大贡献,元明以还,学者专重哲理,未能尽量发展;然欧美晚近进步,实受光学之赐,近吾国天文学家亦极努力,北平广州南京诸天文台,均有刊物,惜其以中文发表,欧人不能领悟耳!助手因建议请中国天文刊物,除用中文发表外,篇首冠以西文摘要,余服其言,致谢而出。下午参观生物馆。"

九月九日:九至十罗马大学教授 Severi 讲:代数几何之发展。十至十一芬兰黑新火斯大学教授 Nevanlinna 讲:分析函数之利曼曲面,日内瓦教授 Wavre 讲:行星形状之分析性。十至十二美国 Alexander 讲:Topology 中的几个问题,匈牙利色格丁(Szegd)大学教授 Riesz 讲:一个实变数函数及间隔函数的引数之存在。下午三时至六时分组讲演。

九月十日:十至十一巴黎大学教授 Valiron 讲:Borel,Julia 二君定理在连续函数中之地位,波兰瓦烧(Warszawa)大学教授 Sierpinski 讲:有效决定之点集。十一至十二奥国(Wien)Merger 讲:几何中之新方法及问题。下午三时至六时分组讲演。下午七时,赴市立戏园公宴,会员各携食券一本,约二十张,会场张设华美,尤清洁,首由胡氏致开会词,次由政府要人梅尔及工大,大学二校长致词,无非言数学之应用及将来之希望并祝专家平安等语。词毕、Veblen(美)、Weyl(德)、Cartan(法)、Sevri(意)以次致谢。然后表演跳舞;惟其舞若太极拳,余不甚喜。舞毕,用膳。须各自去领;但给膳处既未预备周到,又未分出口入口,故秩序欠佳。膳毕,跳舞。余等不善此,但作壁上观。

九月十一日:赴市政府茶会,席间得识 Schouten,Fraenkel,Valiror,及 Cartan 父子。余师 Caratheoclory 又为介绍与 Tonelli,Severi 诸人相识。是日秉明为 Hilbert 画像。又市府燕辞及代表谢词均不赘。

九月十二日:十至十一德国启尔大学教授 Stenzel 讲:古希腊之算学观念及思维。十一至十二,行闭会式。胡氏宣读 Picard 复电。Speiser 宣告本会接收 Fields 奖章基金,并宣读谢书,胡氏主张成立委员会,以 Caratheodory,Cartan,Severi,Takagi(即高木贞治日本人)为委员讨论奖章应给何人,及给予方式,议决,通过。外并议决(一)成立算学教育组,以 Hadamard 为组长,Lietzmann 等副之,Fehr 司财务,并请各国举出代表参加,报告该国最近算学教育状况,(中国会员共推熊迪之先生为代表)。(二)电祝 Tübingen 教授 Brill 九秩寿诞。(三)下届会议(一九三六)在挪威首都 Oslo 举行,当由挪威代表 Guldberg 教授致敦请词。（四）组织国际算学家联系会，以 Veblen，Weyl，Cartan，Scveri 主其事。（五）请 Severi 主编世界算学图书史。最后由法女界致谢瑞女界招待，词毕，散会。

结论：此次会议结果极圆满，瑞士招待亦殷勤，不亢不卑，至为合体。惟我国会员，会前既因经济关系，不能决其能否参加，致毫无预备，又不知讲演内容，不敢登台尝试，以致分组讲演，亦未参加，殊为可惜！其实分组讲演，均系专门问题，国内学者，如熊迪之、陈建功、孙光远、苏步青、江泽涵诸先生，均可发挥宏论，为国增光，惜诸先生或因道远未至，或至而报告过期，良可惜也。吾甚望我国专家，后兹努力，除以其研究心得公诸世界外，且预备论文，以便下届参加讲演。至费用方面，则吾辈穷儒，日愁衣食，川资膳宿，盖有待于政府之供给，但愿当局，深明"康健及文化，为一国精萃"之义，鼓励提倡，毋袖手旁观，若秦越人之视肥瘠耳。尤有进者，则吾国应集中人材，创办一算学杂志是，年来国人算学论文，大都在日、美杂志上发表，欧人得日本杂志，每误认著名咸为日人，致中国在数学界毫无地位。然创办杂志，非钱不行，是又有赖于政府之津贴奖励者。又 Severi 教授主编图书史，对于中国古代算学自欠明瞭，深望国内专家李俨钱琢如诸先生，速用西文编成中国算学史行世，盖旧籍虽无大用，然古人创造之功不可忘也！书成，并盼分赠各国著名大学及图书馆，以扬国光。又 Severi 之通讯处为 Prof Severi，Universita di Roma，Roma（Italia）

（原载《科学世界》，1932 年第 1 卷第 1 期第 69-73 页。作者李达）

李达（1905—1998），字仲珩。生于湖南平江县，东南大学数学系毕业，1929—1933 年在德国慕尼黑大学攻读博士学位。1932 年，应参加 ICM'1932 的中国代表熊庆来之邀，以个人名义报名参加 ICM'1932。

第二编

中国数学家

第一篇　中国高等学校数学系第一位系主任冯祖荀

冯祖荀　1880 年生于浙江省仁和县(今杭州市)①。中国现代数学早期的代表人物之一,北京大学数学系首任系主任,还先后任北京师范大学、北京女子师范大学、东北大学三校数学系的首任系主任。抗战期间约 1940 年逝于北京。

一、生平介绍

冯祖荀

冯祖荀(字汉叔,1880—约 1940),今杭州市人。"父亲是前清的秀才,乡下有几亩良田,杭县城里也有自己的买卖,虽非富贵人家,但也衣食无虞。书香门第,家学渊源,冯先生自幼受到严格的国学训练,在家族的私塾中完成了他的启蒙教育,也养成他一生中处处显出的儒雅风格,琴棋书画伴随其一生。父亲虽有功名,但却不是冬烘先生,非常开明,认为儿子不应当只读四书五经与唐诗宋词,不该向自己一样终老乡里,该出去走走,'行千里路,读万卷书'总是不会错的。他明确地给儿子指了一条路:进京,投考京师大学堂。"②

1、留学日本

冯祖荀,1902 年由浙江省选送考取京师大学堂速成科师范馆第一期学员,是年 12 月入学。为迅速培养高水平人才,京师大学堂速成科的学生入学一年后,1903 年 12 月 21 日,张百熙等奏请派大学堂的优等生赴日本、欧美等国留学。奏折称:"计自开学以来,将及一载。臣等随时体察,益觉咨遣学生出洋之举万不可缓,诚以教育初基,必从培养教员入手。而大学堂教习尤当储之于早,以资任用……现就速成科学生中选得余棨昌、曾仪进、黄德章、史锡倬、屠振鹏、朱献文、范熙壬、张耀曾、杜福垣、唐演、冯祖荀……等共 31 人,派往日本游学,定于年内起程。"[3]

---

①　据江西教育出版社 1988 年出版的《中国历史地名辞典》第 120、480 页记载:仁和县由北宋太平兴国四年(公元 979 年)以钱江县改名。1912 年和钱塘县合并设置杭县。杭县 1958 年撤销,并入杭州市。

②　摘自袁传宽。中国现代数学的开山鼻祖冯祖荀。《人物》,2007,(12):31。

1910 年编辑的《清末各省官（自）费留日学生姓名表》中有一段记载："冯祖荀，籍贯：浙江仁和，30 岁，费列：大学堂。光绪二十九年十一月到日本，光绪三十四年九月入京都帝国大学。工科第二年级。"[4]留日期间，冯祖荀与京师大学堂的部分同学创办了"留日学生编译社"。"以讲求实学输入文明供政界之研究增国民之知识为宗旨"，出版《学海》杂志，选择编译的题材"亦以纯正精确可适用于中国为主"[5]。《学海》乙编内容为理工农医各科，其创刊号第一篇是冯祖荀的译著：《物质及以太论》；他还撰写了一系列有关数学内容文章，率先采用阿拉伯数字和西方现代数学符号以及算式，为中国数学汇入现代数学潮流做了努力[6]。

2、浙江两级师范的数学教授

冯祖荀在京都帝国大学毕业回国前后，正值我国辛亥革命最紧张之时，迅猛发展的革命形势极其巨大影响，京师大学堂当局只得咨呈学部，请求"暂时停办"[1]。这种非常形势，使冯祖荀暂时不能回到派他出国留学的母校工作。此时，地处他的家乡杭州有一所浙江省的重要学府"浙江两级师范学堂"正需数学教师，他便应聘前往该校担任优级师范数学科教授，教微积分。"浙江两级师范学堂"，兼有初级师范和优级师范两级，初级师范培养小学教师，优级师范培养中学教师。在优级师范的数学教师只有冯祖荀和胡浚济（字源东、沇东），胡教公共科和理化科数学、数学科的大代数，陈建功是优级师范此时的学生[7]。冯祖荀的这段经历，周作人在他的名著《知堂回想录》（香港版第 491 页）中有几句话也可证实。文中说："冯祖荀留学于日本东京前帝国大学理科，专攻数学，成绩很好。毕业后归国任浙江两级师范学堂教员。其时尚在前清光绪宣统之交，校长是沈衡山（钧儒），许多有名的人多在那里教书，如鲁迅、许寿裳、张邦华等都是。随后他转到北大。"[8]由此看来，冯祖荀应是陈建功早年喜好数学的启蒙老师。辛亥革命后，民国政府教育部将全国划分为六个国立高等师范区，直属教育部管辖[2]，各省过去办的优级师范一律停办。浙江两级师范中的优级师范属停办之列，于 1913 年停办。停办后，冯祖荀和胡浚济都应聘到北京大学任教，陈建功选择了赴日本留学。

3、创建北京大学数学系

1912 年 5 月 1 日，民国政府教育部下令改京师大学堂为北京大学校（以下简称北大）。1912 年年底，何燏时出任北大校长。何是浙江人。一上任就筹办北大本科，计划第二年在理科中的数、理、化三个专业各招本科一个班[1]。1913 年暑假后，北大的数学专业单独设置正式上课，当时称为数学门（1919 年改为数学系），我国现代大学的第一个数学系就此诞生。冯祖荀、胡浚济受聘到北大任数学教授。1919 年以后，其他大学才陆续分科设置数学系。

冯祖荀主持新成立的北大理科数学门的工作。由于他在日本学习时的大学数学教育多采用德国模式，因此北大数学门最初的课程设置、教材选择也多依据德国。当时他曾开设了在德国刚兴起不久的积分方程论，所用教材是希尔伯特编写的讲义[6]，此时他几乎承担了分析方面的所有课程。1915 年 11 月，北大设立评议会作为"商决校政最高机关"[1]，冯祖荀当选为评议员。此外，他还负责庚款留学考试中数学试题的出题和评卷工作。1915年以后,在美国哈佛大学获得硕士学位的王仁辅(1886—1959)、秦汾(1883—1971)相继来北大数学门任教。1917年,蔡元培出任北大校长,对北大进行了一系列首创性的改革。对设立的各学科,改革课程设置,加强学科建设;整顿学风,倡导科学研究,提高教学水平。数学是其中主要受益学科之一。蔡元培说:"大学宗旨,凡治哲学文学及应用科学者,都要从纯粹科学入手。治纯粹科学者,都要从数学入手,所以各系次序,列数学为第一系。"[9]1919年,北大改门为系时,数学系就列在全校所设的14个系之首,排名第一位,一直保持至今。1917年11月,北大成立理科研究所,内含数学、物理、化学三个学科研究所。数学学科全称为"北京大学理科数学门研究所",当时的《北京大学日刊》上简称其为"理科数学研究所"或"数学研究所"[9],是我国最早设立的现代数学研究机构,研究人员包括北大理科毕业生,或数学、物理门高年级学生,指导教师是数学门的教授。1917年12月,数学门在理科中又率先成立教授会,是规划本系教学工作的教授组织。此时,冯祖荀、秦汾、王仁辅被聘为理科本科教授[9]。系主任必须是教授,由教授会投票选举。1917~1927年间,北大数学系主任、数学研究所主任、数学教授会主任,由冯祖荀、秦汾、王仁辅三位教授轮流担任,其中冯祖荀任数学系主任的时间最长,一直到1934年。

在北大,1917—1918学年度的科目钟点表的记载中,冯不仅在数学门本科各个年级都担任课程教学,每周总15课时,是冯、秦、王三位本科教授课时最多者;同时还担任物理门一年级微积分,二年级微积分及函数论;化学门一年级数学[9]。1924~1925年度,冯在数学系担任的课程有:集合论、变分法、积分方程式论及微分方程式论、椭圆函数及椭圆模函数论、无穷级数论等[1]。在早期的北大理科数学研究所,冯祖荀负责函数论方面的指导。他最早指导的是1917年数学门的毕业生张嵩年(字申府,1893—1986)。在他的指导下,1918年张在研究所做了Fourier级数、Fourier积分、集合论等有关知识的报告[9],其中有些属最先在我国传播的数学理论。冯祖荀同时重视自身的科学研究。由北大各研究所合作编辑的《北京大学月刊》于1919年1月出版创刊号,数学方面的主要论文就是冯的研究成果,题为"以图像研究三次方程式之根之性质"。1922年,北大评议会议决出版一组学术性较强的刊物,分别为:自然科学、社会科学、国学、文艺四种季刊,组成四种季刊编委会。冯祖荀出任《北京大学自然科学季刊》编委会首任主任委员[1]。该刊因故延至1929年出版。他在第2卷第1期上发表了题为"论模替换式之母"(On the generators of modular substitutions)[5]的论文。此外他还进行过"高斯积分公式之新证法"、"高斯收敛定理之新证法"、"椭圆函数论"等专题研究,及"$Pdx + Qdy = 0$之积分因数"、"高斯积分定理"等专题学术演讲。

4、北京师大的兼职教授,三校兼职系主任

20世纪二三十年代,冯祖荀对外校的数学教育也鼎力相助。由于北京高师与北京大学的历史渊源关系,1915年北京高师设立数理部需要教授时,他欣然应聘兼任该校数理部的数学教授,一直到30年代。在长达近20年的兼职教授时间里,北京高师几次变更校名,而冯祖荀始终推动着这里的数学教育向前发展。基于北京高师的性质,它的学生多来自生活不富裕的平民家庭,学习自觉、刻苦用功。为提高学生程度,1921 年北京高师决定招收数学研究科班,学生来源为高师和专门学校毕业生,及大学三年级学生,学习年限两年,毕业后授予学士学位[10]。第一届招收了傅种孙、张鸿图、韩桂丛、程廷熙等9 名研究生(毕业 5 人),以后还招了两届。冯祖荀负责这里的数学研究科的指导,指导教师除冯外还有秦汾、王仁辅等,前后三届共毕业 20 名研究生,是我国高等师范学校最早授予的一批学士学位获得者。北京高师数学系比数学研究科晚成立一年,即 1922 年成立数学系,系主任由冯祖荀担任。1923 年 7 月 1 日,北京高师升级改为“国立北京师范大学”(以下简称北京师大)。1929 年以前冯祖荀一直是北京师大数学系的主要决策者之一,他为这里的学生倾注了大量精力。早年,北京师大培养出了不少杰出数学人才,如:汤璪真、杨武之、靳荣禄、陈荩民、傅种孙、韩清波、张世勋、刘景芳、魏庚人等。1924年,北京女子师范大学成立数学系,他又兼任女师大数学系首任系主任。此外,他还兼过东北大学数学系系主任,付出了开创之力。

5、魂归北大

冯祖荀虽有不少兼职,但他始终是北京大学教授。抗日战争期间,“北大迁至长沙,职教员凡能走者均随行,其因老病或有家累者暂留北方,校方承认为留平教授,凡有四人,为孟森、马裕藻、冯祖荀和我。”[8](注:引文中的“我”指周作人。)冯祖荀是因病老留平。第二年(1938)春天,日本宪兵队想要占用北大理科所在地的第二院做它的本部,通知留守在那里的事务员限三天之内搬家。因第二院还留存理科离平时未带走的仪器等物,事务员找到“留平教授”冯祖荀等人。冯作为北大留平唯一的理科教授,为此事很着急,拖着病体,及时地去找伪华北临时政府教育总长汤尔和(1877—1940),保住了北大第二院未被日宪兵队侵占[8]。后冯逝世于战乱中的北平,因其子早亡,同事们都远迁昆明,无人知道他逝世的确切时间。抗日战争胜利后,北大复员回到北平,有关人士在一起回忆,估计逝世于 1940 年,最迟是 1941 年。1947 年北大校方将冯祖荀重新安葬在八大处福田公墓,墓碑“冯祖荀先生墓”由当时的北大校长胡适题写。著名美籍数学家樊㙠是冯妻的侄子,年轻时深受其姑父教导,1993 年樊回国重修冯祖荀墓,请 91 岁高龄的著名数学家苏步青重新题写碑文[5]。

二、组织指导早期的数理学会

1、指导北京大学、北京高师的数理学会

冯祖荀在数学教学、管理之外,还积极参与指导数理学会。辛亥革命后“五四”运动前,新建的国立北京大学和几所国立高等师范学校,都在学生中倡导组织各种学术性的“学会”。那时,我国现代数学、物理处在起步时期,常联合开展学术活动。1918 年 10 月27 日,冯祖荀参加了“北京大学数理学会”成立大会,捐资支持该会创办《北京大学数理杂志》。“北京高等师范学校数理学会”成立于 1916 年 10 月 27 日,比北大数理学会早成立两年,它们“以研究数学物理增进学识联络感情为宗旨”[11]。学会的会员是在校和已毕业的学生,学会的干部由会员选出的学生担任。校、系领导和教师任名誉职务,起指导作用,并在经费上给予适当资助。类似的数理学会,在武汉还有一个,名叫"武昌高等师范学校数理学会"。三个数理学会各自都办有刊物。

1918 年北京大学数理学会会员合影
（右四冯祖荀、右三王仁辅）

1918 年 12 月 31 日,北大、北京高师、武昌高师三个数理学会的代表在北京高师礼堂召开联席会议,北京高师校长陈宝泉、物理教授张贻惠、数学教授冯祖荀出席会议指导。经讨论研究,会上达成五项决议:交换杂志;交换稿件;难解的问题可以互相质疑;统一名词;发启全国数理学会。会后还将这些决议转告给第二年(1919)初新成立的"南京高等师范学校数理化研究会"。这次会议是我国数理学界早期的一次有关学术的联席会议,是数理研究走向相互交流、联合协作的开端,反映了辛亥革命现代教育的成效。冯祖荀对这次活动很感兴趣,他极赞成统一名词的议案,会上,鼓励各自办的三份数理杂志,刊载"数理方面的新知识,翻译越多越好,不必拘于创造发明"[11]。在当时数理科学的初创阶段,对于在校学生来说,翻译引进、学习吸收是基本的一步。此前不久,1918 年 6 月,北大理科数学研究所就提出了数学名词的研究任务,冯祖荀分管微积分方面的名词。三个数理学会联席会后,1919 年 3 月 19 日,冯祖荀在北大专门为数理学会会员组织了一次讨论数学名词的谈话会[9]。"发启全国数理学会"当时因条件不成熟未能进行,冯祖荀却把它揽为自己的一项未了使命,等待时机加以实现。

此后数年,冯祖荀经常参加北京高师数理学会的会务会议,指导工作,曾对高师学生作过"数学教授法"等演讲。从 1919 年开始,他结合我国的实际为学生编写了一部《微分方程式》,由北京高师数理学会主办的《数理杂志》连载。1920 年 2 月,他在该书弁言中说[11]:

今日之学高等解析者仅知微积分而不知微分方程,与余曩日习代数而不知方程实无异也。其于应用之途盖甚狭矣。顾微分方程之理精深宏大,非熟于函数论群论者,不能探其微妙。而学者急于待用又非速习不可。故寻常英美人所著教科书,多仅述解法而不言其理,令稍知微积分者即可学,其病常流于粗疏。而德法人所著高等解析又苦于艰深难读。余今折衷二者之间,凡理论中有可为初学道者,莫不以浅显出之,以为学者日后研究微分方程论之基础,乃余之厚望也。

这是我国编写最早的一部微分方程著作,从 1920 年 5 月在《数理杂志》上开始发表,连载 8 期,跨时 3 年,总载量 85 页。冯祖荀的《微分方程式》尚未登完,《数理杂志》面临停刊威胁。在极其困难的情况下,打破常规,系领导和教师亲自出面,数理系主任张贻惠任该刊编辑部主任,冯祖荀等任编辑,主要由教师捐款,于 1925 年 12 月再出了一期即第四卷第三期,才正式宣告结束。《数理杂志》从 1918 年 4 月创刊到 1925 年 12 月停刊,总共出版四卷 15 期,载文共 198 篇,其中属数学内容的有 161 篇,占总数的 81.3%,冯祖荀始终是这个学会和杂志的数学指导教师,也是教师中撰稿最多者。《数理杂志》在20世纪初以其办刊时间长、载文数量多、质量高而扬名海内外。1922年,武昌高师数理部主任黄际遇(字任初,1885—1945)自美返国路经日本时,几位日本教授对黄说:"中国学校,我们虽然没有亲自看过,若以数理出版物而论,要以北师大数理杂志为第一。"[11]

2、积极筹备成立中国数理学会

到1927年,时局更乱,"当局禁止集会,数理学会无辜封闭"。8月,奉系军阀政府命令北京9所国立高等学校合并,统称"国立京师大学校",以便监管。1928年6月,奉系军阀失败,退回关外,国民党政府在教育上推行大学区制,又把原北京的9所国立高等学校合并,统称"国立北平大学"。北大、北京师大在这种并来改去中,遭到严重破坏,学术活动基本停止。1929年6月,国民党政府被迫正式宣布大学区制停止试行。北大、北京师大又恢复独立。重新独立后的北京师大改名为"国立北平师范大学"。师大各系很快恢复了往日的生机,1929年6月18日,"国立北平师范大学数学会"宣告成立,"以增进数学知识养成研究精神为宗旨"[12]。这个学会实际是原北京师大数理学会的继承和发展,学会的成员包括学生和老师。新成立的北平师大数学会作出四项决议,其中的一项是:"冯先生的微分方程,由文书股整理,请冯先生续完后即刊印。"[12]此时冯祖荀任师大数学系系主任,却没有直接参加北平师大数学会的工作,也没有继续编写微分方程,他正集中精力酝酿成立11年前提出的中国数理学会。

1929年,中国数理学界的实力比11年前的1918年有了很大的充实和发展。仅以数学人才而论,1918年以前获得数学专业博士学位回国者只有胡明复1人。此时,回国的博士已有姜立夫、魏时珍、朱公瑾、赵进义、陈建功、范会国、曾昭安、杨武之、孙光远等,后3人都是"五四"前后几所高校数理学会的发起人,或数理杂志的筹建人;最早留法学习数学的4位学者何鲁、熊庆来、段子燮、郭坚白获硕士学位后都先后回国办学;还有其他不少归国的饱学之士。由于这批高级数学人才的归来,到1929年,全国公私立高等学校设有数学系(或数理系)者,由1918年仅有的1所(不含高师数理部)发展到至少已有20所,仅1929年一年就新成立4所。成立数学学科全国性学术组织的时机已经成熟。曾参加1918年三个高校数理学会联席会议的张贻惠和冯祖荀此时便发起组织中国数理学会。1929年8月,中华教育文化基金董事会在北平召开科学教育会议,外地有一批教授来平。张贻惠和冯祖荀"于8月5日在中山公园来今雨轩宴会各地来平之数理学家,于席间提议组织中国数理学会,当经全体赞成,积极筹备。旋于8月19日在北平中山公园来今雨轩开成立大会,全国大学教授与会者,有赵进义、冯祖荀、何鲁等,共27人。"成立宣言中说:"……深知欲促中国科学进步,非从事提倡基本科学不可。故由南北各大学数学物理学界同仁发起中国数理学会,一面联络全国数理学家,一面从事于新学说之传播与探讨。""凡我会员,皆以分别及共同研究为目的,于以促吾国科学之进步。"[13]

在中国数理学会成立前后,1929年八、九月间,冯祖荀带头、并组织中国数理学会会员为北平师大数学学会作了多次演讲。冯祖荀的"零不可为除数"就是以中国数理学会的名义做的演讲。另外,他还分两次给该会讲了"最近数学之趋势",讲演中将数学家克莱因(F. Klein, 1849—1925)在芝加哥讲过的同一题目的重要内容介绍给听众[12]。何鲁在讲"数学方法"正题之前对大家说:"前几天承冯先生约我来讲演,本有点不敢答应;因为冯先生差不多是我国当今数学界的泰斗,我来说话,岂不是班门弄斧吗?"[12]何鲁(字奎垣,1894—1973)是最早把西方高等数学介绍到我国高等学校中来的著名数学家之一,1919年从法国留学回国后,1929年以前曾任南京高师和第四中山大学数学系首任系主任,中国公学校长,此时是中央大学数学系主任,国民党的元老。何鲁能这样评价冯祖荀,可见冯祖荀在当时数学界的威望和作用。中国数理学会为数理学界办了不少实事,除上已提及外,还每年召开学术年会;以学会名义及会员个人入股,支持"北平师大附中算学丛刻社"出版我国自编的中学数学教材、影印外国著名数学书籍,有的教材推行到全国,久用不衰。如傅种孙编的《高中平面几何学》是其中之一。该会为我国数学界做的最富历史意义的有两件事,其一是派熊庆来代表中国数理学会,出席1932年9月在瑞士苏黎世举行的第9届国际数学家大会,是我国参加国际数学家大会之始;其二是促成了中国数学会的诞生。1933年北平数学会成立时,冯出任第一届理事长。1935年7月中国数学会正式成立,冯祖荀当选为"计划发展本会事宜"的董事会中9位董事之一。中国数理学会向新成立的中国数学会建议,承担筹备中国数学会主办的普及刊物《数学杂志》。1936年8月,待《数学杂志》出版后,中国数理学会完成了它的历史使命,宣告结束。中国数理学会从酝酿、成立至终结的近20年间,是我国数学、物理学界培养人才、积蓄力量、发展壮大的时期。冯祖荀作为我国高等学校数学教育的元老之一,起了倡导、组织、促进和领导的重要作用。

三、人才培养及其他

冯祖荀在北京教高等数学长达20多年,北京大学、北京师大数学系1935年以前的历届学生,几乎都听过他的课或接受过他的指导,培养了不少人才。冯祖荀培养人才的特点是:课内学业与课外学术活动相结合,对在校学习与毕业后工作的学生同样关怀,选拔青年人才重视在科研中可持续发展的创新精神。其中最受后人称赞的是他对傅种孙的培养和重用。傅种孙(字仲嘉,1898—1962),1916年考入北京高师数理部,即受业于冯祖荀,不仅学业出众,而且热心于课外学术活动。傅从入学第二年开始,连续交替担任北京高师数理学会正、副会长和该学会主办的《数理杂志》编辑、编辑部主任等职,先后在该杂志上发表各类文章20余篇。其中1918年发表在《数理杂志》创刊号上的"大衍(求一术)",是用现代数学方法研究我国古代数学的创举,以后发表的"罗素算理哲学入门书提要"、"几何学之基础"是我国最早翻译引进的数理逻辑和几何基础的译文之一。傅种孙在大学学习期间表现出的才能,很受冯祖荀赏识。1920年傅毕业后,留在北京高师附属中学任教,冯祖荀让傅回数理部兼课,在教学中任其发展创新,1921年被聘为北京高师数理部讲师,同时在该校新设立的数学研究科深造;以后又推荐傅到北京大学数学系兼课。冯祖荀担任北京师大和北京女子师大数学系主任期间,许多系务工作也放手交傅办理。傅种孙经过了多方面的实践锻炼,成长很快,1928年被北京师大聘为教授时,年仅30岁。在当时对未出国留学的青年,给予了如此高的学术职称,在北京的大学理科中是少有的。傅种孙以后为北京师大数学系的建设和全国数学教育做出了很大的贡献,成为我国著名数学教育家。

1928年,张学良出任东北大学校长,增设院系扩大招生,委托北京大学推荐教授,同时聘冯祖荀兼任东北大学数学系首任系主任,冯祖荀推荐北大数学系早年毕业的两位优秀学生,一位是1922年毕业的刘正经(字乙阁,1900—1959),时任南开中学的数学教师;另一位是1924年毕业的武崇林(字孟群,1900—1953),时任北京大学讲师。刘、武二人到东北大学创建了该校数学系,九一八事变后,东北大学内迁,武崇林回到北大。1930年代初,上海交大成立科学学院,扩充数学系,冯祖荀又推荐武崇林到上海交大任教授;推荐刘正经到武汉大学任教授,并出资赞助支持刘正经在武汉创办《中等算学月刊》(现《数学通讯》前身)。1932年,安徽大学数学系人事变动后,急需数学教授,请冯祖荀荐人。冯祖荀了解到当时在北平师大数学系任讲师的留日归国学者刘亦珩(字君度,1904—1967)课少薪薄,本人勤于钻研业务,又有多任课增薪解决家庭困难的要求,他便推荐刘亦珩从北平师大暂时借调到安徽大学任教授。刘到安徽大学积极承担重任,通过教学实践编出一部适合我国学生特点的《初等近世几何学》教材,受到数学界好评。20年代末30年代初,我国大学数学系发展较快,冯祖荀是北大数学系的老系主任,在国内数学界有较大的影响,一些学校缺教授,常请他帮忙推荐人选。冯祖荀乐于助人,推荐过不少有作为的青年,给他们创造了较快成长发展的机会。苏步青说:"我逢人便讲,不是冯祖荀先生和姜立夫先生提拔后辈,中国数学不可能有今天。"[17]

据江泽涵回忆:"1931年初,北大得到中华教育文化基金会(由美国退还的庚款建立的机构)的资助,并聘定刘树杞(字楚青)先生在该年暑假后担任理学院院长以振兴理学院。我还在普林斯顿时,刘就函告我他暑假后任职,并请姜立夫师推荐我去北大数学系任教。他并告知已征得北大校长蒋梦麟、数学系主任冯祖荀及文学院院长胡适的同意,邀请我于暑假后去北大任教授,帮同整顿振兴数学系。"[14]13

江泽涵说:"冯祖荀受人敬重,加之他喜爱喝酒、下围棋,为人和蔼,不关心系务。从我到后,他把数学系系务全交给我,管聘任教员及教学方面的事。……1934年秋我开始任系主任。"[14]15

冯祖荀具有鲜明个性特点。在此列举几位知情人的回忆。据樊壥回忆:"冯祖荀喜穿布鞋布袜,嘴上叼着外国烟斗,装的却是中国的旱烟丝。他生性平和,淡于名利,凡事不计较也不在乎,飘飘然像个'仙人'"。据他的学生回忆:"冯祖荀为人慷慨,在同事或工友生活困难时,常予以经济资助。"[5]

在北大与冯祖荀共事20年的周作人,他写的《知堂回想录》中,有一节专门记述冯祖荀。周作人说[8]:"汉叔是理科数学系的教员,虽是隔一层了,可是他的故事说起来都很有趣味,而且也知道得不少。"(详见冯祖荀研究文献二)

熊庆来曾经说过:"国内大学于前三四十年在数学方面还可说偏重于基础的培养,关于已有的学理的传授和介绍却是做得很多,在这培养工作上特别有功的要推冯祖荀、黄际遇、姜立夫、何鲁、王仁辅、曾昭安先生。"[15]苏步青说:"冯祖荀……是解放前的中国数学会的主要创办人之一,对开创中国现代数学事业有不可磨灭的贡献。"[16]在介绍20世纪中国现代数学发展的书刊中,都必须提到冯祖荀。

冯祖荀主要著作目录

1、物质及以太论(译文)。《学海(乙编)》(我国最早的科学译刊之一,在日本创刊)。上海:商务印书馆出版发行,1908,1(1):1-10.

2、以图象研究三次方程式之根之性质。《北京大学月刊》,1919,1(1):129-130.

3、微分方程式(连载8期)。《数理杂志》(北京高师),1920—1923,2(1);2(2);2(3、4);3(1);3(3);4(1);4(2)。

4、最近数学之趋势(连载)。《数学季刊》(北平师大),1930,1(1):1-2;1931,1(2):65-66.

5、零不可为除数。《数学季刊》(北平师大),1930,1(1):15-20.

6、On the generators of modular substitutions.《北京大学自然科学季刊》,1930,2(1):1-4.

7、(1)柯西(Cauchy)氏函数论基本公式之新证法;

(2)柯西氏积分公式之新法;

(3)柯西氏收敛定理公式之新证法;

(4)椭圆函数论。

《国立北京大学研究教授工作报告》(第二次),1934,6.

8、《解析几何与代数》序。樊壎译([德]许来曷、施伯纳原著)。《解析几何与代数》(大学丛书)。上海:商务印书馆,1935:序。

参考文献

[1]萧超然等.《北京大学校史(1898—1949)》(增订本).北京:北京大学出版社,1988;34;40-42;48;196;232.

[2]北京师范大学校史编写组.《北京师范大学校史(1902—1982)》.北京:北京师范大学出版社,1982.

[3]陈学恂、田正平.《中国近代教育史资料汇编:留学教育》.上海:上海教育出版社,1991;19.

[4]沈云龙主编:《近代中国史料丛刊续编第五十辑。清末各省官(自)费留日学生姓名表》.佚名.台湾:文海出版社有限公司印行,287;252.

[5]张奠宙、袁向东.《冯祖荀》.《中国科学技术专家传略 理学编 数学卷1.》.石家庄:河北教育出版社,1996;1-5.

[6]丁石孙、袁向东、张祖贵.北京大学数学系八十年.《中国科技史料》,1993,14(1):74-76.

[7]郑晓沧.浙江两级师范和第一师范校史志要.《杭州大学学报》(教育专号(一)),1959,4:153-173.

[8]周作人.《知堂回想录》.香港:三育图书有限公司,1980;490-494.

[9]《北京大学日刊》,1917.11.17、23、27、29、30;1918.2.8、10.25;1919.3.19;1920.9.4.

[10]《国立北平师范大学卅五周年纪念专刊》.1937.

[11]《数理杂志》(北京高师数理学会主办),1918.4,1(1);1920.2,1(4);1920.5,2(1);1925.12,4(3).

[12]数学学会记事.《数学季刊》(北平师大数学会主办),1930.6,1(1):113.

[13]中国数理学会之成立.《教育杂志》,1929,21(9):142.

[14]江泽涵先生纪念文集编委会.《数学泰斗世代宗师》.北京:北京大学出版社,1998.5:13-15.

[15]熊庆来先生在中国科学院数学研究所欢迎会上的讲话.《数学进展》,1957,3(4):675.

[16]陈克艰.苏步青谈中国现代数学.《中国科技史料》,1990,11(1):3.

[17]张奠宙、张友余、喻纬.数学老人话沧桑——苏步青教授访谈录.《科学》.1993,45(5):52.

[18]袁传宽.中国现代数学的开山鼻祖冯祖荀.《人物》,2007,(12):31-37.

冯祖荀传略主要内容原载《中国现代数学家传》(第四卷).南京:江苏教育出版社,2000:1-16.本书有少量增删。

附：冯祖荀研究文献

冯祖荀研究文献一

说明:摘此文是证明冯祖荀到北大任教之前在浙江两级师范学堂的优级部教数学,陈建功此时是优级部的学生。

郑晓沧:浙江两级师范和第一师范校史志要(摘抄)

"校名'浙江两级师范学堂'因癸卯(1903)学制中师范有优级初级之别,而是校则并两种而兼有之。优级培养中学师资,而初级培养小学师资。……

"1906年,因中学师资缺乏,急于培养,许各省变通正式学制而设立选科,内预科一年,本科二年,共三年……

"到了1910年,学部为提高程度以期能胜任中学教师,下令停办优级选科,不再招生,而须按照学制,办理补习科,公共科,最后升入分类科,凡共六年之久,与选科办法大异。浙江两级师范先于1910年招收中学三年级以上学生,成立补习科一班约三十余人,又于次年(1911)招收中学毕业生成立公共科一班。后一班即于1912年送往北高师。前一班则于1913年浙师读完公共科后方始送往。

"优级部分或高师部分到民国初元告结束,就浙师讲,第二届公共科于1913年送往北高师后结束。……

"各科教师:

公共科——八个科目:1.伦理修身;2.群经源流;3.中国文学;4.日语;5.英语;6.伦理;7.数学——胡浚济(源东)等;8.体操。

选科(即分类选科)

史地科(略)

数学科:

大代数——胡浚济(源东)

解析几何——同上

微积分——冯祖荀(汉叔)

物理——朱宗吕(渭侠)

天文——(教师未详)

簿记——黄广(越川)、周器书、薛楷

英文——(教师未详)

理化科:

物理——朱宗吕

化学——张邦华

数学——胡浚济(源东)

生理——周树人(即鲁迅)

图画、手工,并以德语及生物为随意科目。

博物科(略)。

……

"学生。

那时凡是师范生不但免除学杂费,也免除膳宿费。……校内师资亦多一时俊彦。因此毕业之后,成才者众。……例如陈建功(原名剑功)为公共科学生。修了后不往北京而即东渡,精研数学,现为我国当代数学家巨子,蜚声国际。"

(原载《杭州大学学报》(教育专号一),1959,(4):158;166;167;170;171)

至于浙江两级师范的优级部为什么会在1913年结束? 上文在该刊153页有如下交代:"浙江两级师范,当时规模的远大,校舍的宏敞,不但为浙省冠,抑且为东南所少有。辛亥革命后一年,遵当时教育部的办法,结束优级部分,专办初级——也即我们所称的中等师范。"

冯祖荀研究文献二

周作人:北大感旧录(五)(摘抄)

冯汉叔留学于日本东京前帝国大学理科,专攻数学,成绩很好,毕业后归国任浙江两级师范学堂教员,其时尚在前清光绪宣统之交,校长是沈衡山(钧儒),许多有名的人都在那里教书,如鲁迅、许寿裳、张邦华等都是。随后他转到北大,恐怕还在蔡孑民长校之前,所以他可以说是真正的"老北大"了。在民国初年的冯汉叔,大概是很时髦的,据说他坐的乃是自用车,除了装饰崭新之外,车灯也是特别,普通的车只点一盏,有的还用植物油,乌沈沈的很有点凄惨相,有的是左右两盏灯,都点上了电石,便很觉得阔气了。他的车上却有四盏,便是在靠手的旁边又添上两盏灯,一齐点上了就光明灿烂,对面来的人连眼睛都要睁不开了。脚底下又装着响铃,车上的人用脚踏着,一路发出琤琜的响声,车子向前飞跑,引得路上行人皆驻足而视。据说那时北京这样的车子没有第二辆,所以假如路上遇见四盏灯的洋车,便可以知道这是冯汉叔,他正往"八大胡同"去打茶围去了。

爱说笑话的人,便给这样的车取了一个别名,叫做"器字车",四个口像四盏灯,两盏灯的叫"哭字车",一盏的就叫"吠字车"。算起来坐器字车的还算比较便宜,因为中间虽然是个"犬"字,但比较哭吠二字究竟要好的多了。

汉叔喜欢喝酒,与林公铎有点像,但不听见他曾有与人相闹的事情。他又是搞精密的科学的,酒醉了有时候有点糊涂了,可是一遇到上课学问,却是依然头脑清楚,不会发生什么错误。古人说,吕端小事糊涂,大事不糊涂,可见世上的确有这样的事情。鲁迅曾经讲过汉叔在民初的一件故事。有一天在路上与汉叔相遇,彼此举帽一点首后将要走过去的时候,汉叔忽叫停车,似乎有话要说。及至下车之后,他并不开口,却从皮夹里掏出二十元钞票来,交给鲁迅,说"这是还那一天输给你的欠账的"。鲁迅因为并无其事,便说,"那一天我并没有同你打牌,也并不输钱给我呀。"他这才说道,"哦,哦,这不是你么?"乃作别而去。

北平沦陷之后,民国二十七年(一九三八)春天,日本宪兵队想要北大第二院做它的本部,直接通知第二院,要他们三天内搬家。留守那里的事务员弄得没有办法,便来找那"留平教授",马幼渔是不出来的,于是找到我和冯汉叔。但是我们又有什么办法呢?走到第二院去一看,碰见汉叔已在那里,我们略一商量,觉得要想挡驾只有去找汤尔和,说明理学院因为仪器的关系不能轻易移动,至于能否有效,那只有临时再看了。便在那里,由我起草了一封公函,由汉叔送往汤尔和的家里。当天晚上得到汤尔和的电话,说挡驾总算成功了,可是只可牺牲了第一院给予宪兵队,但那是文科只积存些讲义之类的东西,散佚了也不十分可惜。这是我最后一次见到冯汉叔,看他的样子已是很憔悴,已经到了他的暮年了。

(原载:《知堂回想录》,香港:三育图书有限公司,1980:490-494)

冯祖荀研究文献三

冯祖荀是二十世纪国际著名数学家樊㙁的引路人,也是樊的姑父。上世纪三十年代初,樊在北京大学数学系学习期间,翻译了当时在该校讲学的德国数学家 E·施佩纳(Sperner)使用的教材《解析几何与代数》,冯祖荀为该书作序,全文如下:

冯祖荀:《解析几何与代数》序

"德自大战受创后,人人自奋,凡旧日之军事政事工业商务,莫不一革而新之;至今遂敢发表其军事宣言,彼岂贸贸然焉为之哉!盖自审其实力已充足也。充实力何以为本?工业制造也,工业制造以何为本?科学也,科学又以何为本?算学也。德自昔以算学著于世界,美日两国学者多留学焉。若柏林,葛廷根诸大学皆畴人辈出,名著如林。然犹谓此诸大学皆有数百年之历史,若汉堡大学则其设立不过十五六年耳。然而算学系中之布拉希克(W. Blaschke),阿尔丁(E. Artin)亦以其几何学代数学名震当世。三年前美国芝加哥大学以重金聘布氏,伊因顺道东游,历印度,日本而至北平。我北大,清华两校既醵金延伊演讲,复询之以发展算学方法。伊即推荐其门人施伯纳(E. Sperner)来北大,担任近世代数及形势几何学(Topology),施君出其与许来曷(O. Schreier)合撰之解析几何与代数一书示余,余受而读之,觉其所取教材虽与寻常近世代数(如 Bôcher,Dickson,Weber 等)无大出入,而体裁之新颖,论证之精密,则非旧书可比。盖此书以向量为工具,乃伊师布氏说微分几何之最新法,能融合代数与几何于一炉。故以几何眼光观之,则成一部严密之多元解析几何学;以代数眼光观之,则又宛然一部纯粹代数学,所谓寓代数于几何的言辞(Algebra in geometrical terminology)者是也。一方面可使代数有直接之几何应用,而代数之观念益明。一方面可使解析几何有精密之论证而几何之基础益固。二者并进,由浅入深,陈义虽高,而所需预备知识不多,真后学之津梁也。余即取之以为北大算学系之教本,不幸施君担任二年而归,我国学子罕精德语,读之多敢困难。余因嘱樊君壏为译成汉文俾易流传。樊君曾肄业同济,深通德语,来此后又从施君学,施君常以高足目之。其译时遇疑义每得承教于施君,此又吾国向来译书者之所绝无也,其亦足贵矣。译成余为之校阅一过,因书此数语于简首。

公历一九三五年四月
汉叔序于北京大学"

(原载:E. Sperner 和 O. Schreier 著,樊壏译:解析几何与代数(大学丛书).商务印书馆,1935 年出版)

李仲珩(李达)语录

谈到近代算学的介绍和基础的培养,我们便得提起冯祖荀、顾澄、黄际遇、何鲁、姜立夫、熊庆来、段子燮、胡明复几位先生的大名。他们有的在欧洲,有的在日本,有的在美国,有的在国内,学了不少的外国算学。以后在大学里创办算学系,介绍新的学说,高深的理论。最先冯先生在北大,顾先生在上海,黄先生在武昌,何先生在南京,姜先生在天津,熊先生在北平,一方面亲自培养学生,一方面聘请学成归国的专家来共同担任这种伟大艰难的工作。

——摘自:李仲珩著:三十年来中国的算学.《科学》,1947,29(3):67

第二篇　在大江南北创建高等学校数学系的黄际遇

黄际遇(1885—1945)，是 20 世纪初在中国开创现代高等数学教育事业的元老之一。他学贯中西、文理皆通、德艺双馨、精力过人。他一生处在我国社会风云变幻多端、新旧斗争激烈、内外战争交错的动荡年代。他奔波南北数所高等学校，在乱中求静，因时因地创建多所高校数学系，教书育人 30 余年。其中在武汉大学 10 年(1915—1925)，两进河南大学(1925—1926,1928—1930)，在山东大学 6 年(1930—1936)，三入中山大学，他的文理才华，为世人同声称赞。他在辗转南北办学途中，曾经两次落水，最终随江河而去。

黄际遇①

一、学贯中西的岭南才子

黄际遇，字任初，号畴庵。清光绪十一年乙酉(1885 年)出生于广东省澄海县在城镇。黄家系澄海县望族，父亲黄韫石是清代贡生，以廉干参与县政数十年，有两子，长子际昌禀膳生员，早卒[1]；际遇是次子，少从家学，读书过目成诵，敏捷过人，时称神童。少年时期在父兄及乡前辈陈东塾先生的教导下，打下了扎实的国学根底。1898 年年仅 13 岁的黄际遇参加童子试，中试为县学生员，是同科诸生中最年幼者。当时出督广东学政的张百熙(1847—1907)，对少年黄际遇非常器重喜爱，特赠《后汉书》一部。他爱不释手，熟读该书，直至晚年著文，仍喜用《后汉书》的文藻和典故[2]。随后黄际遇入汕头同文学堂学习，旋又转往厦门同文书院补习日语。

1903 年②，黄际遇由广东官派到日本留学。于光绪二十九年六月(1903 年 8 月)到日本，入宏文学校普通科学习。毕业后，又于光绪三十二年三月(1906 年 4 月)入东京高等师范学校理科，专攻数学，是日本著名数学家林鹤一博士的高足，也是我国最早以习数学为主科的少数留学生之一。宣统二年三月二十八日(1910 年 5 月 7 日)颁发毕业证，证书号数 1394，加编号数 432[3]。留日期间，他加入孙中山领导的中国同盟会，与陈衡恪(字师曾，1876—1923)、黄侃(字季刚，1886—1935)交往甚密，当时与黄侃一道向避居日本的章太炎(名炳麟 1869—1936)学习骈文、小学(注：指研究文字、训诂、音韵的学问)，

① 黄际遇照片由武汉大学徐正榜先生提供。

② 关于黄际遇留日年代，在各参考文献中有两种说法：到日本有 1902 年或 1903 年之说，回国有 1906 年或 1910 年之说。文献[3]第 112 页取自 1910 年时期的史料，且记载又比较详细具体，故本文叙述以此为准，即 1903 年到日本，1910 年回国。

兴趣甚浓,晚年曾从事这方面的教学工作。

1910 年,黄际遇从日本学成回国,受聘到天津高等工业学堂任教,这一年他进京殿试,中格致科举人。1911 年辛亥革命成功后,随之而来的文化革新,创办新学急需具有现代科学知识的教师。为此,新成立的临时政府教育部将全国划为六大学区,每个大学区统一设国立高等师范学校一所,主要招收预科一年、本科三年学生,本科分设:国文、英语、史地、数理等部,专门培养新学师资。华中区的国立武昌高等师范学校(现武汉大学前身)于 1913 年成立,始招预科,第二年(1914 年)开办本科数理部、英语部。黄际遇于 1915 年①应聘任武昌高师教授,教数学、物理等课程,兼任数理部主任,其间一度出任教务长。1918 年冬,他被派往江浙一带参观考察理科教育,回校后,1919 年春写成长篇报告《武昌高等师范学校数理部进行实况及成绩说明书》[4],受到上级主管部门好评。1920 年 12 月受教育部委派,他到美国考察教育,同时到芝加哥大学进修,成为著名数学家 L. E. Dickson(1874—1954)的学生[6],1922 年获该校科学硕士学位。在武昌高师师生的敦促下,于当年 10 月仍然回该校工作[9]。1923 年武昌高师改为国立武昌师范大学,原设的四部改为八系,黄际遇任新成立的数学系主任。又在武昌师大改名武昌大学之间,1924 年 5 月至 12 月,代理该校校长。其间,1924 年一度应湖南省教育厅之聘,担任"湖南省会考主试官"[1],主试湖南全省中学生。

河南省的第一所大学——中州大学(现河南大学前身)1923 年在开封市成立,中州大学校长张鸿烈是留美硕士、同盟会会员,与黄际遇熟悉,特邀他到该校主持数理系,兼校务主任。黄际遇 1925 年 9 月到中州大学。1926 年奉系军阀盘踞开封,摧残教育,致使中州大学无法上课,处于停顿状态。此时,地处南国广州,由孙中山亲手创办的国立广东大学,1926 年 7 月改名为国立中山大学,原数学系扩大为数学天文系,积极筹建全国大学的第一座天文台,需要充实师资力量,邀请黄际遇回桑梓广东,任中山大学理学院数学教授。

1926 年冬,黄际遇由开封出发取道上海,乘船南下广东,不料途中触礁,海轮沉没,继遭海盗洗劫,他随身携带的著作、衣物等全部荡然无存,仅以身免[2]。1927 年 3 月,他出现在广州中山大学给学生上课的讲台上。

再说河南方面,1927 年 6 月,北伐军进驻开封,冯玉祥被任命为河南省主席,冯重整教育,将河南仅有的三所高等学校合并到中州大学所在地重建,取名国立开封中山大学(也称国立第五中山大学,现河南大学)[10],一再恳请黄际遇重返开封,到开封中山大学任职。他盛情难却,于 1928 年第二学期再度到开封。任开封中山大学校务主任兼数学教授,翌年即 1929 年 5 月,被任命为该校校长,后又任河南省教育厅厅长。但他不愿意从政,一再请辞离开,回学校任教。

1929 年春,原在济南的国立山东大学迁往青岛重建,改名国立青岛大学,由蔡元培、杨振声等组成筹备委员会,1930 年 5 月杨振声被任命担任新成立的青岛大学校长,杨振

---

① 参考文献中另一说法是 1914 年到武昌高师。本文根据文献[8]中武昌高师数理学会会务记事:"民国四年九月二十一日开二十八次常会,并欢迎会长黄际遇先生",再根据"黄际遇主要数学著作目录"(16),演讲开场白中的一句,黄说:"……民四到民十四,兄弟在武昌高师",两段及其他史料推断,黄 1915 年到武昌高师较确。

声仿效蔡元培广聘专家学者治校，黄际遇于 1930 年 9 月应聘到青岛大学，任该校理学院院长兼数学系主任。1932 年 5 月，杨因中央不解决学校经费，而辞职离校，校务会议决定由黄际遇为校务会议临时主席，处理一切校务。是年 9 月，国家行政院决定，将青岛大学校名改回，仍称国立山东大学，文学院、理学院合并为文理学院。黄际遇任合并后的文理学院院长，仍兼数学系主任，并当选为山东大学"校聘任委员会"委员。

国立青岛大学的教师们
前排中为理学院院长黄际遇

　　1936 年初，山东军阀韩复榘借故给山东大学制造经济困难，校长被迫离校，提出辞职，黄际遇也在此时趁机离开。2 月回到广州，再次任中山大学教授，分别给理学院、工学院、文学院三院学生授课[18]。1937 年"七七事变"后，日本大举进攻侵略中国，1938 年 10 月，广州失守沦陷，黄际遇移居香港避难，中山大学西迁至滇南澄江。

　　1940 年 9 月，中山大学由澄江迁往粤北坪石，再次请黄际遇回中山大学任教，担任数学天文系主任兼校长室秘书，同时还为中文系高年级学生讲授骈文等课。1945 年抗日战争胜利后，分散各地办学的中山大学师生，陆续返回广州校址。10 月 21 日黄际遇一行 80 余人，赁大木船一艘从粤北的北江乘船返校途中，"上午 8 时许，船行至白庙，将抵清远城。黄先生因出船舷解手，失足坠入江中"[2]。当时全船惊愕，不知所措，随侍他的四子黄家枢仓皇下水营救，但因天冷水急，几秒钟内迅即沉没。船工仗义下水营救，仅救起家枢。同船的钟集等，速步行十里外雇船用悬网吊起黄际遇遗体[7]。终年 60 岁。

二、开创高校现代数学教育

　　黄际遇是我国最早留学日本主攻数学的极少几位学者，后又获得美国芝加哥大学数学专业的科学硕士，本人勤学苦钻，具有较深厚的现代数学知识和较高的现代教育素养。国内数所高校争相聘用，委以创建数学系等领导重任，他不负众望，尽心尽力，在每所高校都做出了开创性的贡献。1919 年他写成的《武昌高等师范学校数理部进行实况及成绩说明书》[4]，一万余字，是他早期数学教育思想的总结和教学成果的展示，以后几十年是在此基础上的发展。

　　1、关于教学。他反复强调：高校教育的目的是使学生养成研究及创造精神，"即有整顿思考力与创造真理之精神。"[4]他要求教师"必于上课之前充分准备，细思教者为何、教之如何、何为教之三件事，即目的、方法、理由三事。讲解之时能提要钩玄、引人入胜，以论理为方法，以真理为归宿。"反对教者"于教授之时徒诵读课本讲义之章句，或仅略

为扩张,至考试时则缩狭课程之范围,多出暗诵的机械的题目。"[4]对于本科学生,他提出三点希望:

"(一)于规定时间之内获充实正确之学识;

(二)养成读书能力备他日研究之资格;

(三)以自动为原则,不徒以默听暗记为能事。"[4]

由于年龄和学识的差异,"对于预科生宜持极端干涉主义,凡一言一动皆注视学生听讲精神之集中力如何,多采用启发式。"[4]此外,对于教法、作业、实验、实习等,在文献[4]中都阐述了他的见解和主张,这些观点在当时是先进的、开创性的。

黄际遇的教学任务,一直比较繁重,除后期的文科课程外,仅数学课程,以1927年在中山大学为例,一个学期中,分别给数学天文系的一、二、三年级上必修课代数、数论、微积分,还给物理系、化学系、矿物地质系三个系的二年级分别讲微积分、数论等课,每周仅课堂教学至少15个学时[18]。

2、关于师资。师资是20世纪前30年最困扰

黄际遇1919年手书

高校之事,直到1930年,数学系仍有1人系,据《山东大学校史》记载:"1930年度建系时,由于当时只有一名教授,仅能开出微积分、代数解析、立体解析几何、数学演习4门课程。"[5]这1名教授就是黄际遇,并且还是该系这个学年唯一的数学老师,他包揽了全系的全部数学课程。从第二学年度(1931年)开始,三年间每年只引进一位讲师,他们是:宋志斋(字鸿哲)、李先正(字保衡)、杨善基。教授亟缺,他心急如焚,1932年就积极争取他早年的学生、时在德国哥廷根大学攻读博士学位的曾炯(1898—1940),学成后到山东大学任教,因学业未完难解近渴,曾炯推荐获得博士学位已经回国的留德学友李达(字仲珩,1905—1998)。1934年8月,李达辞去清华大学教授来到山东大学,这是该校数学系成立第五个年头才迎来的第二位教授,黄际遇通过校方将自己兼任的数学系主任让位给李达。1935年陈传璋(字琰如,1903—1989)刚获得法国理学博士,黄际遇就聘请陈到该校任教授,同月,李锐夫(原名李蕃,1903—1987)也来系任讲师。至此,山东大学数学系已有3位教授4位讲师,属当时国内师资力量较强的数学系,是该系解放前的鼎盛时期,能开出50门课程。其中:必修课15门,分组必修课22门,选修课13门[5]。

黄际遇建设数学系,一方面争取外来人才,另一方面自己培养。早年,他刚到武昌高师数理部,得知第一届学生曾瑊益(字昭安,1892—1978)等组织有课外学术团体,他倍加爱护、精心扶植、指导改组(详情后述),有意培养这些学生成长。1917年,曾瑊益毕业后,他支持曾到日本留学,不久因故回国,又力主曾到美国深造,又将曾在美国的研究成果推荐到国内发表,激励后学,保持联系。1925年曾昭安(即曾瑊益)获得美国哥伦比亚大学博士学位后,回到母校,创建领导武汉大学数学系数十年,他们师生之间在各自办数

学系的岗位上,常有书信来往[6]。他善于捕捉并培养新生苗子,1932 年,刚大学毕业在青岛胶济铁路中学任教的刘书琴(1909—1994),好学上进,黄际遇特地安排刘到山东大学数理学会作一次演讲,讲题是:"数学的定义"[6]。1933 年 11 月,山东大学纪念徐光启逝世 300 周年举行学术报告会,他让新到任的讲师杨善基(1904—1966)讲"几何学的分类"[6]。对于这类启用新人的特别讲演,他自己事先准备内容提纲,向讲演人提出具体要求,进行细致指导,目的是给青年人一个锻炼成长的机会。以后刘书琴留学日本,杨善基到美国哈佛大学,学成回国后,刘、杨一直在高校数学系任教授。

1922 年,黄际遇从美国返国,途经日本到东北帝国大学,见到快大学毕业的陈建功(1893—1971),便约请陈毕业后到武昌高师任教,1924 年,陈如约到校(此时称武昌大学),教了曾炯、王福春两位高材生。他支持并向校方推荐陈建功再次出国深造,"与武昌大学校长相左,故辞职往河南。"[7]陈在武昌大学教学两年后,1926 年再次到日本攻读博士学位。1929 年,黄得知王福春(字梦强,1901—1947),在日本学习仅是一名旁听生,经费有困难,1930 年他便聘请王中途回国兼任高校教师,既解决王暂时经济之急需,又达到深造之目的。不少青年,在他的多种扶植帮助下,后来都成为高校骨干教师。

3、关于教材。民国初年,刚新建的高等学校,教材是空白,教师们多采用从外国进口的外文原版教材。黄际遇说:"采用外国课本,则有文字之困难、购买之困难,各书程度不合之困难。"[4]在武昌高师时,他编写了《(衔接小学)中等算术教科书》、《微积分学》,译注了日本藤泽利喜著的《续初等代数学教科书》和《续初等代数学问题解义》,在 1917 年出版发行,属我国早期的教学用书。据他的长子黄家器(1912—1988)介绍,20 世纪一、二十年代,他编写了不少数学教学用讲义,如:《近世代数》、《高等微积分》、《群底下之微分方程式》等[7]。遗憾未见正式印刷留存下来。他在数理学会等学术团体,多次倡议大家参与编写数理化教科书或数理化丛书。因当时的主客观条件限制未能实现。

1933 年 3 月 9 日,他收到一封教育部邀请他出席全国天文、数学、物理讨论会的聘函。函中附有讨论会的议题目录,希望与会者事先准备好提案。他阅后喜出望外。根据待讨论议题,立即拟了两个提案:一是汇集每年各大学数学毕业论文或报告,由教育部审定刊行案;另一是编纂高等数学丛书案[6]。3 月 21 日,他在日记中留存了寄出提案的底稿。其中关于编纂丛书案的内容是:"案由:高等数学书籍需要甚急,良以世界学识,浩如烟海,不惟外籍奇贵,非寒士所能负担,即以语言文字不同之故,亦已使穷经者皓首。故非联合群力纂为丛书,不足以惠润多士,养使国人习好科学之基,浸成学术独立之效。然以一人为之,力固有限,商之书局,尤以纯粹科学性质,卖场不旺,不愿合办。所以三二十年来,此项书籍,可供大学生参考者,不满十种。区区日本,一年以来,刊行高等数学讲座至四部之多,其内容达百余种。故非联合群力,编纂高等数学丛书,由教育部审定刊行,不足以应此需要。""办法:(一)成立高等数学丛书委员会。(二)委员会拟定丛书门类、丛书格式、丛书程度标准及各种进行事项。(三)由各大学各研究所教员研究员,认定门类,依照格式标准程度编纂之。(四)各书编纂后,送至教育部审定出版。"[6]会议于 1933 年 4 月 1 日至 6 日在南京召开,这是一次讨论学科发展的重要会议,数学界不少知名数学家:冯祖荀、姜立夫、胡敦复、郑桐荪、朱公谨、苏步青、赵进义,还有他的学生、此时已是武汉大学数学系主任曾昭安等都出席了这次大会,黄际遇的提案引起大家共鸣,与会者积极支持响应,得到会议通过。会后汇集群力,或编著、或翻译,由商务印书馆出版了我国的第一套大学数学丛书共 20 余种,对我国大学数学教育的发展,起了推动作用。

4、关于组织课外学术团体的活动。指导以学生为主体、师生参加的数理学会,创办数理报刊,在黄际遇看来,是培养研究创造性人才的重要途径之一,他每到一校,只要条件稍许,便支持或倡议师生成立数理学会,其中以武昌高师的数理学会和由该会主办的《数理学会杂志》成绩最显著。

武昌高师数理学会,最早是由该校第一届预科班学员曾瑊益(字昭安)、陈庆兆等,于 1914 年 4 月 8 日成立的数学研究会,初以研究数学演题为主体。"逮黄际遇先生主讲本部,会务益加扩充,凡先生毅力所能及者,无不筹备周至。"[8]因当时数学专业、物理专业的师生都很少,各高校一般都是数理或数理化在一起活动。原数学研究会几经改组,于 1916 年 9 月 26 日正式成立"武昌高师数理学会"。制定的"学会简章"规定:"本会以研究数理补助教科为宗旨。"[8]以本校学生为会员,教员、毕业生为特别会员。简章还规定该会会长"总理会务由本校数学物理部主任充之"[8]。黄际遇便成了数理学会的当然会长。数理学会最初的活动主要是演讲,每两周一次,每次 2 人,由会员轮流担任,讲题随意。另外,还请专家或校外著名人士作不定期特别演讲。

"五四运动"前夕,科学学术思想日加活跃,北京高师、北京大学数理学会分别都在酝酿出版刊物。武昌高师数理学会也准备出版《数理学会杂志》,该杂志简章规定:"本杂志以研究数理之学科,推广数理之知识为宗旨。"[8]内容"专记数学物理化学等科,以资专门之研究,且便于中等学界教授上及学业上之参考。"[8]创刊号于 1918 年 5 月 15 日出版发行。黄际遇为创刊号花了很多精力:他写了"发刊辞二",写了论文"数学上种种误谬之理由",包揽了"文艺"栏目的 4 篇稿件,和"质疑"栏目的两篇,他还承担了这一期的编辑发行,带动鼓励会员大家一起来办好这个刊物。前六期每期都有他的文章,第 7、8、9 期因在国外进修,未写。1922 年 10 月他刚回国,不仅继续撰稿,还推荐"日本东北大学与美国芝加哥大学数学部之课程"在第 10 期发表,还推荐正在美国攻读学位的靳荣禄(芝加哥大学)、曾瑊益(哥伦比亚大学)的研究论文,在杂志上用外文发表,逐步提高杂志的水平。

1922 年 12 月,数理学会(此时已改称"武昌高师数理化学会")修订简章,宗旨改为:"联络同志研究数理化并促其发展",方向上比以前又提高了一步。会长和职员都选举产生,黄际遇在校时,一直当选担任会长,此时,曾炯当选为学会研究部主任,肖文灿、王福春当选为学会出版部发行[9]。学会主办的《数理学会杂志》,从 1922 年 4 月出版的总第 9 期起改称《数理化杂志》,1923 年 6 月出版了总第 11 期,是目前见到的最后一期,但内容上没有停刊的迹象?

后来,黄际遇到了河南大学、山东大学也创建数理学会,在河南大学,他曾指导学生宋鸿哲(即宋智斋)等负责办《数学报》[10]。山东大学数理学会的讲演活动相对较多,除会员轮流的普通讲演外,他亲自组织一些特别讲演。如:前面提到胶济铁路中学教师刘书琴、本校讲师杨善基都向学会做过这类讲演。通过学会活动培养了不少人才。黄际遇的研究成果，一般都是先向学会讲演，他的一项有创建性的"Gudermann 函数之研究"，前半部分，1926 年冬向河南中州大学的数理学会讲演，后半部分延至 1932 年 4 月在山东大学数理学会讲演[11]。

此外，他非常重视学会之间的交流，早在 1918 年 12 月，他就派夏隆基到北京，代表武昌高师数理学会参加北京大学、北京高师数理学会联席会议，共商发展大事，1925 年 11 月，他在北京，应北京师大数理学会之邀，讲"数学今后在教育上的地位。"1933 年初又到北京，北师大数学会又邀请他讲"怎样研究数学"[11]。每次讲前，都表示他对该校学会的感情。第一次讲时，他说："兄弟对于贵会，以前虽然没有见面，但想到北师大时，就联想到这里的数理学会；并且由杂志上也交换了不少的学术意见，所以可以说精神上我与贵会是联络的、一贯的。"第二次讲题前，他说："几年到北平来一次，就好像乡下人到城里来一样，为的是带点城里的东西到乡间。……"[11]他热心于办好师生的课外学术性学会，亲自领导学会，创办杂志、撰稿，以此引导培养学生的研究能力和创造精神，是他开创高等数学教育的特色之一，为此付出的大量心血，是他同时代的数学教授中最突出者。

我国高等数学教育发展初期，黄际遇是京津沪之外少数几位最著名的数学教育家之一。1935 年 7 月中国数学会成立，设董事会董事 9 人，理事会理事 11 人，评议会评议 21 人，黄际遇当选为"计划发展本会事宜"的董事会董事。是当时我国数学界大家公认的元老。

三、博学鸿才 德艺双馨

熟悉黄际遇的友人、学生，几乎都公认他是一个学贯中西、兼长文理，并于书法、棋艺、体育等项皆精通的博学才子，且精力过人、效率特高。认真研究过黄际遇日记的杨方笙先生，著文"黄际遇和他的《万年山中日记》"[12]，称他"是个了不起的学问家"。下面主要摘抄数篇有关文章的一些段落，介绍他的博学和德艺。

黄际遇少年时期学习国学，功底较深。1936 年，他再次到中山大学时已年过半百，分别给文、理、工三个学院的学生上课，他的研究兴趣，逐渐向国学方面转移。抗战期间，在粤北坪石任中山大学数学天文系主任，据他的学生、当时的校长张云回忆："远处十余里外之清洞底文学院中文系的学生，竟还请其讲授骈文，黄师欣然而起，善诱循循，常谓：'此义务功课，较诸受薪而为者，兴趣更浓。'"[13]他对听课的学生说："系主任可以不当，骈文却不可不教。"[14]他上骈文课时，"伴随着那抑扬顿挫、悠扬悦耳的潮州口音，以手击节，用脚打板，连两眼也眯缝起来，脑袋也在不断地画着圆圈。"板书"一律用篆文书写黑板，既写得快，又写得好，真够得上是铁划银钩了。为什么要写篆文呢？他说：'中文系高年级学生嘛，应该学！'"[14]听过他课的学生何其逊："上黄老师的《骈文》课，真是如坐春风，如饮醇酒，无时无刻不享受着文学艺术的熏陶。"[14]此外，他还开《说文研究》课程，圈点十三经、《昭明文选》、《资治通鉴》等书，着力于音韵、文字、训诂、方言之研究。著有《五十五书字说》、《潮州入声误读表说》等诸文[2]。他由喜读骈文而兼喜楹联，日记中不仅选录大量前人联语，自己还撰作了不少题赠对、格言对、集句对。对于能充分体现汉字精巧特点的灯谜、酒令,他也颇感兴趣[12]。

黄际遇有写日记的习惯。"他写日记很用心而且不间断,数十年如一日。书法秀健,词句典雅,内容不拘一格:或记高深数理的推算方式,或记象棋的得意步骤,或抒身世家国之感,或叙眼前景物,兴之所之,拉什写记。"[13]他为什么多年不辍地坚持写日记呢?在《万年山中日记》第7册的小序中,他总结出写日记有"三得"(略),简言之即"记治学日记具有铢积寸累、以备遗忘,及时采录、化为血肉,爬梳得失、吸取教训的作用,它的好处很多。"[12]他在山东大学的同事梁实秋(1902—1987,作家)说:"他的日记摊在桌上,不避人窥视,我偶然亦曾披览一二页,深佩其细腻而有恒。他喜治小学,对于字的形体构造特别留意,故书写之间常用古体。"[15]"由于他全部用的是文言文,有些还是华丽富赡、用典很多的骈体文,文章里用了许多古今字或通假字,而且绝大部分没有断句、不加标点。如果读者不具备一定的文字学知识,几乎触目皆是荆棘,无从下手。"[12]"据蔡元培先生曾说:'任初教授日记,如付梨枣,需请多种专门者为任校对。'"[12]

1926年以前黄际遇的日记,由于那年冬天他乘海轮南下时,触礁落水及海盗洗劫,已无存,以后有一小部分散失。尚留存下来的有《万年山中日记》(注:日记前的名称,如:万年山、不其山馆等,是他写日记时学校所在地的某个地名。)24册、《不其山馆日记》3册、《因树山馆日记》15册、《山林之牢日记》1册。这些遗作,主要由他的第三个儿子、中山大学中文系教授黄家教(1921—1998)保存,后来黄家教同诸兄弟商议后,于上世纪90年代中期赠交潮汕历史文化研究中心"文化名人档案库"永远收存。该研究中心已制定出分段研究的初步计划[12]。

书法也是黄际遇的强项,"黄际遇书法始学颜柳,后又博览诸家,尤精碑学,得《张黑女碑》之神髓,形成健朗清癯,俊逸淳穆的书风。"[16]"为享誉大江南北之书家,⋯⋯所用篆、隶、真、草,咸臻奇妙。其翰墨飘逸潇洒、或为劲拔,自成一格。""他经常应人之请作书。兴淋漓时一日可多至20余纸。"[12]抗战期间在坪石,"慕际遇之名而立雪问字者,踵接肩摩。"[17]

黄际遇"自幼又酷爱象棋,品艺俱高,曾总结出'狠、准、稳、忍'四字诀"[12]。"在广州及香港时,曾与穗港名手对弈,常不相伯仲。"[2]梁实秋说:"他的日记里更常见的是象棋谱,他对于此道寝馈甚久,与人对弈常能不用棋盘,即用棋盘对弈后亦能默记全部之着数,故每有得意之局辄逐步笔之于日记。他曾遍访国内名家,棋艺之高可以想见。"[15]此外,还喜欢体育,"青年时代喜击剑,善骑术、兼喜足球。在日本时,曾获击剑比赛之荣誉奖。"[2]"在青岛大学时,曾被请去做过多次学生班际和校际的足球执法裁判。"[12]甚至影响到他的下一代也爱好体育。

黄际遇不仅在文、理、艺、体等诸方面博学,而且提携后辈,品德高尚。张云说:"黄师学贯中西,有过人的美德。豪迈诚挚,使人乐于亲近。"[13]40年代,他第三次到中山大学,已年近花甲,除担任该校数学天文系的系主任、中文系的国学课外,还兼任校长室秘书。此时的校长(代理)是他的学生张云。张说:"我在坪石掌理中大时,黄师慨然降尊,屈就记室,事无大小,莫不躬亲,职权所关,必谦虚研讨,减轻了我对事务的关怀,而增加了我奋进的活力。他常对人言:'青出于蓝,我当辅之,以成大业。'诚挚热烈的心情,令我感激到无可言状,惟有尽着弟子敬师之礼,事之如父而已。"[13] 张又说:"我在职时一切的书札和题词,多由黄师代笔,虽片言只字,受者如获琼璧,夺他人之美,我常表歉意,而黄师却常引中国社会文字应酬之习惯以为解慰。嗣更以积极的鼓励,以代消极的慰安,说:'有为者,亦若是,世上无不可之事,汝天赋高,努力多读多作,自然有成。'"[13] 他的女婿钟集曾问过他:"何以做秘书?"他答:"以老师入幕府,自古都有先例。"[7] 黄际遇当秘书,主动而且富成效,有这样一例:他坚请语言学家、社会活动家盛成(1899—1996)到坪石的中山大学任教。在欢迎会上,黄际遇致欢迎词说:"我们费了九牛二虎之力才把他请来。我们这个学校是从'学海堂'下来的,'学海堂'是他的先人手创的,我们希望他不要辜负他的先人。"盛成在致答词中说:"我虽然出身汉学家庭,但从小对师承和家学观念不强。……我希望你们教我。尤其是黄老师,他是大家的老师,也是我的老师。希望他多鞭策我,不要让我顶一个大师之名而无大师之实。"[21]

黄际遇身材魁伟、步履雄健、端庄严肃,但并不令人生畏。平时喜穿布长衫,在长衫胸前左右两边各缝一个口袋,一个细长,一个短宽,细长的是插钢笔、铅笔或粉笔,另一个装眼镜,他说这是为了用时取其方便,也是他独特的风格。他嗓音调门高,属广州官话。"为人豪爽,好客重友,涉足文理两大领域,脚迹遍及全国各地,同他交好结识的朋友为数众多。"[12] 梁实秋说:"友朋饮宴之间,尤其是略有酒意之后,他的豪气大发,谈笑风生。他知道的笑话最多,荤素俱全,在座的人无不绝倒,甚至于喷饭。我们在青岛的朋友,有酒中八仙之称,先生实其中佼佼者。"[15]

黄际遇原配夫人蔡氏无子女,继配蔡氏生4子1女,侧室陈氏生3子2女,他共有子女7男3女,成年后都在广州或澄海工作,大多数从事大、中、小学教育,现在多已过世。

抗战胜利后,1945年10月21日,黄际遇从北江乘船返回广州途中不幸失足落水遇难,遽然去世的噩耗,迅速传遍中山大学各院师生,大家都深深痛惜这位文理双全、诲人不倦的老师:亲朋友好,不少作挽联寄托哀思,老舍(1899—1966,作家)的挽联云:"博学鸿才真奇士,高风亮节一完人。"[2] 戴季陶(1890—1949)、朱家骅(1893—1963)等知名人士也敬送了挽联。中山大学当时的"代理校长金曾澄、新任校长王星拱、原代理校长张云、教务长邓植仪、总务长何春帆,组成黄际遇治丧委员会,于1945年12月16日在广州市区文明路国立中山大学旧校址小礼堂举行黄任初教授追悼会。由教育部特派员张云教授主祭。"[18] 追悼会后,治丧委员会决定组织黄任初教授著作出版委员会,筹集讲学基金,以作纪念。张云说:"黄师生平文艺作品十九存于日记中,今阅其日记,不论整篇零简均极美妙,百读不厌。……追悼会之后,我便提议把他的日记全部影印出来,但以目前物质条件所限,对此还不易办,结果才决定将日记中有永久性的作品,及其他单篇文字先行抽选付印,同时并列为中山大学丛书之一。"[13] 后来由于张云出国,国内时局动荡多变、经费困难等因素影响,黄际遇著作文集一直拖到1949年,张云回国,再次出任中山大学校长时,于1949年8月才出版,书名为:《黄任初先生文钞》(国立中山大学丛书)。出版经费得到武汉大学广州校友会的捐助,以表示他们对黄际遇先生的敬意。

1947年2月8日,国民政府特发布一则褒扬黄际遇的命令,全文如下:"国立中山大学教授黄际遇,志行高洁,学术渊深,生平从事教育,垂四十年,启迪有方,士林共仰,国难期间,随校播迁,辛苦备尝,讲诵不辍。胜利后,归舟返粤,不幸没水横震,良深轸惜,应予明令褒扬,以彰耆宿。此令。"[19]这是我国有史以来,由政府发布命令褒扬的第二位数学家,第一位是1927年故去的胡明复。上个世纪60年代,中山大学有关人士,曾有过出版《黄际遇先生文集》的动议,已请黄海章先生作序[20],后因"文化大革命"十年动乱而中断,至今尚未问世。

黄际遇主要数学论著

1、黄际遇译注:[日]藤泽利喜原著:《续初等代数学教科书》.国立武昌高等师范学校.1917.3.

2、黄际遇译注:[日]藤泽利喜原著:《续初等代数学问题解义》.国立武昌高等师范学校.1917.4.

3、黄际遇编著:《(衔接小学)中等算术教科书》.上海:商务印书馆.1917.

(以下未署名的文章全是黄际遇著)

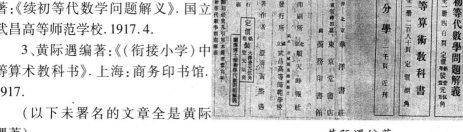
黄际遇编著

4、数学上种种之误谬之理由.《数理学会杂志》,1918.5,(总1).

5、自然数洞幂级数之总和.《数理学会杂志》,1918.10,(总2).

6、中心运动与万有引力.《数理学会杂志》,1919.5,(总3).

7、武昌高等师范学校数理部进行实况及成绩说明书.《数理学会杂志》,1919.5,(总3):77-82.

8、数理学会之函数观.《数理学会杂志》,1919,(总3);(总4).

9、畴厂数理杂存.《数理学会杂志》,1920.2,(总5).

10、用微系数以求方程式共同根之法.《数理学会杂志》,1920.5,(总6).

11、行列式之一性质.《数理化杂志》,1922.10,(总10).

12、日本东北大学与美国芝加哥大学数学部之课程.《数理化杂志》,1922.10,(总10).

13、数学今后在教育上的地位.《数理杂志》(北京师大),1925.12,4(3):109-112.(1925年11月在北京师大数理学会演讲稿)

14、Gudermann 函数之研究(待续).《科学》,1927.8,12(8):1021-1030.(该文1926年冬在河南中州大学数理学会报告)

15、错数.《自然科学》(中山大学理科学报),1928,1(1).

16、Monge 方程式之扩张.《自然科学》(中山大学理科学报),1928,1(3).

17、怎样研究数学.《师大月刊》,1933.3,(总3):215-218.(1933年1月在北师大数学会演讲稿)

18、Gudermann 函数之研究(续完).《科学》,1934.1,18(1):15-17.(该文1932年6

月 14 日在山东大学数理学会报告)

19、定积分一定理及一种不定积分之研究. 1932 年 8 月在中国数理学会第三次年会上宣读.(见任南衡、张友余编著《中国数学会史料》,南京:江苏教育出版社,1995:19)

20、《黄任初先生文钞》(国立中山大学丛书).广州:国立中山大学出版组,1949.8.

参考文献

[1]姚梓芳.澄海黄任初教授墓碑.《黄任初先生文钞》,广州:中山大学出版组,1949.8:94-98.

[2]李新魁.博学鸿才的黄际遇先生.《韩山师专学报》,1993,(4):110-111.

[3]沈云龙主编.《清末各省官(自)费留日学生姓名表》.台湾文海出版社有限公司印行,112.

[4]黄际遇.武昌高等师范学校数理部进行实况及成绩说明书.《数理学会杂志》,1919.5,(总3):77-82.

[5]山东大学校史编写组.《山东大学校史》.济南:山东大学出版社,1986.4:70-71.

[6]黄际遇日记.1932.12.14;1933.3.9,3.21,11.17,11.24;1936.12.1.

[7]华南师大钟集教授2004年1月6日、4月9日写给张友余的信中提供史料.

[8]武昌高师数理学会会志、数理学会杂志简章.《数理学会杂志》,1918.5,(总1):92-104.

[9]武昌高师数理化学会简章、职员名单.《数理化杂志》,1923.6,(总11):81-83.

[10]河南大学校史编写组.《河南大学校史》.开封:河南大学出版社,1992.6:31;32.

[11]见"黄际遇主要数学论著目录"同名文章出处.

[12]杨方笙.黄际遇和他的《万年山中日记》——纪念先生诞生110周年、逝世50周年.《潮学研究》第4辑,汕头:汕头大学出版社,1995.

[13]张云.张序.《黄任初先生文钞》,广州:中山大学出版组,1949.8:1-5.

[14]何其逊.岭南才子亦名师——怀念黄际遇教授.《中山大学学报》(纪念孙中山创建中山大学六十周年专刊),1984.11.

[15]梁实秋.记黄际遇先生.《传记文学》(台湾),31(4):63-64;《雅舍杂文》,上海:上海人民出版社,1993:42.

[16]蔡仰颜.健朗清癯,俊逸淳穆——略论黄际遇教授的书法艺术.广东澄海市博物馆珍藏;《汕头特区晚报》,1996.

[17]周邦道.黄际遇小传.原载《华学月刊》,1978.12,(67);《传记文学》(台湾),31(4)转载.

[18]黄义祥.三进中大任教的黄际遇教授.《中山大学校报》(校友专刊),2000.7,(增36).

[19]国民政府令,三十六年二月八日.《教育部公报》,1947,19(2):10.

[20]黄海章.《黄际遇先生文集》序.《中山大学学报(哲学社会科学版)》,1990(1):99.

[21]盛成.《旧世新书——盛成回忆录》.北京:北京语言学院出版社,1993:66;67.

鸣　谢

黄际遇的传稿,酝酿了十余年,在搜寻史料过程中,得到多人帮助.去年(2003年)由《中国现代数学家传》常务副主编周肇锡先生促成,通过中山大学戴月女士介绍,黄际遇的三儿媳龙婉云女士鼎力协助,将黄家教先生和她收集保存多年黄老的第一手史料如文献[1]、[6]、[13]及参考资料如文献[2]、[12]、[14]、[18]、[20]、[21]等,无偿赠寄给笔者;黄老的学生、女婿、华南师大教授钟集先生,与笔者多年信件往来,耐心解答疑问、提供亲历的史料如文献[7]等;武汉大学徐正榜先生,早在1992年11月,就积极协助,提供文献[4]及有关抄稿等,2003年又细致查询,终于找到黄老的珍贵照片,并帮助翻拍;1996 年贵州教育学院李长明教授主动提供了文献[2]、[15]、[17]、[20]等。在以上资料的基础上,本传稿才得以完成。但因笔者水平所限、文笔笨拙,虽经数次易稿修改,总觉得不尽如意,整体上,难于将黄际遇的博学鸿才写全、写深,且有个别年代或事件因各文献中说法不一,尚吃不准待核实。敬请读者批评、指教。(2004.6 完稿)

附:黄际遇研究文献

黄际遇研究文献一

林伦伦:《黄际遇先生纪念文集》序言(摘抄)

陆陆续续地拜读了著名学者梁实秋、詹安泰、黄海章等先生的纪念文章,才真真地体会到黄际遇先生学问的高深和人格魅力的高尚。从文学的角度讲,我最欣赏梁实秋先生的《记黄际遇先生》。他用大文豪的生花妙笔,把一个魁梧健硕而又风神萧散的博学鸿儒、性情中人黄际遇先生刻画得栩栩如生。黄际遇先生的某种境界,令我辈后生特别地神往。

可惜这样的一位博学鸿儒,在他任教过的山东大学(青岛大学)、河南大学(中州大学)、中山大学等高校,知道他的人实在太少了。今年 8 月,我曾到河南大学访问,黄际遇先生曾经在这里任过校长,还当过河南省的教育厅长。但校史馆里,陈列的只有黄际遇先生的一张遗照和一本《黄任初先生文钞》的复印件,其他的什么都没有。

……

在黄际遇先生的老家潮汕,又有多少人知道黄际遇先生呢? 曾任汕头教育学院院长的杨方笙教授说:"黄际遇先生是个了不起的学问家,其学殖之富,才气之高,成就之广,不但在潮汕罕见,即使在全国也是为数不多的。令人遗憾的是,现在即使在潮汕,也有许多人不能举出其姓名,似乎他已渐渐地被世人淡忘。"(杨方笙《黄际遇和他的〈万年山中日记〉》)

呜呼哀哉! 正是基于这样的一种"濒危"情况,我们才觉得很有必要把纪念黄际遇先生的文章、诗词、挽联等等收集起来,编辑出版,向世人介绍这位广东的绝代奇才。黄际遇先生博学而严谨的治学风格、循循善诱的教学方式、豪放率真的人生态度,在专业划分越来越细、教学科研成果计量评估、学术腐败日益猖獗的现在,尤其值得我们去学习,去思考。

(原载陈景熙、林伦伦编著:《黄际遇先生纪念文集》,汕头:汕头大学出版社,2008.6,序言)

黄际遇研究文献二

梁实秋:记黄际遇先生(摘抄)

看见《华学月刊》第六十七期周邦道先生作《黄际遇传略》,不禁忆起四十多年前和黄际遇先生在青岛大学共事四年的旧事。民国十九年(即 1930 年)夏,国立青岛大学正式成立,行开学礼的那一天,我和杨金甫、闻一多等走过操场步向礼堂的时候,一位先生笑容可掬的迎面而来,年约五十来岁,紫檀脸,膀大腰圆,穿的是布长衫,黑皂鞋,风神萧散。经金甫介绍,他就是我们的理学院长数学系主任黄际遇先生。先生字任初,因为他比我大十几岁,我始终称他为任初先生。他是广东澄海人,澄海属潮州府,近汕头,他说的是一口广东官话,而调门很高。他性格爽朗,而且诙谐,所以很快地就和大家熟识起来了。初见面,他给我的印象很深,尤其是他的布长衫有一特色,左胸前缝有细长细长的口袋,内插一根钢笔一根铅笔。据他说,取其方便。

......

先生于芝加哥大学数学系获有硕士学位。其澄海寓邸门上有横匾大书"硕士第",真是书香门第,敦厚家风。长公子家器随侍左右,执礼甚恭,先生管教甚严,不稍假藉。对待学生也是道貌岸然。但友朋欢宴之间,尤其是略有酒意之后,他的豪气大发,谈笑风生。他知道的笑话最多,荤素俱全,在座的人无不绝倒,甚至于喷饭。我们在青岛的朋友,有酒中八仙之称,先生实其中佼佼者。

......

我离开青岛后一年,任初先生也南下到中山大学,我们遂失去联络。抗战军兴,先生避居香港,中山大学一度迁到滇南,后又迁返粤北坪石,先生返校继续教学。三十四年(即1945年)抗战胜利,先生搭木船专返广州。一夕,在船边如厕,不慎堕水,遂与波臣为伍,时公子家枢奋不顾身跃水救捞,月黑风高,不见其踪迹。

先生博学多才,毕生劳瘁,未厄于敌骑肆虐之时,乃殒于结伴还乡之际,噫!

(原载梁实秋:《雅舍杂文》,上海:上海人民出版社,1993:90-92)

黄际遇研究文献三

张云:《黄任初先生文钞》序(摘抄)

黄师学贯中西,有过人的美德。豪快诚挚,使人乐于亲近。他魁梧奇伟的身材,端庄严肃的道貌,更令人油然起敬。可是他不但不扳起老师宿儒使人难看的脸孔,还喜欢讲述滑稽的故事,使听者往往捧腹。每当嘉会,酒阑兴发,击箸而歌,声震屋瓦,激昂慷慨,有古燕赵豪士风。

我在坪石掌理中大时,黄师慨然降尊,屈就记室,事无大小,莫不躬亲,职权所关,必谦虚研讨,减轻了我对事务的关怀,而增加了我奋进的活力。尝对人言:"青出于蓝,我当辅之,以成大业。"诚挚热烈的心情,令我感激到无可言状,惟有尽着弟子敬师之礼,事之如父而已。

我在职时一切的书札和题词,多由黄师代笔,虽片言只字,受者如获珙璧。夺他人之美,我常表歉意,而黄师却常引中国社会文字应酬之习惯以为解慰。嗣更以积极的鼓励,以代消极的慰安,说:"有为者,亦若是,世上无不可之事,汝天赋

《黄任初先生文钞》
扉页照片:黄际遇

高,努力多读多作,自然有成。"当时我感到无限的兴奋,可惜以动荡的时局,流浪的生涯,开卷执笔,都无暇晷,日月易迈,荒疏无成,静言思之,深自惭愧!

黄师是个有旧学根底的学者。但又研究现代学问,专考数学,为我国数学界有数的人物,历在武汉大学、河南大学、青岛大学、中山大学等校任事,或为校长,或为教务长,或为理学院院长,或为数天系主任,都以科学数理专家的姿态出现。与黄师交游较浅的人,只知他是一位新派的科学家,但一经深谈,莫不惊其对中国文学有湛深的造诣。当其在坪石领导数天系时,远处十余里之外清洞底文学院中文系的学生,竟环请其讲授骈文,黄师欣然而起,善诱循循,尝谓:"此义务功课,较诸受薪而为者,兴趣更浓。"其诲人不倦的精神,真是令人敬佩!

(原载《黄任初先生文钞》,广东:国立中山大学,1949:1-5)

苏步青语录

一、"百年大计,教育为本",这不是口头上讲讲就行的,而是要有战略远见和对民族的未来高度负责的精神。许多发达国家的振兴,无一不是从教育抓起的。

——摘自《苏步青文选》.杭州:浙江科学技术出版社,1991:113

二、把培养数学人才作为己任,不论在什么情况下,都要抓住人才培养这个根本目的,努力提高人才的素质,这是数学工作者义不容辞的职责。

——摘自《苏步青文选》,杭州:浙江科学技术出版社,1991:116

三、中国现代数学史不仅要写那些在研究上取得出色成绩的人,更要写为了数学事业的发展就就业业、任劳任怨,在教学、组织等基本建设上作出贡献,立下汗马功劳的人。

——摘自:苏步青教授谈中国现代数学(陈克艰文),《中国科技史料》,1990,11(1):6

四、把高等学校办成既是教育中心,又是科学研究中心,是时代的需要,它反映了教育和科学的发展规律,充分体现了广大师生的愿望,是办好社会主义大学的奋斗目标。

——摘自:苏步青著《理想·学习·生活》,人民教育出版社,1985:82

第三篇　中国数学会首任主席胡敦复

胡敦复（1886—1978）是我国现代高等教育的先行者。他率先在清华学堂、复旦公学领导教学工作，创建并领导了私立大同大学近38年（1912—1949），成绩卓著、蜚声中外，被誉为中国第一流教育家。先后受聘多所大学的筹备员、校长等职，胡敦复还是一位数学教育家，任交通大学数学系主任16年（1930—1945），从事数学教学半个多世纪，参与统一数学名词的组织工作，编写、翻译多种数学教材。是中国数学会前期的董事会主席（1935—1948）。

胡敦复①

一、胡氏家族、学历

胡敦复，原名炳生，1886年3月19日出生在江苏省无锡县堰桥镇村前村一户崇尚改革的教育世家。始祖胡瑗（993—1059），学者称其为安定先生，是北宋著名的教育家，曾谓"致天下之治者在人才，成天下之才者在教化，教化之所本者在学校"；严立学规，注重身教，采用多样灵活的教学方法。北宋仁宗庆历年间，命"取瑗之法，以为太学法"，聘其为国子监直讲，主管太学，以太常博士致士②。其家族清德绵延，世为望族。胡瑗的第29代孙、胡敦复的祖父胡和梅（1840—1912）是清末倡导改革的江苏省著名教谕。他的长子、胡敦复的父亲胡壹修（1865—1931），次子胡雨人（1867—1928）都是清末民初在无锡创办新学、兴修水利的知名人士。1902年创办胡氏公学（后称胡氏中学，现江苏无锡市惠山区堰桥中学的前身），老胡氏兄弟拨出胡氏义庄土地，用以维持办学经费，让出住房供学生学习。1931年，国民政府专案嘉奖胡氏义庄共捐资182 300元赞办胡氏公学。胡雨人在1894年中日甲午战败之后，1898年考入南洋公学师范院。胡雨人认为："御外莫如自强，首先注意新学，躬自研究以为之倡。""先叔（胡雨人）治国学，为一代名师，且夙留意经世之务。至是，复东游扶桑，考察教育、研究师范。先严（胡壹修）则竭力筹措经费，实现新学计划。"③辛亥革命后，胡雨人出任北京女子师范学校、江苏南菁中学、宜兴

---

① 胡敦复照片由胡芷华提供。
② 摘自：宋原放主编《简明社会科学辞典》，上海辞书出版社，1984：735-736。
③ 见：胡敦复著：《胡壹修先生行述》，1931年12月印，第2，7页。

中学等多所学校的校长。胡敦复是族中长子长孙,幼时在家,由仲叔胡雨人亲自授教,自幼学得丰厚的中西文化知识,胡雨人是胡敦复的第一位启蒙老师。

胡敦复的母亲薛毓英,生有三子七女,是一位操持家务、教育子女均有成效的家庭主妇。子女中除第三个女孩早年夭折外,全部受过高等教育,其中长女胡彬夏和胡敦复的未婚妻华桂馨 1902 年到日本留学,之后又有三子两女先后都考取公费到美国留学。学成后都回国,大多在我国教育界服务。

1897 年秋,胡敦复 12 岁,考入南洋公学(现上海交通大学前身)外院。外院即该校师范院的附属实验小学,高小程度;他因各方面成绩优异,半年后升入中院。中院相当于现今的中学,是当时南洋公学的主体。1902 年夏,胡敦复中院毕业,进入该校新设立的政治班学习。政治班和较早设立的特班,都是南洋公学为解决当时人才急需,开办的短期训练班,大学专科程度。1901 年 9 月,民主革命家、教育家蔡元培(1868—1940)受聘到南洋公学任特班班主任。是年冬季,蔡在特班和中院挑选了 24 名优秀学生,到著名的进步学者马相伯(1840—1939)处业余学习拉丁文,因为蔡认为拉丁文为欧洲各国语文之根本。胡敦复被选中,学了一段时间后,马相伯说:"从前笑话我们的外国人,也不能不钦佩我们的青年学生的努力,胡敦复就是其中之一。还有,我教他们,除了拉丁文外,还有法文和数学,……其中很有几个,后来都对于数理的研究有了深造。"[3] 从此,胡敦复便追随蔡元培、马相伯学习。在这段时间,他经历了 1902 年 11 月南洋公学学生反对封建专制奴化、要求自由平等的"墨水瓶事件"而集体退学;1905 年震旦学院学生为了抵制外国教士的侵夺,捍卫国家教育主权而集体退学。这两次学生集体退学,是中国近代教育史上实属创举的反帝反封建的斗争。这两次事件使胡敦复先由南洋公学转到马相伯创办的震旦学院,然后又转到马相伯重新创办的复旦公学(现复旦大学前身)学习。两次转学期间,他曾到广州穗湾(音)学堂教了一段时间书。三、四十年代,上海交通大学校长黎照寰,就是胡敦复在此教过的学生之一。① 这一段经历,不仅使胡敦复从名师那里学到了难得的知识,而且使他的思想逐渐成熟,担起了为国家着想的重任,增强了教育救国、科学救国的意识,为他日后献身教育事业打下了基础。

1906 年,两江总督端方赴美考察期间,在耶鲁大学、康奈尔大学及威尔斯利女子大学争取到数位免费留学的名额。1907 年 6 月在江南各校考选学生,即江苏省首届留美公费生,胡敦复应试合格被录取。同时被录取的还有郑之蕃(号桐荪,1887—1963)、宋庆龄,及胡敦复的大妹胡彬夏。计男生 11 人,女生 3 人,于 1907 年 9 月行抵美国。这是官费女生留学西洋之始[4]。胡和郑均入康奈尔大学主修数学,兼习文理多科。胡敦复由于基础扎实、知识雄厚,学习方法得当,又特别用功,因而学业进展特快,仅两年时间就学完了规定课程的学分,获理学学士,在当时留美学生中影响较大。

二、在游美学务处、清华学堂

1909 年 6 月,清政府在北京设立游美学务处,"专司考选学生,管理肄业馆,遣送学

---

① 注:此一史实,由胡敦复胞妹胡芷华 1992 年向笔者提供。

生及与驻美监督通信等事,并与美国公使所派人员商榷一切。"[5]选定曾做过驻美使馆参赞和游美学生监督的外务部左丞左参议周自齐为游美学务处总办。周自齐看中了胡敦复,要他回国到游美学务处工作。为了争取更多的优秀青年到美国学习现代科学,使祖国早日富强康盛,完全有条件在美国继续学习的胡敦复,毅然放弃了自己在国外继续深造的机会,应聘回到北京。1909 年 8 月,在北京史家胡同招考第一批直接留美生,从参加考试的 630 人考生中,勉强合格者仅有 47 人。原订游美学务处"自退款第一年起,前四年每年派一百名学生留美"的规定数相差甚远。为提高下一届考生质量,胡敦复决定到现代教育比较发达的江南高等学堂任教,果然水平提高,1910 年 7 月招考,录取了 70 人,还录取 143 人备取生,入游美肄业馆培训;1911 年 6 月从中录取了 63 人。三批直接留美学生,总共录取 180 人[5]。1910 年考选的第二批学生,8 月由他亲自护送至美,具体解决两批中国学生在美国的入学问题。这三批学生后来成为著名科学家、教育家的不少,如梅贻琦、竺可桢、胡适、秉志、赵元任、过探先、胡刚复、胡明复、姜立夫等,多数学成回国后,对我国教育和科学及实业的发展做出了重大贡献,担起了国家现代化建设的重任。

1910 年 4 月,胡敦复出任游美肄业馆教务提调(相当于今教务长)。肄业馆原定 1910 年秋季开学,因应聘的美国教员尚未到馆,清华园的馆舍也未修建完工,便推迟至 1911 年春季开学。在游美肄业馆筹备期间,游美学务处提出了建设正规留美预备学校的方案,同时还呈请将游美肄业馆改名为"清华学堂"。同年 12 月,清政府学部批准了这个改革方案。1911 年 2 月,游美学务处和肄业馆全部迁入清华园,正式将肄业馆改名为清华学堂。学堂设正副监督(相当于正副校长)3 人,由游美学务处的总办周自齐和会办范源濂、唐国安分别兼任。胡敦复任清华学堂首任教务长。由清政府外务部和学部共同管辖。校名全称"帝国清华学堂",英文校印用"Tsing Hua Imperial College"。1911 年 4 月 29 日,清华学堂在清华园正式开学,这就是清华历史的开端。[5]

清华学堂在行政管理和学生生活上,还是封建的一套。开学之日,周自齐、范源濂率学生到礼堂向"皇帝万岁万万岁牌"行三跪九叩礼;学生嘴里讲的是洋文,脑后仍拖着长长的辫子,……

关于清华学堂的教学,早在 1910 年胡敦复护送第二批直接留美生到美国后,他亲自"赶至纽约与教会中人交涉,对教员选聘拟另作计划。但因草约已订,先生虽力谋更改,而上面的主管却托词弱国无外交,不允采纳,且饬学务处要先生迁就。"①胡敦复为此十分气愤。

1911 年,清华学堂开办后,教务长胡敦复在课程设置与教学安排上,与美方教员代表瓦尔德发生分歧。瓦尔德主张清华学堂学生多学英文、学美国的文化、历史、地理、公民等课程,不许在学堂设中国语文课②。胡敦复从我国将来的建设需要考虑,主张多学理工科类课程,多学真正实用的科学知识,按科分班;对教员也提出严格要求。那时,清

---

① 摘自凌鸿勋文:"敬悼胡敦复先生"。凌鸿勋 1924—1927 年任交通大学校长,胡任大同大学校长。2 人在上海交往甚密。

② 见:钱临照:怀念胡刚复先生.《物理通报》,1987 年第 5 期第 4 页。

华学堂的美国教员,多数是原美国的普通中学教师,难以适应胡敦复这种类似大学的教学安排,因而引起美国教员不满。

教务长胡敦复与美国教员在课程设置和教学安排上的分歧,实质是中、美两国对开办清华学堂在教育方针上的对立。美国认为,清华学堂是美国出钱办的"赔款学校",企图在学堂培养中国青少年早期就接受美国的奴化教育,再到美国深造,返回中国后,为美国利益服务,抑制中国向现代化发展。素有家族爱国传统的胡敦复,为了摆脱外国列强对中国的侵略,在家族中已经几代人为之奋斗,此刻面对美国在清华学堂施行的文化侵略,胡敦复当仁不让,针锋相对。分歧反映到清政府外务部,又有人劝胡敦复妥协退让。胡回答:"不能遵办"。1911 年 6 月初,美国教员向中国外务部提出:"胡敦复教务长不能与美国教师合作,应即撤换。"清外务部敢不听从,立饬令胡敦复"自请辞去清华教务长职"。[26] 胡敦复忍无可忍,愤然被迫辞职。

当时在清华学堂任教的中国教员,多数是正值青春年华的饱学之士,他们在学堂中教学得法,深受学生好评,而他们的工资远比美国教员低,最高达 10 倍之差;住宿等生活待遇也远比美国教员差,人格上受歧视,中国教员早存不满。对于胡敦复行使《清华学堂章程》中规定的教务长职责十分拥护,积极支持。面对清政府软弱无能,一再放任迁就美国的奴化教育,极为愤慨、不堪忍受,称清华学堂是中国的"国耻学校"。早在胡敦复教务长辞职之前,1911 年初夏,在清华学堂任教的 10 位中国教员:朱香晚、华绮言、顾养吾、吴在渊、顾珊丞、周润初、张季源、平海澜、赵师曾、郁少华,联合胡敦复共 11 人,在清华园组织"立达学社"。以"自立立人,自达达人"为社旨,以共同研究学术,编译书籍、及兴办学校为职志。公推胡敦复为立达学社社长。胡敦复辞职南下上海不久,辛亥革命爆发,学堂动荡不安,在清华的立达学社社员趁此离开,到上海与胡敦复会合,商议由立达学社出面创办一所完全独立自主的学校,以研究学术,明体达用为宗旨,以"在明明德在新民,在止于至善"为校铭,定名"大同",系取意《礼记·礼运篇》揭大同之意。[6] 又公推立达学社社长胡敦复为"大同"校长。

三、创建大同大学

胡敦复先期到上海后,受他的老师马相伯特聘,回母校复旦公学担任教务长。他不便推辞,于是他一面筹建"大同",一面主持复旦教务。1912 年 9 月 9 日的《民立报》,对胡敦复的工作有一评论,说:"胡君前主持清华学校教务,力主按科分班,以权限不专,未行其志。至今清华学生犹追思之。现主持复旦教务,必能发挥此特色也。"这年 12 月,马相伯已远赴北京任职,复旦的实际负责人为教务长胡敦复、庶务长叶藻庭。叶忙于筹集经费,因一琐事引发学生罢课。复旦校董事会重组校务,胡敦复便借机离开,专心致力于"大同"的创建工作。

经过立达学社成员的多方努力,大家选定首任校长胡敦复 26 岁生日即 1912 年 3 月 19 日这一天"大同"正式开学。该校是辛亥革命后成立的第一所新型私立学校。这所学校完全摆脱了外国人的支配和控制,独立自主。既没有大资本家的援助,又没有政府的扶植。仅仅凭着11位青年知识分子爱国忧民的赤诚、坚定办学的决心、百折不挠的毅力和自我牺牲的精神。没有经费,由发起人捐款,以228元起家[7]。起初,在上海南市区租赁民房,设普通科和预科,校名称大同学院。胡敦复为建校舍多方奔走筹集资金,团结同志教书育人,确保教学质量,扩大社会影响。建校之初,立达学社社员在"大同"教书、办事,不仅不取分文报酬,还将自己在外兼课兼职所得收入的20%,捐献给"大同"补助开支。

"大同"初始就由于办学认真,课程切实有用,以及校风敦厚俭朴,来学者日多。一年后,所收学费和立达学社成员捐薪已积蓄有相当数目,便在上海南车站路之北首,购买基地近10亩作为校址,自建校舍。落成的第一座楼题名为"近取楼",是为纪念立达学社,取之于"己欲立而立人,己欲达而达人,近取诸身,远譬诸人"句,铭志学社耕耘。落成的第二座楼题名为"自考楼",是为纪念校长胡敦复的功劳,取之于易经"敦复无悔,中以自考也"[6]。1914年学生迁入新校址上课。有了校舍之后,"大同"紧紧围绕着实现"研究学术,明体达用"的办学宗旨,在经费开支上又盯住实验室和图书馆的建设,行政费用尽量节省到最低限度,但购买实验设备、图书期刊资料的大笔开支则不可省,而且优先保证实验室和图书馆用房。1917、1918年,胡敦复的两个胞弟胡明复、胡刚复相继在美国哈佛大学获得数学、物理专业博士学位,立即回到上海协助大哥办学;在美国学习农科的堂弟、胡雨人的儿子胡宪生和学习文科的堂妹、胡雨人的女儿胡卓学成后也即归国来到"大同"工作。他们留学归来,不仅增强了"大同"文理科的教学力量,而且帮助胡敦复承担了扩充校址、增建校舍,建设实验室、图书馆的具体任务。

创建中的"大同",在胡敦复领导下,主要有如下特点:(1)有一支力量很强的特殊的师资班子。创业者全部是原清华学堂的年轻教师,他们饱尝了因中国科技落后而遭列强侵略凌辱之苦;后来胡敦复的几位弟妹,都是归国留学生。对西方科学文化教育有较深的了解研究,他们都自觉地团结在校长周围,以办好"大同"为职志,把满腔的爱国深情,倾注在培养高质量学生的身上。这批教师人人都是饱学之士,而且善于吸收西方教育的优点为我所用,个个登台上课确保教学质量。(2)组织机构精简到最低限度,开支少且办事效率高。许多行政职务都由教师兼任,学校领导不脱离教学,胡敦复除讲数学课外,还先后讲过物理、国学、哲学、逻辑学、英语、拉丁语等多门课程。1916年全校教职员总共21人,学生180余人;1932年全校教职员32人,教务处仅有一位专职职员,学生800余人[6]。(3)在教学管理上,从一开始办学就采用学分制,能较好地调动学生学习的自觉性、积极性,充分利用有效的学习时间,有利于为国家培养一专多能人才,以应建设急需。(4)率先招收女生,实行男女同校同班,为女性入学创造了机会,培养了一批妇女人才。胡敦复的堂妹胡卓是进"大同"学习的第一个女生,1916年入学。吴在渊的长女吴学敏是第二个女生,前水利部长、政协副主席钱正英也是该校早期的女生之一。

由于"大同"办学的这些先进因素,因而发展的很快。1916年增设英文和数学两个专修科;1921年增设大学文科和理科;1922年又增设大学商科及教育科。1922年11月,当时的北洋政府教育部批准立案,由大同学院改名为大同大学,胡敦复继续担任校长[2]。此时的"大同"立于各私立大学之林,特别以理工专业著称,学生来源日多。立达学社成员在校任职者,这时才渐支劳动薪金的一两成,以后随着学校的发展逐步增加。"大同"毕业的学生到社会上工作或进一步深造,都成绩显著,"大同"的声誉也就随着它的学生而蜚声海内外。1928年9月,国民政府大学院批准,大同大学再次立案[2],原文、理、商各科分别改称为文学院、理学院、商学院,胡敦复辞去校长职务,由曹梁厦(名惠群,1886—1957)接任,胡担任新成立的大同校董事会的董事。

1937年八一三事变,日寇进攻上海,这所中国知识分子艰苦缔造的学校横遭摧残破坏,毁于一旦。"大同"师生无经济实力转移后方,只得留守上海。胡敦复、曹梁厦在大同校董会的支持下,再次依靠立达学社社友,团结广大师生作第二次艰苦创业。几经周折搬迁,1939年在上海新闸路购得基地,重建教室和实验室,陆续增设工学院各系和附中二院。1940年以后,学生人数激增,1941年2月,曹梁厦校长辞职,胡敦复再次继任校长。4年后(1945),他年届花甲,提出辞职,校董会改推胡刚复接任,胡敦复退居二线协助小弟办校。胡氏兄弟不遗余力集中资金扩充实验室、增强理工学院设备,保持并加强了"大同以理工著称"的优势;抗战胜利后,国际交通恢复,他们又抓紧机会向国外陆续订购大批图书杂志及理工学院新设备,"大同"又很快蓬勃发展起来。1948年,大同大学部在校学生多达2 700余人,中学部也有2 500余人,居上海公私立学校的首位[6]。

"大同"从1912年创建至1952年院系调整被撤销,40年的历程,胡敦复为之奋斗了37年,其中两次出任校长,长达20年(1912—1928,1941—1945),一直是大同校董会中办实事的董事。其间,无论在何处任职,他都把"大同"的工作放在心上,作为当然为之服务的对象。胡敦复创办"大同"是为争取祖国文化独立,探索在中国发展现代高等教育的道路。凭着对教育事业的执着、智慧和经验,他克服了一般人难以克服的困难,终于在20世纪前半叶,办成一所中国的著名而有特色的私立大学,在中国教育史上留下了光辉的一页。70年代,胡敦复在美国接受记者采访时,总结了6条办学经验。即:"(1)降低办学费用,使有更多的钱用于教学与科研。(2)有一支热情而有能力的工作班子,使开支降低而工作效率增强。(3)有一个能事先规划周详的领导班子。(4)有良好的信誉,博得人们的信赖。(5)取得广泛的信誉后,需要的时候,就容易向外筹款。(6)组织一支良好的教师队伍,他们不为名利,热心教育。"[6]

由于胡敦复创建高等学校,特别是大同大学的成功,"社会中人无不知大同之敦复先生者"[7]。北洋政府司法总长兼教育总长章士钊称"胡敦复为中国第一流教育家"[8],因此,他陆续被聘请到新设置的教育学术单位兼职,仅举1920年代主要几例:1920年8月,陈嘉庚筹备创办厦门大学,邀请胡敦复等10人为厦门大学筹备员[2]。1922年,中国科学社修改社章,将原在美国成立时设立的董事会改为理事会,另设一董事会以主持本社政策方针,胡敦复当选为中国科学社首届董事会的9位董事之一[9]。1924年2月,孙中山筹备国立广东大学(现中山大学前身),聘请35名当时学术界教育界的知名学者为筹备员,胡敦复是受聘者之一[10]。1925年1月,北洋政府教育部1925年第一号令:任命胡敦复为东南大学校长[8]。1925年4月,中法教育基金委员会成立,胡敦复代表东南大学当选为中国方面7位委员之一。1925年8月,北洋政府教育部改任命胡敦复为北京女子大学校长[8]。此间,他无辜卷入当时的政治派系斗争。茅以升在"回忆我在北洋大学"

一文中说,1929 年夏,"我在沪宁接洽'中比庚款'时,趁便延揽新教授,果然请得科学界老前辈胡敦复先生主讲物理学……胡先生是清华学校创办人之一,在我国科学界富有众望。"[11]1928 年左右,他在辞去北京职务返回上海之前,曾到过美国,被美国一所大学授予名誉博士学位。①

四、建设交通大学数学系

1930 年 9 月 11 日,交通大学经铁道部批准设立科学学院,下设数学、物理、化学三个系。任命裘维裕为院长兼物理系主任,胡敦复为数学系主任。当时设立科学学院的动机,是为了应用科学与理论科学的相互提携,理科与工科通力合作,而不是为了搞纯理论的研究。成立时规定的教育宗旨是:"(一) 养成科学创造人才,以应工业文化之需求。(二)灌输基本科学智识,以供高等教育之师资。"[16]在教学上首先重视对学生进行科学思想的训练。培养学生独立进行研究问题的能力,重视引导学生进行自由研究;其次是重视应用科学,而轻于纯理论的研究。课程力求切合实际,广求毕业后的实用范围宽大。②

胡敦复

胡敦复在交大的前身南洋公学求学六年,从小学、中学到专科,交大的办学思想对他有潜移默化的影响。他以后多年的办学历程、办学思路与交大新成立的科学学院的办学要求基本吻合。他既然接受聘任,就沉下心来想办法把交大科学学院数学系办成国内一流数学系。办校与办系虽然都是办教育,但两者的工作重心不同。在交大他不用为办学经费、校舍、设备等发愁,宏观面考虑少了;微观处增多,主要考虑如何根据科学学院的教学要求提高教学质量,实现科学学院的教育宗旨。

交大数学系成立于 1928 年,为工科各系开设数学课,首任系主任是朱公谨(字言钧,1902—1961),后到光华大学任副校长。

胡敦复初到交大,数学系教授只有他 1 人,讲师 3 人,本科开始招生。他们 4 人拿下了交大工学院、管理学院、科学学院十多个系所有的数学课程,及数学系本科课程,延聘教授是当务之急。当时我国的数学教授主要集中在北京,胡便利用假期到北京争取教授来沪工作。他创办大同大学时的信誉得到社会的信赖,首先得到北京大学冯祖荀的支持,将他的高材生、此时的北大教授武崇林推荐给他。武崇林在实变函数和数论领域有精深造诣,能开多门专业课,1933 年 1 月应聘到交大任数学系教授。1933 年 8 月又从北平师范大学争取到范会国教授,范会国是法国数理博士,在函数论方面造诣精深,对理

---

① 注:关于胡敦复被授予名誉博士学位,未见当年记载。1993 年,胡的胞妹胡芷华曾向海内外的有关亲友,做过广泛调查,因为当事人均已去世,在世者知道有这回事,但说不清楚确切的时间、地点。笔者曾猜测,可能是他的母校康奈尔大学,但未见该校记载。参见胡敦复研究文献之二。

② 参见:交通大学校史编写组编:《交通大学校史》。上海教育出版社,1986 年 1 月第 1 版第 235,236 页。

论力学也有深入的研究。曾任北平大学女子文理学院院长兼数学系主任的顾澄,是立达学社最早的社员之一,与胡敦复较熟,也接受聘任,1934 年 2 月到交大。顾澄是较早向我国介绍西方数学的学者之一,译著颇多,其中译的《四原原理》最著名,顾的社会活动能力很强。胡敦复本人知识面广,数学、物理、英文都熟悉,特别擅长基础课微积分的教学。4 位教授各有特点、各具所长,组成一个有机组合体。到 1934 年初,数学系已有教授 4 人、讲师 3 人;1935 年 1 位讲师升为教授,此后数年,教师基本稳定 7 人。本科生已经发展到四个年级。胡敦复善于团结同事,组织力量,发挥个人所长。根据科学学院对各系的教学要求,数学系制订了一个完整的课程安排。交大各系实行学分制,用学分计学生修业成绩。下面以 1936 年的课程安排为例,分析数学系课程设置的特点[16]、[17]。

数学系本科修完四年的总学分是 198 学分,包括 40 余门课程。其中开设的数学专业课程 21 门,共 96 学分,约占总学分的 48.5%。计有:微积分学 3 门,20 学分;解析数学 5 门,30 学分;代数学 4 门,16 学分;几何学 3 门,18 学分;研究课程 2 门,8 学分;其他含科学思想史、数学问题等 4 门,4 学分。除了数学专业课程之外,还有中外文学 3 门,26 学分;物理 9 门,56 学分;化学 2 门,12 学分;工科课程 2 门,2 学分;管理课程 2 门,6 学分。四年中,各个年级的要求也不同:一年级全部为基础课程,二年级的数学和物理课程,几乎各占全年学分的五分之二;三年级,大部分为数学专业课,如函数论、实变函数论、近世代数、无穷级数、数论等。物理课程还占全年学分的五分之一。三年级讲授数学方面的新发展,使学生了解近代数学理论,开阔视野,为进一步研究高深理论打基础。四年级课程进一步专门化,主要课程有近代解析(甲、乙)、微分几何、数论、群论、专家演讲和数学论文等。胡敦复主要抓一、二年级的基础课教学,给学生准确、扎实的专业基础知识,为三、四年级的提高课程作准备;武崇林、范会国主要抓三、四年级的提高课程,引导学生进入研究提高。

交大数学系的教学特点是理论与应用并重,既重视基础理论,又重视数学在物理、化学、工程学科的应用。二年级开设一门科学思想史,目的是使学生了解科学思想源流及各种重要科学的发展,尤其重视数学各专业及其分支的发展。这门课对培养学生的科学思想很重要,每周 3 学时,二年级上、下两学期学完共计 4 学分。从二年级起,以后六个学期都设有"数学问题",每周 2~4 学时,不计学分,"问题"内容与专业课程同步,由专业老师提出问题,学生动脑思考、研究。以上课程对于开启青年的学术视野、独立思考、创造性思维、进行学术研究都起了一定作用。

胡敦复在交大抗日战争前的七年,社会环境相对较为稳定,在学校上有校长黎照寰、院长裘维裕的领导,经费有保障,他专心一意抓好教学质量,确保教学效果。

为保证所开各门课程的质量,胡敦复一方面要求教师必须认真备课,另一方面鼓励和支持大家进行科学研究,提高自身的学术水平。抗日战争前,上海交通大学数学系教师在各种刊物上发表的论文有 110 余篇,是科学学院成绩最丰的系。其中交大科学学院主办的《科学通讯》,1935 年 4 月创刊至 1937 年 5 月,出版三卷共 18 期,发表文章共 160 篇次(连载每期算 1 篇),数学系教师的文章有 76 篇次,占总篇数的 47.5%。胡敦复还重视并鼓励教师翻译外国名著,供教学参考。他和范会国、顾澄合译的博歇(Bocher)原著《积分方程式之导引》,商务印书馆作为"大学丛书"之一,于 1935 年出版;武崇林此时翻译了两部德文名著:①卡拉西奥多里(Carathéodory)原著《实变函数论》;②卡姆克(Kamke)原著《勒贝格积分》,在《交通大学学报》上连载影响很大。此外 1936 年新留校的助教莫叶将他主讲的微积分习题课内容,用英文编写一部《微积分例题》,在上海龙门书局出版。这些书刊论文,对于提高交大数学教学质量,起了积极的推动作用。

胡敦复善于捕捉国内外数学界活动动向,一遇机会便积极争取参与,其中有两次国内外重大活动,对交大数学系影响深远:

其一,1932 年,第 9 届国际数学家大会来函邀请中国数理学会派代表参加,该会决定派熊庆来代表中国数理学会出席大会。这是我国第一次被邀请参加这种国际性大会,意义重大。胡敦复得知后,立即申报交大派一名代表参加,被批准。便通知正在德国留学的许国保赴会。会议期间,对首次远道而来的东方中国代表,确实引起西方数学家的注意。许国保对这次大会的情况,写了详细汇报,成为珍贵史料流传至今。

其二,1935 年,交大数学系已发展到有一定的实力,中国物理学会早已在 1932 年成立,中国数学会也一直酝酿在何时何地召开成立大会?胡敦复适时地争取这个机会,先与我国数学界元老冯祖荀通信,表明态度,然后积极联系各方重要数学家,交大数学系教师几乎都参加了会议的各项筹备工作,终于促成了中国数学会成立大会于 1935 年 7 月 25 日~27 日在交通大学举行。这是我国有史以来,第一个全国性的数学专业学术组织,是中国数学发展史上的一件大事。参加成立大会的数学家公推胡敦复为成立大会暨第一次数学学术年会的主席,主持成立大会,通过《中国数学会章程》,选举产生第一届董事会、理事会、评议会三会职员共 41 人,胡敦复当选为中国数学会首任主席,三会职员中都有交大教师任职。

以上两项重大活动,不仅开阔了交大师生的视野,还扩展了交大数学系的知名度,成为中国数学界的"后起之秀"。1930 年至抗日战争前,是交大数学系发展的黄金时期。

1937 年"八一三"事变,上海沦陷,交通大学校舍惨遭日军严重破坏,国民政府又一再拒绝交大西迁。无奈,交大师生只得暂时借居在上海法租界内维持上课。在这十分艰难困苦的条件下,学生锐减。系主任胡敦复尽最大努力继续维持战前的课程设置和教学安排,团结全系教师,备课、讲解,以及对学生的考核等仍然十分认真,对学生要求不减,在缺书少刊的情况下,教师将自己藏书借学生参考。对交大其他院系的数学课程依然保质保量地完成。在日本侵占中国土地的环境中,保持了中国教育的独立,维护了中华民族的尊严。这期间,仍然培养了几位杰出学生,吴文俊是其中的代表,他 1936 年入学,1940 年毕业。交大数学系的培养教育给他打下了良好的数学基础,是他日后进入数学殿堂研究数学的起点,再经过到名师处学习、刻苦钻研、探索进取,最终成为中国乃至世界的著名数学家;徐桂芳、黄正中等也是抗战期间在上海交大数学系毕业的学生,日后他们都是我国大学著名教授。

1940 年 12 月,设在陪都重庆的国民政府教育部学术审议委员会第一次常务会议通过"设置部聘教授,由教育部径聘曾任教授职 10 年以上,对于学术文化有特殊贡献者担任,以奖励学术文化之研究,而予优良教授以保障"[19] 一案。经过近两年反复酝酿。酝酿中，各学科共荐举候选人 156 人，其中数学科 14 人。1942 年 8 月 24 日，教育部学术审议委员会召开临时常务委员会，决议以荐举结果统计表所列各科部聘教授候选人中，被荐举票数最多者为部聘教授。查当时会议记录名单共 29 人，数学科为胡敦复、苏步青 2 人[19]。胡敦复是当时沦陷区被选上的唯一的一位部聘教授。因胡敦复在战区，正式公布名单时在"数学科"下用括号注(计二人，其中一人暂不发表)，这是对胡敦复在交通大学数学系任教授兼数学系主任十余年，做出成绩的充分肯定。1941 年，胡敦复再次当选大同大学校长，身兼两重要职责，任务十分繁重。

五、教材、教法、专业学术活动

胡敦复在创办高等学校的过程中，始终把教材建设、提高教学质量放在首位。他说："不佞敢大声而疾呼曰，吾国学者宜亟谋学术之自立。自立之道奈何。第一宜讲演，第二宜翻译，第三宜编纂，第四宜著述。务使初学科学之人，可尽脱外国文之束缚，而多得参考之材。学者研究既多，自能群趋于发明之一途。不如是，则吾国之学术，终为他国之附庸而已。"具体步骤："今尚宜从中学之教科书入手，渐及参考之书，层累而上，以至高深之学。材料不妨浅近而说理务宜精详，结构不必宏大而见地须有独到，务使中学之士，先得观摩之益；至盈科而进，而后引入百宝之林。此则诸先觉者之天职也。"[12]"大同"建校不久，以胡敦复为首组织了"大同学院丛书丛刊编辑部"，编辑部成员都是各科系负责人或立达学社成员，发动教师自编教材或教学参考书。胡敦复身体力行，最早是和他的原配夫人华桂馨(留日学者)合编初中用数学教科书；

大同学院丛书丛刊编辑部

1922、1923 年，和吴在渊合编《算术》一部、《几何》两部。1925 年，胡敦复、吴在渊编新中学教科书高中用《几何学》(中华书局出版)，是针对当时初中新学制教科书混合数学而编写的，该书可以补充初中所授几何之不足，采用的学校较多。1935 年，由胡敦复独立编写的《新中学几何学》，被教育部审定为高级中学用教科书。1936 年，他和荣方舟合编《平面几何学》和《立体几何学》。40 年代，他编写了一套共 5 册《英文宝库》，被教育部审定为中国初中教科书。1993 年苏步青教授回忆，早年"数学家中英语最好的是胡敦复先生，他的文学也很好。"[13]胡敦复、范会国、顾澄三人合译的《积分方程式之导引》(M. Bocher 原著)，商务印书馆将其列为我国早期的大学丛书之一，于 1935 年出版。

胡敦复的教学很受学生欢迎。大同大学抗战初期的学生李隆章回忆："我就读一年级时，有缘在《逻辑学》一门课上，亲听胡老师讲课，他的教学方法很好，一个较深奥的问题，几个比喻就能使我们理解。全班同学对胡老师极为仰慕，深受教诲。"[17]交通大学数学系 1938 年毕业生黄正中、李立柔夫妇回忆:"胡先生在上海交大每届至少开两个班的微积分,这门课他教了许多年,已经熟透了。但是,每次上课前仍然必须备课,从不马虎上阵,学生们都愿意听他讲课。"交大 1937 届校友许道经认为,胡敦复先生教微积分,在于演算之上。例如,他在纠正学生对 dy/dx 理解错误之后,说:"dy/dx 整个只是一个符号,代表一个极限(Limit),是拆不开的。"许回忆说:"不许拆开,是当时就明白的道理。过了几十年以后,自己教大学课程,才明白第二条道理,就是教育不单在明理,也旨在传情,甚至有时传情比明理更重要。""这里师徒之间相授受者,有甚于微积分,所收受者是数学中基本思想不容苟且的态度。换句话说:当时不理解,后来,日深月久,才懂得感激胡老师教我微积分还是小事,更受益终身的是使人懂得'概念要清楚'。"……"我交大校友有许多做了科长或系主任,从事的是管理,一生不用微积分,但是胡老师的'概念要清楚'的教训终身受益。原来学数学的好处,不单在懂得数学,其好处在于演算求解之上者。"[17]在纪念大同大学建校 80 周年时,原上海市市长汪道涵回忆说:"我曾听过胡敦复教授讲授微积分,胡先生学识丰赡、讲课清晰。当年创校时,以'大同'为名,就有着美好的深意。'大同'很有名气,培养出许多人才。"[6]胡敦复能教许多门课,常为教师们补缺,教学效果都不错。现在有些校史资料中,都可以找到胡敦复办教育的业绩,或老学生怀念老师之情。

左二胡敦复

1992 年 4 月 17 日,胡敦复的小妹、姜立夫夫人胡芷华老师(1904—1994)转寄给笔者一份资料,是一位身在海外的学生(可能是上海交大的)怀念他 50 年前的 4 位老师的题词,还并排画了这 4 位老师的画像。胡敦复是其中之一,下注"数学教授"。题词的内容是:"To the everlasting Student-Faculty Bond exemplified by the character and inspiration of such eminent professors as these: gratefully dedicated by a student of the class of 1942 in 1992 from the U. S. A."(永远铭记这些名教授言传身教的师生情谊。一个 1942 级学生 1992 年敬题于美国。中文由姜伯驹译)。苏步青教授回忆说:"胡敦复先生是很好的教育家。因为他不写论文,所以当时不那么出名。我们当时刚回国,30 岁左右,年少气盛,不可一世,看不起人。表面上不说什么,心里头在想:你们连论文都不写,怎么行呢? 现在知道这种看法是不对的……回想起来,这些老前辈之间很团结,对我们非常爱护、提拔和帮助,难能可贵。"[13]

胡敦复还热心于专业学术组织的活动。他把开展这项活动看成是课堂教学的补充,以此加宽加深学生业务知识、传播普及科学、开阔视野、培养独立思考能力;也是教师开展科学研究、进行学术交流、阐述观点、联络感情的好场所。凡他工作的学校,如大同大学、上海交通大学以及他家乡无锡的胡氏中学,都在他的倡导下组织了数理研究会。胡敦复带头并动员他的弟妹为这些研究会作学术演讲,介绍国内外数理科学发展的概况,而且他还挤时间为其他学术组织,作学术演讲。这些学术组织有时也出版书刊,使其在更大范围内产生影响,源远流长。

1928 年,大同大学数理研究会出版了一部题为《明复》的纪念册,是纪念大同大学的建设者之一、我国数学学科的第一个博士、胡敦复的胞弟胡明复泗水遇难的纪念专辑。

我国在学习西方科学的过程中,到 20 世纪二三十年代,有一些人走向另一个极端,忘掉了本国的文化,有全盘西化的现象。1932 年,胡氏中学数理研究会出版了一部《古算法之新研究》(许莼舫编著),胡敦复为该书作序,表达了他维护祖国文化独立的观点。序中说:"一国有一国之文化,即有一国之精神,其关系于国体人心者甚大也。今必一一效法西人,无论拾其糟粕,种瓜而或得豆也;即使穷其究竟,亦不过西人之附庸而已矣。况算学一科,我国昔时畴人,有先西人而发者;有发西人所未发者,明明有可循之准则,而必舍己之田,芸人之田,不亦惑乎?吾乡胡氏中学所聘数理教员许君莼舫,有鉴于此,于授课之暇,以西算之原理,推衍古算之程式,汇为一编,见赠。一开卷焉,知为吾国之学,非西人之学也。并知非今人之学①,即古人之学也。夫学何分东西,何分今古;苟有界于后学,不必先知先觉也,即籍前人之所知所觉,贯通之,推阐之,亦足以发扬我国之文化,丕变我国之人心风俗也。人之爱国,谁不如我,苟知本国之书,内容不弱于西文,购置便而索解易,岂必甘为外人之学奴,唾弃先辈之手泽哉。"[14]

这部书是进行爱国主义教育的好教材,当时在学生中产生了良好的影响。1992 年,纪念胡氏公学建校 90 周年,一位 1937 届的校友胡真写了一篇"由衷深情寄母校"的短文,提到:"印象尤深的是许莼舫先生……他的《古算法之新研究》一书,在同学手里广泛传阅,成为课余钻研数学的极好教材,这使我们许多学生有良好的数学基础。"[15]那时胡敦复是该校的校董会主席。

1935 年,胡敦复当选为中国数学会主席后,首先接受了教育部和国立编译馆的委托,对我国多年来收集积累的数学名词初稿作最后一次审查决定。统一数学名词,是我国现代数学发展中,一项必需的基础性工作,关系到外文翻译、教材编写、课堂教学等多个方面。早在 1918 年,中国科学社承担了科学名词的起草工作,胡敦复被邀请为数学名词起草工作的"特请专家"。1923 年,《科学名词审查会算学名词审查组第一次审查本》公布,共确定数学名词 2 960 余条,每一名词用英、法、德、日、中五种文字标注。1932 年,

①　原句是"并知为今人之学"。根据前后句连贯之意,笔者将句中的"为"字改为"非"字,即:"并知非今人之学,即古人之学也。"

国立编译馆成立,决定以中国科学社原起草科学名词审查会通过的名词为蓝本,分送各大、中学征求意见,并由编译馆呈请教育部聘请数学名词审查委员会委员(在中国数学会成立大会时推定了胡敦复、熊庆来、陈建功、姜立夫等 15 人为委员)。1935 年 9 月 5—9日,胡敦复在中国科学社明复图书馆美权算学图书室——即中国数学会会所,召集并主持了数学名词审查委员会全体委员会议。经过数天审查,最后确定数学名词 3 426 条,同年 10 月呈由教育部以部令公布[21]。这些数学名词多数一直沿用至今。

中国数学会成立之前,我国从未有过全国性的数学专业刊物,创办期刊便成了中国数学会的一项重要任务,在成立大会上专门组织了两个编辑委员会,一个是以苏步青为总编辑的学术性刊物《中国数学会学报》编辑委员会,另一个是以顾澄为总编辑的普及性刊物《数学杂志》编辑委员会。经过一年的筹备,两种刊物均赶在 1936 年 8 月中国数学会第二次数学年会召开前夕出版。苏步青在纪念《数学学报》50 年的文章中说,《中国数学会学报》的问世,"预示着我国数学发展的一个新时期的开始,应该说是我国数学发展史上的一件大事……在当时已经具有了一定的国际影响"[20]。两种刊物仅出版了一年,席卷全国的抗日战争爆发,顾澄投靠日伪当了汉奸,中国数学会解除了顾的职务,重组《数学杂志》编委会。当时在上海的胡敦复,在抢救被战火破坏的大同大学、交通大学工作异常繁忙的情况下,亲自出任编委,1939 年 11 月坚持再出版了一期。《中国数学会学报》第 2 卷第 2 期,苏步青等在大后方西南组好稿件,也辗转到上海出版;终因条件极端困难,1940 年以后两种刊物都被迫停刊。

胡敦复主持了中国数学会第二次数学年会(1936 年 8 月)、第三次数学年会中的上海会员会议(1940 年 9 月);1944 年 9 月,上海数学分会还主办了"暑期数理讲习会"。

1944 年 9 月,上海数学分会主办暑期数理讲习会。前排左起:杨孝述、卢于道、
范会国、沈璿、雷垣、(空两人)朱公谨(左八)。后排左七为邵济煦

1941 年以后,仍在沦陷区上海的中国数学会总会,难于顾及在大后方西南的数学学术活动,便另成立新中国数学会,出面组织、开展学术活动。1948 年 10 月,新中国数学会参加了在南京召开的十学术团体联合年会,胡敦复应邀出席了这次会议。会上,新中国数学会主动提出去掉"新"字,恢复为一个中国数学会。

六、家庭、身后

胡敦复原配夫人华桂馨,1923年病逝,生有一子二女;后经数学家何鲁介绍,续配何的胞妹何婉仙。何不幸在分娩中母子双亡;1927年再续无锡顾毂绥夫人,生有一子。

1949年,胡敦复已年过花甲,为创建中国现代高等学校、从事高等教育,紧张劳累奔波已经长达40年之久,心力交瘁。他在台湾工作的长子胡新南请他去台休养。胡敦复于1949年离开大陆,之后他又接受美国华盛顿州立大学之聘,赴美国西雅图出任客座教授,至1962年在该校退休。1978年12月1日在美国西雅图病故,享年93岁。安葬在西雅图华兴利长青 Evergreen, Washeli 公墓[18]。

胡敦复塑像

胡敦复逝世后,时在台北任台湾省石油公司董事长的长子胡新南(后曾任台湾省"中美"石油化学股份有限公司董事长),接受友好敦促,遂在台湾省正式成立"财团法人立达学社基金会";并由在台湾省的清华大学、交通大学及大同大学等校友会,推荐代表参与组成。"秉承本会宗旨,继续推动会务。其中以每年奖助清华、交大、台大及'中央'等四所大学之数学硕士班在学研究生,每名奖助新台币每年6万元之奖金,嘉惠有志青年,成效较为显著。是则亦使立达宗旨,继续传承不辍,并让大同校友更感怀胡老校长奖掖后进之精神,奋勉不懈。"[22]1992年,江苏省无锡市堰桥中学(原胡氏公学、胡氏中学),庆祝建校90周年(1902—1992),专门出版纪念册,内中介绍了胡敦复和他的父辈胡壹修、胡雨人在家乡创办新学的业绩,并请来胡氏家族的后裔参加纪念活动。1992年10月24日,在上海庆祝大同大学和大同中学建校80周年的纪念大会上,胡新南作为胡氏兄弟的长子,特委托他在上海的代表宣布,在大同中学设立"胡氏兄弟奖学金"。奖励大同中学成绩优良的学生,以及在国际、全国、全市学科竞赛得奖的学生,也包括卓有成效的教师和导师。

胡敦复自幼智力超群,学业长进特快,文、理知识均丰,外文也好,青少年时有"神童"之称。他早年的抱负是"二三知友,夙以精研学术相期许"。[12]1909年,他从美国应召回国,当务之急是兴办教育,首先必须培养大批具有现代科技知识的人才。于是,他"至责以舍己而芸人",[12]便全身心地投入到创建现代高等教育的事业中。此后的40年,我国军阀混战、列强入侵、政治风云多变,在这种环境中办教育,胡敦复无法避免的遇到许多艰难曲折。但是,他始终以高度的爱国主义精神、坚韧不拔的毅力,坚持独立自主、自立自强的原则,为发展高等教育、传播普及现代科学,不辞辛劳、夜以继日创造性地忘我工作,几十年同时在几所学校奔波。他虽不曾在学术上有过惊人的成果,然而时代赋予他的使命是创建学校、培育人才。经过他各方面的努力,终于使众多的青年很快地成长为各学科的带头人、各条科技战线上的栋梁之才。这项工作是赢得我国独立强盛的开创性奠基工作,他是 20 世纪我国教育科技发展不可或缺的先行者。

　　大同大学校友、中国科学院院士钱临照教授,在 80 年代就给他的研究生出题目,专题研究胡氏兄弟的学术思想和成就。1992 年,在庆祝大同大学建校 80 周年活动期间,校友们倡议:"母校创办人之一、第一任校长胡敦复先生是一位蜚声中外的学者、教育家……为了充分肯定、高度评价并怀念胡先生的德高望重、学识渊博,一生献身于教育事业,建议筹建'胡敦复教育基金会'。"[23]希望胡敦复献身教育的精神能够发扬光大。

胡敦复主要著作目录

　　1、新中学教科书供初中用《几何》二册(与吴在渊),中华书局,1923.

　　2、新中学教科书供高中用《几何学》一册(与吴在渊),中华书局,1925.

　　3、教育部审定高级中学用《新中学几何学》一册,中华书局,1935.

　　4、大学丛书《积分方程式之导引》(交通大学丛书之一)(M. Bocher 原著,与范会国、顾澄合译),商务印书馆,1935.

　　5、复兴高级中学教科书《平面几何学》(与荣方舟),商务印书馆,1936.

　　6、复兴高级中学教科书《立体几何学》(与荣方舟),商务印书馆,1936.

　　7、教育部审定中国初中教科书《英文宝库》第 1—5 册,中国科学图书仪器公司,1947.

参考文献

[1]宋原放主编.简明社会科学辞典(第 2 版).上海辞书出版社,1984:735-736.

[2]周邦道主编.第一次中国教育年鉴.北京:开明书店,1934:87;105;406.

[3]复旦大学校史编写组.复旦大学志(第一卷),上海:复旦大学出版社,1985:31;42;59-62;89.

[4]舒新城.近代中国留学史.北京:中华书局,1939:130-131.

[5]清华大学校史编写组.清华大学校史稿.北京:中华书局,1981:7;11;13;16;17.

[6]顾方本.大同世界——大同建校八十周年纪念刊.内部专印,1992.

[7]吴学敏.我的父亲.《中等算学月刊》,1935,3(9、10):72-86.

[8]朱一雄主编.东南大学校史研究.南京:东南大学出版社,1989:228;239;243.

[9]任鸿隽.中国科学社社史简述.《中国科技史料》,1983,4(1);(3).

[10]黄义祥.分析借鉴孙中山创办国立广东大学的经验.《改革·开放·振兴》.广州:中山大学出版社,1994:100;101.

[11]左森主编.回忆北洋大学.天津:天津大学出版社,1989:4.

[12]胡敦复.序一.《近世初等代数学》(大同学院丛书之一,吴在渊编著).上海:商务印书馆,1922:Ⅴ;Ⅵ;Ⅺ.

[13]张奠宙、张友余、喻纬.数学老人话沧桑.《科学》,1993,45(5):53.

[14]胡敦复.序一.《古算法之新研究》(许莼舫编著).无锡:胡中数理研究会发行,1932:1-2.

[15]江苏省无锡县堰桥中学(原名胡氏公学)建校九十周年纪念册(1902—1992),内部专印,1992:10;14;15.

[16]交通大学校史编写组.《交通大学校史(1896—1949)》.上海教育出版社,1986:236-240;300;339-340.

[17]本书编委会.《交通大学数学系八十年》(征求意见稿).2008:8-11;17-18.

[18]杨恺龄.大教育家胡敦复先生传.《东方杂志》,1979,复刊20(9):60-62.

[19]高等教育季刊.1942,2(3):123-125;152-154.

[20]任南衡、张友余.中国数学会史料.南京:江苏教育出版社,1995:29-33;63-71;85-88;355.

[21]国立编译馆编订.数学名词.重庆:正中书局,1945 初版;上海:正中书局,1946 一版:(1);(2).

[22]胡新南.立达学社与大同大、中学.上海市大同中学校庆纪念(1912—1992),内部专印,1992:7.

[23]《大同大学校友通讯》.1987,(11):4;1992,(25):7.

[24]胡敦复.胡壹修先生行述.自印,1931.12:1-18.

[25]钱临照.怀念胡刚复先生.《物理通报》,1987,(5):2-5.

[26]金富军.辛亥革命前后的清华园.《文史第12 春秋》,2008 年.

后　　记

仅以本传的出版献给敬爱的胡芷华老师(1904—1994),纪念她逝世三周年。她是胡敦复的胞妹,中央研究院院士、著名数学家姜立夫的夫人,中国科学院院士、数学家姜伯驹的母亲,一位崇高的默默献身于事业的女性。为了查清胡敦复的生平和家庭,我和胡老师 1991 年 8 月 3 日开始通信往来,截至 1993 年 12 月 23 日,她给我的信件累计共有 60 余页,内容感人至深。这期间,她已近 90 高龄,忍受着严重的病痛折磨,非常乐意和我合作,主动向海内外众多亲友发出数十封调查信函,各处寻觅胡的照片。一开始,她对比她年长 18 岁的长兄胡敦复也知之不多,几经反复核实,最后终于将胡敦复的生平调查到一个最大限度的清楚结果。她自己也比较满意。半年之后,1994 年 6月 12 日便与世长辞,这是她一生的最后奉献! 现在胡敦复的事迹能够广为流传,她也会含笑九泉!

左起:胡芷华、张友余
(1992 年 5 月石生民摄于姜宅)

　　(胡敦复传略原载:中国现代数学家传第三卷,南京:江苏教育出版社,1998:16-35.2011 年 8 月有少量修改.2013 年 9—12 月改写增加部分内容)

附：胡敦复研究文献

胡敦复研究文献一

胡敦复著：胡壹修先生行述（摘抄）

先严讳尔平，字絜修，中年改署壹修，遂以字行。生于清同治乙丑八月二十八日寅时，安定先生①三十世孙也。自安定之孙达庵先生讲学无锡，吾家宅居邑之北乡，迄今八百余年。清德绵延，世为望族。先曾祖念乔公，以俭约谨慎矜式乡里，先严幼时犹及见之。先祖和梅先生，善继亲志，致身公益事务，尤不遗余力。先严少受庭训，又尝从先外祖薛诚之先生游。慈父所示，严师所命，童而习之，壮而行之。盖自束发受书，即具见义勇为之趋向，虽亦徇俗略习举业，而一生志愿固在彼不在此矣。

先祖四子，先严居长。先祖之教谕桃源也，以先三叔合如公留守家乡，先严及先仲叔雨人先生随侍。其时清政不纲，外侮日急。仲叔以御外莫如自强，首先注意新学，躬自研究以为之倡。先严所见略同，详加擘画，协助先祖破除旧习，实施新政。一时长淮南北翕然向风。……

……自甲午以后，兄弟无日不以兴学为职志，而兴学之阻力，有非意想所及者。戊戌变政，旋即政变，朝政可知。不及二年而庚子祸作，民智又可知。当此之时，有敢倡言兴新学开民智者，在朝视同谋逆，在野疑为病狂，而先叔先严不顾也。先叔治国学，为一代名师，且凤留意经世之务。至是，复东游扶桑，考察教育，研究师范。先严则竭力筹措经费，实现新学计划。光绪二十八年正月，借吾族义庄试办天授乡公学，是为本市学校之始。九月，先叔归国，与族人协商，以旧有义塾经费改办胡氏公立蒙学堂，是为胡氏公学之始。……

先严兄弟，重视教育，始自家庭。故吾家子弟，入学较早。敦复幼时，受业于先叔雨人先生。先叔为吾国首倡变法之一人，国学而外，兼授新学。至光绪丁酉吾年十二，南洋公学开办，即令考入肄业焉。庚子，先严闻拳祸作，北上省亲，遂挈明复刚复及四叔保如至淮城，延师课读，且令明复兄弟从日人某试习东文。时四叔甫七龄，明复十而刚复九耳。女子教育，吾家尤开风气之先。彬夏读书亦早，吾母督责甚严。自先叔母周太夫人主任全家女教，家塾正式成立，学生十数，学科十余，俨然学校之规模矣。家塾初设乡间，继为习外国文便利计，迁上海徐家汇，又迁无锡寺后门，盖一近南洋公学，一近三等学堂，可请校中师友临寓教授也。时先叔游学东瀛，观彼邦女教之发达，因有令吾家女子赴东京就学之议。先严遂于壬寅五月，亲送彬夏及吾聘妻华桂馨女士入东京实践女学校肄业。其冬胡氏公学成，更以家塾扩充为女子部。未几，苏抚以吾乡创立女学，通饬各属严行厉禁，乃仍托名家塾，先叔母继续维持，三年而后，始正式并入公学焉。凡此种种，在当时皆为非常之举，或且震世而骇俗者，述之以见先严之如何为儿辈奠立身行己之始基。……

（原载《胡壹修先生行述》（胡氏家族史），1931 年 12 月自印）

---

① 注：安定先生即胡瑗（993—1059），北宋时期的著名教育家。其学派称为安定学派。

胡敦复研究文献二

至 2011 年 9 月,笔者再读胡芷华老师的信件。她认真负责、忠于史实的科学精神,实乃后辈认真学习的楷模。现摘录其二与读者共享。

1、1993 年 6 月 17 日来信:

……

给您寄上胡敦复原照的翻拍照片一张。此照不戴眼镜、比较清晰、好样。望介绍科学出版社用它。这是我甥杨一真自国外寄来,他再三叮嘱:要咱们用完之后,以原照还他,因此,我不得不去翻拍下来,除寄您一张应付科学出版社需用外,我还添印了一打赠送亲友留念。活到耄耋之年,托福我才收茬到这张照片,何其珍贵乃尔!

关于胡敦复博士学位之商榷。目前我正在进行一次深入调查。

……

胡芷华敬上
1993 年 6 月 17 日于北京药佳楼

2、1993 年 6 月 18 日来信:

关于胡敦复的博士名义,程文鑫来信说,他径向杨竹亭先生联系云有两个来源:一来自无锡,二来自黄逊之同学。据称,他得到的博士是名誉博士。

程文鑫是 1935 年毕业于上海交通大学的我甥,他说:"据我所记忆,江浙战争时我避难于九如里,那时四姨母常说,两个博士不如一个学士,指三舅四舅(笔者注:指胡明复、胡刚复)均不及大舅,此时大舅尚未有博士称号,而我在交大求学时,均称胡敦复博士。我估计是 1928 年左右大舅从北京经美国回上海时,在美得名誉博士学位,什么学校、什么博士就弄不清楚了。……"

……

(88)老人写于北京药佳楼
1993 年 6 月 18 日

胡敦复研究文献三

胡新南:立达学社与大同大、中学

公元一九一一年春夏之交,先严敦复府君时任清华学堂(后改名清华大学)首任教务长;校长则由外交部选聘教育部人士出任。清华学堂系由庚子赔款所设,当时旨在训练拟赴国外留学学者之预备教育。但晋修学者值遴选,常受外国主事者之霸道干扰,以及不合理之待遇措施,因而同在清华任教之朱香晚、华绾言、顾养吾、吴在渊、顾珊臣、周润初、张季源、平海澜、赵师曾及郁少华等教席,甚多愤慨,在先君倡导与发起之下,视己立立人,自达达人为宗旨,以共同研究学术、与兴办学校为职志,於北京成立"立达学社"。同年十月间,学社同仁纷辞清华教职南下,在沪地肇周路南阳里租赁民房为校舍,创办"大同学院",首先设立大同中学,於一九一二年三月十九日,先君诞辰之日正式开学;以后遂以此日为大同大学、大同中学之共同校庆日。

后以学生日众,立达学社同仁将学费收入贮积,得购沪杭铁路南车站北首之基地九亩,而兴建教室,近取楼图书馆各一幢,宿舍一座。一九一四年建屋落成,於夏间全部迁入上课,同时因感国家需才孔亟,决定再办大学预科,以为出国留学之预备。一九一六年起先后增加英文及数理专修两科,后又设大学文科、理科及商科;1922年奉前北京政府之令,大同学院改称"大同大学",并予立案。至一九二八年时,不但中学已成为声誉卓著之学校,大学之文理商各科均正式改为文理商三学院,预科不再续办。工学院及各系之设立,虽为时较晚,但先后设立电机、化工、土木、机械等系,成为沪上极具规模之私立完全大学之一,数理及电机系更蜚声於学界。新南亦於大同中学及大学完成学业。

当八一三抗日战争爆发之时,日军侵入南市,强占校舍,图书及仪器设备破坏殆尽,被迫多次迁移;甚至遭租界当局不准开办大学之厄。复以屡次迁徙,师生同感不便,幸旋得校友之助,赁质新闸路基地五亩许,盖建四层楼校舍,於一九三九年落成后迁入;流失之图书仪器设备,再陆续增添充实。大同附中二院同时成立,大同附中一院於南市劫后,一百余亩之校舍遂渐修复完竣后於一九四六年迁回上课。

创办大同大学、中学之立达学社,自创立时之社员十一人之外,以同仁入社选择极严,故先后有王君宜、陈士幸、吴步云、曹梁夏、顾晸哉、胡明复、叶上之、胡宪生、胡刚复、胡范若、胡卓及陶慰荪等先生加入。自此而后尚无新人参加。立达学社对大同学院务从不干涉,且自大同中学及大同大学办理初见规模之际,即组设校董事会,订立组织章程,全权处理有关校务。第一任董事长公推马相伯先生担任,相伯先生仙逝后,再推请吴稚晖先生继任。

台湾光复以还,大同来台同学约有二百余人,曾於一九五一年元月间成立"台北市大同大学校友会",以增进交谊,相互砥砺为宗旨,推定新南担任会长,每年除依会章召开董事会议外,并定期举办参观旅游活动。立达学社亦於先君见背后,友好敦促复设,遂正式成立"财团法人立达学社基金会"。由清华大学,交通大学及大同大学等校友会,推荐代表参与组成。秉承本会宗旨,继续推动会务。其中以每年奖助清华、交大、台大及中央等四大学之数学硕士班在学研究生,每名奖助新台币每年陆万元之奖金,嘉惠有志青年,成效较为显著。是则亦使立达宗旨,继续传承不辍,并让大同校友更感怀胡老校长奖掖后进之精神,奋勉不懈。

兹值大同学院(大同大学、中学)八十年校庆,爰就当年郁少华先生旅台晤叙及校友沈曾圻先生集藏资料暨记忆所及,将大同大、中学与立达学社间之成立经过彼此关系,作简要撰述,岁月悠远,容有舛误,慨以籍留鸿爪之思云尔。

胡新南　谨识
1992年3月

注:胡新南是胡敦复长子,此文是为大同学校八十周年校庆撰写的回忆文章。时任台湾"中美"石油化学股份有限公司董事长。

(原载《1912—1992上海市大同中学校庆纪念》第7页)

第四篇　甘当开路小工的中国第一位数学博士胡明复

胡明复（1891—1927），幼名孔孙，原名达，字明复。清光绪十七年辛卯四月十三日（公元 1891 年 5 月 20 日），胡明复在桃源县今江苏省泗阳县出生。此时，他的祖父胡和梅（1840—1912）任该县教谕，家住县城的大成殿后面[2]。为纪念这个地方，胡和梅给孙子取名孔孙。父亲胡壹修（1865—1931）崇尚改革，在无锡家乡兴修水利、创办新学。清末民初是当地的知名人士。母亲薛毓英是一位操持家务、教育子女有方的家庭主妇，育有 3 男 7 女。长子胡敦复，胡明复是男孩中的老二，与弟弟胡刚复相差不足一岁，自幼体质较弱。兄弟仨和其中的姊妹俩都考取公费留学美国，学成后均回国，从事教育工作。

胡明复①

一、坎坷磨炼意志

明复和刚复年幼时，生活起居、玩耍学习均在一块，兄弟俩爱打闹。10 岁，和弟弟刚复同时考入南洋公学附小，两年后又同时升入该校附中，才智过人。不料，因为在学校打架被双双开除。因弟弟过继给早逝的三叔，父亲让其继续上学，却将 12 岁的明复送到一户经商的亲戚家当学徒。这是对士林之家孩子的一种严惩，对胡明复打击甚大。他很快改掉了打架劣习，利用工余刻苦自学新知识和外文，同时央求母亲到父亲、祖父跟前说情。一年多后，家父终于应允他报考学校。1904 年秋，被上海中等商业学堂录取。明复非常珍惜这来之不易的学习机会，三年后以学校第一名的优秀成绩毕业。继而又考入南京高等商业学堂[1(4)]。

1909 年 6 月，清政府利用美国退还的庚子赔款余额，在北京创办"游美学务处"，招收直接留美学生。他在美国留学的大哥敦复（1886—1978）应召回国，到"留美学务处"主持招考、遣送留美学生工作。他的弟弟刚复经考试合格被录取，于 1909 年赴美求学。明复不甘落后，请求大哥敦复给他寄复习资料，准备参加第二批报考，却遭大哥拒绝。敦复认为，明复的基础知识远比刚复差：一是当商店学徒停学近一年半；二是商业学校学的知识偏于应用，与招考要求差距较大，特别是数学尤其为难。而明复不屈执意要考，至少应该让他试一试，于是敦复答应先寄前半年复习资料，若完成得好，再寄后半年的。从此，明复在校一面完成学业，一面抓紧应考复习。寒假归家，达到了学业、复习两丰收。

---

① 胡明复照片由胡芷华提供。

后半年他面临商校毕业,学业加重,而复习任务更重。他靠刻苦认真善于钻研的精神,顽强拼搏的毅力,都如期完成。1910 年 7 月,胡明复到北京参加"游美学务处"第二批招生考试,这次在 430 名考生中录取 70 名,他的成绩位居第 57 名被录取。大哥敦复对此成绩十分惊奇,甚为叹服;然而明复为此付出的代价却让他的家人心疼——考完后骨瘦如柴[1(4)]。

第二批直接留美生有:赵元任、竺可桢、张彭春、胡适、周仁、及明复的堂兄胡宪生等,由"游美学务处"的职员胡敦复、唐孟伦、严智钟 3 人带领,乘船于 1910 年 8 月 16 日启程前往美国。在旅途中,胡敦复向学生们介绍有关专业,解释纯粹科学与应用科学的区别及其关系,回答有关数学问题等。胡明复与赵元任都决定主修数学[3]。

二、为祖国争第一

到美国后,胡明复和赵元任(1892—1982)被分配到康奈尔大学文理学院,两人同住一个宿舍,上课同座一排。赵元任是第二批录取的留学生中成绩第二名,胡明复虚心向他学习,每学期他俩的总平均成绩都在 90 分以上,他们之间仅差一分、半分,数学成绩都得 100 分,属全校最高分。1913 年,双双被推荐为"Phi Beta Keppa 会员"。该会始于 1776 年,是美国著名大学设立的一种名誉学会,入选资格甚严,在校学生入会必须是学业成绩最佳者。1914 年,他俩又同时被推荐为理科名誉学会"Sigma Xi 会员"。在美国能同时获得这两个名誉学会会员资格的大学生极少,很为中国留学生争光。赵元任后来回忆说:"若干年后,听说我仍然保持康奈尔历史上平均成绩的最高纪录。"[3]

胡氏四姐弟在美国合影
自左至右:胡彬夏、
胡宪生、胡刚复、胡明复

1914 年 6 月,胡明复和赵元任大学毕业,被授予学士学位。赵到哈佛大学研究院研读哲学,胡留在康奈尔大学入研究院,在希尔伯特的学生霍尔维茨(W. A. Hurwitz,1886—1958)①指导下研读数学。1916 年转到哈佛大学研究院,接受博歇(M. Bocher, 1867—1918)的指导。博歇主要研究线性微分方程、高等代数、函数理论等,他和奥斯古德(W. F. Osgood, 1864—1943)领导的哈佛大学数学学派在美国有很大影响。胡明复在名师指导下,于 1917 年初完成了博士论文,题为"Linear Integro—Differential Equations with a Boundary Condition."(具有边界条件的线性积分——微分方程)[4]。

论文由 9 节组成,其主要内容是:运用伯克霍夫(G. D. Birkhoff)建立的一种变换公式,将含有积分式的微分方程,化为纯粹的积分方程,然后运用弗雷德霍姆(E. I. Fredholm)理论,按照某种行列式是否为零给出原方程解存在和唯一的充分必要条件。文中

---

① 参见本文后的附二:"胡明复攻读博士学位考"。

系统论述了这一详解,讨论了边界条件、自共轭性质、格林函数等[1(2)]。文末特别提到:"本文所研究的问题,首先由霍尔维茨教授建议,对他、对博歇教授经常的帮助、建议和批评谨致深切的谢意。"[1(3)]

积分方程是 19 世纪末 20 世纪初,由于伏尔泰拉(V. Volterra,1866—1940)、希尔伯特、弗雷德霍姆的研究取得了较大的进展,当时属于较新的数学领域。胡明复的这篇论文是伏尔泰拉等人早期工作的继续与推广,将希尔伯特推崇的"极限过程"方法的应用范围扩充了,取得了一系列令人满意的结果,得到博歇的充分肯定。

1917 年 5 月,胡明复被哈佛大学授予哲学博士学位,成为在哈佛大学获得博士学位的第一个中国留学生。胡刚复和赵元任在哈佛大学获得博士学位是 1918 年。同时,胡明复也是中国数学界获得博士学位的第一人,成为中国数学学科的第一位博士。[4]

随后,胡明复将他的博士论文中的主要结果提交给 1917 年召开的美国数学会年会。主持这次会议的著名数学家伯克霍夫和摩尔(E. H. Moore)充分肯定了他的"结果",对其工作十分赞赏,随即将这篇论文推荐给《美国数学会汇刊》(Transactions of the American Mathematical Society)。该刊由美国数学会于 1900 年创办,专门刊登理论数学与应用数学各方面篇幅较长的原始研究论文。是一份学术性很强、很有国际影响的数学期刊。该刊于 1918 年 10 月在第 19 卷第 4 期第 1- 43 页,刊登了胡明复的博士论文全文。这是中国留学生在美国数学专业期刊上发表的第一篇研究论文,也是中国学者在外刊上发表最早的数学论文之一。①

三、甘当中国科学发展的开路小工

胡明复身在国外,心系祖国。辛亥革命成功给了他莫大鼓舞。民国元年 11 月,他和胡适(字适之,1891—1962)发起组织"中国学生政治研究会"[1(7)],探讨西方列强发展的政治经济体制。1913 年初,辛亥革命有功人员任鸿隽(字叔永,1886—1961)、杨铨(字杏佛,1893—1933)来康奈尔大学留学,因热爱祖国关心科学发展的共同志向,使他们很快结为好朋友。

1914 年,第一次世界大战前夕,风云万变。一天,胡明复、赵元任、任鸿隽、杨铨等聚集在学校的"大同俱乐部"廊檐下闲谈国家形势,有人提议:"中国所缺乏的莫过于科学,我们为什么不能刊行一种杂志向中国介绍科学呢?"[5]立刻得到在场人的赞同。1914 年 6 月 10 日晚,相约近 10 人在任鸿隽房间,正式商讨办刊之事:为办刊先组织"科学社",由科学社出面办《科学》月刊。"章程"中提到:"本社发起《科学》(Science)月刊,以提倡科学、鼓吹实业、审定名词、传播知识为宗旨。""本社暂时以美金 400 元为资本。……发行股票 40 份,每份美金 10 元,其 20 份由发起人担任,余 20 份出售。"[5]会后,各人分头写稿,大家凑足了前三期的稿件,拿回上海出版。1915 年元月 25 日,《科学》月刊正式与读者见面,成为我国历史上最早发行的现代科学综合性高级普及期刊之一。

---

① 王季同 1911 年在爱尔兰发表的数学论文是目前发现的第 1 篇。

不久，办刊人觉察到，要使中国科学发达，单发行一种杂志是不够的，于是建议改组"科学社"，推举胡明复、任鸿隽、邹秉文3人草拟新社章，其宗旨是；"联络同志，研究学术，以共图中国科学之发达。"[5]出版《科学》仅是该社的重要任务之一。还有其他工作，如：建设实验室、设立各科研究所等。10月召开会议，通过社章，推选任鸿隽（社长）、赵元任（书记）、胡明复（会计）、秉志、周仁5人组成第一届董事会（该董事会于1922年更名理事会），杨铨任《科学》编辑部部长。1915年10月25日，"中国科学社"在美国正式成立，以后提到的"科学社"，均指此时成立的"中国科学社"。

胡明复曾多次对好友杨铨说："我们不幸生在现在的中国，只可做点提倡和鼓吹科学研究的劳动，现在科学社的职员社员不过是开路小工，那里配称科学家，更谈不上做科学史上的人物。我说中国的科学将来果能与西方并驾齐驱造福人类，便是今日努力科学社的一班无名小工的报酬。"[1(8)]

1918年前后，中国科学社和《科学》月刊的负责人都陆续回国，工作分散在国内的东西南北，当时交通落后，互相联系十分不便，加之经费无源，大家担心科学社有闭门之危，《科学》有停刊之险。胡明复1人在上海主动担起了以上两者回国扎根的重任，将科学社社址和《科学》编辑部首先落脚在他工作的单位大同学院，集科学社社务、会计和《科学》月刊组稿、编辑、校对于一身。以后才陆续争取到在南京、上海有了基地，逐渐生根发展，延续至今。

前排自左起：赵元任、周仁；

后排：秉志、任鸿隽、胡明复

胡明复在中国科学社，为向国人传播科学，主要做了以下开路小工的工作：

1、撰稿。撰稿是《科学》月刊初创时的首要任务。1914年夏天，胡明复利用大学毕业进研究院前的暑假，夜以继日地写，一气写成数十篇。该刊第1卷就发表了他的学科简介、编译、报道、通讯等各类文体的文章近30篇，是全社社友中撰稿最多者。他的文章内容丰富，文字流畅，涉及面广，除数学外还有物理、化学、生物、天文、地理、教育、工商、军事等，其主要篇名请见本文末附的"胡明复主要著作目录"。《科学》出版不久，因攻读博士学位，赵元任和胡明复相继都到了哈佛大学。仍留在康奈尔大学的编辑部部长杨铨常向他们要稿件，下录两首打油诗以证当时的写稿情况，和科学社这帮社友的亲密友谊、工作乐趣以及紧张状况。第一首是杨铨（即杨杏佛）寄胡明复的：

"寄胡明复

自从老胡去,这城天气凉。

新屋有风阁,清福过帝王。

境闲心不闲,手忙脚更忙。

为我告'夫子',《科学》要文章。"

("夫子"是赵元任的绰号)

赵元任见诗也回杨一首:

"寄杨杏佛

自从老胡来,此地煖如汤。

《科学》稿已去,'夫子'不敢当。

才完就要做,忙似阎罗王。

幸有'辟克匿',那时波士顿肯白里奇的社友还可大大的乐一场。"[1(7)]

("辟克匿"即 Picnic,野餐;"肯白里奇"即 Cambridge,地名,现译"坎布里奇",哈佛大学所在地)

　　胡明复在撰写博士论文的同时,仍然继续为《科学》写稿,第 2 卷发表了他的 15 篇文章,第 3 卷在他回国前的 7 期,发表了 9 篇。以上是署名文章,未署名者未计入。他回国后,因杂事繁多,再也挤不出时间写稿了。

　　2、理财。胡明复从科学社成立到 1927 年去世一直担任该社会计。社友们选他,一方面是他有商校学习的基础,更重要的是他对科学事业的热心和无私。最初几年,社内活动经费,仅靠十几位留学生社员,从自己的津贴中节衣缩食,每人每月捐赠美金 5 元。迁回国内后,他还肩负筹募资金任务,经过多方争取,以后才得到政府每月补助一、二千元,这些经费全部由胡明复一人经手,他精打细算,惨淡经营,在极有限的经费中,不仅保证了社内各项活动正常运行,《科学》月刊的按期出版,而且科学社的其他任务均有较大的发展。在每年的年会上,他都交上一份财务开支报告,账目清清楚楚。胡明复理财,全社公认是他对中国科学社的重大贡献之一。

　　3、校对、标点。《科学》月刊创刊在"五四"运动的前 4 年。当时国内的期刊行文一般都是竖排,使用文言文,不分段、不标点。在国外的这批留学生以胡适为首,已开始酝酿文学革命、文字改革。《科学》在创刊号上即声明:杂志采用由左至右横排,以便插写数学物理化学诸方程式;文字句读使用标点符号,文章书写用白话文。刚试行难免不习惯、不规范,更何况还遭到一些守旧文人的非议、责难。胡明复是杂志排版和文字革新的积极支持者和忠实的执行人,他不厌其烦地一字一句、一段一篇的校对、标点,十几年如一日,默默地做这个费时间很多的幕后工作,从无怨言。据笔者统计:从《科学》创刊到胡明复遇难,一共出版 138 期(11 卷另 6 期),总共印刷 16 319 页,正文 1 253 篇包括各个学科,还有累计数百篇的新闻、调查、杂俎、附录和会务等报道,这大批行文和标点校对几乎都由他一人经手,其工作量可想而知。

　　4、年会。胡明复很重视中国科学社每年一次的年会,将其视为实现科学社宗旨的重要步骤,除每年认真提交他经管的财务报告外,1916 年年会结束的第二天,他主动去参加美国数学会的年会,以借鉴外国学会的年会经验。1918 年,科学社迁回国后的首次年会在杭州举行,他代表社长任鸿隽(任因事未到)主持。他在开幕致辞中说:"吾人根本之大病,在看学问太轻。政府社会用人不重学问,实业界亦然;甚至学界近亦有弃学救国之主张,其心可敬,其愚则可悯矣。"[4] 呼吁各界重视教育,发展科学。每次年会他都热心协助会务。1926年广州年会,他和孙科、竺可桢等同为会程委员会委员,在社务会上他提议设立"建设服务委员会":专代人计划工程、委托研究、介绍人才等工作。提议被采纳并推举他为筹备委员之一。不幸的是未等到下一次年会汇报工作,他便与世长辞,匆匆地离别了苦心经营的中国科学社。

四、为办好"大同"呕心沥血

中国数学学科的第一位博士胡明复1917年回国后,不少学校争用高薪聘请,刚出任北京大学校长的蔡元培,多次特邀他到北大任教,被胡明复婉言谢绝。清华大学酝酿成立数学系之际,1926年4月26日,校评议会决定延聘在数学界和科学界声望较高的胡明复来校任数学教授。胡明复不愿就聘。求贤若渴的清华评议会决定将月薪增至300元,并请胡的好友赵元任"去函劝驾",最终仍未如愿。① 他立志协助大哥胡敦复办好"大同"。

胡氏家族有改革教育的优良传统。始祖胡瑗(安定先生)曾谓"致天下之治者在人才,成天下之才者在教化,教化之所本者在学校"[6]。胡瑗在学校严立学规,注重言传身教,培养了不少人才。祖父胡和梅是清末倡导教育改革、推行新学的著名教谕。父亲胡壹修、仲叔胡雨人"少成家教,精研经史之学;既愤科举制度之锢塞灵智,又以海禁大开,外侮频至,深感我国科学幼稚实为致弱之由。"胡雨人是"吾国首倡变法之一人,国学而外,兼授新学"[2]老兄弟俩倾家荡产,在家乡无锡创办新学"胡氏公学"。胡雨人1902年留日回国后,先后创办上海中等商业学堂、北京女子师范学校。后又先后出任江苏南菁中学、宜兴中学等学校校长,是民国初年推行新学新教的著名教育家。明复兄弟幼时接受仲叔教育,影响较深,成年后都从事教育工作。

大哥胡敦复在清华学堂因反抗美国在中国土地上施行奴化教育,反抗文化侵略而辞职,南下上海和"立达学社"社友创办大同学院。(详情请见上文:中国数学会首任主席胡敦复)该校既不受外国控制,也摆脱了封建体制的束缚,是辛亥革命后率先成立的一所独立自主,完全新型的私立大学。胡明复认为此地是他实现教育救国最理想的实践基地。回国后寸步不离,倾注全力实现该校的办学宗旨,十年如一日呕心沥血,默默奉献。他对"大同"的主要贡献有如下三个方面:

1、实行新学新教,确保教学质量。大同学院是胡明复回国实践数学教育改革的基地,在该校主要给高年级学生上课。他结合学生实际,自编解析几何微积分讲义,深入浅出,介绍数学在现代科学发展、工程技术等各方面的应用,语言通俗、妙趣横生、激发学生的学习兴趣。同时,还通过大同数理研究会,向师生作有关现代科学的专题讲演,深受大家欢迎。

---

① 摘自,郭金海著:"异军突起:抗战前的清华大学数学系"第4页。

2、"大同"的好管家。学院初创时仅靠创业者集资的 228 元起家，经营十分困难，常常靠教师们捐献过日子。胡明复十年中为"大同"捐献、垫付累计高达近二万元，是最多者。同时他兼管学校财务，深知经费来之不易，处处精打细算，花钱主次分明，平时尽量节省开支，以便用更多的钱购置教学设备，聘请名师。在他的精心策划下，学校很快建成了保证教学必须的图书馆、实验室。"大同"实验室的仪器设备齐全先进，在当时的上海颇有影响，常被外单位借用做实验，学校随之挤入先进之列，特别以理工专业著称。

3、校舍建设的设计师。"大同"初办时租用的是民房，仅中学规模。学校要发展，校舍的建设任务十分繁重，且经费又相当短缺。胡明复迎着困难又肩负起了"大同"的基建重任。为节约开支，他从校舍设计到监工，只要自己能办的都包揽于一身。他的姐姐胡彬夏后来回忆说："大同的几所巍巍校舍，何一非他亲自打样监工！只有他能与作头谈话，使人敬畏而乐于遵从，他的细心与精明，可令技师咋舌，他的公允可使所有接触的人翕服。"[1(4)] 短短几年，他从物质条件上保证了"大同"发展的需要。

胡明复在"大同"的十年（1917—1927），是该校发展的鼎盛时期，声誉遍及全国。1925 年前后，"大同"校长胡敦复常被邀请兼任各种公职，多在外面奔忙，"大同"又未设副校长，明复便自觉担起了协助大哥处理校务的责任。此时正值北伐战争，时局动乱波及学校秩序，他经常要用很大精力去妥善处理学潮等一些棘手问题。

五、受欢迎的数学教授

为了给"大同"的建设筹集资金，"大同"校内的数学课主要由吴在渊担任，胡明复的课时不多。尽可能在校外兼课，增加收入捐献"大同"。他先后在南洋中学、南洋大学、东南大学商科兼过课。胡明复虽有深厚的现代数学功底，但在教学上，无论是对中学生或大学生都从不马虎，结合学生实际，选择新知识，认真备课。教学方法深入浅出，能巧妙而透彻地分析一些难题，使听者轻松愉快，进而激发学习兴趣，广受学生欢迎。

1921 年，胡明复受聘任南洋大学（现交通大学前身）数学教授。借鉴西方工科大学办学经验，与该校裘维裕、周铭等教授商议，提出从提高基础课教学质量入手，抓好数、理、化课程，从而提高高等工科教育质量。当时在南洋大学胡明复讲数学，周铭讲物理，讲化学的叫徐名材。这三位教授，都以讲课精彩、要求严格而出名。因其姓名中都有一个"Ming"音，学生尊称他们"三民主义"，十分钦佩。

1924 年，由南洋大学附中毕业升入大学部学习的赵宪初回忆说："当时南洋大学的各科教师，都是学识渊博教学认真的教授，特别是数理化三门课程，是工程系的最重要的基础课，教师都是为学生所钦佩的老师。而其中尤以胡明复老师资格最老，尤为同学们所钦佩。"他说："我们三个班的数学课，都是由胡明复老师教授的。记得第一个学期的内容是解析几何……胡老师上课，经常穿的是不很新的西装，讲的是略带无锡乡音的普通话。声音不很响，但语言清楚简洁。教学态度非常认真，从不缺席。因为要在半年时间教完解析几何，所以进度比较快，一堂课要讲很多内容，课后作业是书本上的全部习题数量也很多。由于胡老师讲授清楚，同学们听课也都非常认真。胡老师有时也说几句幽默的话,因此听课也很有趣味。大家都以得到这样有名望有学问的老师来教导而感到十分荣幸。"①

六、数学情未了

胡明复中学读商校,数学基础较差。但到美国留学仅七年,却先于同伴完成了从大学到获得博士学位的优秀成绩,足见他是一位极具数学天才的人。同时,他又是一位极爱祖国的学者,时刻盼着他的祖国科学发达数学进步。1916 年,他参加美国数学年会,成为最早参加该学会年会的中国人。会后,他最深的感触是"论文呈进之多",学术空气浓厚;第二年他将自己的研究论文呈送给该会年会,成为最早向美国数学会年会提交学术论文的中国数学家。这两次行动的实质是在考察了解学习外国的经验,探索中国数学发展的道路。

通过《科学》月刊,他向国人传播现代数学知识,介绍外国数学家,先后发表了"算学于科学中之地位"、"近世纯粹几何学"、"奇数"、"几率论"、"统计上世界算学名家之比较"。还向国人介绍中国留学生的成就。留法学者何鲁和段子燮的新著《微分学理解》(上册),他早在 1916 年就介绍给国内了[1(12)]。

胡明复 1917 年回国后,虽然中国科学社、《科学》月刊、大同大学三单位繁重而琐碎的事务使他忙得日夜连轴转,但他仍要挤点时间、分点精力在中国数学发展的基础建设上。除日常数学教学外,其主要工作有:

1、统一数学名词。早在美国,他就着手整理比较混乱的数学名词。1918 年,国家成立"科学名词审查会",推定中国科学社起草数学名词。具体工作自然落在他身上。1923 年,审查会又责成四方代表组成"算学名词审查组":主席姜立夫,书记何鲁。胡明复是唯一的两方代表,即江苏省教育会和中国科学社的代表。1923 年 7 月 20 日,他在给裘冲曼的信中说:"科学名词审查会数学稿,暂由弟主持;现正收集名词之英、德、法原文,中、日译名尚未成形;……。弟意中国旧名及日本名词之勉强可用者,一概仍旧,其有名义不切或系统上有窒碍者,酌改。"[1(9)] 这批名词分英、法、德、日、中五种文字,印成《算学名词审查组第一次审查本》征求意见。1924 年将一审意见编为二审本,翌年 8 月又编三审本,胡明复经历了这三次审本的具体组织工作。1925 年 11 月,他给裘的信中又提到:"算学名词拟另编中西文字典及索引。"[10] 这项工作因他不幸英年早逝曾一度停顿。1932 年,国立编译馆成立后,又将中国科学社起草、审查会通过的数学名词为蓝本,汇印成册,再交有关专家征求意见,说:"……将前由胡明复、姜立夫等拟定之数学名词初稿,做最后一次之决定,以便公布。"[7] 这就是咱们现在通用的数学名词的先期工作,胡明复为此付出了十余年的心血。

2、参与中学数学课程改革。1922 年 11 月,全国教育联合会"新学制课程标准起草

---

① 转摘自陆阳著:《胡氏三杰——一个家族与现代中国科学教育》,上海三联书店,2013:173,175,原载赵宪初:"缅怀我的老师胡明复博士"。上海文史资料选辑第 74 辑,1993:146-147。

委员会"请胡明复起草初中算学课程纲要。他根据该会规定的原则拟订《初级中学算学课程纲要》，提出初中算学科的教学目的："①使学生能依据数理的关系推求事物当然的结果；②供给研究自然科学的工具；③适应社会上生活的需求；④以数学的方法，发展学生论理的能力。"[8]这些教学目的体现了用现代数学的观点培养中学生，渗透着他对中国数学发展从基础数学教育抓起的期望。以此目的拟定数学内容，将初中算学各科混为一体，"以初等代数、几何为主，算术、三角辅之"[8]，采用混合教学法，是这次新学制改革的最大特色。根据该《纲要》编制的新学制初中算学教科书，1923年起由商务印书馆陆续出版。此外，他尽可能指导或参加学校的学术团体活动，除指导"大同理数研究会"外，1921年，他还给交通大学的学术团体讲演"Boolean algebra"。[10]1924年，商务印书馆编译所所长王云五还聘请胡明复兼任数学函授社主任[4]，他为此也做了不少工作。

以上工作，在胡明复看来，只是做了点"提倡和鼓吹科学研究的劳动"，"不过是开路的小工"。1921年4月13日，他在给裘冲曼的信中写道："……我等日日以提倡学术为号召，而自己于学术上不能有所贡献，不禁惭愧之至！"[1(9)]他还说："假使我们以现在科学社的职员社员地位为光荣，这便是我们的羞耻，中国科学前途的大不幸。"[1(8)]作为一名数学家，他对中国数学的感受尤为强烈，他期盼中国数学能与西方并驾齐驱，但谈何容易！当时中西方数学差距甚大，中国数学界的力量十分薄弱，想有一个起码的数学所，中国科学社几经酝酿，终未实现。想成立中国数学会，只仅仅是他理想中的事，他脚踏实地地为实现这一理想准备条件。胡明复逝世两年后，才有"中国数理学会"成立；8年后才成立"中国数学会"；逝世75周年后，国际数学家大会首次在中国举行，是中西方数学趋近的重要标志。

胡明复生长在中西方社会、科学、文化反差甚大，是刚开始走向融合的最初年代。中国留学生强烈的爱国意识与祖国现代科学严重滞后的冲突造就了他的人生。杨铨说："明复是一个极端富于矛盾性的人。……然而明复一生的痛苦与伟大都基于这种矛盾性。"[1(8)]他的主要矛盾反映在祖国前途与个人利益的冲突上。解决主要矛盾的方法以最终牺牲个人的一切为代价，成为在中国实践科学救国、教育救国的先驱，新文化运动的先遣人物之一。如前所述，为传播西方现代科学，实践现代教育，发展现代数学，他做了最大的努力，付出了太多的代价，荒废了自己的学业和学术研究。为支援资助科学、教育事业的发展，在生活上，他克勤克俭，节衣缩食，日夜操劳，几乎放弃了他所有的业余爱好，如他喜欢的长途步行，玩山水，聚野餐，听音乐等[1(4)]。休闲成了他的奢望。

在家庭中，他提倡自由恋爱，支持并尽力帮助他的姐姐胡彬夏推掉包办婚姻；同时，他又是一位孝子，为了不给父母和家人带来不快，他默默地忍受维持着"父母之命，媒妁之言"没有感情的家庭生活。常年一个人独居在外，饮食起居冷暖无人照顾，生活极度孤独[1(6)]。他的次子胡炎庚回忆说："……我们兄妹三人，从小一直随母在无锡乡间，与祖父祖母同住，仅父亲一人于叔、伯、婶母及堂兄妹等两家，合住在英租界九如里一幢石库门房屋内。与父亲一起生活一般仅在过春节放寒假阶段，受父亲教诲甚少。"[11]

胡明复长期在各种矛盾和痛苦中挣扎，他的精神完全寄托在事业上，用最诚实的劳动造福社会，为他人带来快乐。忙碌使他的老胃病日益加重，逝前又发现患有肺病[2]，身体已经耗损过大,非常虚弱。1927 年 6 月 12 日,他赶回老家无锡为婶母(胡雨人之妻)奔丧,出殡后于傍晚随堂兄胡宪生到村前的河中泗水解闷,由于体力难支,不幸溺水身亡! 他带着太多尚未实现的理想,太多的遗憾,匆匆撒手人寰,年仅 36 岁。

七、胡明复精神永存

胡明复英年遽逝,引起中国科学教育界深切痛悼,政府明令褒扬、纪念活动长达数年,这在中国科学教育史上无前例。下面摘引几段悼词和纪念活动片段,以此窥见逝者在有生之年,为发展中国科学教育事业的献身精神,从平凡中仍显其伟大的英雄本色。

1927 年 6 月 13 日上午,"大同"学生坐在教室静候,奇怪从不迟到的胡明复老师为什么久等不来了。当得知敬爱的老师已与他们永别时,悲恸难息! 大同大学最先举行追悼大会,悼词说:"惊悉我国数学家胡明复博士的死讯,国人识与不识,无不震悼逾常,……我们的明复博士……生在多事的中国,处处足以做他治学的障碍。然而,博士之所以伟大,就是在经过许多险阻、受了许多挫折,结果在极短的时间有极大的成就。他明知环境不许他安心去做研究的生活,但是他为社会服务之后,仍是不息的努力。究竟社会太恶劣了,使他心劳力瘁,36 岁就为科学为社会而牺牲。……我们不能不同声一哭!"[4] 经他倡导成立、精心扶植的"大同大学数理研究会"决定出版一部"胡明复博士纪念刊",会后积极进行筹备:由知名人士、他的好友胡适题写书名《明复》,吴在渊撰写发刊词,马相伯作序,收集了亲属和好友的悼念文章,和他的论文、遗著等,作为永久纪念。该纪念刊于 1928 年发行。

胡明复逝世后不足一个月,中华民国政府发布第 0421 号令,在报纸显著位置公开褒扬他的事迹。令文称:"……该故博士胡明复,尽瘁科学,志行卓绝,提倡教育,十年不倦,兹以泗水遇难,长才遽逝,悼惜良深,着大学院长于该校成立时,即将该故博士生平事绩,勒碑礼堂,永留纪念,以示政府提倡科学,爱惜人才之至意。此令 中华民国十六年七月九日。"[4]

1927 年 11 月,中国科学社召开第 12 次年会,专门安排半天在上海静安寺举行"追悼胡明复理事会"。主席张乃燕致辞说:"胡理事为本社最热心最努力之一人,功名利禄早已忘去,一身心血全注于提倡科学,研究学问。科学社之有今日,胥胡理事是赖,遽遭逝世,同人曷胜哀恸。"[9] 数学家何鲁的悼言与《科学》总编辑杨杏佛在"大同"追悼会的观点一致,认为:"明复之死为社会所杀,一则科学社与大同大学事务俱极乾苦,理事毕生精力消磨与此。《科学》杂志自开办迄今全为胡理事一手校对与标点;大同大学则为其每年在各校教授所得办成。二则政治不良,科学无发展之机,使明复向生于他国,早成为世界上之科学家。"[9] 杨杏佛痛悼说:"把一个富有创造天才的数学博士的时间精力牺牲在寻常杂志文字的标点校对工作上,这是中国科学社社员——尤其是我们与明复相知最久、在社中负责最重的几个人的罪过。明复却从来不曾说一句怨话,似乎并未考量这种工作是否值得他的努力。这种忘名无我的精神实是人类最高的道德,明复却无意中得之。"[1(8)] 任鸿隽说:"对于明复的死,应当痛惜的还有两点:第一是为学术惜。明复在算学上的造就，已经是很难得的了，倘使他能继续研究下去，准定可以在算学上有一点贡献，可惜他回国以后，便被教书和其他事务把他发明算学的机会完全断送了。这是一件最不幸的事！第二是为社会惜。我们晓得在现在的社会中，要找飞扬浮躁的人才，可算是车载斗量，但是要找实心任事，不务虚名的人，却好似凤毛麟角。如明复这样的人多有几个，不但社会的事业有了希望，还可以潜移默化，收一点移风易俗的效果。"[1(6)] 在1927 年的年会上，科学社还讨论了继续纪念胡明复的其他活动，推举杨杏佛、竺可桢、曹惠群 3 人为"明复纪念委员会"常务委员[9]。以后的纪念活动主要有以下三项：

1、编辑出版《明复博士纪念号》。即《科学》第 13 卷第6 期[1]，于 1928 年 6 月出版发行，内载有胡的博士论文和严济慈对该论文的分析，还有胡适、杨杏佛、任鸿隽、马相伯、曹惠群和胡的姊妹的纪念文章。其中，88 岁高龄的著名爱国老人马相伯（1840—1939）与他的祖父胡和梅同庚，他在"哀明复"的文章中，先约叙了与胡家几代人的交情，及少三兄弟的精明能干，文末说："……博士之丧。非天丧之，乃所宝爱之国人丧之欤？呜呼！丧乱将何时已耶？博士！博士！言至此，老夫实无泪以吊君矣。回思和梅公之明德，老夫益无泪以吊君矣。亦不哀荐，亦不尚飨，愿与国中系心科学者同声一哭，君有知，其听诸。"[1(5)]

胡明复墓

2、中国科学社对胡明复进行社葬。因胡明复生前曾盛赞："杭州以西湖风景胜，研究科学最好自然，故极相宜。"他的社友和兄弟便择定杭州西湖烟霞洞呼嵩阁东南端的一块墓地，用钢筋水泥砌墓，于 1929 年 7 月安葬。著名教育家蔡元培撰写碑文，杨杏佛作词，赵元任谱曲，作了一首"胡明复墓铭"，并演唱，其词曲如下：

3、将中国科学社的第一大建筑物命名"明复图书馆",留作永远纪念。该馆1929年11月2日奠基,孙科(字哲生,孙中山之子)在奠基典礼演说中说:"明复先生之精神,因图书馆而不朽,前途尤希望无穷。"[13] 1931年元旦举行开幕典礼,蔡元培说:"此馆纪念胡明复先生,因彼系本社最重要发起人,为本社牺牲极大,故本社第一次伟大建筑物即以纪念明复先生。"[14]明复图书馆建成后,数学家周美权将他收集、珍藏几十年的中、英、日文书刊总共546种、2 350册,悉数捐赠该馆。在馆内设一"美权算学图书室"。1935年中国数学会成立时,会址就设在"明复图书馆美权算学图书室"[15],供中国数学家研究学术,查阅资料,集会之用。

明复图书馆旧址①

数十年后,1991年元月,全国人大常委会副委员长、中国科学院院士、著名科学家严济慈(1901—1996),为纪念胡明复百年诞辰题写条幅:"开首哈佛博士,创始中国科学"。同年11月8日《科学》杂志编委会和上海科技出版社在上海卢湾区图书馆(明复图书馆原址)举行纪念胡明复诞辰100周年学术研讨会。当时的中国科学院副院长、《科学》副主编孙鸿烈主持会议,中国科学院科学管理与政策研究所的樊洪业,中国科学院自然科学史研究所的林文照,胡明复的学生赵宪初、王端骧、雷垣等,在讨论会上,就胡明复的爱国精神、治学态度、工作作风、学术成就等各方面做了学术报告、追忆阐述。出席会议的有:上海科协代表,胡明复的亲属,家乡无锡堰桥镇的代表,大同大学校友会,蔡元培、杨杏佛(杨铨)、任鸿隽的后裔等。讨论会持续三个多小时,始终洋溢着缅怀先辈、激励后人的学术气氛[16]。就在这一年,夏安、张祖贵写了几篇长文,向社会公众

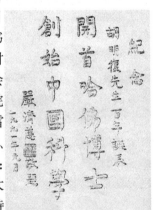

严济慈题写条幅

全面介绍了胡明复平凡而伟大的一生。又过了7年,1998年11月18日,上海市卢湾区人民政府在卢湾区图书馆举行"中国科学社明复图书馆旧址"揭牌仪式。全国人大常委会副委员长、中国科协主席、《科学》杂志时任主编周光召,中国科协副主席、上海市科协主席、《科学》常务编委叶叔华为旧址揭牌。谈家桢院士、卢湾区政府领导、胡明复的亲属等50余人参加。仪式上,当地政府宣布:在明复图书馆原址开辟"中国科学社社史展览室",借此向社会宣传老一辈科学家的业绩,弘扬科学精神,并向社会公众开放,成为青少年教育基地[17]。至今,在西湖畔的"胡明复墓",碑文及印章仍清晰可见。愿明复精神永存!

(2003年2月完稿,2013年9月修改并添加有关图片)

---

① 明复图书馆旧址,由安徽师范大学胡炳生(1937—)摄于1994年1月9日。

胡明复在中国科学社主办的《科学》前三卷发表的主要文章目录（题后括号内第一位罗马数字指卷号，第二位阿拉伯数字指该卷期号）：

1、万有引力之定律（Ⅰ,1）

2、算学于科学中之地位（Ⅰ,2）

3、近世科学的宇宙观（Ⅰ,3）

4、近世纯粹几何学（Ⅰ,3;5）

5、美国各大学中之外国学生（Ⅰ,3）

6、美国大学所授之博士学位（Ⅰ,5）

7、日斑出现之周期（Ⅰ,5）

8、教育之性质与本旨（Ⅰ,6）

9、伦得根射线与结晶体之构造（Ⅰ,8）

10、论近年派送留学政策（Ⅰ,9）

11、光之速率（Ⅰ,11）

12、空中之尘点（Ⅰ,11）

13、说虹（Ⅰ,12）

14、美国教育之发达（Ⅱ,1）

15、诵读与默读之比较（Ⅱ,2）

16、介绍新著:微分学理解上册,何鲁、段子燮著（Ⅱ,5）

17、科学方法论一（Ⅱ,7）

18、奇数（Ⅱ,8）

19、科学方法论二（Ⅱ,9）

20、磁学上最近之学说（Ⅱ,10;12）

21、美国算学会常年会记事（Ⅲ,1）

22、统计上世界算学名家之比较（Ⅲ,1）

23、近年美国出口货之奇增（Ⅲ,2）

24、几率论（Ⅲ,3）

25、彗星（Ⅲ,5;6）

26、最早之精确经度测定（Ⅲ,7）

参考文献

[1]胡明复博士纪念号.《科学》,1928,13(6);729-851.

  纪念号目录:

  (1)曹惠群.胡明复博士略传.729-730.

  (2)严济慈.胡明复博士论文的分析.731-740.

  (3)胡明复遗著.有周界条件之一次积微分方程式.741-784.

  (4)胡彬夏.亡弟明复的略传.810-820.

  (5)马相伯.哀明复.821.

  (6)任鸿隽.悼胡明复.822-826.

(7)胡适.回忆明复.827-834.

(8)杨铨.我所认识的明复.835-839.

(9)裘冲曼.我将如何不负明复所托.840-844.

(10)胡卓.中国胡明复与英国耶方斯.845-847.

(11)吴济时.挽胡明复博士诗.848.

(12)胡明复博士为科学撰文之索引.849-851.

[2]胡敦复.胡壹修先生行述.自印,1931.12:1-18.

[3]赵元任.从家乡到美国.上海:学林出版社,1997:104-106;111-116.

[4]张祖贵.中国第一位现代数学博士胡明复.《中国科技史料》,1991,12(3):46-53.

[5]任鸿隽.中国科学社社史简述.《中国科技史料》,1983,4(1):2-13.

[6]张友余.胡敦复传略.《中国现代数学家传(第三卷)》.南京:江苏教育出版社,1998:16-35.

[7]国立编译馆.《数学名词》.重庆:正中书局,1945年渝初版;上海:正中书局,1946年沪一版:
(1);(2).

[8]魏庚人主编.《中国中学数学教育史》.北京:人民教育出版社,1987:189;190;197;198.

[9]中国科学社第12次年会记事.《科学》,1927,12:1619-1621.

[10]交通大学校史编写组.《交通大学校史》.上海:上海教育出版社,1986:171;178.

[11]胡炎庚."毁家兴学,劳怨不辞."《大同大学校友通讯》,1986,(总6):1.

[12]杨铨、赵元任.胡明复墓铭.《科学》,1930,14:853.

[13]明复图书馆奠基礼记.《科学》,1929,14(4):603.

[14]中国科学社明复图书馆开幕并举行书版展览会.《科学》,1931,15(3):473.

[15]任南衡、张友余.《中国数学会史料》.南京:江苏教育出版社,1995:39-48.

[16]简讯.《科学》,1992,44(1):59.

[17]韦禾."中国科学社明复图书馆旧址"揭牌.《科学》,1999,50(1):16.

附一:胡明复研究文献

胡明复研究文献一:

胡明复:美国算学会常年会记事

本社第一次常年大会既竟之翌日①,美国算学会亦开常年大会于哈佛大学。哈佛去本社开会地点仅二十余英里,一小时许车程可达。记者方肆业哈佛,又专算学,且值本社年会甫毕,急欲一观美国学社开会之条理与精神,以得与本社相比较,故决与会焉。

美国算学会为专门研究算学而设,成立已近二十年。会员类皆各校算学教授,或与算学直接或间接有关系者。其会每年开常年大会一次,会中宣读各处会员或非会员呈进之算学文件。又每四年开宣讲会一次,由会中选请一二专家,专讲一二要题。今年适为宣讲会,前后共五日,首二日宣读论文,后三日由 G. C. Evans 及 Oswald Veblen 两氏各演讲五次。演讲之题为 Topics from the theory and applications of functionals, including integral equations 及 Analysis situs。

其会之最堪注意者,为其论文呈进之多,计前后共有四十余篇。回顾吾社范围虽较广甚,而论文呈进之数,乃仅有四。相形之下,不觉自惭。然有不可不察者,即美国算学会为算学教师所组织,其社员类皆能为高深之研究,而其会员人数且达四五百以上,则其常会之有四十余篇论文者,亦其所宜。吾社则草创未久,社员虽亦有百八十人之谱,然多半尚在肄业时代,不能为独立高深之研究。其在本国者,以无图书馆及实验室,亦不能有所著述。则四篇之数,已不得谓少。所深望者,第二次常年大会时,能数倍此数耳。就开会之精神言,则吾社未尝少逊于美国算学会,而热心则过之。此尤为可贺者。(明)

注①:本社指中国科学社。本社常年大会之翌日是 1916 年 9 月 4 日。

(原载:中国科学社主办.《科学》.1917,3(1):90-91)

胡明复研究文献二:

胡适:回忆明复(摘抄)

宣统二年(1910)七月,我到北京考留美官费。那一天,有人来说,发榜了。我坐了人力车去看榜,到史家胡同时,天已黑了。我拿了车上的灯,从榜尾倒看上去(因为我自信我考的很不好)。看完了一张榜,没有我的名字,我很失望。看过头上,才知道那一张是"备取"的榜。我再拿灯照读那"正取"的榜,仍是倒读上去。看到我的名字了!仔细一看,却是"胡达",不是"胡适"。我再看上去,相隔很近,便是我的姓名了。我抽了一口气,放下灯,仍坐原车回去了,心里却想着,"那个胡达不知是谁,几乎害我空高兴一场!"

那个胡达便是胡明复。后来我和他和宪生都到康南耳大学(Cornell University),中国同学见了我们的姓名,总以为胡达胡适是兄弟,却不知道宪生和他是堂兄弟,我和他却全无亲属的关系。

……

到了绮色佳(Ithaca)之后,明复与元任所学相同,最亲热;我在农科,同他们见面时很少。到了 1912 年以后,我改入文科,方才和明复元任同在克雷登(Prof. J. E. Creighton)先生的哲学班上。我们三个人同坐一排,从此我们便很相熟了,明复与元任的成绩相差最近,竞争最烈。他们每学期的总平均总都在九十分以上;大概总是元任多着一分或半分,有一年他们相差只有几厘。他们在康南耳四年,每年的总成绩都是全校最高的。1913年,我们三人同时被举为 Phi Beta Kappa 会员;因为我们同在克雷登先生班上,又同在一排,故同班的人都很欣羡;其实我的成绩远不如他们两位。1914 年,他们二人又同时被举为 Sigma Xi 会员,这是理科的名誉学会,得之很难;他们两人同时已得 Phi Beta Kappa 的"会钥"又得 Sigma Xi 的"会钥",更是全校稀有的荣誉。(敦复先生也是 Ø. B. K. 的会员)。

……

那时候我正开始作白话诗,常同一班朋友讨论文学的问题。明复有一天忽然寄了两首打油诗来,不但是白话的,竟是土白的。第一首是:

纽约城里,

有个胡适,

白话连篇,

成啥样式!

第二首是一首"宝塔诗"：

痴！

适 之！

勿 读 书，

香 烟 一 支！

单 做 白 话 诗！

说 时 快，做 时 迟，

一 做 就 是 三 小 时！

我也答他一首"宝塔诗"：

咦！

希 奇！

胡 格 哩，

勔 我 做 诗！

这 话 不 须 提。

我 做 诗 快 得 希，

从 来 不 用 三 小 时。

提 起 笔 何 用 费 心 思，

笔 尖 儿 嗤 嗤 嗤 嗤 地 飞，

也 不 管 宝 塔 诗 有 几 层 儿！

这种朋友游戏的乐处，可怜如今都成了永不回来的陈迹了！

（原载：中国科学社主办.《科学》.1928,13(6):827-834）

胡明复研究文献三：

杨铨：我所认识的明复（摘抄）

明复是一个极端富于矛盾性的人，这句话明复的兄弟姊妹与许多朋友或未必肯承认。然而明复一生的痛苦与伟大都基于这种矛盾性。他自己布衣粗食，刻苦耐劳，日夜工作几乎没有一点娱乐和休息，但是他对于朋友及公共事业却十分慷慨，从不吝啬。

……人类——尤其是中国的人类，都是富于矛盾性的，我说明复也富于矛盾性，必定有人替他不平。但是我们要知道世界的光明与黑暗都是由人类矛盾性产生出来的。口仁义而心盗跖，终日提倡精神文明东方道德而自己却沉酣于贪污嫖赌之中是一种矛盾性，摩顶放踵以利天下，自己刻苦而希望别人有优美生活，物质享用也是一矛盾性。世界的黑暗与罪恶都是富于第一种矛盾性的伪君子所造成，世界的光明与幸福都是富于第二种矛盾性的牺牲者的结晶。许多人舍己为人是受了好名心的驱使。"三代以下惟恐不好名"我们对于这些有功人类的圣贤当然表示十分的敬仰。但是明复的牺牲却是完全出于天性，不但不是为名，常常与求名背道而驰。做文字在杂志上发表，在许多人看来总算是一件出风头的事，而替人家标点校对文字也总算是一件最麻烦最无名的事。科学杂志编了十几年,明复至死始终担任一切文字的标点校对,忙到连自己提笔作文的时间都没有。明复回国以后几乎没有著作,这便是他不能著作的一个最大原因。把一个富有创造天才的数学博士的时间精力牺牲在寻常杂志文字的标点校对工作上,这是中国科学社社员——尤其是我们与明复相知最久在社中负责最重的几个人的罪过。明复却从来不会说一句怨话,似乎并未考量这种工作是否值得他的努力。这种忘名无我的精神真是人类最高的道德,明复却于无意中得之。

明复在科学社中还担任一件最繁琐最不受人欢迎的事便是理事会会计。"富家好当,穷家难当"穷学社的会计当然不是容易做的。科学社十余年来由十几个学生每人每月捐美金伍元,维持到政府每月补助一二千元的经济,都是他一手处理惨淡经营。在四五年前西湖年会开会的时候,明复与我观得科学社的精神日渐退化,理事会的职员年年选举几乎固定了总是叔永、明复和我三个人,便与叔永商量,三个人同时坚决表示以后不再担任理事会的职员。自此以后理事会每年添了许多新职员。我与叔永的职务本来不很重,辞去了多少,当然也增加了些闲暇与自由,只是明复虽然辞了会计的名义,实际上的责任与工作并不会减轻。明复服务科学社的热心毅力十余年如一日,惟有意料之外的死才使他中道脱卸仔肩。诸葛武侯说,"鞠躬尽瘁,死而后已"。明复对科学社足可当此八个大字。不过科学社究竟是什么东西,在现在人们眼中值得什么,在将来的历史上又值得什么? 这些问题明复与我们都不管,也从不会想到。明复常同我说,我们不幸生在现在的中国,只可做点提倡和鼓吹科学研究的劳动,现在科学社的职员社员不过是开路的小工,那里配称科学家,更谈不上做科学史上的人物。我说中国的科学将来果能与西方并驾齐驱造福人类(这不单指物质的幸福,不要误会我是只拿唯物眼光来定科学的价值)便是今日努力科学社的一班无名小工的报酬。假使我们以现在科学社的职员社员地位为光荣,这便是我们的羞耻,中国科学前途的大不幸。明复对我所说的话完全同意,但是科学社这种无名的工作却累了明复的一生。人们处在烦闷与痛苦的环境中唯一的解脱便是远游。明复自归国以后年年抑郁忧伤,辛苦憔悴,做他与人无争与世无求的苦工。他唯一的目的希望即在储蓄些旅费至穷荒绝域作汗漫游,恢复他精神上的自由。但是两根链条,——中国科学社与大同大学,——紧紧地将他拴住至死不放。

明复的嗜好很少,他最喜欢的是音乐,旅行与同少数很相知的朋友谈话。胡氏兄弟都好谈话,刚复是逢人便谈,敦复则人谈始谈,独明复是择人而谈。在大庭广众中明复常常静默寡言不作普通应酬话,但是一遇到朋友讨论学术问题的时候,他便滔滔不绝高谈雄辩。我们常常在九如里口,(明复昆仲寓址)夜深告别的时候,不知不觉的立谈至一二小时之久,害的许多人力车夫跑拢来抢生意,白白的侯了许久不见动静,十二分不高兴的跑开去。这许多快乐的地点现在几乎都成了畏途。

十七年,十一月二十日

(原载:中国科学社主办《科学》,1928,13(6):835-839)

附二:胡明复攻读博士学位考

钱永红　张友余

胡明复(1891—1927)是中国科学社和《科学》杂志的创建人之一、中国第一位数学学科博士(Ph. D.)。胡明复是何年进入美国哈佛大学研究生院攻读博士学位的?他的博士指导教师究竟是谁?二十多年来,这两个提问一直是国内学界热议的话题。一些学者认为胡明复康奈尔大学毕业后,1914年就与赵元任同去哈佛读博,胡的博士指导教师是奥斯古德和博歇。然而,从我们多年收集到的原始史料来看,事实并非如此。现将我们的考证公布于此,提请专家、读者共同探讨。

1917年5月,胡明复在哈佛完成了博士论文"具有边界条件的线性积分——微分方程"(Linear Integro-Differential Equations with a Boundary Condition),且于当年12月28日,将该文提交给了《美国数学会汇刊》(Transactions of the American Mathematical Society)。在论文首页脚注,胡明复写道:"本论文所处理的问题是霍尔维茨教授首先建议的,对他、对博歇教授经常的帮助、建议和批评深表谢意。"(英文原文:The problem treated in this paper was first suggested to me by Professor W. A. Hurwitz, to whom, and to Professor M. Bôcher, I tender my grateful acknowledgment for constant help, suggestions, and criticisms)

W·A·霍尔维茨(Wallie Abraham Hurwitz,1886—1958),美国数学家。1906年获密苏里大学文科学士和理科学士后,即入哈佛大学研究生院深造。一年后,他先获哈佛文科硕士(A. M.)学位,后得谢尔登旅行奖学金,赴德国哥廷根大学留学,师从希尔伯特(David Hilbert,1862—1943)研究数学,于1910年获哲学博士学位。1910年起,霍尔维茨一直服务于康奈尔大学,先后任讲师(1910年)、助理教授(1914年)、教授(1924年)和荣誉教授(1954年)。他于1915年发表了"一阶混合线性方程"(Mixed Linear Equations of the First Order)论文。1918年前后,霍氏成为《美国数学会汇刊》的编委之一。

M·博歇(Maxime Bôcher,1867—1918),美国数学家。生于波士顿,早年接受极为良好的教育,且获得不少很有声望的奖学金。哈佛大学毕业后,他留学德国哥廷根大学,师从克莱因(Christian Felix Klein,1849—1925),1891年获得哲学博士学位。1892年回哈佛大学任教至终。博歇兴趣广泛,主要研究线性微分方程、高等代数和函数理论。他也是《美国数学会汇刊》的编委之一。1935年,商务印书馆出版发行的由胡敦复、范会国和顾澄合作翻译的博歇专著《积分方程式之导引》(An Introduction to the Study of Integral Equations),以及由吴大任翻译的博歇专著《高等代数引论》(Introduction to Higher Algebra)两本中译本,深受民国大学师生的欢迎。

1910—1914年,胡明复与赵元任为康奈尔大学文理学院同班同学,一起攻读数理课程,数学成绩同列全班前茅。他们在康奈尔的数学老师就是霍尔维茨。根据《赵元任早年自传》(2013年广西师范大学出版社)记载,霍尔维茨在1912年教授过他们"有限群论"(Theory of Finite Groups)。霍尔维茨还是中国留学生何运煌(1892—1920)的数学老师。1914年,何运煌在康奈尔大学主攻数学,1917年获学士学位,旋即攻读该校博士学位。1920 年 2 月,何不幸染上当时美国流行的"西班牙瘰症",英年早逝。何的博士论文完成了一半,其导师霍尔维茨深感痛惜,后将其遗稿交于《美国数学杂志》发表。

1932 年,我国代表熊庆来、许国保、李达赴瑞士苏黎世出席第九届国际数学家大会,当时在柏林留学的许国保,是作为交通大学代表参加的。会后,许国保在《交大季刊》第 13 期(科学号)写过一篇题为"出席万国数学学会之经过"的纪实报道,其中第四节"开会之情形"有如下记述:"……移时名家 Hilbert 氏到,群趋瞻仰,我国代表,由 Hilbert 之学生美人 Hurwitz 介绍,亦与略谈。Hurwitz 氏曾为本校已故教授胡明复先生之师,与之谈及胡先生逝世种切,亦为惋惜不置。"

上述摘引的史料文献,特别是胡明复在自己博士论文脚注的"致谢",已明确表明 W·A·霍尔维茨是他的指导老师,另一位是 M·博歇。博歇是当时美国著名的数学家,他和奥斯古德均为美国大学数学由单纯的教学型转为研究型时期的代表人物。

W·F·奥斯古德(William Fogg Osgood,1864—1943),美国数学家。1886 年,哈佛大学毕业后,奥斯古德到德国哥廷根大学,随克莱因学习两年,后转入埃朗根(Erlangen)大学,在著名女数学家 A·E·诺特的父亲 M·诺特(Max Noether,1844—1921)的指导下,于 1890 年获得哲学博士学位。他参与了克莱因主编的《数学百科全书》的编纂。回美国后,一直在哈佛大学任教至终。1918—1922 年期间,奥氏是哈佛大学数学系主任。1934—1936 年期间,奥氏还曾在中国北京大学数学系讲学两年。

博歇和奥斯古德在哈佛大学,借鉴哥廷根大学数学系的办学经验,努力培养数学研究型人才,使哈佛最早成为美国的数学研究中心。奥斯古德于 1904 年当选为美国国家科学院院士,1905—1906 年当选为美国数学会主席;博歇也于 1909 年当选为美国国家科学院院士,1909—1910 年当选为美国数学会主席。

胡明复入读哈佛大学时,该校的数学研究已经很发达了。但没有充分证据说明奥斯古德是胡明复的博士指导教师。根据早期的史料记载,比较可靠的证据是胡明复 1914 年在康奈尔大学获得学士学位后,直接考入康奈尔大学研究生院,在 W·A·霍尔维茨指导下攻读博士学位,但霍氏当时还是助理教授,他推荐胡明复于 1916 年转入哈佛大学研究生院,接受博歇的指导,完成博士论文,最后由哈佛大学授予哲学博士学位。胡明复的博士论文 1918 年 10 月在《美国数学会汇刊》发表时,博歇已于 1918 年 9 月 12 日病逝,年仅 51 岁。根据胡明复的"致谢"推测,其论文更多的得益于霍尔维茨的具体帮助,而博歇的指导是关键性的,至关重要的。

为什么说胡明复是 1916 年到哈佛大学呢? 有如下依据:1916 年 6 月间,时为《科学》杂志总编辑的杨铨在康奈尔大学作诗一首寄给已去哈佛的胡明复,诗曰:

> 自从老胡去,这城天气凉。
> 新屋有风阁,清福过帝王。
> 境闲心不闲,手忙脚更忙。
> 为我告"夫子",《科学》要文章。

"夫子"是指赵元任。赵元任随即和了一首：

> 自从老胡来，此地暖如汤。
> 《科学》稿已去，夫子不敢当。
> 才完又要做，忙似阎罗王。
> 幸有辟克匿（野餐），社友还可大大乐一场。

　　根据胡适 1928 年为《科学》杂志"胡明复博士纪念号"所撰"回忆明复"一文记述，以上两诗作于 1916 年 6 月。从内容分析，胡明复此时才去哈佛不久，且没有与赵元任同时到哈佛，赵先到，胡后去。

　　其次，赵元任也非于 1914 年去哈佛读博。《赵元任早年自传》一书有记载：直到 1915 年 9 月 10 日，赵元任才开始"在哈佛的三年生活"。他回忆道："在哈佛的第一年，我一个人住在哈佛广场教堂街与麻州道交叉点的'学院寄宿舍'。一年后，在康奈尔和我住同房间的胡明复也来哈佛，于是我和他搬到牛津街波京斯馆（Perkins Hall）七十七号房。"

　　再者，胡彬夏 1928 年在"亡弟明复的略传"文章中也说胡明复"入哈佛大学研究院专攻数学，二年取得博士学位"，他"在哈佛之年期最短，且为第一个中国学生在哈佛得到（数学）博士学位者。"

　　综上所述，胡明复应该是 1916 年到哈佛大学攻读博士学位的，康奈尔大学的霍尔维茨和哈佛大学的博歇是他博士论文的指导老师。

（2015.3 完稿）

第五篇　中国数论的倡始人杨武之

一、回忆杨武之——陈省身教授访谈录

1996 年 5 月,著名数学家陈省身、吴文俊等应贵州省数学会邀请赴黔访问讲学。我有幸受到约邀,前去聆听两位大师的报告。并借此机会,继续 1995 年在清华大学参加纪念中国数学会成立 60 周年会议时对陈省身教授的采访。

5 月 23 日下午,两位大师与贵阳市一中的师生见面后,陈老留在休息室内休息,由于控制极严,我在人群中钻空挤到陈老跟前,但说了几句话便被制止。陈老看出我的心思,决定让我随车到他下榻的宾馆去。采访即在宾馆会客厅进行,气氛随意而融洽,在场的还有郑士宁师母及《中国现代数学家传》编辑部成员严

张友余(右)访问陈省身[1]

瑜。陈老对我的提问很感兴趣,认真思索,细叙半个多世纪以前的往事,我们谈话的主题是杨武之先生的事迹及关于中国数学史的研究。

张:今年是杨振宁的父亲杨武之先生诞辰 100 周年。杨武之是您的老师,过去您曾多次提到他。为纪念已故先辈,想请陈老较详细地介绍杨武之的有关情况以及他的贡献。

陈:杨武之先生(1896—1973),安徽合肥人。1928 年在美国芝加哥大学获得博士学位。他是当时美国著名的代数、数论专家狄克逊(L. E. Dickson,1874—1954)的学生。杨先生主攻数论方面的堆垒问题,是我国代数数论领域的第一个博士学位获得者。杨先生获得博士后即回国,先在厦门大学教书,以后才到清华。我到清华时,他已经是那里的教授。清华大学早期有关代数数论方面的课程,都是杨先生开,我入研究院后,曾选读他开的"群论"课。华罗庚到清华,最早就是跟杨先生学习研究初等数论,发表了十多篇这类内容的论文,杨先生看出华罗庚是一位很有发展前途的青年,不久就鼓励他研究当时新发展的解析数论,鼓励他向新的方向进攻;以后又支持帮助他到英国剑桥大学,去跟随名师哈代(G. H. Hardy,1877—1947)深造。那时的剑桥大学是世界解析数论研究的中心之一,华罗庚去剑桥进修两年,经世界名师指点,进步很快。不出所料,几年后就写出了具有世界先进水平的《堆垒素数论》。

---

①　访问照片,1995 年 5 月 21 日周肇锡摄于清华大学。

张:1941 年,华罗庚著的《堆垒素数论》送交教育部申请国家奖励金。两位评审专家现已查明一位是熊庆来,另一位很可能是何鲁。杨武之是专门研究数论的博士,为什么没有直接参加评审?

陈:我的猜想,因为杨武之是清华的,与华罗庚同在一个系,属推荐单位,评审人员可能需要请本单位以外的专家。那时熊庆来是云南大学校长,何鲁是重庆大学教授。华罗庚获奖后,我们新中国数学会在西南联大专门为此开了一个小型庆贺会,记得杨先生好像参加了这个庆贺会,当时他是西南联大数学系的系主任。

张:杨先生对您主要有过哪些帮助?

陈:我在清华读研究生时,数学系最活跃的两位教授是孙光远和杨武之,我主要是跟孙先生学几何,选读杨先生的课。与杨先生接触最多的是 1934 年前半年,那时,我的导师孙光远被南京的中央大学请走了,系主任熊庆来正在法国进修,杨先生代理清华数学系主任。我毕业和出国的选择等问题,常去找杨先生商量。我是清华数学研究所的第一个毕业生,大概也是中国授予的第一个数学专业的硕士生,杨先生帮助我办理了毕业和学位授予的手续。毕业后,我得到清华公费留学两年资助,清华公费留学一般是派往美国,我希望去德国,继续跟已经熟悉的布拉希克(W. Blaschke, 1885—1962)学习。布氏1932 年曾应邀来北京大学讲学,是一个很有创见的几何学家,是当时德国汉堡大学的几何教授、德国几何学的领袖。我去德国的想法得到杨先生的积极支持,我第一次出国没有经验,在申请改派和办理出国手续中,杨先生帮了很多忙,他是我那时在学校里最可靠的朋友。

去德国汉堡读博士的决策,对我后来的学术发展影响很大,是一个明智的选择。1962 年,杨先生和师母去日内瓦和振宁小住,我专程从美国去看望他们,杨先生送我一首诗:

> 冲破乌烟阔壮游,果然捷足占鳌头。
> 昔贤今圣遑多让,独步遥登百丈楼。
> 汉堡巴黎访大师,艺林学海植深基。
> 蒲城身手传高奇,畴史新添一健儿。

诗中提到的就是 1934 年去德国汉堡,两年后又转到法国巴黎继续研究,为我后来的发展打下了坚实的基础。

此外,杨先生还促成了我和士宁的婚姻,使我一生有个幸福的家庭,成为我在数学研究中取得成就的重要保障。

张:您和华罗庚都是世界著名数学家,年轻一代世界知名的陈景润,是杨武之的学生华罗庚和闵嗣鹤的学生,与杨武之的教育可以说有间接关系。他的儿子杨振宁又是诺贝尔奖金获得者。因此,我认为杨武之先生是我国 20 世纪育才成就极卓著的一位数学教育家。

陈:杨先生确实培养了不少杰出的人才,代数、数论方面有成就的还有柯召、段学复等,他们都是杨武之的学生。从 20 年代末到 40 年代末,清华大学数学系的学生,差不多都受过杨先生的教育,他教书教得很好,人缘也好,对学生很负责任,不仅在学业上,其他各方面都很关心,学生们把他当成可靠的朋友,遇事愿意去找他商量或帮忙。

杨先生最早学习研究初等数论,发表过有价值的论文。他后来的工作,偏于教育方面。在中国当时的环境,这个选择是自然而合理的。他的洞察力很强,善于引导学生创新,鼓励支持他们到世界研究的前沿去深造,去施展他们的才能。迈出去这一步,不少青年都得到过他的指点帮助,经他培养教育过的学生中,后来有杰出成就的很不少。

抗战前夕,熊庆来到云南大学当校长,他接替了清华数学系主任的职务一直到1948年,同时还兼任清华数学研究所的主任。在工作中,他善于团结同事、知人善用。特别是抗日战争期间,他担任内迁设在昆明的西南联大数学系主任多年,这个系云集了清华、北大、南开三所学校的十多位教授,当时中国最好的大部分数学教授都聚集在这里,下面还带有一批很聪明能干的讲师、助教。在战争环境中,条件异常艰苦,系主任杨先生巧妙地将大家凝聚在一起。让年长一点的教授上基础课,把好教学质量关;支持正处于发展开拓时期、刚留学归国、30岁左右的几位年轻教授,带领一批讲师助教和部分高年级学生,组织各种学术讨论班,研究世界前沿的数学问题。虽然战时的昆明信息闭塞,但有我们刚从国外带回的最新资料,充分发挥人脑的思维作用,人尽其才,大家搞数学研究的热情依然很高。几年中取得的科研成果是西南联大各学科中最突出的,有些成果超过了战前水平,华罗庚、许宝騄就是其中的佼佼者,在他们的带领下,还锻炼培养了一批青年。

杨先生在清华大学、西南联大数学系任教授、当系主任几十年,通过他的学术水平、教育才能和组织才能,培养出的学生后来在学术上、教学上超过他的人才不少,他的这些学生对中国数学的发展起了很大的作用。杨武之是一位杰出的数学教育家,确实值得纪念!

张:过去对杨武之的事迹宣传很少,多数人仅知道他是杨振宁的父亲、一位数学教授,对于他的业绩知道的人不多。值此纪念杨武之诞辰100周年之际,我们很希望能够见到一本纪念杨武之的文集出版,总结他的教育经验,以促进我国21世纪数学教育事业的发展。

陈:这是一件好事,最近我会见到振宁,可以和他谈谈此事。谁来任主编较合适呢?不知段学复先生的身体怎样?如果段先生能够出面牵头比较合适,再找其他人帮助做具体工作。研究一下约稿的内容和对象,我还可以写一点。

张:最近十多年来,您多次向我国数学界建议要重视数学史的研究。20世纪即将结束,很希望听听您关于开展20世纪中国数学史研究的指教。

陈:数学史研究是一项重要的工作,并不容易。它的一个重要条件,是工作者须有广博的学问,举例如次。例一,何以希尔伯特(Hilbert)伟大?除了他的专长,如积分方程(Hilbert空间),代数数论,几何基础等外,他能解决其他方面最基本的问题,如狄利克雷(Dirichlet)原理(椭圆方程的基本存在定理),华林(Waring)问题等。例二,哈代(Hardy)喜欢提出如下的问题:比较拉格朗日(Lagrange)与拉普拉斯(Laplace)何人伟大?这样的问题有意思,因为作者需要了解两人的工作。

什么东西发展都有一个历史的程序,了解历史的变化是了解这门学科的一个步骤。数学也是这样,中国人应该搞具有中国特色的数学,不要老跟着人家走。发展中国数学,我觉得最关键的一点是如何培养中国自己的高级数学人才,世界一流水平的人才。总结20世纪,了解这个世纪中国数学家成长的道路,现代数学在中国发展成功的经验。写数学家传是一个重要方面,还可以选一些好的专题进行研究。譬如:清华大学数学系早期培养人才的经验,留法学生对中国数学发展的贡献等,也可以考虑编一本论文目录。不一定什么都写,典型的专题研究会有好的借鉴作用。现在已经有一些优秀青年数学家回到国内服务,南开就有几个,他们的工作很出色。有个陈永川,回国后办了一份杂志叫《组合年刊》(英文),由德国斯普林格(Springer)出版社出版,质量很高,这将有利于中国组合数学走向世界。还有张伟平等,都不错。他们30岁出头,很年轻,是中国21世纪数学发展的希望。

谈话间,郑士宁师母有时也补充几句,偶尔伴随两句笑语,其乐融融。不觉过了规定的访谈时间,接待人员进屋示意。面对这位为发展中国数学事业不辞辛劳满头银发的长辈,我不禁又补充了几句。

张:陈老,您和郑士宁师母都已是80多岁高龄,近年您的腿脚又不甚方便,为了中国数学事业的发展,你们每年仍然奔波于美国、中国之间,做了大量工作,培养了众多人才,你们的爱国深情,给我们做了好的榜样。我想中国的子孙后代是不会忘记的,您的功德将永载史册。

陈:每年好像都有许多事情等着我回来办。我愿意尽最大努力,为中国数学的发展,多做点可以办到的实事。数学工作是分头去做的,竞争是努力的一部分。但有一原则:要欣赏别人的好工作,看成对自己的一份鼓励,排除妒嫉的心理。中国的数学是全体中国人的。中国在21世纪成为数学大国是很有希望的!

(原载《科学》,1997,49(1):46-48)

附段学复院士回信

1996年12月24日,我将《回忆杨武之——陈省身教授访谈录》一文的校样寄段学复院士。信中说:我们这些晚辈很希望读到一本纪念杨武之先生的文集,以激励后学。陈省身先生很支持此事,有意请段老主编,完成此一任务。1997年2月14日,段老给我回信,有关内容摘抄如下:

友余同志:

......

关于结合清华大学数学系建系70周年,为纪念杨武之老师诞辰100周年出本纪念文集的事情,我已向清华数学系有关同志谈过,他们正在积极准备利用春节假期召集在京毕业校友开一次会,特别注意过去听过杨武之老师的课,接触较多,身体较好,多已离退休而有时间多做些有关具体工作的半老同学。

陈省身先生的意见,我想杨振宁、振汉两位先生也会同意的,由我出面牵头抓这件事,由于我个人深受杨师培育之恩,纵有困难,义不容辞。除清华数学系有关同志及毕业校友外,陈先生及杨振宁、振汉两弟兄的意见是至关重要的,你的大力协助,提供有关杨师材料的预印件,也是很有帮助的。要联系的人怕不少,在北京的庄圻泰、柯召两老我已打过电话告知。现在在国外的,有田方增、万哲先两位,在国内外地的,至少有在大连的徐利治先生,在国外或国内外地的,可能还有一些人待大家补充。

顺问春节愉快

新的一年工作开展顺利

段学复

1997.2.14

二、杨武之先生年谱(第二稿)

(第一稿前言)

今值 1997 年清华大学应用数学系成立 70 周年之际,缅怀 1929 年—1948 年任该系教授的老系主任杨武之先生,在当年清华大学算学系这块沃土上,以他的爱国、敬业、创新精神,团结同事,培育出了 20 世纪中国的数学大师,世界一流的数学家,华裔诺贝尔奖金获得者等业绩。令人鼓舞、怀念! 现收集整理出他的年谱,介绍其生平,以资纪念。

以下是第二稿全文

1896 年　1 岁

1896 年 4 月 14 日(清光绪二十二年三月初二),杨武之出生于安徽省合肥县,原名克纯,字武之,是家中长子。父亲杨邦盛(1862—1908),是清末秀才,长年游幕在外,母亲王氏患肺病经常卧床不起。杨克纯有一弟,名克岐,字力瑳(1898—1979)。家庭环境使克纯从小养成照顾母亲,爱护、帮助弟弟、关心他人的好品德。[1]873

杨武之

1905 年　10 岁

杨克纯母亲病故。[1]874

1908 年　13 岁

父亲去奉天另谋职业途中,在沈阳旅店染上鼠疫,不幸逝世,时年杨克纯才 13 岁。父母双亡后,兄弟俩由仲叔父母抚养。由于寄人篱下,家境艰难,自幼知道发愤苦读,自立自强。[1]873,[4]

1914 年　19 岁

夏,杨克纯在安徽省立第二中学(现合肥市第九中学)四年制毕业。[1]874

秋冬,中学毕业后,杨克纯有兴趣学京剧,后见京剧流派甚多,没有得力关系难有成就。亲戚劝他参军习武,他便只身去武昌军校受训,又见军队腐败盛行,遂返回家乡,下决心复习功课,上大学学习科学。[27]50

1915 年　20 岁

夏秋,杨克纯到北京报考免费的北京高等师范学校(现北京师大前身),被新设立的数理部录取。学制为:预科 1 年,本科 3 年(实为专科程度)。杨克纯是北京高师数理部的第一期学员。这里的主要数学教授都是早期留日、留美的数学家、北大教授冯祖荀、秦汾、王仁辅等在这里兼职,教现代数学。[2]5

1916 年　21 岁

10 月 27 日,在数理部主任和冯祖荀教授等的倡导、支持下,以学生为主体的"北京高等师范学校数理学会"成立。学会以研究数学物理、增进学识、联络感情为宗旨。杨克纯参加了该会。[5]

1917 年　22 岁

10 月 15 日,北京高师数理学会发起创办《数理杂志》,以阐发数学物理上之知识为宗旨。10 月 15 日选举编辑,杨克纯当选为 4 位编辑之一,负责筹备杂志的出版。[5]

1918 年　23 岁

4 月 27 日,《数理杂志》正式创刊,以高质量的文章引起学界的重视。该刊后来传到日本,成为"五四运动"前后我国最有影响的数理刊物。[2]5

1919 年　24 岁

5 月 4 日,北京学生为抗议当时的巴黎和会勒逼掠夺中国领土,提出"外争主权、内除国贼"的宣言口号,联络各校在天安门前举行集会和游行示威。杨克纯的同班同学匡日休(字互生)、刘家镏(字薰宇)、周馨(字为群)等参与了这次群众行动的策划。匡日休在当晚亲手放火"火烧赵家楼",第二天,北京学生宣布罢课,成为震惊中外的"五四运动"。杨克纯经历这次运动,受到深刻的爱国主义教育。当时流行的一首歌伴随了他一生。歌词是:中国男儿,中国男儿,要将只手撑天空,长江大河、亚洲之东,峨峨昆仑……古今多少奇丈夫,碎首黄尘,燕然勒功,至今热血犹殷红。他以后将这首歌教给他的子女,教育下一代,随时准备报效祖国。[2]6

6 月 18 日,杨克纯的处女作《约数与倍数》,在《数理杂志》总第 3 期第 35-38 页发表。[15],[5]

夏,北京高师数理部第一期本科生共 28 人毕业。和杨克纯同期毕业的除匡日休、刘家镏、周馨外,还有汤璪真、靳荣禄、杨明轩(原名杨荃骏)、张鸿图等,他们是在中国本土接受现代科学教育的第一代中国大学生。[2]263北京高师的这些毕业生,不仅具有现代科学知识,还学到了现代教育思想和教学方法。刚从大学毕业的杨克纯,爱国心强,学业上乘,兴趣广泛,爱踢足球、打篮球、唱京戏、下围棋等。[13]283

秋,受老同学蔡荫桥之聘,杨克纯回合肥母校——安徽省立第二中学任教,同时担任舍监(即训育主任)。[1]874

1920 年　25 岁

在合肥与同乡罗孟华女士结婚,这是幼年时由父母订下的婚事。罗文化不高,然二人伉俪之情甚笃,共同养育了四子一女。[27]51

1921 年　26 岁

杨克纯在省立二中,行使训育主任工作职责,对不遵守校规的纨绔子弟严加管束,引起少数人蓄谋闹事,扬言要打死他。在当时政治腐败的情况下,闹事者得不到制裁。杨克纯愤而离开合肥,到省府安庆市省立安庆中学教书,同时发愤攻读,准备应考出国深造。[1]874

1922 年　27 岁

10 月 1 日,长子在合肥老宅(现合肥市安庆路 315 号)出生。因杨克纯当时在安庆任教,安庆旧名怀宁,便摘其"宁"字为长子命名。排行属"振"字辈,故取名振宁。[1]857

民国十一年十二月三十日,教育部公布各省考选官费留学生名单。杨克纯是安徽省 1922 年唯一的一名全部考试合格被录取的留美公费生,杨的成绩平均分数为 74.30 分。[3]621

1923 年　28 岁

秋,启程前往美国,在斯坦福大学读大学四年级课程,获学士学位。[4]

1924 年　29 岁

春,杨克纯考入芝加哥大学研究院,师承迪克森(L. E. Dickson,1874—1954)。迪克森是美国国家科学院院士,一位多产的数学家,当时是美国数论方面的权威。[27]52

1926 年 31 岁

杨克纯在他的论文:"The Invariants of Bilinear Forms(双线性型的不变量)"中,运用迪克森的一种方法,系统地刻画了一个或多个双线性型的代数不变量。这种代数不变量的探求,是当时的一个热门课题,他因此获得芝加哥大学硕士学位。[4]

1928 年　33 岁

春,完成博士论文:"Various Generalizations of Waring's Problem(华林问题的各种推广)"。他证明了每个正整数都可以表成 9 个棱锥数之和,数字不需要"充分大",数目从 12 降到 9。这个结果在当时是最好的,把华林问题的研究向前推进了一大步。杨克纯获得美国芝加哥大学博士学位,成为我国在代数、数论领域的第一个博士学位获得者。这一年数学学科在芝大获得博士学位的还有孙光远,其研究方向是微分几何。[4]

4 月 6 日,杨克纯在美国数学会的会议上介绍博士论文中的成果。[4]

夏,杨克纯获得博士学位后,立即返国,夫人携子从合肥到上海相迎。[1]858

秋,受聘任厦门大学数学系教授,兼代理数学系主任,夫人和儿子随同前往。此时,柯召考入厦门大学数学系,受教于杨克纯。在杨的教育下,柯召对数论产生了浓厚兴趣,直接影响到日后成为他的研究方向。[28]17

1929 年　34 岁

自 1929 年起,清华成立理科研究所,下设算学部,熊庆来诚聘擅长代数、数论的杨克纯来系任教,以期将算学部创建成我国的数学研究中心。[9]183

夏,杨克纯带家眷来清华,受到熊庆来的热情接待。两家住邻居。此后,熊、杨二人工作配合默契,成为终生好友。他们的儿子杨振宁、熊秉明同岁、同班,从小交情甚深,持续一生,两代人的友谊,经久不衰。[21]110

杨克纯来清华后,改用字杨武之。

秋,清华大学理科研究所开始招收研究生,数学学科因无合格人选,未录取一人。[9]184

10 月,杨武之的母校(此时改名北平师范大学)聘请他任兼职教授,给数学系高年级学生开设数论、群论等现代数学课程。同时又推选他担任"北平师范大学数学会"的编辑,和他的老同学靳荣禄、傅种孙等人,一起筹备该会主办的《数学季刊》。《数学季刊》于翌年6月创刊发行,是当时我国存在的唯一数学专业刊物。[8][17]

1930年　35岁

次子振平在北平出生。

秋,清华大学理科研究所再次招生,算学部录取了陈省身和吴大任两名研究生。吴大任的父亲不幸失业,为解决家庭生活困难,吴请假暂缓一年入学。剩下陈省身一人改聘为助教。此时,清华算学系发展到有7位教师,其中教授4人:熊庆来(系主任)、郑之蕃、孙光远、杨武之;教员2人:周鸿经、唐培经;助教1人:陈省身。是当时数学力量很强的一个数学系,但寻找研究生并不容易。[9]184

1931年　36岁

春,杨武之的博士论文,以题为:Representation of Positive Integers by Pyramidal Numbers,$f(x) = (x^3 - x)/6, x = 0,1,2,3\cdots\cdots$。全文发表在清华大学理学院新创办的《Science Reports of National TsingHua University. A》1931,第1期第9-15页。[27]3-10

8月,华罗庚来清华,系主任熊庆来安排华在算学系办公室当助理员,其任务是整理图书资料、收发文件、绘制图表等杂务。华罗庚是因为1930年12月在《科学》第15卷第2期上发表了题为:"苏家驹之代数的五次方程式解法不能成立之理由"一文,引起该系教授的注意。当了解到作者是一位初中毕业失学在家的青年时,都认为是一位难得的人才。为了便于对他进一步培养深造,杨武之极力向系主任熊庆来推荐,系里7位教师都希望请华罗庚来系。于是熊庆来征得理学院院长叶企孙的同意后,决定破格聘请华罗庚来清华算学系工作。[12]41

9月,柯召经杨武之推荐,通过考试转学到清华大学算学系,插入三年级学习,与早一年从燕京大学物理系转学来的许宝騄同班。[28]17

秋,清华大学理科研究所第三次招生,算学部录取闻人乾为研究生(陈省身提供),陈省身和吴大任复学。"清华大学研究院理科研究所算学部"至此正式成立,成为我国能够授予硕士学位最早的数学研究机构。指导教师是:熊庆来,负责分析方面的教学和指导;杨武之,负责代数与数论方面的教学和指导;孙光远,负责几何方面的教学和指导。陈省身的指导教师是孙光远,吴大任的指导教师是杨武之。听课和研究的学生,除几位正式研究生外,还有高年级学生许宝騄、柯召及新来的系办公室助理员华罗庚。[9]189

1932年　37岁

三子振汉在北平出生。

6月,安徽大学组成15人的安徽大学董事会,杨武之是董事之一。(见安徽师大数学计算机科学学院80周年纪念册(1929—2009),2009:1)

夏,清华大学算学系本科首届学生毕业。毕业生中庄圻泰留校当助教,施祥林入理科研究所算学部读研究生。[9]187

8月,第9届国际数学家大会于1932年9月4日~12日在瑞士的苏黎世召开。当时的中国数理学会受到邀请,该会委派熊庆来为代表参加此次大会。8月,熊庆来启程前往苏黎世,这是我国首次派代表参加国际数学家大会。[22]19此时,轮到熊庆来"清华大学教授休假一年",熊要求会后前往巴黎进修,完成他的博士学位攻读,再请假一年。熊庆来在法国进修的两年期间,清华大学委任杨武之代理算学系主任。[27]106

秋,"吴大任回到清华后的导师杨武之是代数专家,给了他一个研究三维行列式的课题,他不感兴趣。于是在 1932 年应姜立夫之聘到南开大学数学系任助教。"(陈鹗文)[30]

秋,胡坤升在芝加哥大学获得博士学位后回国,受聘回清华担任算学系专任讲师,接替熊庆来的部分教学工作。[9]

1933 年 38 岁

春,华罗庚到清华后,博览群书,专业涉猎甚广。华最初最感兴趣的是杨武之所教专业范围,特别致力于数论的钻研,常和柯召一起去请教杨师。杨武之十分爱生,毫无保留地给予指导,并引导他们向数论新的研究方向发展,师生情谊甚深。经过一年半的实践,华罗庚的数学才华逐渐被大家承认。这年春天,算学系元老郑之蕃教授力主将华从行政系列的助理员破格提为教学系列的助教。代理系主任杨武之很赞成此议,报理学院院长叶企孙,叶同意,说:"清华出了个华罗庚是一件好事,不要被资格所限定。"[12]50

4 月,孙光远教授应邀回南京母校(原南京高师。此时是中央大学,现南京大学前身)讲学。暑假后,受聘任中央大学数学系教授兼系主任,孙从此离开清华大学。算学系的教授由 4 人减至 2 人,给研究生开课的教授仅剩下杨武之 1 人。[9]184

柯召在杨武之指导下,完成了一篇研究不定方程的毕业论文。这篇论文后来得到他在英国的博士导师莫德尔(L. J. Mordell,1888—1972)的肯定。[28]20

夏,柯召、许宝騄本科毕业。柯召应聘到南开大学当助教,两年后出国留学,后来成为现代数论研究在中国的创始人之一。许宝騄考取中英庚款留英,因体重过轻未能成行。杨武之劝许注意调养身体,同时在清华算学研究部继续深造。随后又特派许去北大担任奥斯古德(W. F. Osgood,1864—1943)的助教。许 1936 年留英成行,后来成为中国第一个在概率统计方向达到世界水平的杰出数学家。[9]191

8 月,清华校友曾远荣 1933 年在美国芝加哥大学获得博士学位,回国后,8 月被中央大学聘走。

秋,专任讲师胡坤升又受聘到中央大学任教。清华大学算学系一时面临主要课程无人开设的危机,杨武之通过"清华留美学生监督"赵元任,要求急召校友赵访熊回国任教,以解算学系教学燃眉之急。此时,赵访熊已被哈佛大学授予硕士学位,正在该校攻读博士,毅然中断学业,于当年回到清华算学系任专任讲师,两年后升为教授。[9]184

1933 年,导师迪克森在《Bulletin of the American Mathematical Society》第 139 卷第 721-727 页,发表题为"Recent Progress on Waring's Theorem and its Generations"的论文,引用了杨武之的博士论文中关于带系数的 7 次方数的表示,以及堆垒素数论中的二次函数问题。[4]

1934 年 39 岁

女振玉在北平出生。

春,杨武之因清华算学系工作繁忙,教学任务重,加之自己素晕汽车之油味,每次由市郊清华到市内师大往返,健康损失甚大,要求辞去在北平师大数学系的兼课。但是,由于他的教学效果特别好,深受学生欢迎、爱戴,师大学生一再挽留,又请他的老同学傅种孙教授等出面说服。他鉴于母校关系,终以培养学生为重,克服自身困难,继续在师大兼课。这一级听课的学生有闵嗣鹤、赵慈庚等。(赵慈庚供)

春,清华算学会会员 20 人合影留念。参加合影的教师有:郑之蕃、杨武之、赵访熊、周鸿经、唐培经、华罗庚,研究生有:陈省身、施祥林,本科生有:段学复、徐步迟、王绣等。该会是清华大学算学系师生联合的学术性团体,成立于 1928 年。1930 年前,主要的学术活动是由教师轮流作专题演讲。从 1931 年起,演讲人由师生轮流担任,并规定三、四年级学生每人每学期至少演讲一次。这一制度坚持多年,对系内学术研究空气的形成起了推动作用。[19]、[9]190

1934 年清华大学算学会会员合影。前排左二:唐培经,左三赵访熊,左四郑之蕃,左五杨武之,左六周鸿经,左七华罗庚,中排左一陈省身,左二施祥林,左四段学复。后排:左一王琇

6 月 1 日,《清华周刊》第 41 卷第 13、14 期发表杨武之写的《算学系概况》一文,阐述了当时清华算学系的办学宗旨和培养目标等。文中把对学生的培养分为两类:一类为"嗜算之士不必有特殊天才者,则皆培以基本课程,注重条理清楚,俾成算学通才,以为改良中小学算学教育之预备";另一类为"资禀特近,显有研究能力者,则更导之上进,入研究所,以求深造俾获成专门学者。"实践中偏重于对教师认定的"资禀特近"的"天才"学生的培养,要求学生成为具有研究能力的数学家。为此,清华算学系对入系学生实行十分严格的挑选和大量的淘汰,还用招考转学生的办法,从其他学校罗致学习优秀的学生,补充因淘汰而留下的缺额。[9]184

夏,算学部第一届研究生陈省身,以优异成绩届时毕业。此时,陈的导师孙光远早已离清华在中央大学任教,陈说:"而过程中同清华弄得不欢。我的论文便得不到他的评审报告。"[27]99系主任熊庆来远在法国进修,毕业前后的繁多手续则由代理系主任杨武之全权代表办理,使陈省身获得在中国本土授予的第一个数学硕士。同时还争取到了"清华公费留美"两年的机会。由于当时世界几何研究中心在德国,杨武之又帮助陈改派赴德,

到汉堡大学向几何名师布拉施克(W. Blaschke,1885—1962)学习。这一决策对陈省身后来的学术发展影响很大,陈省身后来回忆说:"杨先生是我在学校里最可靠的朋友"。[19]8

段学复说:"在1934年熊先生回国复职前,杨武之教授代理系主任职务。因此我在清华读书的前两年的学习计划,就是在杨先生亲自指导下进行的。……我深为杨先生的精湛教学所吸引,这些课对我后来的科研和教学有很大影响。"[27]106

段说:"杨先生每次上课时,都是首先简要地把上次课的内容复习一下,然后开始讲本次课的主要内容,还常点名让学生回答问题,问题一般都很基本,但也需要迅速理好思路回答,这样大家听讲都很专注,不敢有一点儿走神。""杨先生讲课用的教材主要是但又非全部是他自己的博士导师迪克逊的著作,一个原因是迪氏的教材很快就有了新的版本。杨师讲课极清楚,记下笔记再读就已非常清楚了,用迪氏的原著主要是做书中的习题。……又如数论中的孙子剩余定理,这位写三卷《数论历史》的迪氏也是知道的。在这样的地方,杨先生就会自豪地做一些插话,这也是爱国主义的教育。"[27]106、107

秋,熊庆来获得法国国家理科博士学位后,回到清华大学,继续担任算学系主任。

秋,杨武之轮到"清华大学教授休假"一年,他利用这个机会到德国柏林大学进修。当时柏林大学有著名的代数学家舒尔(I. Schur,1875—1941)。

冬,杨武之与华罗庚经过三年的师生交往,华在专业上进步很快。杨离开后,华罗庚很是怀念,他给在德国的杨武之的信中说:"古人云生我者父母,知我者鲍叔,我之鲍叔乃杨师也。"[12]51

1935年　40岁

夏,杨武之休假期满,从德国返回清华大学,继任算学系教授。

是年,杨武之在《Science Reports of the TsingHua University》AI(1935)第261～264页,发表题为:"Quadratic Fields Without Euclid's Algorithm"的论文,署名K. C. Yang(杨克纯),内容涉及域论。同年,在《清华学报》第6卷第2期第107页还发表:《关于同余式的一个定理》。其特例可以用来推导他的博士论文中的主要定理。[4]

8月,柯召考上了中英庚款公费留学生。中英庚款董事会原拟派柯召赴剑桥大学,柯召向董事会反映说:"我的导师杨武之教授告诉我:'在英国需进曼彻斯特大学,那儿的导师莫德尔教授,对我较适合。'"[28]24 9月柯召到曼彻斯特大学,见到导师莫德尔(L. J. Mordell,1888—1972),柯召说:"他问我读过什么数论方面的著作?我答以武之师指导我读过的数论方面的一些书籍。……最后问写过什么文章?我在清华,毕业论文是跟武之师做的,当即答以此文。莫德尔教授立即决定我读博士学位,二年毕业,但须补读俄文,亲自带我办理入学手续。……两个月,我完成了论文一篇,莫德尔教授阅后说:你已经获得博士学位,不过要等两年期满,才能授予。凡此种种,与武之师的教育密不可分"[27]113

1936年　41岁

夏,华罗庚在叶企孙、熊庆来和杨武之的指引和帮助下,得到中华教育文化基金会的资助,到英国剑桥大学进修。

华罗庚1931年到清华后,告别了过去初级水平的研究。前三年主要是广泛涉猎知识,从 1934 年开始用高等数学观点发表论文,至 1936 年一共发表论文 21 篇[12]51,按其年代和内容分布统计如下[12]:

年份	华罗庚发表论文总数	论文内容		
		数论	代数	分析
1934 年	8 篇	5 篇	2 篇	1 篇
1935 年	7 篇	5 篇	2 篇	0
1936 年	6 篇	4 篇	0	2 篇
合计	21 篇	14 篇	4 篇	3 篇

表中数字表明,有 85.7% 的论文内容,与杨武之的专业范围有关,特别是数论的内容占了总数的三分之二。其中不少工作是沿着迪克森和杨武之的研究方向进行的。这期间,华罗庚的最好成果是:1935 年发表在德国的《Mathematische Annalen》第 110 卷第 622～628 页上,题为 "On Waring's Theorems with Cubic Polynomial Summands" 的论文。该文引起国际数学界对华罗庚的注意,其内容是杨武之博士论文工作的继续;在国内被提名入选"大公报科学奖金",后因华已获得中华教育文化基金会的资助,改为荣誉奖入选。[18]

8 月 16 日～20 日,中国数学会第二次年会在北平清华大学和燕京大学举行。杨武之和郑之蕃担任这次年会的论文委员会委员,负责收集论文。其中清华算学系师生曾远荣、华罗庚、徐贤修、庄圻泰、陈鸿远等,提交了论文 6 篇,占总数 14 篇的 42.9%,比第一次年会大有提高。第二次年会期间,杨武之当选为中国数学会第二届理事会的理事。[22]52

秋,段学复毕业留校当助教,跟杨武之辅导,是受杨师影响较大的学生之一;以后他随华罗庚研究有限 p 群计数定理,成绩显著;1940 年他出国留学,1943 年获普林斯顿大学博士学位。1944 年,系主任杨武之提名聘段学复为西南联大数学系副教授,因未通知本人未到职,继续留美深造,在代数领域取得了重要的创造性成果。1946 年 10 月段回到清华,被聘为数学系教授。[11]191

1937 年　42 岁

4 月,云南省主席龙云特邀熊庆来回家乡任云南大学校长,杨武之接任清华大学算学系主任,兼清华大学研究院理科研究所算学部主任。[21]177

6 月,傅种孙向杨武之推荐北平师大毕业生闵嗣鹤的一篇论文:《相合式解数之渐近公式及应用此理以讨论奇异级数》(初稿),杨发现这是一位有培养前途的青年。6 月,将闵从任教的北平师大附中调来清华算学系当助教,以便继续培养。接着他又将这篇论文推荐去评奖,1939 年,获得"高君韦女士纪念奖"中的数学奖。该文正式发表在 1940 年《科学》第 24 卷第 8 期。闵嗣鹤后来随清华到西南联大,与华罗庚合作研究;留学归国后仍回清华任教,成为现代数论研究在中国的创始人之一。[14]42

"七七事变"后,杨武之将已怀孕的妻子和 4 个子女,送回合肥老家,幼子振复此时在合肥出生。[27]56

9月,他只身赶到长沙,在由清华大学、北京大学、南开大学合组的长沙临时大学,开展招生活动,通知暑期返乡的朱德祥等学生到长沙求学,在战乱环境中坚持教学工作。[23]11

10月4日,长沙临时大学推定各系系主任。数学系主任由北京大学数学系主任江泽涵担任,江未到长沙之前,由清华大学数学系主任杨武之代理。[11]481

秋,陈省身从欧洲学成归国,到长沙临时大学数学系任教授。杨武之等促成了陈省身与郑士宁(郑之蕃之女)的婚姻,使他们组成幸福的家庭。[6]

11月初复课,杨武之讲授群论,课本用出版不久的迪克森著《群论》,当时在国内是一门新课。王寿仁说:"他每次上课都用十几分钟谈论当前抗日战况,分析形势。忧虑重重,对蒋介石抗战不力提出尖锐的评论,可见杨老师是一位忧国爱民的教授。"[27]51

1938年   43岁

2月,抗日战火逼近长沙,清华、北大、南开三校决定再次西迁昆明,合肥也不断告急。杨武之在学期结束后,急返合肥接走全家。他带领妻子和5个子女,经武汉、广州、香港、越南,到昆明时已是1938年3月。[27]59三校组成的临时大学,迁至昆明后改称国立西南联合大学(简称西南联大)。[11]32

杨武之得知朱德祥家境贫寒,为求学亏债很多,便设法在课余帮他找点事干,增加点收入,使其顺利地完成学业。毕业后,和熊庆来一道相继推荐他到云南大学、西南联大任教。朱德祥说:"杨先生是我的恩师。"(朱德祥供)

蓝仲雄读二年级时先到西南联大工学院土木系报到,同时听土木系和数学系两系的主课。由于受杨武之的数论课和程毓淮高等几何课的深深吸引,最后决定入数学系。在西南联大因为兴趣或慕名从外系转入数学系的学生还有:严志达、王宪钟、钟开莱等。[27]140

6月28日,加聘杨武之等3人为西南联大1938年度招考委员会委员。[10]22

春夏,华罗庚的家乡金坛失守,华夫人吴筱元带领子女和亲属一行6人,逃难辗转来到昆明。杨武之和熊庆来(时任云南大学校长)一听说华罗庚家人逃难来了,赶紧帮助他们租赁住房、添置家具。待华从英国归来时,全家都已经安顿好了,为华解除了后顾之忧。[12]95

秋,由于华罗庚在剑桥大学没有攻读学位,此时,仍是原清华大学聘任的教员学衔。华罗庚归国来到西南联大,如何聘用又成了棘手问题。杨武之深知华的学术水平的高度,拿上华已发表的数十篇论文,以清华大学算学系主任的身份,去找理学院院长吴有训,得到院长支持;然后在教授聘任委员会上,杨武据理力争、以理服人、仗义执言,力主将华罗庚越过讲师、副教授,直接聘任为教授。最后终于全体通过,成为我国高等学校前所未有的三级跳破格先例。华罗庚时年28岁。[12]96

11月26日,西南联大第94次常委会决议:设文、理、法、工四个学院一年级课业生活指导委员会,杨武之被聘为委员,负责指导理学院一年级的课业生活。[10]29

1939 年　44 岁

9 月,清华研究院恢复招考研究生(西南联大时期,研究院分属各校自办,研究生学籍亦属各校)。杨武之仍然是清华研究院理科研究所算学部主任,在他主持下,算学部招收了钟开莱、彭慧云两名研究生,学制三年。钟毕业后留校任教,1945 年去美留学,是当今数理统计方向的著名数学家。[9]375

11 月 14 日,江泽涵辞去西南联大理学院算学系主任兼该校师范学院数学系主任职务,聘请杨武之接任两院数学系主任。[10]42

1939—1940 年是联大理学院数学人才最丰时期,集中了三校的 14 位教授和一批高水平的讲师、助教。系主任杨武之不遗余力地协调三校师资力量,在战时书刊资料匮乏的艰苦环境中,做到人尽其才。他安排年资较长的姜立夫、江泽涵和他自己讲授重点必修课,把好基础关。选修课大多由新归国的年轻教授华罗庚、陈省身、许宝騄等担任,他们把在国外学到的新知识,融合进教学中,反映了当时数学的最新成果,开课门类也超过战前。“讨论班”是数学系教学和科研相结合的新形式,1939—1941 年,先后办过代数讨论班、形势几何讨论班、分析讨论班、群论讨论班、解析数论讨论班等。这种形式对当时培养人才、开展学术研究产生了很好的效果,数学系的科研成果成了西南联大的较丰单位,处于发展上升阶段,胜过战前。[9]340;[11]190

1940 年　45 岁

1939—1940 学年度兼任西南联大算学系秘书的王寿仁回忆:杨武之担任系主任,任劳任怨,恪尽职守。为了增进交流,亲自组织全系的学术报告会,每两周举行一次。每学年开学前,系内召开全体教授会议,研究年度的课程设置。系内的少壮老师都抢着开设他们想开的课,一位以概率专长的老师自报要开微分几何课,就与经常开此课的先生发生矛盾。系主任杨武之居间调停,煞费苦心,使与会者人人满意。[27]152

暑假,杨武之向清华提出调田方增回到算学系,并指派田在西南联大理学院算学系主任办公室兼事务工作。两年前(1938 年)田方增毕业时,也是杨武之介绍他先到云南省立昆华中学任教。[27]133

杨武之和熊庆来共事多年,交情甚笃。抗战期间,西南联大和云南大学校址相邻,他们继续合作,两校互聘教师兼课,举行讨论班均互相通知、自由参加等。对当时抗战后方数学界的共同事项经常互相磋商,积极调动两校系同事力量,为战时中国数学的发展作出贡献。[27]136

9 月 15 日,昆明六学术团体联合年会期间,成立了“新中国数学会”,总会设在西南联大算学系。杨武之当选为“新中国数学会”理事会的 9 位理事之一。[22]64

9 月 30 日,住在昆明小东城脚的杨武之家,遭日机轰炸中弹,幸亏家人躲避,全都安好。杨武之安慰妻子说:“留得青山在,不怕无柴烧。”为防止轰炸,杨家和几位教授家搬到离昆明十多公里外的龙院村,这里是蛇悬屋梁夜狼嗥的穷乡僻壤,没有现代设施和教育条件。杨武之经常骑自行车往返于联大和龙院村之间的乡村小道。自来昆明后,他就担负起了对几个幼小孩子的“家教”责任。他在家里教孩子们念中国古文和白话文,念唐诗和宋词。他说："从小就背诵几篇精彩的白话文,精彩的古文,背诵几首诗、词、歌、赋等,将来一生都有好处。""近代的数学、物理、化学等课目,到念中学时再读都不迟。"这种"家教"程序也曾用于长子,1934 年、1935 年暑假,他专请历史系学生给振宁教《孟子》。杨振宁说:"现在回想起来,这对于我这个人整个的思路,有非常重大的影响。远比我父亲那个时候找一个人来教我微积分要有用得多。"(摘自:宋晓梦. 杨振宁教授谈教育. 光明日报,1997.6.27:5)[1]907;[27]60

1940 年,西南联大决定设叙永分校,系主任杨武之召开系务会议征求愿意去叙永分校任课的教师,没想到报名的人很踊跃。杨考虑到三校间的团结关系,凡报名者都批准了。可是昆明开课发生了困难,杨武之找华罗庚商量,华满口答应,连开了三门高、难、尖的课。[27]158

田方增说:"杨先生作为联大系主任,面临比在原清华一校的算学系要更为繁重的任务,包括三校系之间的合作、协商,各级人员的配搭和培养,特别是发挥所有教授的积极力量,以及相应的数学与科研的结合等等问题。""作为联大系主任,要兼顾理、工、师范三学院及先修班所需设置的数学课程,和统筹安排教师力量。而且为体现学术自由与教学需要,在联大范围内及在三校之间进行协议和细致工作,杨先生是付出了多么巨大的心血。"[27]135、136

10 月 11 日,西南联大教授会选举第三届校务会议教授代表,杨武之当选为候补代表。[10]53

1941 年　46 岁

4 月 12 日,国民政府自 1941 年起奖励学术研究及著作发明,由教育部学术审议委员会主持办理。从 4 月 12 日部令公布之日起,截止 11 月底为申报时间。杨武之积极动员并推荐数学系有科研成果者申报评奖。[22]74

秋,杨武之再次主持招考清华研究院理科研究所算学部研究生,录取王宪钟 1 人。王 1944 年毕业,1945 年留英,以后在纤维丛、李群、齐性空间等多方面取得重要成果。[7]

秋,杨振宁写学士论文时,他的导师吴大猷要他研究分子光谱学和群论的关系。杨武之结合论题,让他参考迪克森写的《近代代数理论》,该书写得很精彩,非常适合杨振宁的口味。他说:"我学到了群论的美妙和它在物理中应用的深入,对我后来的工作有决定性的影响。这个领域叫做对称原理。"[27]22

10 月 23 日,西南联大第 194 次常委会决议:聘请杨武之等为 1941—1942 年度一年级学生课业指导委员会委员。[10]55

1942 年　47 岁

6 月 3 日,杨武之出席"新中国数学会"举行的茶会,庆贺华罗庚和许宝騄荣获第一届学术研究及著作发明国家奖励金。其中华罗庚的《堆垒素数论》获一等奖,许宝騄的数理统计论文获二等奖。[10]73

秋,徐利治 1940 年秋由唐山工程学院转入西南联大,报的是航空系,但兴趣在数学上。1942 年徐申请转入数学系,杨武之在徐的申请书上签字同意。[31]35-36

11 月 4 日,杨武之因病辞去西南联大理学院算学系主任兼师范学院数学系主任的职务,由江泽涵继任两院数学系主任。[10]78

1943 年　48 岁

西南联大理学院和师范学院数学系主任,由江泽涵和赵访熊先后各任了半年。11 月 24 日,赵访熊辞职,仍由杨武之继任两院数学系主任。[10]90

徐利治说:"我作学生时是杨先生当主任,数学系同学们选修课程时,都要通过系主任签字认可。特别在杨先生指点鼓励下,当年选修了华罗庚教授的数论与近世代数,钟开莱先生的几率论和王湘浩先生的集合论。……选修课程中,使我学到了后来从事科研和教学的得力工具和思想方法。"[27]147

1944 年　49 岁

杨武之受聘到西南联大师院附中兼课,教附中六年级的数学,此时,万哲先是他的学生。万说:"杨老师用的语言通俗易懂,讲解深入浅出,举例生动有趣,讲课引人入胜。同学们像听故事一样听得津津有味,觉得内容十分新颖,没有一个同学不在专心听讲。" "还有一点不能不提的,就是杨老师谆谆教诲我们的态度,他一心一意想把我们数学教好,就是想让我们把数学学好。他虽然是大学教授,社会地位已经很高了,但是他没有一点架子,总是平易近人。无论有什么问题去问他,他都耐心地解答。无论什么时候有事到他家里去找他,他都热情接待。"[27]130-131

5 月 14 日,西南联大师院附中举行新校舍落成典礼,常委梅贻琦以及杨武之、黄钰生、查良钊及附中师生出席,各界人士来校祝贺。其中有杜聿明(后来是杨振宁的岳父)、华秀升、李子厚等人。[10]97

7 月 2 日,杨武之呈函潘教务长,关于王宪钟毕业初试事。"潘先生:清华算学部研究生王宪钟君之毕业初试顷已订于本月十二日(星期一)下午两点至四点在西仓坡五号举行,拟请之考试委员为:姜立夫、吴正之、陈省身、熊迪之、周培源、华罗庚、江泽涵、赵访熊、杨武之、许宝騄。考试科目为:投影几何、复变数函数论、近世代数、微分几何、微分方程论、矩阵论、形式几何、Lebesgue 积分、数论。敬祈查照并饬早发通知为荷,顺颂日安。弟杨武之。7 月 2 日"[26]110

9 月 13 日,杨武之当选为西南联大第七届校务会议教授候补代表。[10]103

徐利治是西南联大算学系(1942—1945)的高材生。学习期间,经杨武之指点,鼓励他选修华罗庚、钟开莱、王湘浩几位青年教师的选修课。毕业前杨让徐利治跟华罗庚做一篇讨论"Cayley 八元数性质"的毕业论文。毕业后留在西南联大任杨武之和华罗庚的助教。[27]147

1945 年　50 岁

4 月 25 日,陈省身向理学院院长吴正之(吴有训)、数学系主任杨武之来函汇报在美国研究工作的进展,及托办有关事宜。[26]311

6 月 7 日,杨武之函梅校长关于陈省身来函所陈各事及陈省身原函。全文如下:"月公校长钧鉴:敬启者,顷接陈省身先生来函,提及三事,仅为代陈如左:(1)过去已成论文六篇。俱已付印,即作研究报告。(2)已于彼方洽妥再继续研究一年,暂时此间请假。(3)除在美月支一百五十元美金外,薪水余额拟请按官价在美折合美金。原函附呈,顺颂日安。弟杨武之,6月7日"[26]310

夏,长子振宁考取清华大学庚款留美生,于1945年8月28日离家赴美攻读博士。[27]23

秋,从这年上半年开始,杨武之总感疲劳,他说:"系里人事安排很麻烦,我心情总是不好。到秋天我发烧病倒了,医生检查几次,确诊是斑疹伤寒。"[27]64

1946年 51岁

春,在西南联大任数学系主任时间最长的杨武之,抱病亲自手书总结抗战八年西南联大算学系的概况,包括:师生、设备、课程、研究著作、师范学院数学系、八年回忆共六大部分,内容翔实。他说:"回忆八年来经过得失,有感想数端:其一,设备太差,师生均缺乏必须的书籍杂志;其二,生活艰苦,师生之起居饮食,时在困难之中;其三,疏散时多,师生接触太少,为人做学,缺乏砥砺。有此三种根本原因,遂致学风不够紧张,平均成绩不能不远逊平昔。此非一、二人之力所能推动更改者也。所幸三校合组,人才众多,故总成绩尚有蔚然可观者耳。"[7]

抗战期间,杨武之在西南联大算学系,不遗余力地协调三校师资力量,很好地完成了教学任务,同时支持并鼓励青年教师进行科研,取得成绩。[11]192算学系因不依赖于实验,加上系内有学术研究的传统作风和较高水平的

1946年5月,杨武之手写的西南联大算学系总结报告①

科学研究力量,因而科学研究取得了较大的成果,较战前有所发展[9]307。这是对杨武之在西南联大工作的充分肯定。

5月4日,西南联大全校师生举行结业典礼。原清华、北大、南开各返原校。杨武之在抗战期间一直担任清华大学数学系主任,复校后仍保留原职。

7月,杨武之患严重的伤寒,因工作劳累,病愈后又复发,无法北上,暂留昆明治疗。清华数学系主任由赵访熊代理[31]。

暑假,徐利治收到清华大学数学系主任杨武之签字、田方增转寄的清华大学聘书。徐利治说:"从这里我才真正开始起步进入到数学科学的研究领域,为后来几十年的学术生涯打下了虽是初步的但却是十分必要的基础。"[27]149

8月1日,原西南联大师范学院留在昆明独立设置,改称"国立昆明师范学院",杨武之被任命兼昆明师院数学系主任。[10]142此时已受聘任清华大学数学系讲师的朱德祥,见恩师病重,要求暂时留下照顾杨师,同时协助杨师筹办昆明师院数学系。重病卧床的杨武之,向学生朱德祥临危托孤。朱德祥以后一直留在昆明,为祖国边陲的数学教育事业

① 杨武之手迹,由张延伦从南开大学档案馆查询复印。

做出了重大贡献。[23]12

9月、10月,杨武之因病滞留昆明后,唯恐贻误清华大学数学系系务工作,于1946年9月4日和10月30日,分别给梅贻琦校长和叶企孙理学院院长写信,请准予辞去清华数学系主任之职。[31]86

1947年 52岁

新成立的昆明师院由于人才亟缺,病中的杨武之仍不断地被委以兼职。先后聘请杨武之为昆明师院同仁福利委员会委员,训育委员会委员,学报编辑委员会委员兼副主任编辑等。[10]153;167

1948年 53岁

3月,清华大学公布各主管人员名单,其中:校长梅贻琦,理学院院长叶企孙,数学系主任杨武之(段学复代)。[26]172

3月25日,中央研究院选举产生第一届院士共81人,其中有数学家5人:姜立夫、苏步青、华罗庚、陈省身、许宝騄。这5人中不足40岁的3位青年华、陈、许都是杨武之的学生。杨武之的学生中,以后当选为台湾中央研究院院士的还有王宪钟、徐贤修。[20]120

春,杨武之的病体,经过两年的治疗、休养,逐渐痊愈。但他自感精力已大不如前,对三儿子振汉说:"我的脑力和体力已不允许我再搞数学研究,后半生我只能从事教育,也许能再培养一位世界级的数学家。学校行政工作我也不会再担任了。"杨武之总结他几十年从事教育的经验,说:"对于教育,首要的是知人,也就是除了当伯乐外,更多的时间是认识每一位学生的长处和短处,充分让每一位学生发挥他的长处,避开他的短处,这就是扬长避短,应当相信每位学生都可能有些小成就的。若能遇到禀性异常的学生,更应当循循善诱,循序渐进,让学生的功课基础扎实,这才有成大器之可能。除了教学生基础知识和专业知识外,还应教学生注意思想方法、学习方法,教学生品德和道德修养。"[1]894

春,在美国进修的蒋硕民回国往昆明探亲。杨武之坚请蒋留下接任昆明师院数学系主任。蒋硕民应允就任。[10]177;187

夏,杨武之离昆明到上海,送次子杨振平和邓稼先同船去美国留学。[27]68

9月,杨武之只身回到阔别11年的清华园,住在清华大学校长梅贻琦住宅甲所后院的客房。此时,赵访熊休假在美国,数学系主任由段学复代理。杨武之回到清华数学系后,无意复职,恳请段学复继续代理系主任。他提出自己授两门课:初等数论和高等代数,由新留校的助教万哲先担任辅导,听课学生分属两个不同年级。同时,又受聘兼任北平师大数学系教授。(段学复供)[27]132

秋,针对清华数学系当时缺少高级教师的情况,杨武之找段学复商量,速聘在教学、科研上有发展前途、近期回国的闵嗣鹤来清华任教。得梅校长同意后,很快便聘到闵嗣鹤博士来系任副教授,两年后晋升为教授。[14]43;[9]449

10月,先期返回北平、原北京高师的老同学汤璪真、陈荩民、傅种孙,宴请久病痊愈近期反平的老同学杨武之,并合影留念。赴宴的有郑之蕃、段学复、闵嗣鹤、刘景芳、吴大任等。(见本书第二编第10题:同学·师生·友谊)

12月13日,清华园先于北平市区解放。各战役正紧,杨武之急于返昆明接暂时留居在那里的妻子和三个年幼的子女。得知蒋介石派来接梅校长等人的飞机有空位,便找段学复和万哲先交代工作,让他们根据两门课程学生的平时作业情况结业。(段学复供)

12月21日,清华大学校长梅贻琦飞离北平抵达南京。与梅氏同机抵达的有李书华、袁同礼、杨武之、江文锦等人。[29]4

1949年 54岁

北平市于1月31日解放。杨武之到国统区昆明接回家眷,于3月初飞到上海,等待上海解放后返北平清华大学。

上海市于5月27日解放。7月,杨武之得知清华大学不再续聘他,完全出于意料之外。杨武之说:"我多次写信去问,才知道清华有人提出,说我坐过'撤退飞机'随梅校长一起已离开清华,因此将不再聘用,……我自忖没有做过任何事对不起清华,我不觉得我曾经得罪过人,我当然更没有什么事对不起共产党的,唯一的问题可能就是坐过'撤退飞机',而事实上我是回昆明接家眷,不是随梅贻琦去台湾的,但如何能说清楚?向谁说清楚?这件事我将一生不能忘记。"[27]71

9月,清华大学拒聘后,杨武之托人在上海寻找工作,经周同庆介绍,受聘任同济大学教授;胡刚复又邀请他兼任大同大学教授。在这两校,除教代数、数论外,还先后开过微积分、微分方程、复变函数等课程。[27]71

1951年 56岁

杨振宁的长子出世,他写信给万里之外的父亲杨武之,请祖父为长孙命名。杨武之考虑再三,郑重地写下了"杨光诺"三个字。早在30年代初,杨武之就发现振宁早慧,便有意识地向持续发展方向引导、培养,着重调动孩子自身的自觉性、积极性。在初中时,杨振宁曾对父亲说:"长大了要争取得诺贝尔奖!"杨武之鼓励儿子"好好学吧!"这次给长孙取名"光诺",也寓有其意,渗透着他对儿孙的殷切期望和良好祝愿!

据蔡福林回忆,在同济大学数学系的一次会议上,大家自由发言,情绪舒畅。杨武之接着一位教授的发言后说:"有一阵子,好多日报连载叙述华罗庚的事迹或轶事,鼓吹他生而知之或无师自通。其实不然。当熊庆来发现华罗庚先生后,就聘请他任系图书室的助理,要看什么书或杂志,听便;要听哪门课,随意;想向谁请教,不拒。在沃土上酝酿,在'清华精神'阵阵和风的熏陶下,才有今天的华罗庚。"[27]163

1952年 57岁

9月,全国院系调整,杨武之被调到复旦大学任二级教授。他积极地参加了这个时期的教学改革,认真学习俄语,根据苏联教材,编写适合中国学生学习的代数和数论教材,热情帮助青年教师成长,受到同事们的敬重,当时的青年教师谷超豪等常到他家做客。这段时期,他教过的学生有:郑绍濂、张开明等;他一生酷爱围棋,此时,曾参加上海市高等院校围棋比赛,得过优胜奖。[1]909

1953 年　58 岁

1953 年正是学习苏联的高潮,高等代数课程变化很大。学生一进大学就学群、环、体等抽象概念,不符合由浅入深、由具体到抽象的教学规律。杨武之根据自己的教学经验,做了许多处理,使学生能够接受。当时在他班上听课的学生有李大潜、严绍宗、陈火旺、施伯乐等。[27]124

华罗庚的专著《堆垒素数论》,1953 年中文版出版,他寄了一本给杨武之,并在书的扉页上写道:武之吾师,罗庚敬赠。1950 年华罗庚回国以后,每次去上海出差,再忙也要抽时间去看望杨武之。[32]

1954 年　59 岁

冬,杨武之的糖尿病恶化,因对胰岛素产生抗药性而几度病危,入院治疗直到 1957 年才逐渐好转。[1]910

1955 年　60 岁

闵嗣鹤 1955 年在《数学进展》,1(2):397-402 发表的文章“数论在中国的发展情况”中说:“我们必须提起,在中国最早研究三次多项式的华林问题的是杨武之。他用初等方法证明了:任意正整数是 9 个三角垛数之和。他的方法后来被很多人用来研究其他的三次多项式的华林问题。”

6 月 3 日,国务院公布第一批中国科学院学部委员(现称院士)名单,其中有数学家 9 人,这 9 人中的华罗庚、许宝騄、柯召、段学复 4 人是杨武之的学生。在他的学生中,以后当选为学部委员的还有万哲先、廖山涛、严志达和李大潜。

1956 年　61 岁

病休中的杨武之,得知他的助教麦学贤要结婚无房,便建议将他在复旦大学的一间宿舍让给麦学贤用作新房。[27]154

1957 年　62 岁

1957 年,华罗庚的著作《数论导引》初版。华特地送了一本给杨武之,在扉页上仍然写:“武之吾师,罗庚敬赠。”[12]51

春,杨振宁和李政道提出“弱力量的宇称不守恒”被吴健雄的实验结果证实。宇称守恒定律在弱相互作用中被否定的研究成果,震动了世界整个物理学界,瑞士很快邀请他们赴日内瓦讲学。杨振宁想念多年不见的双亲,给父母来信建议借此机会到日内瓦相见。杨武之立即写信给国务院总理周恩来,请求去日内瓦见儿子,并说准备借此机会说服他们不去台湾,最好回到中国大陆。此事很快得到周恩来总理的批准。[1]55,896

6 月 24 日,久病尚未痊愈的杨武之,自上海启程,先抵北京,7 月 6 日离京飞莫斯科,经布拉格到达日内瓦。见到了分别 12 年的儿子振宁,第一次见到儿媳杜致礼和长孙光诺,分外兴奋。在相处的数周中,杨武之给他们介绍了许多新中国的各种新气象、新事物……,临别时写了两句话给儿子、儿媳留念:“每饭勿忘亲爱永,有生应感国恩宏。”8 月 16 日,杨武之离日内瓦返沪。[27]27

12 月 10 日下午,杨振宁和李政道在热烈而庄重的气氛中,登上斯德哥尔摩诺贝尔奖领奖台,从瑞典国王手中接过诺贝尔奖章和证书。此时,杨振宁和李政道持用的都是中国护照。杨武之多次给子女说:"不要小看中国人在世界上第一次获得诺贝尔奖的深远意义,这件事至少使一部分中国人,特别是知识界,打掉了自卑感,从心理上敢于同西方人一争短长了。"[13]265

1960年　65岁

杨武之再次赴日内瓦见振宁夫妇,夫人罗孟华同行。他们4月6日离沪路经北京时,特地去看望多年不见的老友熊庆来夫妇,两对老夫妇合影留下永久的纪念。到达日内瓦后,次子振平也

1960年代初,熊庆来夫妇(左立、左坐者)与杨武之夫妇(右立、右坐者)合影

从美国赶来同父母相聚。杨武之告诉儿子:血汗应该洒在国土上。他6月28日返回后,作诗一首:"五七、六〇两越空,老来逸兴爱乘风;重温万里湖山梦,再叙天涯倚枏衷"正表达了这种心情。[1]911

1960年,柯召和段学复赴上海出席一个会议,其间同去复旦探望杨武之,还手谈(下棋)一局,这是他们最后一局,亦是最后一面。[27]114

1962年　67岁

杨武之第三次飞往日内瓦看望儿子振宁和振平,仍和夫人同行,5月21日起程,8月31日返回。这期间,陈省身专程从美国到日内瓦拜见老师和师母,相聚数日。杨武之赠陈省身一首诗:

1962年陈省身与杨武之(右)在日内瓦合影

> "冲破乌烟阔壮游,果然捷足占鳌头。
> 昔贤今圣遑多让,独步遥登百丈楼。
> 汉堡巴黎访大师,艺林学海植深基。
> 蒲城身手传高奇,畴史新添一健儿。"

陈省身后来说:"杨武之先生赠诗谓'独步遥登百丈楼',誉不敢承。然论为学态度,则知已深谙我心也。"[19]36

1964年　69岁

春,长子振宁加入美国籍,杨武之虽然没有明显表示不满,杨振宁说:"我知道,直到临终前,对于我的放弃故国,他在心底里的一角始终没有宽恕过我。"[1]137

秋,全国函数论会议在上海衡山饭店召开,出席会议的70多岁高龄的熊庆来特地去探望病中的老友杨武之。华罗庚也一直惦记着杨师,这次开会到上海,特意邀请庄圻泰作陪,宴请杨武之、熊庆来二位老师。这是他们三位与杨武之最后一次相见。[27]115

10月12日,此次相见,杨武之激动、难忘,别后,随即又给熊庆来去了一信,全文如下[21]345:

迪公先生有道：

此次驾与夫人从天而降，久别乍逢，出我意外，真有不亦乐乎之感。数度畅谈，欢快奚似。尤其，尊恙痊复甚多，学术思考仍能健行无碍，实堪欣庆。内子尝梦想早年在清华园和联大时与嫂夫人相处极善，此番得再把晤，曩昔光景，涌现目前，旧好重温，相聚嫌短。别后均思念靡已，成七绝两首志怀：

其一

廿载巴黎修炼功

取经终获贯初衷

泛函领域登堂奥

阐发幽微穷益工

其二

日中雨后有浮云

雨过天晴倍爽人

行看夕阳景更好

齐眉福寿乐康宁

俚稚乞　正。

惠书暨款均收到，谢谢。

敬候　双安！

弟杨武之谨启

64.10.12

10 月 20 日，熊庆来致杨武之的复信全文如下[21]346：

武之道兄先生足下：拜颂

佳作，不胜激动，亦有感得句，不计疏拙，录奉聊供一笑，并希指正。

弟熊庆来左手握笔敬上

一九六四、十、二十

熊庆来回诗四首，此处摘其前两首[21]346：

其一　步　韵

忆同皋比漫图功

门户无分共折衷

昔日英才今国器

冰成于水属天工

（原文）附记：今秋全国性函数论会议举行于上海，华罗庚君实主持其事。我亦应招出席，我们三人因得欢聚。今不禁忆及往事。

其二　略步韵

燕山教子上青云

君训循循胜昔人

近代发明若借问

寰中咸道振宁名

270

12 月 19 日,杨武之夫妇携子女振汉、振玉,从上海去香港和振宁相见。美国驻香港总领事不止一次地打电话给杨振宁,说:如果双亲和弟妹们要赴美国,领事馆马上替他们办理手续。杨武之很坚定地告诉儿子:"要回上海。"杨家一行 4 人,在香港小住半月,于 1965 年 1 月 3 日同时返沪。[1]911

1968 年　73 岁

1968 年"工宣队"进校,发现杨武之 1954 年以来因病不能到校上课而一直受到优待,便下令要杨武之到校来接受他们批斗。后来又要他住在学校里"监督劳动"。夏季大热天,强迫去打扫大操场,进行无端迫害。[27]125

"文化大革命"开始后,杨武之对振汉说:"没有法子理解发生了什么事?社会法治受到破坏,人身毫无保障,人和人之间相互攻击,维系社会安定的道德、伦理、修养等全都被抛弃,这样下去,整整一代人都给带坏了。"[1]899 在"文化大革命"高潮时,又对振汉说:"我教书一生,清白一世,除因脑力体力欠佳,不能多做研究外,我一生无愧于祖先,无愧于后代,我培育了中国新一代的数学人才。我的子女都大学毕业,你大哥还得到诺贝尔奖,你们都在国家的重要岗位上努力,我也无愧于社会,无愧于中国人民。我不是落后于时代的人,我曾将近世代数和数论引入中国,我也曾将西方现代的教学方法引入中国。""1949 年解放后,我虽然不能回清华,但我继续在同济、大同和复旦大学教书。""我总认为我的教学方法不比苏联差。"[1]899 – 900

1970 年　75 岁

夏,杨武之与在美国的儿子中断了三年多的联系,1970 年夏,忽然收到振宁从美国的来信,渴望能在香港再次见到父母和弟妹。杨武之在此后数月,为申请去香港,不断奔波于复旦大学、上海市革委会和公安局之间,焦急和劳累,导致多年的糖尿病引起神经系统病变。当去香港得到批准,他已病重住进医院,只能由三子振汉陪其母赴港与振宁、振平团聚。他们于 1971 年 1 月 10 日启程,2 月 2 日返回。[1]902

1971 年　76 岁

当杨振宁获悉美国解除了到中国旅行的禁令后,迫不及待,到法国向巴黎中国大使馆申请签证。于 7 月 20 日乘法航飞机到上海,回到阔别 26 年的故乡,看望父母、弟妹、亲戚和师友,至 8 月 17 日仍经巴黎返美。杨振宁这次回国,成为美籍知名学者访问中华人民共和国的第一人。[13]102

多年来,杨武之对儿子反复的爱国教诲,使杨振宁决心要在中美之间架起一座了解和友谊的桥梁。儿子第一个返回生养的祖国故土,使杨武之了却一桩心愿,实现自己诺言的心情,心理上受到了极大安慰。[13]103

1972 年　77 岁

一批美籍华人,纷纷携带家眷回国探望,其中有不少是杨武之的老朋友、同事或学生,他们都到上海华山医院去探望病中的杨武之。他既兴奋又感慨,说:"如果我身体好,我还能为中国的科学和教育事业做一些贡献。我有朋友、同事和学生在海外,有的在台湾,我会请他们回大陆看看。"[1]903

1973 年　78 岁

5 月 12 日,杨武之在上海华山医院病逝。

5 月 15 日,复旦大学举行"杨武之先生追悼会"。上海市革委会的负责人和杨武之的生前友好都参加了追悼会。杨振宁在会上的讲话中说:"父亲为人纯真谦虚,力争上游,是接触过他的人都有的印象。父亲给我们子女们的影响很大。从我自己来讲:我小时候受到他的影响而早年对数学发生浓厚的兴趣,这对我后来进入物理学工作有决定性的影响。""1971 年、1972 年我来上海探望他,他和我谈了很多话,归根起来,他再三要我把眼光放远,看清历史演变的潮流,这个教训两年来在我身上产生了很大的影响。""我想新中国实现的这个伟大的历史事实以及它对于世界前途的意义正是父亲要求我们清楚地掌握的。"[1]208

1980 年 10 月 4 日,华罗庚在致香港《广角镜》月刊编辑部的信中,强调指出了他在清华成长过程中,杨武之所起的重要作用。华罗庚说:"引我走上数论道路的是杨武之教授","从英国回国,未经讲师、副教授而直接提我为正教授的又是杨武之教授。"[12]98

1987 年 9 月,杨武之的夫人罗孟华女士在香港逝世,享年 91 岁。[13]236

1988 年 11 月,《中国大百科全书·数学》出版,第 600 页,其中有一段有关杨武之的记载:"数论的研究也是中国近代数学最早开拓的数学研究领域之一。杨武之首先将近代数论引入中国。华罗庚、柯召、闵嗣鹤等是这一领域研究在中国的创始人,特别是华罗庚在解析数论方面的卓越成就,在国际上有广泛深入的影响。"文中提及的华、柯、闵都是经杨武之教育培养过的学生,他们在数论研究的起步阶段得益于杨武之。[24]600

1992 年 10 月,科学出版社出版的《中国现代科学家传记》第三集,刊载张奠宙撰写的《杨武之传》。首次比较全面地叙述了杨武之在学术、教育两方面的成就,以及他对华罗庚早期研究工作的影响。[4]

1994 年 12 月,中国科学院院士、华罗庚的学生王元撰写的《华罗庚》[12]一书出版,书中多处以事例说明杨武之对华罗庚的培养、帮助和相互交往。[12]

1996 年 5 月,在杨武之诞辰 100 周年之际,复旦大学开设永久性的"杨武之教授讲座"。第一次讲座由杨振宁主讲。

1996 年 5 月 23 日,为纪念杨武之诞辰 100 周年,陈省身教授接受张友余采访时说:"杨先生最早学习研究初等数论,发表过有价值的论文。他后来的工作,偏于教育方面,在中国当时的环境,这个选择是自然而合理的。他的洞察力很强,善于引导学生创新,鼓励支持他们到世界研究的前沿去深造,去施展他们的才能。迈出去这一步,不少青年都得到过他的指点帮助。经他培养教育过的学生中,后来有杰出成就的很不少。""他的这些学生对中国数学的发展起了很大的作用。杨武之是一位杰出的数学教育家,确实值得纪念!"[6]

1997 年 1 月,复旦大学出版社出版,徐胜兰、孟东明编著:《杨振宁传》[13]。该书第一篇第四节的标题是:杨武之与华罗庚。

1998 年 5 月,清华大学出版社出版,清华大学应用数学系编:《杨武之先生纪念文集》[27]。丁石孙作序,杨武之 1928 年的博士论文收录于首篇。书中收录了杨武之的学生陈省身、柯召、段学复、万哲先、王寿仁、田方增、徐利治等和同事谷超豪、蔡福林等的纪念短文,及王元院士写的"杨武之先生与中国数论"共 18 篇文章。杨武之的四个子女杨振宁、杨振平、杨振汉、杨振玉各写的长篇回忆,以及杨武之传略、访谈、年谱。共 14 余万字,印数 400 册。

6 月 14 日,清华大学隆重纪念杨武之教授诞辰 102 周年。清华校长王大中院士在纪念会上讲话,高度评价了杨武之对清华数学系的发展所作的杰出贡献。他希望国内外数学界对清华应用数学系今后的发展,继续给予支持和指导。(摘自《数学通报》,1998,(8):封二)

2004 年 8 月,南开大学出版社出版,张奠宙、王善平著:《陈省身传》。该书第三章第三节的标题也是杨武之和华罗庚。该节首先介绍了杨武之在数论领域的研究成果,在 20 世纪 20 年代的中国,当属优异的工作。随后说明华罗庚进入清华后,早期的研究是沿着杨武之开辟的数论道路前进的。之后,华迅速作出了世界水平的工作,在学术上超过了杨武之。但是,历史事实不可否认"引我走上数论道路的是杨武之教授"。(华罗庚语)

参考文献

[1]杨振宁.《杨振宁文集》(上)、(下).上海:华东师范大学出版社,1998.4.

[2]李仲来主编.《北京师范大学数学科学学院史》.北京:北京师范大学出版社,2009.9.

[3]杨学为等主编.中国考试制度史资料选编.合肥:黄山书社,1992.8:621.

[4]张奠宙.杨武之.《中国现代科学家传纪》(第三集).北京:科学出版社,1992:1-9.

[5]张友余."五四"时期的《数理杂志》.《数学通报》,1992,(8):3-6.

[6]张友余.回忆杨武之——陈省身教授访谈录.《科学》,1997,49(1):46-48.

[7]杨武之.《国立西南联合大学数学系概况》,1946 年 5 月手稿,南开大学档案馆收藏.

[8]北京师范大学校史编写组.《北京师范大学校史》(1902—1982).北京:北京师范大学出版社,1982.6.

[9]清华大学校史编写组.《清华大学校史稿》.中华书局,1981.2.

[10]云南师范大学校史编写组.《云南师范大学大事记(西南联大及国立昆明师院时期)》.《云南师范大学学报》,1988 年校庆增刊.

[11]西南联合大学北京校友会.《国立西南联合大学校史——1937 至 1946 年的北大、清华、南开》.北京:北京大学出版社,1996.10.

[12]王元.《华罗庚》.北京:开明出版社,1994.12.

[13]徐胜蓝、孟东明.《杨振宁传》.上海:复旦大学出版社,1997.1.

[14]潘承彪.闵嗣鹤.《中国现代科学家传记(第一集)》.北京:科学出版社,1991:42-47.

[15]北京高等师范学校数理学会主办.《数理杂志》.1918,1(2);1919,1(3);1925,4(3).

[16]冯绪宁、袁向东.《中国近代代数史简编》.济南:山东教育出版社,2006.3:14.

[17]北平师范大学数学学会主办.《数学季刊》,1930,创刊号:118.

[18]中国科学社主办.《科学》,1937,21(8):663;1948,30(5):150.

[19]陈省身.《陈省身文选——传记、通俗演讲及其它》.北京:科学出版社,1989.

[20]张奠宙.《中国现代数学史略》,南宁:广西教育出版社,1993.12.

[21]张维.《熊庆来传》.昆明:云南教育出版社,1992.11.

[22]任南衡、张友余.《中国数学会史料》,南京:江苏教育出版社,1995.5.

[23]唐家祥、李长明.《朱德祥执教 55 周年文集》,重庆:西南师范大学出版社,1991.11.

[24]中国大百科全书总编辑委员会《数学》编辑委员会、中国大百科全书出版社编辑部编.《中国大百科全书·数学》.北京:中国大百科全书出版社,1988.11:600.

[25]本文编者历年的专家访谈记录,有关往来书信及有关报刊等附于相关条目后的括号内.

[26]清华大学校史研究室.《清华大学史料选编(三上)、(四)》.北京:清华大学出版社,1994.4:
(三上)110;310-312.(四)41;172.

[27]清华大学应用数学系.《杨武之先生纪念文集》.北京:清华大学出版社,1998.5.

[28]白苏华.《柯召传》.北京:科学出版社,2010.5.

[29]陆建东.《陈寅恪的最后20年(1949—1969)》.北京:三联书店,1995.12:4;5.

[30]陈鹗.《我们和陈省身的友谊》.天津:今晚报,2000.4.28:17.

[31]徐利治.《徐利治访谈录》.长沙:湖南教育出版社,2009.1:36;49;85-86.

[32]万哲先.纪念杨武之教授诞辰一百零二周年.《数学通报》,1998,(8):1-3.

说明①:《杨武之先生年谱》第一稿在征求意见过程中,得到杨振宁、杨振汉、杨振玉兄妹,陈省身、段学复、庄圻泰、赵慈庚、王元、张鸣华等教授的指教。他们仔细阅读、审查了初稿,补充了珍贵的第一手史料,提出了中肯的修改建议,无不为本文增辉。谨此对他们致以衷心的感谢! 由于编者才疏学浅,难免仍存在遗漏和不足之处,敬请读者指教。

说明②:第一稿原载《清华大学学报(哲学社会科学版)》,1998,13(1):40-49和《杨武之先生纪念文集》第185-261页.2011年在第一稿基础上,增添了后来收集到的有关史料,对原稿个别地方有少量修改;同时在每条史料之后,用符号"[×]××"标注该条的主要参考文献,如果某条参考了数篇文献,只注明其中的一篇,形成了在此(2011年)的第二稿。如[1]873,是指参考文献[1]《杨振宁文集》书中的第873页。

《杨武之年谱》征求意见信

尊敬的×××教授:

随信寄来《杨武之年谱》(征求意见稿),请审查、修改、补充。

杨武之在早期的清华大学数学系任教授长达20年之久,其间有14年担任该系系主任(含代理2年),兼任清华大学研究院理科研究所数学部主任,为我国数学界培养了不少开创性的人才。1930年代,直接受过杨武之教育的学生有:华罗庚、陈省身、许宝騄、柯召、吴大任、段学复、徐贤修、施祥林、闵嗣鹤等;在最艰难困苦的抗战八年,他在昆明自始至终支撑着西南联大数学系,培养出的学生有:廖山涛、严志达、王宪钟、钟开来、田方增、朱德祥、王寿仁、蓝仲雄、王浩、徐利治、江泽培、万哲先、杨振宁等等。他的这些学生中,有20世纪中国的数学大师,世界一流的数学家;有中国科学院院士7人,中央研究院院士5人(含双院士2人);有现代数论和代数在中国的创始人;有在现代数学多个分支、和数学教育各条战线上做出卓越贡献的多位著名数学家、数学教育家,以及诺贝尔奖金获得者。三、四十年代出自杨武之门下的毕业生几乎个个成才,他们对20世纪中国数学的发展起了很大的作用。

杨武之教育人的工作,看似平凡,结出的却是极不平凡的人才硕果。这与他独特的学术水平、教育才能和组织才能以及思想境界密切相关。在世纪之交的当今,在杨武之已经百年之后,我们都来客观地排除过去的"极左"干扰,实事求是地总结杨武之的选才育人之道、组织领导教学之方,以及他高尚的人格品德、热爱祖国的精神等等。激励后人、发扬光大。如果在最近20年内,中国能够出现20个"杨武之式"的培养那么多高水平人才的数学教育家,我想,中国成为数学大国将为期很近了!

目前,趁杨武之的学生尚有部分人健在,在王元院士、张奠宙教授已有工作的基础上,得杨振宁兄弟及老一辈数学家的帮助,抓紧整理出这份较详细一点的年谱初稿,清华大学学报也有刊登的意向。为此,特将此稿先寄给你们知情者审查,文中有"(?)"之处,请特别注意修改补充。先让广大群众了解杨武之其人,以便进一步对其总结、研究,发扬光大。

　　妥否,请批评指教!

整理人:张友余敬上

1997.3.20

附:杨武之研究文献

杨武之研究文献一

段学复、杨振宁、王元三位院士给张友余的回信。

1. 段学复院士回信

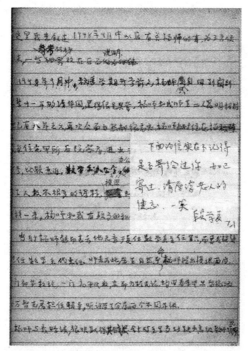

1997 年 7 月 1 日段学复给张友余回信片段

　　这里我来叙述 1948 年 9 月中以后有关杨师的事,为了方便叙述,一些参考材料放在后面说明。

　　1948 年 9 月中,秋季开学前夕,杨师只身回到阔别已整十一年的清华园,显得很是兴奋。杨师和我师生二人昆明相别也已有八年之久,再次会面当然都很高兴。杨师当时住在梅校长住宅甲所后院客房,进出都很方便,我则住在胜因院 5 号,比较靠近。数学系办公室仍和过去一样,在科学馆一层南头。学生人数不很多的课程,授课即在科学馆几个中型教室(三楼)。这样一来,杨师和我有较多的机会晤谈。

　　当时杨师恳切表示,他无意于复任数学系主任之职,而要我继续担任数学系代主任。

师意如此,学生自然遵命。杨师提出授课两门,一门初等数论,一门高等代数,亦即方程式论,均由春季毕业留校任教的万哲先君担任辅导,听课学生分属两个不同年级。

杨师与我晤谈,很快取得共识,针对系里当时缺少高级教师情况,必须迅速聘请到校任教合适人选,特别注意到聘"新秀",这指新从国外名牌学校取得博士学位,且有在教学科研发展前途,又有近期回国任教可能。这些想法很快就向校长作了汇报,校长原则同意,但说现在学校已作了一条统一新规定,先以副教授起聘,两年后教研工作成绩好的即可升为教授。

这样,很快就由学校聘请闵嗣鹤君来校任教,这个作法一直保留有效。1950 年 3 月中,华罗庚先生自英国返抵北京清华园,与他一直同行的程民德君,即按此种办法聘任来校任教。闵、程两君均在各人任副教授两年以后,很顺利地提升为教授。1952 年院系调整后,闵、程与我都调到当时新北大共事多年,事应告慰于杨师。(闵君同时受聘为北平师大兼职教授)

杨师 1948 年秋 9 月中重返清华园后,还不到三个月的时候,解放军即趁打垮辽沈一带国民党部队的战机,迅速逼近北平。到 12 月 13 日,清华园事实上已经先北平解放了。此时杨师找到我和万哲先君,根据两门课程学生平时作业情况结业。同时告诉我们,将与梅校长一起进城搭乘飞机南下,到上海后等候有飞机直达昆明时去接家眷,后再转回上海,再带家眷回清华园。告别之后,杨师与我师生二人即无从再联系。

段学复

1997 年 7 月 1 日

2. 杨振宁院士回信

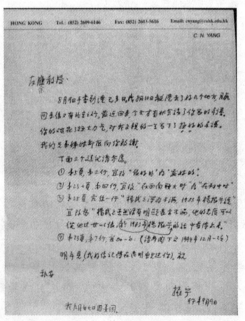

1997 年 9 月 9 日杨振宁给张友余回信

8 月 9 日手书到港已多日。我 8 月 10 日离港去了好几个地方,月底回来后又有北京之行,最近回来,今天才有机会读了你写的年谱。你的确花了极大力气,对我父亲的一生写下了极好的年谱。我们兄弟姊妹都应向你致谢。

下面三个建议请考虑。

1 第5页，第三行，宜改"很好的"为"最好的"。

2 第23页，第四行，宜改"在西南联大时"为"在初中时"。

3 第25页，最后一行"杨武之深为不满，1983年杨振宁说"宜改为"杨武之虽然没有明显表示不满，他的态度可以从他过世以后，杨振宁于1983年的话中看得出来"。

……
振宁

97年9月9日

3. 王元院士回信

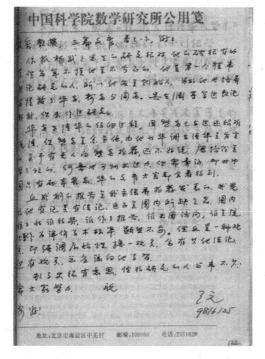

1998年6月25日王元给张友余回信

你抓杨武之先生的研究很对，他的确很有功劳，但多年不提他是不公正的。他是我国第一个从事数论研究的人，所以他应是创始人。另外他也培养与提拔了华老，柯老与闵老。吴在渊等写过数论教材，但未做过研究。

华老去清华的仔细过程，因熊老已去世，还很难说清，但熊老是系主任，由他将华调去清华是肯定的。至于有无人向熊老推荐，还不好说。唐培经是帮了忙的，何鲁也可能出过力，但需旁证。当时中国只有两本杂志，华的文章大家都会看得到。

丘成桐的报告是我主张并推荐发表的。我觉得他有论点有结论，这正是国内所缺乏者。国内往往将谁得了奖，谁做了报告，谁出国访问，谁是院士等作为评价学术标准，但丘是一种观点，即强调原始性。换一种观点，含有其他结论。但有观点，总应该向他学习。

数学史很有意思，值得研究的人与事不少。需大家努力。

祝

安好！

王元

98/6/25

杨武之研究文献二

徐胜蓝、孟东明：杨武之与华罗庚（摘抄）

关于杨武之和华罗庚的关系，现在人们知道得很少。近20年来，关于华罗庚的报告文学、访问记、电视剧相继问世，但其中都没有提到他和杨武之的关系。

1980年6月，在华罗庚率领中国代表团去香港参加东南亚数学会议时，香港记者甘满华写了一篇题为"大数学家华罗庚"的文章，刊登在香港《广角镜》1980年7月份第94期上。杨振宁先生阅读了这篇文章之后，于1980年9月给正在美国访问的华罗庚先生写了一封信。华罗庚收到信后，在1980年10月4日，给《广角镜》编辑部写了一封信，信的全文如下：

《广角镜》编辑先生：

来美后得阅贵刊关于我的报道，十分感谢。事事有出处，语语有根据，实事求是，科学之道也。但传闻往往有错，以讹传讹。特别关于我去清华一段。目前，我在美国，一日一校，无暇详述，谨作一简单说明如下：

1. 当时数学系主任熊庆来教授是法国留学回来的。

2. 和我通信联系的是我的一位素不相识的小同乡唐培经教授（当时是教员）。

3. 引我走上数论道路的是杨武之教授（即文中所提的 Dickson 教授的高足）。

4. 破格提我为助教的是郑桐荪教授（陈省身教授的岳父）。

5. 从英国回国，未经讲师、副教授而直接提我为正教授的又是杨武之教授。

6. 熊庆来并没有到金坛去过。

华罗庚

1980.10.4

华罗庚先生的这封信，澄清了他去世以前各文章、电视中关于他成长过程中一些说法的不确部分，从中也可以清楚地看到华罗庚当年为什么要发出"我之鲍叔乃杨师也"这样的肺腑之言。

（原载：徐胜蓝、孟东明编著.《杨振宁传》.上海：复旦大学出版社出版，1997.7：13-14）

杨武之研究文献三

王元：杨武之先生与中国的数论（摘抄）

杨武之先生是中国数论这门学科的倡始人。华罗庚、柯召与闵嗣鹤先生都是他的学生，受益他的教导与提拔。陈景润是华先生的学生，潘承洞是闵先生的学生。他们二人都是中国科学院的院士。我们虽然都没有见过杨先生本人，但从我们的老师与前辈的谈话中，早已得知杨先生对发展中国的数学与数论所作出的重大贡献及他对年轻数学家的培养与提拔，从而在我们的心中，很早就怀有对他的尊敬了。

......

由杨先生培养与提拔的三个学生就是中国数论的第二代骨干。华先生任中国科学院数学研究所所长与中国科学技术大学副校长兼数学系主任,柯先生任四川大学校长,闵先生去北京大学数学系执教。他们除自己从事数论研究工作之外,都积极培养年轻的数论学家。越民义、陈景润、潘承洞、严士健、吴方、孙琦、李德琅与王元等都出自他们的门下。这些人又招收学生,学生再招收学生,真是桃李满天下了。

数论既是中国最早开始研究的一门数学,也是发展得较好的数学领域之一,特别是研究的领域在迅速扩大了起来,除杨先生、华先生、柯先生与闵先生擅长的堆垒数论、三角和估计与不定方程外,可以说重要的数论领域在国内都有人在研究着,其中有些工作是会流传下去的,例如陈景润关于非常重要的哥德巴赫(C. Goldbach)猜想的结果,至今仍然在世界上处于领先地位。

抚今思昔,我们不能不深深地怀念与感谢中国近代数论的创始人杨武之先生。另一方面,我们也深信,杨先生如果在天有灵,也会对他的弟子在继续他的事业中,所作出的努力及取得的成绩而感到欣慰的。

(原载清华大学应用数学系编.《杨武之先生纪念文集》.北京:清华大学出版社,1998:177;121)

丁石孙语录

杨(武之)先生当时的条件比现在要困难得多,但一生为我国数学的发展进行不懈的努力,同时也培养了一代一代的数学家。杨先生的精神值得我们后辈学习,他所取得的成绩也会鼓励我们为我国的数学事业的发展而努力进取。

——摘自:《杨武之先生纪念文集》,北京:清华大学出版社,1998:2

陈省身语录

中国数学要独立。既然有了自信心了,不一定要跟其他的国家,或者其他的大师同样的方向去做。要独立的话,最主要一点,大家要对数学有一个深切的了解。为什么要念数学,当前数学的问题是哪些问题,大致看将来的数学,十年、二十年甚至于五十年的发展应该是哪些地方。

——摘自《陈省身文集》,华东师范大学出版社,2002,6:120

第六篇　中国现行数学期刊最早的创办人刘正经

刘正经是北京大学 1922 年毕业的高材生。一生忠于祖国的数学教育事业。从 1916 年考入北大预科开始，因家境贫寒，便以家教方式从事数学教学，换取收入维持学业。毕业后到南开中学、南开大学、东北大学任教，积十余年丰富的大中学教学经验，1932 年刚到武汉大学，便组织十余位青年师生，于 1933 年 1 月开始出版《中等算学月刊》。历尽艰辛、成绩显著，受到我国数学界的肯定和赞扬。为此，1935 年中国数学会成立时，当选为该会评议会的评议，连任三届。1947 年中央研究院院士提名，他又被提名为院士候选人之一。中华人民共和国成立后，刘正经于 1950 年 7 月，在全国率先主编数学刊物——《武汉数学通讯》（现《数学通讯》）。仍然受到广泛欢迎，1951 年 8 月在中国数学会第一次全国代表大会上，受到少有的表扬。为此，当选为中国数学会第一届理事会仅有的 21 位理事之一。在中国近现代数学史上，主要因办刊而受

刘正经[1]

到这些殊荣的仅刘正经 1 人，然而在刘去世 28 年之后，1987 年《数学通讯》上的一篇文章，曲解了这段历史，抹杀了刘的办刊功绩。本传本着实事求是的精神，用原刊记载及当事人提供的史料，力争恢复这段史实。

一、生平简介

1、寒窗苦读、学业成绩优秀

刘正经，字乙阁，1900 年 3 月 19 日出生在江西新建县一户农村私塾先生家，是该户的第三个儿子，父亲的微薄收入只够勉强维持一家老小的生活。刘正经幼年时接受父亲的教育，后随兄到南昌的师范学校就读。聪颖好学，16 岁考取北京大学预科，因家境贫寒，乡亲父老帮助他凑了北上入学路费，入学后的费用只能靠自己自理了。为此，他力争在课堂上完成学业，利用所有课余时间从事家教、或刻写蜡版，以赚取收入维持自己的基本开支。[1]

刘的优秀品德和组织才能受到北大老师、同学们的赞赏，预科二年级便当选为班长。因班长要占去一些课余时间为大家服务，影响到他打工挣钱的生活费来源。于是多次坚

---

① 刘正经照片由刘正经长子刘辰生（1924—2010）提供。

辞不干，受到校方登报批评。1918 年 10 月 29 日《北京大学日刊》第 2 版写道："理科学长（注：理科学长即现理学院院长）告曰：预科三年级甲班学生刘正经请辞班长之职，该生上年曾充班长亦一再辞职未允所请。兹因辞意甚坚，曲徇其志，改派得选举票次多数之陶勋接充该班班长。细查班长职务初无责任烦难之可言，不过遇事接洽有所代表而已，何必多方推让视若畏途。且当选人必其品性纯良，公认堪为一班表率者始得多数同学推崇，若动辄退避，在当躬似乏爱群趣味，在学校亦形秩序纷纭甚无益也。总之既膺选派务必克全始终，嗣后凡有请辞班长者一概不能照准，各其勉旃，特此告曰。"[2] 这一公开批评，对品学兼优的刘正经心灵触动极大，他暗下决心，待完成学业工作后，将终身服务社会、报效祖国、加倍偿还。以后数十年，他用自己的行动证实了早年的诺言。

预科结业后，刘升入北大数学系，所用教科书、参考书全是外文原版。学好外语是进入数学殿堂的工具，他特别下工夫苦读，不长时间便掌握了英、法、德等多种文字，使他能广泛涉猎外文书刊，驰骋在奥妙的数学海洋之中，提高很快。1922 年，刘正经以优秀成绩从北大数学系本科毕业。刘在北大 6 年，不仅学好了专业知识，还培养了他艰苦奋斗、力争上进的个性。大学毕业后，无钱出国留学，他便购买了大量的外文书刊，刻苦自学、深入钻研，弥补自己在知识上与留学生的差距。以后在未出国留学的学者中，他是较快（28 岁）升入教授行列者之一，那时大家尊称他们是我国少有的"土教授"。多年后，他常以自己的经历教育子女，对子女说，要刻苦读书，才能为社会作出贡献。[1]

2、初编教材，受到广泛欢迎。

1922 年刘正经大学毕业前后，我国初中数学教学，受美国当时流行的混合数学教学影响，正在全国推行"混合算学教科书"。由于脱离我国旧轨，师资缺乏，有些学校实施非常困难。商务印书馆便急速组织人力，另编一套初中数学分科教材。刘正经承担了其中编写"现代初中教科书《三角术》"的任务。他利用自己掌握的高等数学知识，结合多年的家教实践经验，居高临下、深入浅出。书中说："考虑到初中学生年龄特征，本书较注重实用知识，对理论叙述较少。为了补救这个缺陷，书后增添了补篇两章。由于有了补充内容，教材就有一定弹性，不但可供新制初中使用，也可供旧制四年级使用。为了增加学生的兴趣，书中还插入一些三角学的史料。""由于本书作为初中教材，选材适当，深浅适宜，讲述简洁，习题得当，受到当时各校欢迎。"[3] 1923 年出初版，1930 年已再版至第 54 版；修订版，至 1936 年又出至第 31 版，被我国初级中学广泛使用，十余年不衰。

3、热爱学生，精心培养学生成才。

1922 年，天津的南开中学聘请刚毕业的刘正经任高中理科班数学教师。重视理科是南开高中的特色之一，数学是理科班的第一重头课。刘在南开中学教了三年的学生吴大任（1908—1997）1992 年回忆说："三年间，数学方面，我学了解析几何（包括平面的和立体的）、三角、大代数、单元函数微积分和图形几何。除图形几何外，其他数学课都被刘乙阁先生包办了。用的课本，除微积分外，主要是一本《数学分析》。那时候，南开中学数理化课都是用英文课本，而数学课本从头就是综合性的。这本《数学分析》就综合了解析几何、代数和三角。刘先生毕业于北京大学，专长几何，但他教这本书以及微积分却证实他是个多面手。他授课的特点是论证严密，特别是他总是表现得对所讲的内容兴趣浓厚,因而富有感染力。他的中文和英文板书都写得端正熟练,绘图也认真准确。他还补充了不少书中没有的代数方面的内容,自刻蜡版,印成讲义。他的蜡版刻得很精美。(后来我在南开大学上姜立夫先生的投影几何课时,刘先生还为姜先生刻写详细提纲的蜡版)讲到对圆的对极对应时,刘先生让我们到图书馆查阅文献,写读书报告。到了高二,我开始模仿书上的论述方法来写练习,他十分高兴,讲三角函数时,他把六个三角函数写在一个六边形的顶点上,以得到这些函数之间的基本关系;讲解析几何时,他教我们一种规范化方法,在方格纸上画立体图。这两点我在当时的书上都没有看到过,也没有听别人说过。"[4](注:引文中的"我"是指吴大任)刘正经(乙阁)成了吴大任上高中时印象最深、影响最大的老师之一,是他步入数学殿堂的启蒙老师,后来吴成了中国数学家、当了南开大学副校长,仍然念念不忘教他高中的刘老师,特写专文纪念。

4、辗转高校,尽其发挥所长。

刘正经的数学才华,很快被南开大学数学系的开创者、系主任姜立夫(1890—1978)看中,1923年南开大学首招预科班,姜便推荐刘到大学部兼职教预科班数学,成了姜创办南开数学系早期的协助人之一。1928年,张学良兼任东北大学校长,捐巨款扩建该校,急需优秀师资,要求北京大学推荐,冯祖荀推荐了他的两位富有教学经验的高材生刘正经和武崇林(1900—1953)前往任教授。在他们俩人的努力下,数学系教学质量提高很快,1929年送走了该校数学系的第一届毕业生(1925年入学),并将第一名公费送往国外留学。这个阶段是东北大学发展的黄金时期,一派欣欣向荣。"九一八"事变后,我国东三省被日本侵吞,逼迫东北大学仓皇迁逃北京,师生们过着流亡的生活。[5]

1932年,刘正经应聘到武汉大学任教授。此前,这里已有曾昭安、萧君绛、汤璪真、叶志、吴维清5位教授,前两位是刘的江西同乡,后两位是北大学兄,他们都是1928年武汉大学建立时来校,此前一直在大学任教。刘正经成了这里唯一有中学教龄、最年轻的教授。刘到武大这个幽静的校园里,人际关系融洽、学术空气浓厚。此时,理学院办的《理科季刊》,数学系教师发表的研究论文最多,个个争先发挥自己的特长。刘正经也思索着如何发挥自己的所长。那时,各高校办刊纷纷兴起,研究性理科刊物不少,唯一缺少的是为中学服务的中等数学刊物,他根据自己经历,想填补这个空白。在系上的一次会议发言中表露了他想办中学刊物的心愿。很快被有同样兴趣的几位四年级学生知道了,便主动上门找到这位年轻的教授,促成他实现办刊愿望,系上几位年长的教授也很支持。在大家的鼓励下,刘正经说干就干。经过近4个月积极筹备,《中等算学月刊》便于1933年元月正式与读者见面。(办刊详情本传第二部分专述)。

刘正经无论在何校,总是将教学摆在第一位,在武汉大学亦如此。他教过的学生熊全淹、路见可教授回忆说:"刘先生教学非常认真,说理极为清晰,教学效果特好,有口皆碑。"[6]抗战期间,武汉大学迁往四川乐山,刘负责安排和讲授武汉大学工学院的数学课程,他积极培养和启用青年。优秀学生路见可上四年级时,他就让路给工科学生批改作业;1934年毕业后,又力荐和鼓励到工学院上课,自己精心培养。此外,刘正经还主持武大实用数学讲座,坚持数年,深受大家欢迎。

5、利用办刊,发现优秀人才。

刘正经利用教学与办刊相结合发现人才、培养人才是他的一大特点,其中最典型事例是李森林(1910—1996)。《月刊》创办不久,刘收到一年级学生李森林写的"关于圆内接四边形之一定理"的文章,问刘老师是否在什么书上见过? 这个定理的内容是:"圆内接四边形 $ABCD$,其两对角线之中点为 R、S;由 R、S 向其他对角线作垂直线,设其交点为 L,则过 L 向任一边作垂线必平分其对边。"刘在《月刊》第 1 卷第 3 期用 2 页篇幅及时发表了这个定理的证明;又唯恐自己因阅读面的限制不知道是否在那本书有过? 特去信北平请教他的同乡好友傅种孙(字仲嘉,1898—1962),傅经过细思,竟然用长达 8 页的长篇幅,推导出有关该定理的一般情况后,指出李发现的这个定理只是一个特例。这一过程,不仅使李的知识得到提高,而且更增强了学习兴趣和喜爱思索的习惯,刘正经又进一步引导他善于思索。1934 年,"高(君韦)女士纪念奖金"轮到第一次颁发数学奖,该奖奖励"凡现在国内大学及高等专门学校学习纯粹科学及应用科学者,俱得参与征文投稿。""刘正经动员李森林应征,给了他一本不用解析几何而用平面几何思想讲述的《双曲线》书。李森林认真钻研后得到了一系列新命题,完成了论文'双曲线之特性'。"[7]经专家评审,李的这一研究成果,获得这次数学奖,而且是唯一的获奖者。无疑更激发了李学习研究兴趣。临近毕业前,他又完成一篇"扩大射影法之基本定理及其应用"。文前特别加一说明:"本文之成,吾师刘正经教授指导之处特多,并承其详细改削,特此致谢!"刘又在《月刊》第 4 卷第 6 期首篇用 16 页的篇幅发表。李森林在武汉大学四年,培养了他善于思索做学问的本领。他也没有出国留学,以后却在常微分方程、泛函微分方程方面,做出了世界瞩目的研究成果,并被引入国内外的有关专著中。在大学时刘正经对李的细心培养,无疑起了一定的作用。通过办刊培养的人才还有龙季和等。

6、以身作则,无条件报效祖国。

抗日战争期间,刘正经全家随武汉大学迁往四川乐山,为了抗击日寇,他响应政府"有钱出钱、有力出力"的号召,竟将自己的积蓄倾囊捐献。不料,后来物价飞涨、货币贬值,他有 6 个未成年子女(3 男 3 女),夫人是家庭主妇,仅靠他一个人薪金维持全家 8 口人生活十分困难,最拮据时,每餐均以红薯煮稀饭度日。为了节省开支,又将全家迁住茅草屋,就地开荒种地,维持最低生活。如此艰难,他也不被别人改行赚钱吸引,坚守教学岗位,毅然不动。后来,他的长子刘辰生初中毕业后,只得辍学,考进银行当练习生(即学徒),挣点钱让弟妹们继续上学。[1]

新中国成立后,又面临抗美援朝、保家卫国。为了不遭受列强再次入侵中国之苦,1950 年他将上大学、中学的子女都送去参加中国人民解放军的陆、海、空军部队,其中:次子刘遂生,武昌中华大学毕业,1950 年参加陆军,一直在部队服役至终;三子刘馨生,正在读初中时参加海军,曾在东海舰队服役;长女刘以宁,在武汉大学就读期间参加空军,从事地勤工作;次女刘以珞也于 1950 年参干,在公安系统工作。[1]一年之内,将 4 个子女送入部队,到保家卫国的第一线,这样的教授,在全国少有。

抗日战争期间,刘正经随武汉大学迁往四川乐山,在居住的茅草屋前全家合影

抗美援朝中,刘正经送出他的四个子女参军

左起:次女到公安部队,次子参加陆军,长女参加空军,三子参加海军[①]

刘正经自己,患有心脏病,由于长年超负荷地教学、办刊,上个世纪 50 年代初,病情已发展十分严重。1953 年,不得不放下他心爱的期刊工作,入院治疗休养。就在此时,武汉组建华中工学院(1988 年改名为华中理工大学,2000 年又改名为华中科技大学),院长点名要调他去组建该院基础部,担任高等数学教研室主任。刘正经带着病体,二话不说就到了新的工作岗位,从为高等数学教研室挑选人员、编写讲义、培养青年教师、给学生主讲公共数学课,样样亲自参加。他编写的《场论》、《复变函数》等讲义受到好评,1956 年出席了高等教育部召开的高等数学教材讨论会。[8] 华中理工大学数学系对这位早已故去多年的第一任室主任的评价是:"工作勤勤恳恳、认真负责,对学生严格要求、循

① 以上照片由刘正经小女刘以秀(1937—2014)提供。

循善诱,对教师以身作则、为人表率、严格管理、热情帮助,对中青年教师的培养提高花了大量的精力,整个教研室教学质量稳定提高。"这位在北大苦钻高深数学理论的高材生不计名、不图利,把自己的一生全部奉献给了平凡的数学教育事业,作出了不平凡的贡献。1959 年 7 月 3 日,终因长年劳累过度,心脏病夺去了他年轻的生命,终年仅 59 岁。葬于武汉市龙泉山孝恩园。

二、办刊业绩

本传将刘正经办刊业绩专项阐述,其原因有三:

其一:刘正经于 1933 年 1 月创办的《中等算学月刊》(现《数学通讯》前身,文中简称《月刊》),是我国现行百余种各类数学期刊中,创刊最早,也是 1949 年前我国出版期数最多的数学刊物。中华人民共和国成立之后,刘于 1950 年 7 月又在全国率先主编《武汉数学通讯》(文中简称《通讯》)。刘正经的工作才是把《月刊》和《通讯》衔接在一起。研究清楚该刊历史,意义重大。

其二:刘正经的办刊精神难能可贵,值得弘扬。首先刘是北大高材生办普及刊物。那时在高等学校任教的教授,一般都钻研高深理论、发表论文、争取出国,普及工作不受重视。刘却眼睛向下,怀着崇高理想、面向普及、扎根底层,创办面向中学的《中等算学月刊》。其次他是在完成教学任务之后,业余办刊。编辑工作基本上由他一人支撑,不计名利报酬,忘我地为中学师生无私奉献。再次刘正经的办刊意志特别顽强,不被出现的各种利害得失撂倒,以自己的毅力苦干,克服了各种困难,以丰富的内容,坚持办刊 5 年出版 45 期。20 世纪前半叶在我国数学界独树一帜。

其三:刘正经去世 28 年之后,他的办刊业绩,被人取代。1987 年《数学通讯》第 4 期首篇,发表了时任该刊主编李修睦教授写的题为:"祝贺《数学通讯》诞生五十四周年"[9]的文章(文中简称李文)。一方面在该刊上第一次由李文公开将《月刊》和《通讯》联系在一起;更重要的是李文曲解了这段历史,抹杀了刘正经在《月刊》和《通讯》的创办过程中,所起的特殊作用和办刊功绩。李文发表后,当时就引起参与创办《月刊》的当事人余潜修、熊全淹教授,和知情人魏庚人、刘书琴、吴大任等教授及刘正经的长子刘辰生先生的异议。另一方面,李文作者李修睦教授是当时《通讯》的三朝元老、1980 年代主编,及其他重要职务(见《中国现代数学家传(一)》第 258—262 页),其身份使李文影响之大,不言而喻。以讹传讹不断出现。本文以原刊记载为准,辅以当事人、知情人提供史料,本着实事求是的精神,较详细地阐明几处与李文内容不同的史实,希望在大家共同关心和研讨中,还我国创办最早的现行数学期刊《数学通讯》历史的本来面目。

1、刘正经与《中等算学月刊》

1987 年发表的李文说:"这个刊物的创刊,要推到抗战以前,主要应归功于余介石教授。大约在 1933 年以前,余介石先生出于纯真的爱国热忱,想对我国中数教学有所改革,在南京集合了南京一部分年长的中学数学教师及其他地区有志于中数改革的同志,如武大的刘乙阁教授,广西大学的龙季和教授等成立中等算学研究会。……便于 1933

年创办《中等算学月刊》发行全国。""1934 年余介石先生赴渝工作,他在南京留下来的有关中算会和月刊的工作便全部落在我的头上。"[9]李文的这两段回忆,与原刊记载,和当事人、知情人的回忆出入较大,阐述如下:

1.1 刘正经是《月刊》的创始人,第一、二卷总第 20 期以前,《月刊》的刊务与余介石、李修睦无关。

1934 年 12 月,刘正经在《月刊》第二卷第 10 期(总第 20 期)第 48—49 页,发表了一篇题为"本社之发起及二年来之经过"[10]。文中说:

"民国二十一年九月某日,武大算学系同学余潜修、王雍绍、王元吉三君来到我家,谈起想要办一种中等程度的算学杂志。我早已有这个心愿,经他们几位一说,当然赞成。于是就决定着手预备,第一步是征求同志,其次便是筹定经费。征求同志的结果,除我等四人外,加入者有武大算学系助教管瘦桐君,省立师范教员夏伯初君,省立女师教员吴迤樾君,武大算学系毕业同学赵家鹏君,及在校算学系同学艾华治女士,方烈君、夏振东君。这十一人的合作,成立了中等算学月刊社,暂假武大算学室为社址。经费方面,决议各人分担,月集十元,以三个月为限。以后加入本社作基本社员的,都依此数担任经费,成了一种不名法了。"

"同时武大算学系同事诸位教授们,都十分热心帮助,我们感谢之余,更加努力。转眼年假已到,稿子收集得差不多,于是本刊的创刊号,便在民国二十二年一月中呱呱坠地了。"

"在出版之前,我们曾经通函国内算学界前辈,请求帮助与指教。就中北大冯汉叔先生,师大傅仲嘉先生,南大姜立夫先生及武大曾昭安先生,汤孟林先生诸位,特别帮忙。冯先生及傅先生且惠捐钜款,各三十元。其后又蒙交大顾养吾先生及武大曾昭安先生各惠捐五十元,我们在此敬向诸位先生道谢!"

1933 年 1 月创办的
《中等算学月刊》创刊号封面

"照原定计划,每年出十二册,不过到暑假时,大家都分散了,事实上不得不停顿下来,因此在第一卷九期上登启事,改为每年出版十册,七八两月停刊。"[10]

"中等算学月刊社"(文中简称"月刊社")的社员,该文也依照入社的先后列出,从 1932 年 9 月至 1934 年 12 月,社员名单依次如下:余潜修、王雍绍、王元吉、刘正经、管公度、艾华治、方烈、夏伯初、吴迤樾、夏振东、赵家鹏、龙季和、李思源、田介棠、詹旭东、张鸿、萧而广、萧文灿、熊全淹、刘应光、杨少岩、李牖民共 22 人。[10]除刘正经 1 人是教授外,他们都是武汉大学的青年教师、高年级学生、毕业生,和武汉地区中等学校的教育工作者,刘正经是当然的领头人。

《月刊》当事人余潜修教授(1911—1992)在 1987 年 12 月 9 日的信中说:"刘正经老师于 1934 年发表的文章,由于只隔一年,所谈的内容是确实的。""李修睦教授的文章是

1987 年写的,……这里谈到的龙季和在 1933 年还是武汉大学算学系的二年级学生。""总之,1933 年《中等算学月刊》的创办,确实是我的老师刘正经教授发起的,……历史的事实是刘正经教授是创始人。"[8] 熊全淹教授(1910—2001)也多次对李文提出异议,1996 年还专门写了一篇题为:"刘正经教授与中等算学月刊"的文章,文中说:"我于1930 年进入武汉大学数学系,一直没有离开。刘正经先生创办该刊的前前后后,我最清楚。""1933 年出第 1 卷在武昌东厂口武大印刷厂印刷发行。全部工作几乎由刘先生 1 人做,审稿、改稿、抄稿是他,校对也是他(我曾代刘先生去印刷厂校稿),其它杂事如邮寄、登记来往账目,则完全由算学系办公室工友刘和同志 1 人负担。……刘先生白天上课,晚上处理月刊事务,常常工作到深夜。"[11]

最先找到刘正经教授发起办刊的三位学生社员,1933 年暑假前便毕业了,余潜修到日本留学,王雍绍到湖北省立八中任教,王元吉留武汉大学当助教。"月刊社"所有的社员都是年轻人,都有自己的本职工作,或学习、或教学。社员对《月刊》的主要义务是出经费、写稿、宣传等。因而办刊的编辑、出版、发行等都集刘正经于一身。

1.2 刘正经为什么要坚持办刊。

刘在《月刊》的"发刊旨趣"中说:"想从'提倡中等算学以为一切学术的基础'的观念出发,而从事教学问题的讨论,以求改良的方法,努力的途径,进而期待创造能贡献于世界文化上的学术,以求民族的复兴,这是本刊最后的愿望。"[12] 为达此目的,他特别在刊登内容上下工夫,着重提高中学师生的数学素质。选材一般起点较高,文字要求通俗易懂。创刊号的第一篇文章是汤燥真(字孟林)教授写的"算学的共同基础",这一期曾諴益(字昭安)教授写了一篇"算学中常用记号之起源"。在第 1 卷的 10 期中,发表的主要文章有:"算学归纳法"(作者:王元吉),"点之轨迹浅说"(连载 2 期,夏伯初),"不等式浅说"(连载 5 期,萧文灿),"圆规几何学"(方烈),"行列式在平面解析几何上之应用"(龙季和),"点对称与线对称之应用"(连载 2 期,夏伯初),"代数公式与三角公式之沟通"(陈哲远),"调和四心线"(徐燮),"平面数与线形数"(王雍绍),"方程式之几何解法"(龙季和),"形学研究心得录"(罗振青)等,刊登教材教法方面的文章有:"中等算学采取混合教授法之商榷"(连载 2 期,余潜修),"部颁中等数学课程标准评议"(余潜修),"算学教授法"(连载 4 期,道弥),"数学教学实际问题:一、能力分组与分团教学;二、数学练习"(高季可)等。另外,由瘦桐(即管公度)负责,每期介绍一位外国著名数学家,在该期封面上便刊登这位数学家的肖像。此外,还设有"问题栏"、书评和大学入学试题,刘正经翻译了一部有名的数学小说,译名叫《世外奇谈》,"书中一切都假设是二元世界里的一位正方形先生所说的话,用滑稽的文字,说明空间元度的究竟。"[13] 希望以此引起读者对数学的兴趣,在第 1 卷每期连载。

第 1 卷出版后,发行情况不理想,特别是中学教师,垂顾者很少。刘写了一篇:"本刊一周年之回顾及展望"。重申:"同人发行本刊,即非以此牟利,亦不欲沽名,其所以不惮劳瘁,不避艰难,从事于兹,盖以算学为一切科学之基础,而中等算学又为基础的基础,厕身斯界,不敢不尽其提倡之责耳。""无论如何困难,决不中止。"[14] 再次表示他办刊的目的和决心,同时提出希望他方合作办刊,"深盼同道诸公,加入合作,以厚实力。"[14]

1934 年,刘正经一方面继续维持与第 1 卷相同的量、相似的内容、专栏组稿,仍然独立出版《月刊》第 2 卷,刘又翻译了一部长篇数学小说:《科学之女王》在第 2 卷各期连载。另一方面,他积极联系他方力量,争取合作办刊者。这年暑假后,南京方面以余介石为首的"中等算学研究会"(文中简称"研究会")来信愿意加入合作;到了年终,重庆大学的"初等算学杂志社"(文中简称"杂志社")也表示愿意合作办刊。于是三方商议决定:从 1935 年元月起,即《月刊》第 3 卷第 1 期开始,由三方合办。

1.3《月刊》1935 年起由三方合办,刘正经仍然是主编。

《月刊》合办后的第 1 期,编者写了一篇"第三卷发刊词",其第一段的文字是:"本刊创自武汉大学算学系同人,两年之后,努力弗懈,出版已达二十期之多,……迩以重庆大学理学院同人所组之初等算学杂志社,及本京算学界同人合组之中等算学研究会,为研究中等算学教学方式,及推进中等算学教育效率起见,亦谋各出一定期刊物。经三方同人之商榷,以为彼此互助,内容当更充实,合作之议遂决。并为进行便利计,即日移月刊总社于本京,自第三卷起,月刊概由本京付印,稿件由三方负责。"[15]引文中的"本京"指南京,是当时政府的首都。合办后,版权有关的变更是:"编辑者:中等算学月刊社(南京南捕厅钟英中学内);发行者:中等算学月刊社(代表人余介石);印刷者:国民印务局(南京宗老爷巷 4 号)"。值得注意的是:①这一标识仅仅用了半年;②"稿件由三方负责",唯独未标识由谁主编?而且在这半年内,《月刊》工作出现混乱,拖期十分严重,不能保证按时出版发行。例如:它的忠实读者之一、每期必购的魏庚人(1901—1991),跑遍北平各书店也只买到第 3 卷 1、3、5 期,魏到晚年,有时抚摸他心爱的 5 卷《月刊》,还为当时未购买到第 3 卷 2、4、6 期遗憾!

刘正经本想三方合办后,《月刊》主要工作迁往首都南京,会比原来更有起色,万没想到工作反而更不如前,有负于广大读者,他十分痛心。经过 7、8 月暑假期间酝酿协商,从第 3 卷第 7 期起,编辑印刷等又移回武汉。在第 7 期发布"本社重要启事",并连载 4 期。其主要内容是:"兹因社务日益进展,同人等又皆厕身教界,对于本刊发行事宜,无暇兼顾。为使本刊普遍全国计,自即期起关于发行部分各项事宜,概委托南京中央书局,负责办理。"[16]同时,版权页也从第 7 期起改为:"编辑者:中等算学月刊社,特约发行:南京中央书局。印刷者:国立武汉大学出版部印刷所。"第 3 卷前 6 期括号内的南京地址全部取消,三方合办后,主要工作在南京仅仅停留了半年。

1935 年暑假后,刘正经又为《月刊》工作忙碌。第 8 期上他发表了两篇文章,主要工作是积极筹办"纪念吴在渊(1884—1935)先生专集"。刘在第 9、10 合刊"卷头语"中写道:"中等算学界钜子吴在渊先生,本年 7 月间溘然长逝,凡属算学界同人莫不震悼。本社同人爰建议为先生出一专号以为纪念,……因内容丰富,非本刊一期所能尽载,乃将9、10 两期合刊,作为吴在渊先生纪念号。"[17]三方合办的第 1 年在南京、武汉来回的变动中出完了第 3 卷 10 期。《月刊》主要工作回到武汉大学后,在南京钟英中学留下一个社址,和代表"研究会"一方的编辑和经理,便于在那里组织稿件、收发信件等。南京中央书局在武昌、汉口、北平、重庆、成都、天津等大城市都设有代售处,《月刊》发行已可遍及全国,这是合办后的最大收获。

《月刊》从 1936 年第 4 卷第 1 期开始,公布工作人员名单,在办刊中各方什么人负责什么工作一目了然。为了说清李文中的问题,笔者根据原刊各期记载,分项综合列表如表 1。

表 1 《中等算学月刊》第 4、5 两卷职员分工名单表

年 月	1936 年 1—7 月	1936 年 9 月—1937 年 6 月	1937 年 9—12 月
卷 期	第 4 卷第 1—7 期	第 4 卷第 8—10 期第 5 卷第 1—4 期	第 5 卷第 5 期
编辑者	中等算学月刊社	中等算学月刊社	中等算学月刊社
编辑主任	刘正经	刘正经	刘正经
编 辑	张伯康(南京中学) 夏伯初(武昌中学) 龙季和(北京大学)	周润初、余介石(四川大学) 段调元、何鲁(重庆大学) 张伯康(研究会) 龙季和(北京大学)	熊庆来、何鲁(云南大学) 段调元(重庆大学) 周润初、余介石(四川大学) 章元石(广西大学) 龙季和(北京大学) 张伯康(研究会) 李修睦(南京一中)
印刷者	武汉大学出版部印刷所	武汉大学出版部印刷所	武汉大学出版部印刷所
经 理	李修睦(南京中学) 管公度(英·伦敦大学) 鲁大庸(重庆大学)	李修睦(南京一中) 刘和(武汉大学) 王瑞祥(重庆大学)	余子飏(研究会) 刘和(武汉大学) 王瑞祥(重庆大学) 何崇焕(四川大学)
发行人	余介石(重庆大学)	郭坚白(重庆大学)	郭坚白(重庆大学)
特约发行	南京中央书局	南京中央书局	南京中央书局
驻南京代表	陆子芬(南京中学)	陆子芬(南京一中)	陆子芬(南京一中)

从表 1 中看出,《月刊》第 4、5 两卷,工作基本稳定,变化多的是编辑和经理人员。只有张伯康和龙季和一直任编辑,张是研究会的代表;龙是武大学生,1935 年毕业后受聘到北京大学任教。刘正经一直任主编,他的工作没有因为三方合办而减轻。可以用他在第 5 卷第 4 期"二十五年度大学入学试验算学试题专号"的"编后感言"中自己的话说:"无如编者 1 人精力有限,做题腾写作图校对,皆独力为之,加以一年生军训集合,功课忙于结束,益鲜暇暑,以是愆期,实非得已。"[18] 这种情况与本文(1.1)中,办刊当事人熊全淹所述是一致的。

1.4 余介石(1901—1968)和李修睦(1910—1991)在《月刊》中的工作。

①余介石和李修睦参与《月刊》的办刊工作,是在 1935 年三方合办第 3 卷之后。从第 3 卷第 1 期起至第 4 卷第 7 期余介石任《月刊》发行代表人,从第 4 卷第 8 期起至第 5 卷第 5 期任《月刊》编辑。因第 3 卷没有公布《月刊》工作人员的分工名单,李修睦任何职不得而知,从第 4 卷第 1 期起至第 5 卷第 4 期止,李修睦任南京一方经理(见表 1),《月刊》经理主要负责稿件收集登记转递、信件转发、期刊发行等具体事务,最后 1 期(第

5 卷第 5 期)李任编辑。

李文说,余介石赴渝后,《月刊》工作全部落在他的头上,根据原刊记载(见表1),《月刊》三方合办后的驻南京代表一直是陆子芬,代表"研究会"出任编辑的是张伯康,李修睦只是《月刊》南京方面经理,南京中学的一位教师,从未注明李代表"研究会",最后一期的经理余子飑才是代表"研究会"的。

②"研究会"一方的 5 人在《月刊》上发表文章简况,表 2 列出他们在各卷发表文章的篇数次(连载各计、合著各计)。

表 2 "研究会"5 人在《月刊》发表文章数统计表

	第 1 卷(篇)	第 2 卷(篇)	第 3 卷(篇)	第 4 卷(篇)	第 5 卷(篇)	合计(篇次)
余介石	0	2	5	7	5	19
李修睦	0	0	2	0	0	2
陆子芬	0	1	4	4	0	9
张伯康	0	2	1	1	0	4
余子飑	0	0	0	3	0	3

余介石和张伯康在《月刊》上发表的第 1 篇文章都是第 2 卷第 6 期,陆子芬是第 7 期,说明 1934 年暑假前后,刘正经与"研究会"的成员已开始联系、交往,其成员是余介石、陆子芬和张伯康。李修睦仅仅在《月刊》第 3 卷第 5 期发表过两篇文章,题目是:"二圆公切线之研究"和"国立武汉大学二十三年度入学试验文理法工学院算学试题解答"。从任职和发文分析,余介石离开南京后,"研究会"的工作远未全部落在李修睦头上,还有 3 人在为《月刊》工作。

③"中等算学研究会"和"初等算学杂志社"。据 1934 年出版的《第一次中国教育年鉴》记载,南京"中等算学研究会",1929 年春季筹备,秋季正式成立,会址设在南京南捕厅钟英中学内。该会以"研究中等算学科教材,并谋其教学方法之改进"为主旨。组织分总务、编译二部。1931 年添设研究部,有会员 48 人,总干事余介石。[19]"研究会"编有多种中学数学教科书,参考书,在与《月刊》合作办刊之前,没有独立主办过期刊。刘正经也不是"研究会"的会员。"杂志社"的情况,笔者没见过专门介绍,只在四川大学图书馆见过一本《初等算学杂志》的创刊号,1934 年 7 月出版。署名由重庆大学初等算学杂志社编辑、发行。该期内容的主要作者是何鲁、郭坚白、段调元,结合表 1 的工作人员名单分析,"杂志社"可能就是以他们 3 人为主成立的,成立后至少出过一期杂志。

④余介石在成都续办《中等算学月刊(特刊)》。1937 年 12 月《月刊》停刊前,编者有一段话,说:"目下时局紧张,下期能否继续出版,暂无把握。不过本刊同人誓竭其全力以维护此国内唯一之算学定期刊物,一俟时局敉平,仍当按期出版,以慰读者之望。"[20] 笔者上世纪 80 年代末,在四川省图书馆发现一本 1940 年 11 月出版的《中等算学月刊》(特刊第 5 期),大 32 开本,总共不足 20 页。刊登 6 篇文章,其中有 3 篇是消息、通讯、答问;另 3 篇的题目分别是:二十九年四川省暑期各科教师讲习会算学组教学问题讨论记录(续),师范学院数学课程之商榷,关于几何题证法的一个问题。该刊的版权标识是:"发

行人:中等算学研究会四川分会(会址:成都县立中学内)。编辑人:苏元石。代表人:余竹平"。余竹平是余介石的字。也计划年出 10 期。笔者虽然没有直接看见文字说明该"特刊"就是原《月刊》的继续,但从出刊的一些基本情况分析,特别是同刊名,又由"研究会"和余介石在办,再与停刊时的誓言对照,便认为这是《月刊》在抗战期间的续刊,至少出了 5 期。由于抗战时期条件异常艰苦,"特刊"不仅量少,而且纸质甚差,浅黄色草纸、粗糙易损;封面与内页一样薄,字迹印刷不清。在战争环境中,能够出版,已属不易,是余介石等人对《月刊》的一大贡献。

1.5 数学界早已肯定了刘正经办《月刊》的成绩。

刘正经创办并主编《中等算学月刊》,由于质量上乘,早引起我国数学界主要数学家们的重视。1935 年 7 月中国数学会在上海成立时,《月刊》才出版两卷另 6 期,出席成立会的代表就肯定了刘正经的办刊成绩,当选为中国数学会的评议,连任三届至 1948 年。他克服各种困难坚持办刊,至抗日战争全面爆发,在个人努力无法战胜的情况下才停刊,其出版数量在我国数学史上,当时是空前的。各卷数据统计如表 3。

表 3 《中等算学月刊》出版 5 卷的数据统计表

年份	1933 年	1934 年	1935 年	1936 年	1937 年	合计
卷期	第 1 卷 10 期	第 2 卷 10 期	第 3 卷 10 期	第 4 卷 10 期	第 5 卷 5 期	5 卷 45 期
发文篇次	95	95	90	89	76	445
正文页数	484	493	约 520	484	278	约 2 259
信息附页	30	39	约 62	62	25	约 218

"发文篇次"是指连载文章分期计算篇数,凡各期目录列入者都计数,包括问题栏、大学入学试题解答、读者通讯等都计 1 篇。"信息附页"是《月刊》每期发的各种信息,不编页,但量大,故以附页另计。1940 年出版的特刊因难确认未统计入表内。在我国数学界缺书少刊的 20 世纪前半叶,《月刊》从普及数学角度看,内容非常丰富,它紧扣"本刊以供给中学师生补充算学教材,引起研究兴趣"的宗旨选登题材。站在现代数学的高度、用通俗的语言,介绍中学数学各科之间的联系、理论;古今中外著名数学家,侧重介绍他们与中学数学相关内容的成就,图文并茂;有趣的数学故事、游戏、史话等形式多样。为保持编者与作者、读者的密切联系,专门设立"问题栏"、"读者信箱",经常发布感言、编后语等,互通信息。因此,《月刊》在当时的影响面较大,除中学师生外,还有众多图书馆订购收藏,一般学数学的大学生也购买。1935 年入北京大学数学系学习的李珍焕教授曾经告诉笔者,当时他也买过数期,并且保存至今。李说,那时大家都知道该刊是北大校友刘正经在办。上世纪 80 年代初,魏庚人教授主编《中国中学数学教育史》,《月刊》成了魏的主要参考资料之一。1947 年中央研究院首届院士提名时,数学家们也没有忘记已停刊 10 年的《月刊》办刊人,提名刘正经为院士候选人之一,在提名人的"贡献"一栏中写道:"主编《中等算学月刊》5 年,主持武大实用数学讲座 5 年以上。"[21]刘是 31 位数学学科院士提名人中,唯一的一位办刊有功者。

2、刘正经与《武汉数学通讯》。(1952 年改名《数学通讯》)

1987 年的李文说:"解放后,在一次政治学习会上,互通姓名,我和刘乙阁教授才互相认识。……学习之余,我俩感怀《中算月刊》的停刊,进一步谈起有否复刊的可能,在曾昭安先生的鼓励和实际帮助下,这个刊物,居然又在武大复生了。"[9]这一段回忆,也与原刊记载不符。阐述如下:

2.1《通讯》由武汉数学会独立创办,刘正经为总负责人,与李修睦无关。

《通讯》创刊号内,记述了她的创办经过:1950年4月2日,武汉数学会(全称中国数学会武汉分会)成立,由15位理事和15位后补理事组成理事会。6月18日召开理事会第一次会议,推定曾昭安为主任理事,下设出版部、联络部、事务部、文书部。理事会中30人各分属一部,其中出版部人数占一半,刘正经推定任出版部总负责人,出版部的其余人员是:鲍芝轩、程逵、刘雪峯、张明伦、程纶、刘又博、汪启宇、胡任之、曹俊亭、李毅之、陈元亨、史汉彦、王学寿、唐述钊。出版部地址设在武汉大学。[22]理事会第一次会议决议之一:"举办活页刊物,定名为《武汉数学通讯》,……。"曾昭安在"发刊词"中说:"本刊的任务有二:第一是关于数学的问题,不管是理论方面的或应用方面的,都可以提出讨论,并希望大家共同研究解决。第二是报导数学界的消息,无论本区和外地,随时广为联络,俾可明瞭各方面的活动情形和工作状况。"[22]由于各方面的努力,《通讯》创刊号于1950年7月1日出版,全期共8页,印了400份。这就是中华人民共和国成立后的第一份数学期刊,由武汉数学会主办。"编者的话"中特别叮咛"来稿请直接寄武汉大学刘正经同志。"[22]创刊号的内容,只字未提它与过去的《中等算学月刊》有任何关系,参与编辑的"出版部"15位人员中,也没有李修睦的名字。

1950年7月1日创办的
《武汉数学通讯》创刊号封面

2.2《通讯》前5卷李修睦没有参与工作。

《通讯》1950—1951年,每月1日出版,每期8页,6期为一卷,至1951年12月共出版3卷18期,刊登内容包括:一般数学知识简介、教学研究、专题讨论、历史传记、问题杂谈、试题解答、会务、其他。"其他"栏目又包括:编者的话、消息一束、读者信箱、问题讨论及解答、启事等。除"问题讨论及解答"由段桂棠负责外,"其它"一栏内容,多数未署名,或署名"编者"的文字,都是刘正经撰稿,语言亲切短小精悍。这份篇幅不多的刊物,内容丰富,办得有生气活跃,很快就受到大家欢迎。此时,刘正经又鼓励大家多多写稿,使刊物内容更加充实起来,他还亲自向中学教师作报告,亲自写文章,例如:向苏联学习期间,非欧几何发明者之一罗巴切夫斯基诞辰纪念时,他写了一篇"罗巴切夫斯基小传",又约路见可写一篇"非欧几何漫谈",同在一期发表,这期"编者的话"中说:"大家读后如有感想和问题,希望提出讨论。"[23]刘正经就这样把编者和作者、读者紧密地团结在一起。

刘正经除办《通讯》外,还兼数学会的许多工作。1951年4月,武汉数学会第二次会员大会,推他任大会秘书长;第二届理事会又派他代表武汉数学会担任《中国数学杂志》(现《数学通报》,中国数学会主办)编辑;这年8月,他又是该会代表之一,出席中国数学会第一次全国代表大会,并且是这次全代会中"总结委员会"的6位成员之一。[24] 第一次全代会表扬了武汉数学会的工作,说:"武汉分会编了初等微积分教本,与普及的刊物《武汉数学通讯》,深得各地读者的欢迎。"[24] 全代会结束前,曾昭安和刘正经都当选为中国数学会第一届理事会的理事,这届理事会仅有理事21人,武大数学系就占了2人,全国少有。

鉴于刘正经的工作任务繁重,武汉数学会第二届理事会决定:除刘正经外,增加吴阴云(省立高中)、史汉彦(市一男中)也任《通讯》总负责人,协助刘办刊。1951年11月,第二届理事会第5次会议决议,《武汉数学通讯》"自1952年1月定名为《数学通讯》,扩充篇幅,增加份数,以应全国的需要。"[25] 还决定正式成立《通讯》编辑委员会,人数定为9人。主任编辑:刘正经,编辑:路见可、曾宪昌、陈庆益、段桂棠、陈化贞、程子明、司彰露、宰华如。这个名单在《通讯》第4卷、第5卷上连载。那时编委会和编辑部是一套人员班子。

第4卷出版就不太顺利了,该卷第1期延至1952年4月才与读者见面,编者在该期封二写了一篇题为"写在前面"的短文,说:"经费主要来源是会员同志们的会费。但会费为数甚少,到第3卷开始印行时已感困难。……接着全国性的'三反'运动轰轰烈烈地开展起来,各机关部门都以全力参加这一伟大的运动,本刊出版事也就搁置下来。……这一个刊物,主要为中等学校师生服务,已有了一年半的历史,也拥有了成千的读者,不到万般无法克服困难的时候,我们决心要维持它。"[26] 4月、5月连续出了两期,第3期又延至9月才出版,第3期封二刊登的"重要启事"中说:"自本年5月底起,本刊编辑同人继续投入伟大的思想改造运动中,无暇整理稿件,以致本刊出版愆迟;承各地读者纷纷来函询问,又未能一一答覆,谨于此致歉意,并希原谅!"[27] 到12月,5、6合期一块出版,1952年勉强完成了第4卷。《通讯》面临着经费、发行等困难,及"运动"的影响。

1953年,刘正经的心脏病日趋严重,3月和5月《通讯》各出1期为第5卷,他便住院治疗。5月,武汉数学会召开会员代表大会上,总结两年来的工作,充分肯定了《通讯》的成绩。文中说:"尤其是《数学通讯》发展的情况,令人兴奋。最初是每期8面,现在已经增加到了24面了。从前每期只印400份,现在已经增加到两千份了。从前的读者只限于武汉市的会员,现在已拥有成千的读者,销行范围及于全国。"[28]

2.3 刘正经因病辞去《通讯》总负责人职务,李修睦首次参与《通讯》编辑工作。

1953年7月,在中央邮电部和出版总署"关于改进出版物发行工作的联合决定"执行中,《通讯》从这年7月起交武汉市邮局发行,以后月出1期,不再分卷。刘正经在7月号发了一则"刘乙阁启事",全文如下:"本人因病须暂时休养,自下期起,本刊编辑职务改由其他同志负责,以后读者来信询问有关本刊事项时,请直接寄编辑部,不必寄本人,以免耽误。"[28] 5月的会员代表大会,产生武汉数学会第3届理事会,刘正经仍然当选为理事;李修睦当选为后补理事,第一次出现在理事会中。24日召开第3届理事会第一次会议,推定27人组成《数学通讯》编辑委员会,6月7日讨论分工如下:

总编辑：詹学海

编辑，算术组：(邓卓睿)、(余家佩)、吴荫云、王传忠。

代数组：(邓豫文)、(刘逢恩)、司彰露、刘虑风、宰华如、张启镛。

平面几何组：(陈元亨)、(詹学海)、阮世忠、曾宪昌。

三角解析几何组：(陈化贞)、程述、黄宪锐、鲍芝轩。

教材教法研究组：(王玉彪)、李修睦、齐永魁、周选。

高等数学组：(陈庆益)、刘乙阁、段桂棠、程纶、路见可。

(注：括号内的人名为各组负责人)[29]

《通讯》从1950年7月创刊至1953年6月，编辑人员共换过4次，前3次的总负责人(或称主任编辑、主编)，一直是刘正经。在他主持下，《通讯》出了5卷共26期。这次刘因病辞职，但仍保留任高等数学组编辑，李修睦是第一次担任《通讯》编辑，被分在教材教法研究组。

经查：刘正经连续六届当选为武汉数学会理事会的理事，前五届都分管编辑部的工作，只是责任轻重不等，如第5届理事会编辑部的成员就有5位：刘正经、吴阴云、刘逢恩、齐永魁、曾宪昌[30]。第6届是刘正经当选为理事的最后一届，不久，病情加重，与世长辞。

2.4《中等算学月刊》为何是《数学通讯》的前身？

《月刊》的主办者是中等算学月刊社，《通讯》的主办者是武汉数学会，这两个学术团体之间没有任何组织联系。而且《通讯》1950年7月出版第1卷第1期时，明确说这是"创刊号"，1951年在"武汉数学会一年来的工作总结"中写到："我会工作中最好的成绩，就是《武汉数学通讯》的创刊。这个刊物是我会独力举办的"。[31]1959年，编委会写的"本通讯出刊百期纪念"的文章中，第一句就说："数学通讯创刊于1950年7月"。[32]直到1960年停刊，1980年复刊，30余年从未在刊物中提过它的前身是《中等算学月刊》。

1987年，纪念《通讯》复刊7周年时，同时提出是它诞生54周年，在《通讯》中首次正式出现它的前身是《月刊》。早在1982年初，笔者编了一本《全国中学数学主要期刊简介》(油印)，寄往各刊编辑部请核实、修改、补充。1982年4月7日，《通讯》编辑部回信，附修改稿的内容中有一段说："它的前身为30年代的《中等算学月刊》，由余介石、李修睦、刘乙阁等教授主编，在南京发行，抗日战争期间停刊。1950年7月复刊，改名《武汉数学通讯》，在武汉发行。"这一段文字，笔者第一次见，引起进一步了解的兴趣，便去翻查原刊。两刊除主办单位各异外，关键是《通讯》长期坚持是1950年7月创刊。再查"修改稿"中提的三位主编：余介石从未在武汉工作过，与后来的武汉数学会拉不上关系，从未参与过《通讯》编辑工作。李修睦如前所述，是在《通讯》创办的第4年出版5卷之后才参与编委会，任教材教法研究组的编辑。余、李对于《月刊》，前已述及，他俩在第3卷才开始参与工作，都未任过主编。如果说他俩起了继承作用，理由不充分。

前面用大量篇幅已介绍刘正经是"月刊社"和《月刊》的创始人，又主编《月刊》5卷共45期，连续5年至抗战爆发停刊。共和国成立后，在武汉数学会领导下，刘又创办并主编《通讯》的前5卷共26期，他在办《通讯》的过程中，常常自然地把《月刊》中的相关事件联系在一起。例如：1951年10月北京师大校领导汤璪真教授逝世，他在《通讯》中发一短讯,说:"汤璪真先生……以前是中等算学月刊创办人之一,因此对本刊很爱护,曾于百忙中为本刊写稿。"[33] 又如:1952 年《通讯》第 4 卷第 4 期发表余宁生著"两分角线份相等问题的三角证法及其讨论",刘正经紧接文后写了一段"编者附言",文中说:"关于本文所讨论的问题,在中等算学月刊第 3 卷第 9、10 期(1935)合刊中,曾载有吴在渊先生所集成的证法 10 种,又在该刊第 4 卷第 4 期(1936)中也载有编者所收集的证法 9 种,两次标题都是'一个难证的逆定理'。其后张鸿之同志又寄来 6 种,因中等算学月刊停刊,未得披露。该稿仍在编者处,拟以后再发表。"[34]

综上所述,笔者认为:刘正经才真正对《月刊》和《通讯》起了承前启后的继承作用,主编了这两个时期的刊物,且办刊宗旨、服务对象一致。武汉大学数学系主任和武汉数学会理事长曾昭安是刘正经办《月刊》和《通讯》的积极支持者和领导者、坚强后盾。武汉大学数学系是《月刊》和《通讯》共同的发源地。因此,可以认为《中等算学月刊》是《数学通讯》的前身,妥否,欢迎继续讨论。

刘正经主要论著目录

1、刘正经编:现代初中教科书《三角术》(全一册),商务印书馆,1923 年初版,1930 年第 54 次印刷,1936 年修订版第 31 次印刷.

2、乙阁(刘正经)译,E. A. Abbat(笔名:A. Square)原著:世外奇谈(数学小说)。《中等算学月刊》,1933 年,第 1 卷连载 10 期.

3、乙阁(刘正经)译,E. T. Bell 原著:科学之女王(数学小说),《中等算学月刊》,1934 年,第 2 卷连载 10 期.

(刘正经的大量研究成果融合在《中等算学月刊》和《武汉数学通讯》的"问题栏"和"读者通讯"的解答和试题解答中,以下摘其主要几篇用文章形式发表的作品(多署名乙阁))

4、Malfatti 氏问题.《中等算学月刊》,1935.10,3(8):14-22.

5、推算星期法.《中等算学月刊》,1936.9,4(7):1-5.

6、泰西古算籍图说.《中等算学月刊》,1937.1,5(1):18-20.

7、哈台和劳莱的一套把戏(算学游戏的一种)《中等算学月刊》,1937.3,5(3):33-39.

8、《场论》讲义.1950 年编写的教材.

9、《复变函数》讲义.1950 年编写的教材.

参考文献

[1]刘正经长子刘辰生(1924—2010)于 1994 年 2 月 6 日,1995 年 6 月 1 日、12 月 14 日,1998 年 5 月 16 日,2004 年 8 月 16 日等给张友余来信提供史料.

[2]《北京大学日刊》,1918 年 10 月 25 日、29 日第 2 版.

[3]魏庚人主编:《中国中学数学教育史》,北京:人民教育出版社,1987:198,207,208.

[4]吴大任:我上高中时的几位任课教师.天津:《南开校友通讯丛书》,1992:206.

[5]东北大学校友会编:《东北大学校友通讯》,1987,(6):17-19;(7):6.

[6]熊全淹、路见可 1994 年 1 月 10 日,1995 年 8 月 6 日给张余来信.

[7]许康、苏衡彦:李森林传.《中国现代数学家传》(第五卷),南京:江苏教育出版社,2002:111.

[8]余潜修 1987 年 12 月 9 日来信.

[9]李修睦:祝贺《数学通讯》诞生五十四周年,《数学通讯》,1987,(4):3-4.

[10]刘正经:本社之发起及二年来之经过.《中等算学月刊》1934.12, 2(10):48-49.

[11]熊全淹:刘正经教授与中等算学月刊.《数学通讯》,1996(11):封二.

[12]发刊旨趣.《中等算学月刊》,1933.1,1(1):1-2.

[13]乙阁译:世外奇谈.《中等算学月刊》,1933.1,1(1):42.

[14]本刊一周年之回顾及展望,《中等算学月刊》,1933.12,1(10):1-2.

[15]编者:第三卷发刊词.《中等算学月刊》,1935.1,3(1):1-2.

[16]《中等算学月刊》,1935.9-12,3(7)-(10):封二.

[17]乙阁:卷头语.《中等算学月刊》,1935.12,3(9、10):1、94.

[18]乙阁:编后感言.《中等算学月刊》,1937.4,5(4):86.

[19]周邦道主编:《第一次中国教育年鉴》,上海:开明书店,1934:1122、1142.

[20]编者:编后.《中等算学月刊》,1937.12,5(5):48.

[21]张奠宙著:《中国近现代数学的发展》,石家庄:河北科技出版社,2000:166.

[22]《武汉数学通讯》,1950.7,1(1).

[23]《武汉数学通讯》,1950.11,1(5).

[24]任南衡、张友余:《中国数学会史料》,南京:江苏教育出版社,1995:182、187.

[25]《武汉数学通讯》,1951.12,3(6):7.

[26]编者:写在前面.《数学通讯》,1952.4,4(1):封二.

[27]重要启示数则.《数学通讯》,1952.9,4(3):封二.

[28]《数学通讯》,1953,(7):封二.

[29]《数学通讯》,1953,(8):封二.

[30]《数学通讯》,1956,(6):封三.

[31]武汉数学会一年来的工作总结.《武汉数学通讯》,1951.4,2(4):1.

[32]编委会:本通讯出刊百期纪念,《数学通讯》,1959,(8):2.

[33]《武汉数学通讯》,1951.11,3(5):8.

[34]编者附言,《数学通讯》,1952.10,4(4):22.

注:文中所提有关人员信件,笔者均保存待查。

编后说明:

1987年魏庚人教授(1901—1991)读到时任《数学通讯》主编李修睦教授写的"祝贺《数学通讯》诞生五十四周年的文章",觉着与史实不符,便与西北大学刘书琴教授(1909—1994)谈论此事,刘有同感。由于他俩年事已高,建议由我向他们知道地址的当事人和知情人余潜修、熊全淹、路见可教授去信核实一下。事情果真如此,李文与史实出入较大。

此后,几位前辈对李文的意见及信件都汇集我处。魏、刘二位老师鼓励我著文更正。作为晚辈的我、间接知情人,且李文中有的提法、细节,当时我也未能完全吃透,直接著文评论,对长辈有失尊重、自有难处。于是,采取向有关人士私下转述意见、提供史料的方式。但李文影响大、扩散快。1993年仍在该刊误传,这年12月16日,吴大任教授(1908—1997)又来信说:"关于《中等算学月刊》主办人刘乙阁先生被余介石所取代一事,我赞成更正一下。若有该刊存书,上面明确刊载主办人姓名,那就是最好的物证。余潜修若有书面资料说明此事,他就是最好的人证;熊全淹也是最好的人证。有了人证、物证更正就有了根据。"我将此信转给了熊全淹教授,熊先生于1996年写了一篇短文:"刘正经教授与中等算学月刊",发表在《通讯》1996年第11期。[11]以讹传讹并没有因此停止。主要原因可能在:该刊延续20年的历史,后来人一时难以整理说清楚。

如今,关心《月刊》历史和刘正经业绩的几位前辈魏庚人、刘书琴、余潜修、熊全淹、吴大任等教授都先后离世,李修睦教授也于1991年逝世,然而李修睦教授文章中的有关回忆,仍然在影响着人们。主要影响我国现行期刊中最早创办的《数学通讯》前20年(1933—1953)的历史,我若再不著文说清这段历史将愧对以上老前辈的嘱托,终生遗憾!因此,才不揣冒昧,针对相关问题,写下此文。若有不妥之处,欢迎批评指教!

(2004年9月完稿)

附:刘正经研究文献

刘正经研究文献一

吴大任1993年12月16日信函

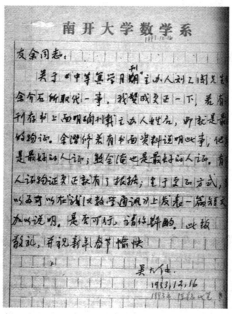

1993年12月16日吴大任给张友余的信

友余同志:

关于《中等算学月刊》主办人刘乙阁先生被余介石所取代一事,我赞成更正一下,若有该刊存书上面明确刊载主办人姓名,即就是最好的物证。余潜修若有书面资料说明此事,他就是最好的人证;熊全淹也是最好的人证。有了人证、物证更正就有了根据;至于更正方式,我认为可以在武汉《数学通讯》上发表一篇短文,加以说明。是否可行,请你斟酌。此致

敬礼,并祝新年、春节愉快

吴大任

1993,12,16

刘正经研究文献二

刘正经:本社之发起及二年来之经过,原载《中等算学月刊》,1934.12,2(10):48-49.

原件复印如下:

本社之發起及二年來之經過

劉 正 經

民國二十一年九月某日,武大算學系同學余潤修,王兼紹,王元吉三君來到我家,談起想要辦一種中等程度的算學雜誌。我早已有這個心願,經他們兩位一說,當然贊成。於是就決定着手預備,第一步是徵求同志,其次便是籌定經費。徵求同志的結果,除我等四人外,加入者有武大算學系助教管虔桐君,省立師範教員夏伯初君,省立女師教員吳逌廸君,武大算學系畢業同學迴家鵬君,及在校算學系同學艾萃清女士,方烈君,夏振東君。這十一人的合作,成立了中等算學月刊社,暫暫武大算學室爲社址。經費方面,決議各人分擔,月集十元,以三個月爲限。以後加入本社作基本社員的,都依此數擔任經費,成了一種不名法了。

同時武大算學系同事諸位教授們,都十分熱心幫助,我們感謝之餘,更加努力。轉眼年假已到,稿子收集得差不多,於是本刊的創刊號,便在民國二十二年一月中呱呱墮地了。

在出版之前,我們曾經通函國內算學界前輩,請求幫助與指教。就中北大馮漢叔先生,師大傅仲嘉先生,南大姜立夫先生及武大曾昭安先生,湯孟林先生諸位,特別幫忙。馮先生及傅先生且惠捐钜款,各三十元。其後又蒙交大顧鏡吾先生及武大曾昭安先生各惠捐五十元,我們在此敬向諸位先生道謝!

照原定計劃,每年出十二冊,不過到暑假時,大家都分散了,事實上不得不停頓下來,因此在第一卷九期上登啟事,改爲每年出版十冊,七八兩月停刊。這第一年中經同人的努力,加以外界的幫助,算是平安的過去了。不過本刊宗旨,在於提倡中等算學,爲中等師生課外讀物,并不想牟利,加之同人力量太薄,宣傳方面,絕對未做工作,所以銷數不大,而所及範圍當然不廣。想要推行全國,專靠武漢一方面同人力量,是不夠的。因此便計議要聯絡他方同志,一同進行,第一卷十期所載"本刊一週年之週顧及展望"一文中,已將此意充分透出了。

關於研究中等算學的組織，據同人所知道的，北平方面有傅仲嘉先生的一部分同志，聽說他們早已有意要印行一種初等算學刊物。首都方面，有余介石先生和其他同志所組織的'中等算學研究會'，聽說也有出刊物的意思。於是同人等就分頭向兩方接洽合作。 北平方面，始終沒有表示意見，首都方面，卻有信贊成。經過許久時間，直至二十三年暑假後，纔有點具體化。決議自第三卷起，改在首都發行，第二卷仍由武漢方面負責編校。 到了年終的時候，恰好四川重慶大學之初等算學雜誌社也加入合作，這樣，本刊的基礎是比較鞏固了。我們仍然十二分希望北平方面同志，加入合作，那麼本刊便可成為全國中等算學界的公有刊物了。

本社社員，除前述十一人外，陸續地增加不少，依照着入社的先後，題名如次：

余潤修	日本東北帝大理學院	龍季和	武漢大學算學系
王蔭紹	湖北省立第八中學	李思潯	仝　　　上
王元吉	武漢大學算學系	田介棠	湖北省教育廳第一科
劉正經	仝　　　上	詹旭東	湖北省立第九中學
管公度	仝　　　上	張鴻	日本東北大學理學院
艾華治	漢口市立第一女子中學	蕭面廣	仝　　　上
方烈	宜昌第二鄉村師範	蕭文燦	武漢大學算學系
夏伯初	湖北省立第一師範	熊全海	湖北省立第二中學
吳酒樞	湖北省立女子師範	劉鷹光	湖北省立襄陽小學校
夏振東	湖北省立第七中學	楊少岩	湖南兌澤中學
趙家鵬	武昌私立成達女子中學	李隔民	湖北省立第九中學

刘正经研究文献三

武汉数学会理事会第一次会议记录

时间:一九五〇年六月十八日下午二时

地点:武昌粮道街中华大学

出席人:(略)

主席:曾昭安　　　记录:段桂棠

报告事项:(略)

讨论事项:

(一)理事会各部人选.推定如左:

1、主任理事　　曾昭安

2、出版部理事　　刘正经(总负责人)

鲍芝轩　程　逵　刘雪峰　张明伦　程　纶　刘又博　汪启宇

胡任之　曹俊亭　李毅之　陈元亨　史汉彦　王学寿　唐述钊

3、联络部理事　詹学海(武阳区总负责人)　史汉彦(汉口区总负责人)

曾昭安　吴荫云　李叔熙　刘润文　张启镛　李家浩　李元道

刘汉章　方春英　唐述钊

4、事务部理事　齐永魁(总负责人)　王正常　刘光华

5、文书部理事　曾广济　程　纶

6、秘　书　聘请段桂棠(武汉大学)先生担任。

(二)工作计划案:

1—5(略)

6、举办活叶刊物定名为《武汉数学通讯》,印刷费每人暂收二千元,(注:旧币,折合1953年币制改革后的0.2元)稿件及印刷费均于六月二十五日以前收齐,第一期定于七月一日出版。

编者的话:

由于各方面的努力,这一创刊号总算如期出版了。本期因会章及理事会议记录必须登载,关于讨论问题的稿子,只发表了史汉彦同志的一篇精简意见。从下期起,除了讨论课程问题外,拟登载带有研究性的文章,希望同志们多多投稿。这是我们自己的园地,须要大家来耕耘,使它一天一天的兴旺起来。

其次,我们希望联络部同志们经常将各小组活动情况报告本刊,发表出来,可以交流经验,只有通过这种交流,才可使大家团结得更密切。来稿请直接寄武汉大学刘正经同志。

……

出版部　武昌珞珈山武汉大学,负责人刘正经

(原载《武汉数学通讯》,1950.7.1,第1卷第1期第7,8页)

胡敦复语录

注重中等数学教育之改进。——此言物有本末,事有先后,欲求大学教育之发展,必先谋中学教育之切实。倘中等数学教育失当,纵大学教授尽力于个人之研究,终不能提高数学之程度,使国家得其实益。武汉大学刘君正经等所编中等数学杂志,即其一例。

——摘自:中国文化建设协会编,《抗战前十年之中国》,龙田出版社,1948年,胡敦复文

第七篇　中国教育学会数学教学研究会首任理事长魏庚人

魏庚人（1901—1991）是我国 20 世纪数学教育家。从事数学教育工作六十二年，是我国 1950 年至 1980 年三十年间数学教育专业唯一的一位正教授。历任北京师范大学数学系数学教材教法教研室首任主任、陕西师范大学数学系系主任，数学教育和数学史专业硕士研究生导师，陕西省数学会副理事长、理事长。1982 年至 1986 年出任中国教育学会数学教学研究会第一任理事长。1991 年 11 月 26 日逝于西安。

一、师范院校的学生

魏庚人，原名魏元雄。1901 年（辛丑）3 月 13 日出生于河北省安国县奉伯村。当时的魏家，五世同堂有五十多口人，是一个以务农为生的农业大户。家族年轻人中，有务农的，也有读书的。由于家庭生活并不富裕，读书的都是投考享受公费待遇的师范学校。1916 年他考入北京师范学校，这是一所由教育部直接领导的重点中等师范学校。1919 年，该校学生积极参加了当时的"五四运动"，他也投入到这场运动中，受到爱国主义的教育。在中师学习的五年间，经过两次教育实习，通过这种实地培养师范生的教学，使他对教师职业产生了兴趣，便决定继续报考高师。1921 年 9 月，以第一名的优异成绩，被北京高等师范学校（现北京师大）数理部录取。

魏庚人

大学一年级，遇上一位刚毕业一年的傅种孙先生，教他们班的立体几何。期末考试时，傅先生采用"开卷"方法，考试的题目是"极大极小问题"，试卷用英文印发，答卷可用中文，十天后交卷。傅先生对魏等人认真的答卷非常满意，对班上同学说："魏元雄和刘泗滨的试卷答得好，我把他俩的文章选并为一篇，以中文稿发表在我们北京高师数理学会主办的《数理杂志》上。"该杂志是当时水平比较高的、最有影响的数理期刊之一。1923 年 7 月，他与刘泗滨（字景芳，1902—1979）合著的处女作《极大极小问题十五则》发表在《数理杂志》第四卷第二期。傅先生的教学与为人对他起了潜移默化的作用。1924 年他在大学三年级时，又和阎镇、刘泗滨三人合编了一本《历年国内专门以上学校入学数学试题详解》。这是目前能够见到的最早的一本大学入学数学试题集。这本集子，为研究我国 1920 年代初期的考试制度及数学教学情况提供了有价值的资料。在大学的四年中，他一直勤学苦练，各门功课都学得不错。1925 年 7 月，以优秀的学习成绩结束学业，开始了漫长的教学生涯。

二、以教书育人为己任

魏庚人从教的第一所学校,是校址在徐州的江苏第七师范学校。两年后,调到北京西山温泉女子中学,该校是北京中法大学的附属中学,离城 60 华里。1929 年,回到北京师范大学附属中学任教。1937 年"七七事变"爆发,北京的学校教育受到严重威胁,他偕妻儿老小离开北京到达西安,在京津几所大学迁陕成立的西安临时大学高中部教数学,该校旋即迁往陕南城固县,改称西北联合大学,魏随即赴城固,在西北联大附中任教。1939 年,西北联合大学分为西北大学、西北师范学院等五所学校,他到西北师范学院任讲师,同时在该院附中兼课。1944 年受聘任西北大学数学系副教授,此后便离开了从教19 年的中学数学教学岗位。抗战胜利后随西北大学由城固返回西安,西安解放不久,1949 年下半年提升为教授。1950 年暑期,应傅种孙之邀回到北京师大,任"工农速成中学师资训练班"班主任,后任初等数学教材教法教研室主任,专门从事中学数学教材教法方面的教学与研究,被聘为这一专业的教授。1958 年暑期,又调回西安,在新成立不久的陕西师范学院数学系任系主任。1960 年初,该院与西安师范学院合并,统称陕西师范大学,他继续担任陕西师大数学系系主任、1981 年后为名誉系主任,直至 1987 年退休。

他工作 62 年,一直在数学教学的第一线。他一贯认真负责的教学作风,为历届学生所传颂。在教学中,对自己的要求是:认真备课、注意教法、一丝不苟。对待学生是:言传身教、严格要求、负责始终。他上课的主要特点是:教态端庄自然、语言通俗简炼、板书工整美观;讲授内容重点突出、难点清楚、条理清晰,几十年如一日,从不马虎。他上课,一走进课堂,能很快集中学生的注意力,将他们引入学习的意境之中;讲解时,善于启发学生思维,使师生能够配合共同活动,调动不同程度学生的学习积极性,以此发展学生的智力,培养他们的能力。课后作业,从解题方法、技巧,到标点符号、错别字、用词等都是他批改的范围。由于对学生的教导特别认真负责,经他教过的学生,很快就能记住他们的姓名,记忆之快,连学生都感到惊讶!许多年后,师生见面,他不仅能一一说出他们的名字,连他们学习时的特点、个性、家庭等都记得清清楚楚。在中学,经他带过的班级,不仅学习成绩好,文娱体育活动也好,常被评为先进班级;在大学,学生们对他有一种亲切感。深厚的师生情谊,使许多学生数十年难忘!

1985 年 8 月的一天下午,在北京北海公园,出现一幕感人的"师生会"。一位 80 多岁的老教授身边,围坐着一群平均年龄 71 岁半的老太婆,她们是 1920 年代末魏老在北京西山温泉女中教过的学生。这次是他赴日本参加"日本数学教育学会"年会后回国,路经北京稍息,被老学生们得知后,特约来此聚会的。在北海公园一处绿水环绕的凉亭里,师生们一起回忆 50 多年前的往事。……当回忆到那时举办周末演奏会的情景,魏老竟充满激情即兴唱起了当年温泉女中的《迎新曲》:"……翘首景慕林泉风,不辞那出没烟霞峻拔高峰,恩师益友是我辈晨钟",和法国的《马赛曲》。歌声引来了周围游客的敬仰。……幸福的回忆、真诚的友情,使耄耋之年的老师和白发苍苍年过古稀的学生似乎都年轻了许多。晚霞染红了每个人的心,在依依惜别时,魏老对大家说:"我到北京这几天,很多同学来看我,今天又在这风光旖旎的北海公园和你们相聚,这是我生活中最大的幸福和享受!"参加这次聚会的老学生之一、著名儿童文学作家颜一烟,将这天的情景写成一篇散文,题名《师生会》,被《人民教育》杂志评上"红烛奖"。

魏老教过的学生中,多数都当了中学教师,也有数学家、数理逻辑学家,如王浩、路见可等;也有的当了作家,如杨沫和颜一烟。在他们的青少年时代,经魏老师的精心教导,为日后驰骋科学世界奠定了坚实的基础。魏老教书育人,几十年已经形成一种"癖好"。"文革"期间,停止了招生6年,1972年招进来第一批"工农兵学员",他顾不得自己是"上、管、改"的对象,迫切地要求教书,他担任差班的初等数学课,这个班的学员实际只有初中文化程度,要提高到大学水平,难度可想而知。他课内、课外兼并,为教好这班学生,花去极大的精力,其中有一名过差的女生,他利用每周星期日单独给她补课,使她跟上了队;对理解能力强、学习刻苦的学生,就鼓励他们学深学宽并学好外语,经他的启发、引导,这些学生提高很快,毕业时有的留校任教、有的出国深造。

魏老对待学生,不仅在校学习期间负责,毕业离校工作几十年后,仍然有求必应。1970年代末,有这样一桩往事:两位早年毕业的学生求助于他,经他帮助后,写来一封信:"敬爱的魏老师:……您在万忙中,对两个学生的稿件,逐字逐句地进行修改和补充,这种为革命负责和对学生关心、爱护的精神,是值得我俩永远学习的。……您的来信,我们读了又读、看了又看,不由使我们回想起在师大的日日夜夜,……。您从前是我俩的老师,您现在是我俩的老师,您以后永远是我俩的老师。我们一定要虚心向您学习,忠诚党的教育事业,为祖国的教育贡献出自己的毕生精力。"这封信代表了众多学生对魏老师的感激和崇敬。不知有多少学生,在他的言传身教影响下,成为优秀教师。

三、中学数学教材教法研究

魏庚人自1950年起,承担师范院校的"中学数学教材教法"的教学与研究任务后,起初数年,借用前苏联的有关教材;1954年7月,在北京他主持召开了全国师范学院数学教材教法首届讨论会,这门课程及其研究才逐步在其他省市开展起来。从此,他就一直潜心钻研中学数学教材教法,陆续编写过不少有关这个专业的讲义。这一课程,除课堂讲授外,更为繁重的任务是指导学生实习。"教育实习"是对师范院校学生的综合培训,是他们走向教师岗位之前的"实战演习"。1950年代初期,北京师大的学生人数发展较快,一个年级由三、四十人发展到一百七十多人。按教学计划,每届学生三、四年级各有六周教育实习。一个实习学校最多只能容纳十余名实习生,每次实习要分散在十多所中学,一般由他担任实习总领队。实

自左至右:刘孟德、王峻岭、赵家鹏、江东之、彭先荫、魏庚人、黄敦慈、戴世虎、钟善基(1954年7月摄影)

习中,他不仅要指导实习学生,还要指导实习学校的指导教师。从如何备课、写教案、试讲、听课、讲评、写评语,以及如何组织观摩教学等,各个环节他都亲自指导。当时最受欢迎的是大型观摩教学,这是一种示范性的教育实习课,一般由学习成绩好、语言表达能力强的实习生担任。每次实习至少组织一次这样大型的观摩教学,各实习点的实习生和指导教师都去听课,课后当场组织讲评,讲评会多由他主持。讲评内容一般包括:教学内容、原则和方法,语言表达、板书规划、教师仪表等。他以娴熟的中学数学知识、丰富的教学经验和组织才能,把一个大型的讲评会开得生动活泼、收效很大。不仅培养锻炼了师范学生,对实习学校的数学教学也是一个促进和提高。当时,北京的中学很欢迎并重视师大学生的实习,由北京师大数学系毕业分配出去的学生,教学效果都比较好。魏庚人也因此受到广大数学教师的尊敬和爱戴。1956 年他当选为北京市海淀区第二届人民代表,1957 年又被推选为北京市数学会副理事长。

1958 年返回西安后,魏老虽然仍致力于中学数学教材教法方面的研究,由于极"左"思潮的干扰,工作比过去难作多了。但是他仍然不辞辛劳地教育师生要重视这门课。1960 年代初,他把指导实习学生备课、上课、辅导等各主要教学环节加以总结,写在自己的笔记本上,随时教育学生。只要有教育实习的机会,就带领学生走出大学校门,风里来、雨里去,20 多年来,跑了陕西省不少县的几十所中学。1975 年,他已 75 岁高龄,还独自带领一组实习生到远离西安市数百里的大荔县去实习。县城的教师,见到这位年过古稀的老教授,为培养未来的教师的辛勤操劳精神,无不为之鼓舞,无声的行动教育了众多的教育工作者。直到过了 80 高龄,还在为学生编写《教育见习》的讲义,亲自给学生介绍有关教育见习和教育实习的有关问题。

积多年这方面的教学研究经验,早年编写的讲义,现在留存的极少。较早一篇铅印的文章是《如何分析一节课》,从教材、教法、师生活动、教学效果、总评五个方面加以论述。1962 年,他为陕西省数学会拟了一份《加强中学数学基本知识与基本训练的几点意见》,当时通过陕西人民广播电台向全省中学生作过多次广播,1963 年在《人民教育》上发表。

1979 年,十三所高等师范院校集各地的经验,起草一套高师用《中学数学教材教法》的教材讨论稿。他对此极为关注、热情支持,仔细阅读了初稿,整理出几十条建设性的意见。1980 年 4 月,教育部在广西师大主持召开了这套教材的审稿会。他不顾自己年事已高乘火车去桂林赴会,担任这次会议的顾问,在开幕式上他讲道:"……这是一件重要的教材建设工作,也是我国高等师范教育史上一次具有深远意义的学术会议。能参加这次会议,与同志们共商大事,我感到由衷的高兴。……建国以来,教材教法课在我国高等师范院校数学系科没有受到应有的重视。三十多年来,没有编出一套完整的教材,不少师范院校忽视了师范教育的特点,……今天教育部在这座名城桂林召开这次审稿会议,看来我国高等师范院校数学系科教材教法课的教学和研究工作又进入了一个新的历史阶段。"与此同时,魏老对全国师专用《中学数学教材教法》的编写工作也进行指导,并为它的出版写了序言。目前我国高师和师专都有了自己编写的教材,魏老几十年的凤愿终于得到了实现。

此外,魏老也注意向外国数学教育学习与交流。1982 年 10 月,他请"中日数学教育学术交流会"的日方负责人、日本山梨大学教授横地清来陕西师范大学,为西安市中学数学教师及其研究工作者做学术报告;1985 年 4 月,又邀日本数学教育学会常任理事、日本国立教育研究所科学教育中心长泽田立夫,来西安为陕西省数学教育界讲学,介绍日本数学教育的现状和动态等。魏老也将我国中学数学教育的近况介绍到日本,发表在《日本数学教育学会志》1984 年第 1 期上;1985 年 8 月,他以中国教育学会数学教学研究会理事长的身份,应邀赴日本参加"日本数学教育学会第 67 次全国代表大会"。开幕式上,他第一个"致祝词",这是日本数学教育界对外宾的最高礼节,也是日本数学教育历史上第一次请中国的专家代表致词。友好的往来,促进了中日两国数学教育的交流,增进了两国人民的友谊。

四、编写中学数学教材和参考书

魏老这一生,在致力于中学数学教学和教材教法研究的过程中,利用课余时间为中等学校师生编写过不少数学普及参考读物和教科书。1928 年 1 月,由北京文化学社出版的《数学游戏》,是我国早期极少的几本数学科普读物之一,他一直珍藏着。1930 年代初,遵照当时教育部新颁课程标准,他和王鹤清、程廷熙合编《初中算术教科书》上卷和下卷,下卷附简易代数;又和韩清波、李恩波合编《高中立体几何教科书》,这两部书先后在 1932 年、1933 年由北京师大附中算学丛刻社出版,曾作为中学数学教材沿用多年。在《高中立体几何教科书》的"发刊词"上写道:"本书著者经数十年之教授经验,以草斯篇:其取材,皆依最近教育部之所公布;其编次,则从 S. S. S. ,Solid geometry 而修正之;理论严明,体用之配置甚适当。经方家多人之讨论,斟酌至当,在北平师大附中试教数次,详略咸宜。本社认为系当今善本,最合我国三三制高中及四二制初中之用,特印行之。"1952 年,他编著的《代数补充讲义》,是新中国成立后早期的中学数学教学参考书之一。1960 年代,通过下厂下乡的生活实践,他总结出家用烟筒弯头的截口边缘是一条正弦曲线,用数学知识解决实际问题的一例来教育学生,发表在《数学通报》1966 年第 2 期上。

科学的春天,也使古稀之年的魏老焕发青春,1977 年至 1981 年,是他最忙的 5 年,除担任数学系主任工作外,1977 年当选为陕西省第四届政协委员,1979 年当选为陕西省数学会理事长,1981 年又当选为陕西省科协常务委员;任省数学会主办的《数学学习》杂志主编,筹办复刊工作,还应邀担任其他一些数学教学刊物的顾问或名誉主编。日常工作除教学外,还要整理和完善他过去积累的业务资料,加紧了科研工作。在 1980 年和 1981 年,魏老先后完成了《中学数学手册》和《排列与组合》两部书的编写工作,由陕西科技出版社出版。同时,他还组织本系教师为中等学校师生编写一套中学数学教学参考读物,又积极倡导《中国中等数学文摘》的编辑工作,对师院和师专用的《中学数学教材教法》两部教材也特别关心,等等。上课、科研、写作、会议、应酬已经把他的时间占得满满的。可是,当他一听见"请魏爷爷帮助辅导一下"时,热爱孩子和教师职业的责任感,又驱使魏老不得不挤点业余时间给本院上中学的孩子们辅导。

1981年7月1日,他八十岁之际加入了中国共产党。在接收他入党的支部大会上,他说:"党章规定,年满十八岁的中国公民就可以入党,我老汉在八十岁入党。但是,我不服老,应该老当益壮,为咱们国家的教育事业再贡献力量,我愿为此奋斗终生。"1982年3月,中国教育学会数学教学研究会成立时,数学教育界人士公推他出任第一届理事长;同年,又批准他为数学教育和数学史专业的硕士研究生指导教师。此时,他的最大心愿是要编写一部《中国中学数学教育史》,这一愿望已经萌生了几年。他对人说:"老一辈的数学教育家已经相继谢世了,我国早期有关数学教育方面的情况,如今就属我知道的还稍微多一些,如果不再整理记载下来,今后就更难办了。"在全国科学大会刚开过不久,1978年5月,他只身到北京搜寻资料,来往于各大图书馆、故宫博物馆(现故宫博物院)之间,持续了三个多月。由于食宿过简、奔波劳累、加之气候炎热,他病倒了,儿子去北京将他接回学校,一回到西安,他就着手整理资料、草拟提纲,终因人力不足、资料不全而暂时搁下。入党后,决定继续进行这一工作,得到有关方面的支持,便约请两位年轻而富有教学经验的教师与他合作。正当编写工作全面展开、进入紧张阶段时期,他的夫人重病,……魏老不得不学着做饭、承担家务、亲自照料病人,……。不幸,1982年8月,夫人突然病故。他忍受着极度的悲痛,把全部精力和时间倾注在编写这部数学教育史上。1985年完成了初稿。几经修改,由人民教育出版社1987年第1版,延至1989年11月才第一次印刷,到1990年5月终于正式与读者见面。《中国中学数学教育史》这部书,是他一生中投入精力最多、编写时间最长的一部著作。江泽涵教授在该书的"序言"中写道:"……数学教育史这方面的书籍,按我看来,本书还是第一本。……本卷教育史中有大半的年代是他亲身经历的,这样的老同志能主编这本历史是最合适的人选了。庚人同志概然以此重担为己任,年逾古稀,不辞辛苦,仆仆风尘往返京陕各地收集资料,主持编写,这件事正表示了一个老知识分子的赤子之心。"

五、退休后

1985年的第一个"教师节",正是魏老从事数学教学工作六十周年纪念。他的学生送来几幅"条幅"以表庆贺。他阅读了条幅中的内容后,写下:"教师的劳动是辛苦的,教师的工作是崇高的,教师的称号是光荣的。我要当一辈子教师的志愿达到了。"

1987年退休后,他在家里仍然不时解答晚辈们提出的问题,参加数学教育专业硕士研究生的一些指导工作和论文答辩。有时还整理一些史料,1988年、1989年相继在《中学数学教学参考》杂志上发表了他整理的"湖南时务学堂算学科的课程设置问题"和"算学丛刻社创业史"两篇史料性的文章。

如果从1916年他考入北京师范学校算起,至1990年,他与"师范教育"打了75年的交道。整整四分之三个世纪,这么长时间献身于教育事业的人,在国内外都是极少的。除了他热爱教师这行职业外,健康的体魄是他持续工作到九十高龄的力量源泉。

魏老一生,从无不良嗜好,生活很有规律;在工作中注意调节休息、锻炼身体。年轻时,喜欢打篮球、踢足球、滑冰,喜欢唱歌听戏、欣赏字帖字画,兴趣广泛。上了年纪,走路是他锻炼身体的主要形式,常利用星期日,独自到郊野长途步行,往返十多里,有时达数十里。以此舒展筋骨、开阔视野。1989年元旦,他在数学系教师的联欢会上,念了一首他的《养身之道》:"不烟不酒不下棋,心胸开阔少生气,歌唱逍遥多走路,争取活到一百一。"

(注:以上内容在魏庚人老师亲自口授、经过十余次修改,审阅满意后写成。这次转载在各大段前加了标题,个别文字稍有改动,但不影响原意。原载《魏庚人数学教育文集》.郑州:河南教育出版社,1991:372-382)

1989年12月,全国高师数学教育研究会年会在上海举行,出于对魏庚人教授的敬仰,决定下一届(1991年)年会在西安举办。中国教育学会数学教学研究会也立即决定1991年的年会订在西安,两会联合准备在陕西师大庆贺魏庚人教授90华诞。此后,各方面积极筹备。魏老师授权于我,为他整理出版一部《数学教育文集》,亲自指导写他的《传略》。……

作者与导师魏庚人合影 由左至右:张友余、魏庚人、岳三立(1990年摄于魏宅)

时任国务委员、国家科技委员会主任宋健为魏老题词:"献毕生为育才,发光热至无穷,树风范重久远,托遗响于东风";人大教科文卫委员会副主任张承先题词:"为人民教育事业而奋斗终生,对中国数学教育的开拓做出巨大贡献";国家教委副主任何东昌1991年4月5日来信祝贺,全文如下:"庚人先生钧鉴:欣逢先生九旬寿诞,谨致以衷心地祝贺!先生致力于我国数学教育事业凡六十年,培养的学生遍及海内外,现虽九十高龄,仍热情关注我国数学教育事业的建设和发展。您这种献身我国数学教育事业的精神,堪称年轻一代教育工作者学习的楷模。衷心祝愿您健康长寿!何东昌,1991年4月5日。"

1991年1月12日,魏庚人授权给张友余,为他整理出版《数学教育文集》"授权书"

魏老的学生、我国著名播音专家齐越,写来祝词,说:"魏老师为人正直豁达,实事求是,实乃为人师表的一代风范,令人尊敬。"魏老的母校北京师范大学请著名书法家启功先生题写一中堂:"名高北斗,寿比南山",交北京师大校友会负责人亲自送往西安,参加祝寿会。

1991年5月31日下午,中国教育学会数学教学研究会、全国高师数学教育研究会、陕西师大三方联合在陕西师大举行庆贺魏庚人教授 90 华诞暨《魏庚人数学教育文集——90 寿辰纪念》首发仪式。参加庆寿会的除三方代表外,西安市各高校数学系的负责人、老教授、及散布在西安各大、中学魏老昔日的学生,共 450 余人。会场充满了尊师之情,热烈而亲切。……

半年之后,1991 年 11 月中旬,魏老突发脑溢血,经抢救、医治无效,于当年 11 月 26日与世长辞。

魏庚人主要著作、论文目录

一、著作:

1、《历年国内专门以上学校入学数学试题详解》(阎镇、魏元雄、刘泗滨编),北京求知学社 1924 年出版.

2、《数学游戏》(魏元雄编),北京文化学社 1928 年出版.

3、《初中算术教科书》(上卷)、(下卷),(王鹤清、魏元雄、程廷熙编),北京师大附中算学丛刻社 1932 年出版.

4、《高中立体几何教科书》(韩清波、魏元雄、李恩波编),北京师大附中算学丛刻社1933 年出版.

5、《代数补充讲义》(魏庚人编),商务印书馆 1953 年出版.

6、《几何证题集》([苏]巴瑞彬著,魏庚人译),人民教育出版社 1954 年出版.

7、《中学数学手册》(魏庚人、张德荣编),陕西科技出版社 1981 年出版.

8、《排列与组合》(魏庚人编),陕西科技出版社 1982 年出版.

9、《中国中学数学教育史》(魏庚人主编),人民教育出版社,1987 年第 1 版,1989 年11 月第 1 次印刷.

二、论文

10、极大极小问题十五则(魏元雄、刘泗滨),《数理杂志》,1923,4(2):81-97.

11、中学数学教材将要怎样改变(魏庚人),《农业中学数学教学通讯》,1958,(2):1-3.

12、如何分析一节课(魏庚人),《农业中学数学教学通讯》,1959,(6):32-34.

13、加强中学数学基本知识与基本训练的几点意见(魏庚人),《人民教育》,1963,(8):25-30.

14、用数学知识解决实际问题的一例(魏庚人),《数学通报》,1966,(2):16-17.

15、为四化开发智力、培养数学人才(魏庚人),《数学学习》,1980,(复刊号):1.

16、含有绝对值不等式的解法(魏庚人),《数学学习》,1981,(1):6-10.

17、中国中学数学教育近况(魏庚人、赵霖),《日本数学教育学会志》(日本),1984,(1).

以下十二篇文章是在陕西师大主办的《中学数学教学参考》上发表,刊名略:

18、弓形面积公式(魏庚人),1972,(总 2):17-19.

19、谈拟柱体(魏庚人),1973,(总 5):2-6.

20、再谈拟柱体(魏庚人),1973,(总8):19-20.

21、优选法中的数学推导(魏庚人),1973,(总5):15-22.

22、几种优选法的精确度(魏庚人),1975,(4—5):74-79.

23、不等式的解法(西畴,作者笔名),1977,(1—2):45-50.

24、一个重要不等式的证明(西畴),1977,(4):15-16.

25、开平方的简捷算法(西畴),1977,(5):17-18.

26、一道高考试题的讨论(西畴),1978,(4):27-29.

27、一个无理方程的验根(魏庚人),1982,(4):1.

28、湖南时务学堂算学科的课程设置问题(魏庚人),1988,(4):33.

29、算学丛刻社创业史(魏庚人),1989,(7):41-46.

三、序言

30、《中学数学教材教法》序言(魏庚人,1982年春于西安),师专中学数学教材教法协作组编,陕西科技出版社1983年1月第1版.

31、《数学》译序(魏庚人1982年2月于陕西师大),[苏]H·Q·维林金著,李俊秀译,测绘出版社1984年12月第1版.

32、《数学中的推理和论证》序(魏庚人,1982年3月于陕西师大).李俊秀编,陕西科技出版社,1984年11月第1版.

33、《中国中等数学文摘》(1980)序言(魏庚人,1982年5月于西安),张友余编,陕西科技出版社,1983年3月第1版.

34、《中学数学解题方法》(上册)、(下册)序言(魏庚人,1983年10月于陕西师大),何履端编,河南教育出版社,1985年第1版.

35、《赵慈庚数学教育文集》序(魏庚人,1984年5月于陕西师大),本书编委会编,上海教育出版社,1987年7月第1版.

原载《魏庚人数学教育文集》.郑州:河南教育出版社,1991:390-392.

附:魏庚人研究文献

魏庚人研究文献一

江泽涵:《中国中学数学教育史》序言

魏庚人同志寄来了他主编的《中国中学数学教育史》第一卷的稿子。批阅之余,首先想到的是:庚人同志和另二位编者李俊秀和高希尧二同志做了一件很有意义的工作。

我国早已有了很多数学史和教育史这两方面的书籍,但数学教育史这方面的书籍,按我看来,本书还是第一本。我国在中学教授数学则自晚清开始,迄今已有一百多年。本书的本卷中只记述了从晚清到民国末年这一时期的中学数学教育概况,此后的时期则有待下一卷。看到前一时期如何开始学步、迈步,将有助于理解后一时期的快步前进。历史正是一面镜子,常常可以从它反映的事实,总结经验,吸取教训。制定教育计划之

《中国中学数学教育史》封面，人民教育出版社 1987 年 5 月第 1 版，
该书正式出版在 1989 年 11 月

初，总是要做充分的调查研究，而回顾历史正是调查研究的一个重要方面。所以我认为本书的本卷是一件很有意义的工作。

其次，为了编者同志们收集了这么丰富的资料，为了他们的辛勤劳动，我应该向编者同志们表示深深地感谢。

魏庚人同志是我国数学教育界的老同志，他毕生从事教书育人的工作。1985 年，陕西师范大学庆贺他任教 60 周年，这是党和国家对他劳动的肯定。本卷教育史中有大半的年代是他亲身经历的，这样的老同志能主编这本历史是最合适的人选了。庚人同志慨然以此重担为己任，年逾古稀，不辞辛苦，仆仆风尘往返京陕各地收集资料，主持编写，这件事正表示了一个老知识分子的赤子之心。我愿乘本书的本卷出版之际，对庚人同志及参加编写的李、高二位同志表示衷心的祝贺。

江泽涵

1986 年 5 月 28 日

（原载魏庚人主编.《中国中学数学教育史》.北京：人民教育出版社,1987:4）

魏庚人研究文献二

钟善基:祝贺魏庚人先生九十华诞

自左至右:刘书琴、魏庚人、钟善基(1991年5月31日在庆寿会现场)
图为著名书法家启功题写的中堂:"名高北斗,寿比南山"

同志们:

首先让我代表魏庚人先生的老学生,向陕西师范大学、全国数学教学研究会、高师院校数学教育研究会表示衷心的感谢。感谢为我们的老师的九旬华诞,组织了这样隆重盛大的庆祝会。

自从去年得到今年将要为先生举办祝寿大会的信息后,先生在京的老学生,无不额手称庆、祝愿先生健康长寿。特别是当年和我一起从先生受教的老同学,知道我将到西安为先生祝寿后,都要我代他们唱名向先生祝寿。现在我就唱名,请先生回忆、接受我们的祝贺:齐越、毕鹤龄、章谷宜、黄昌年、刘铭昌、雷大受、杨立培、高仲钧、张大有、赵丕章、刘道崇、钟善基。12人平均年龄68.6岁。

我和先生的关系,与老同学相比,更深一层,可以说:我是先生三十年代中期的面授生;四十年代初期的函授生;五十年代的随侍弟子;粉碎"四人帮"以后的老部下。这就是说:三十年代中在北京师大附中课堂上从先生受教;四十年代初读的是先生编写的课本;五十年代先生在北京师大任教研室主任时,我是该教研室的成员;1982年先生当选为全国数学教学研究会理事长时,我是该会的秘书长。因此,我可以说是受先生培育较深的老学生中的一员了。在感谢先生多年对我的培育之余,在这里让我祝愿先生:健康长寿、玉体康泰。

谈到先生的教学思想,绝非几句话能说完的。在这里,仅提出突出的三点(详见《文集》)

(1)重视"双基"教学。

这在重"题海"轻"双基"的数学教学尚在泛滥的今天,是有很大现实意义的、应该认真学习的教育思想。

(2)充分"因材施教"。

这在不识班级授课制的缺点;机械地贯彻《大纲》要求等现象依然大量存在的今天,也是有很大现实意义的、应该认真学习的教育思想。

(3)启发式教学。

自从1902年兴学堂、学外国以来,半个世纪以上,在学校教学中多以注入式为主。先生则不盲从而是运用启发式进行数学教学,如果说,从六十年代,启发式才得到广大教师的普遍认识,那么先生就是运用启发式进行数学教学的先行者了。然而直到今天,注入式教学依然大量存在。因此,启发式教学,也是应该认真学习的、先生的教育思想。

仅此三点,老实说,足够在现场进行教学的老师们狠学一阵子了。因此,我愿与现场的老师们共勉,努力学习先生的教育思想。

最后,让我再一次向主办单位表示衷心的感谢。让我再一次向先生说一句:拜寿、拜寿、再拜寿。

钟善基
1991.5.31

吴大任语录

中小学数学教育关系到人民的科学素质,也关系到高级人才的质量,是更基础的工作。可惜这个问题——数学教育问题,还没有引起足够的重视。要提高数学教学质量,关键是提高数学教师的水平,教育质量提高无止境,教师水平提高无止境,要随着我国社会主义事业的发展而提高。提高的途径,我认为:一是学习,二是创新。

——摘自:吴大任在初等数学研究学术交流会开幕式上
的讲话.《中等数学》,1991,(6):1

第八篇　抗日战争中的熊庆来

云南大学——熊庆来1937年至1949年在此任校长

　　熊庆来(1893—1969),云南省弥勒县人。早年留学法国,获硕士学位后,从1920年归国至1937年,先后创办东南大学数学系(后改名中央大学、现南京大学和东南大学)、清华大学数学系,在此期间,他获得了博士学位。由于成绩显著,引起云南省省主席龙云的重视。1937年4月,龙云聘请熊庆来担任云南大学校长。熊搁下他熟悉而钟爱的数学专业,去从事一项他较为生疏的行政领导工作。回云南为桑梓办好高等教育,不是一件容易的事,他首先请具有办学经验、留法时的好友、重庆大学理学院院长何鲁帮助,从重庆大学借聘一年,任命何鲁担任云南大学教务长、代理理学院院长、兼数学系主任。1937年8月,他俩同时到任。此时,抗日战争已经在全国展开,但丝毫未影响他办好云南大学的决心。

　　熊庆来任校长后,再三向政府和各界呼吁:教育学术为百年大计,内地边疆应全面考虑,合理布局、均衡发展。他要求当时尚属"省立"的云南大学改为"国立"。在龙云的大力支持下,1938年7月1日,正值抗战最艰难的时期,经国民党政府行政院会议通过,改为国立云南大学[1]。在办学方向上,他采取五项措施:慎选师资,提高学校地位;严格考试,提高学生素质;整顿校纪;充实设备;培养研究风气。为了加强师资力量,初期他采用设置讲座和借聘等多种办法,从北平、上海、南京、重庆等地请来一批专家;对具有真才实学的青年,他亦大胆擢用。当时有位29岁的年轻人吴晗,是未曾留学的清华大学普通教员,但吴对明史研究造诣很深,熊便破格聘请吴晗到云南大学任历史教授,后来吴晗成为我国著名的历史学家。

1938年,清华大学、北京大学、南开大学,由于日军不断西逼而迁至昆明,在云南大学隔壁联合成立"西南联合大学"(简称西南联大)。熊庆来拨出云南大学的部分土地,积极支援西南联大的建设;同时又从三校中聘请一批名流、专家,到云南大学任兼职或专职教授。以后相继还有中山大学、中法大学、同济大学等许多文化单位、科研机构陆续迁至昆明附近,此时的云南大学也成了人才荟萃之地。熊庆来在战时采取借用他校师资的办法,既提高了本校的教学质

1939年,熊庆来(前中)与国立云南大学
算学系第一班毕业生合影

量、培养出优秀的学生,又帮助兄弟院校解决了部分教师因战时搬迁、物价飞涨造成的生活困难。西南联大数学系教授华罗庚,因家庭人口多,底子薄,生活异常困难,熊庆来几次拿钱支援华家,他们都不肯收,他便邀请华罗庚到云南大学兼课,但华为了有更多时间研究数学前沿课题,也未去。熊庆来不忍看见华家难于维持的清苦生活,熊夫人做了好饭菜,常请华罗庚去他家品尝,后又派了云南大学数学系一位最优秀的学生,每周两次去华罗庚家补习提高,借此增加一点华的收入,用以贴补家庭日常开支[2]。

抗日战争国难期间,熊庆来人虽在云南大学,心却盛着整个中国科技事业的发展和中国现代数学水平的提高,他思考问题,处理工作多从这一整体出发。1940年初,抗战的紧张局势稍有一点缓和,就惦记起1937年因卢沟桥事变后被迫中断的各学术团体的学术年会,这是促进各学科研究水平提高的重要方式之一。是年3月,中国科学社理事会开会决定:9月在昆明恢复召开原定而后延期的"1937年8月的杭州年会",推定熊庆来、任鸿隽等10人着手筹备,经研究后又邀请了中国数学会、中国天文学会、中国物理学会、中国植物学会、新中国农学会加入,举行联合年会。熊庆来被公推为以上6学术团体联合年会筹备委员会委员长。鉴于这是抗战爆发后中国科学家的第一次大型集会,他做了周密细致的安排,准备工作充分,各方面的进展都非常有序,会议于1940年9月14日至18日在云南大学举行。开幕式上,熊庆来担任主席致开幕词,他说:"此次六学术团体于时局紧张期间举行联合年会,各会员多远道前来参加,集200余学术界之精英,济济一堂,……不胜兴奋之至,中国科学萌芽最早,近年来尤有长足之进步,虽无伟大发明,但与国际科学水平,已渐趋一致,因此遂引起某邦嫉视。'七七'事变以来,我学术文化机关虽多被摧毁,但我学术界同仁,不惟不因此而气馁,反努力做深湛之研究,其成就实非微鲜。有人谓我国目前之科学任务应注重在实用方面,对于理论则暂置不谈,其实理论即所以指导实践,其间有密切之联系,不应有任何方面之偏废,六团体本此精神努力迈进,相信对于抗战建国工作,实有莫大帮助。"[3]

那时的昆明,仅有一条途经越南入河口的窄轨滇越铁路,没有通往内地的火车,民用

飞机极少,不是一般科学家能够奢望的,又无水路,到昆明唯一的交通工具是在颠簸不平的土质公路上行走且随时可能遭到敌机空袭的汽车。这样恶劣的交通条件,一般又是自费长途跋涉赴会,没有高度的献身科学的爱国热情是难以做到的。联合年会组织动员了一二百科技精英,共收到研究论文 115 篇,更非易事。这次大会实际上开成了抗战以来,全国科学家同仇敌忾,团结一致,用发展科学实力来抗击日寇,抵制侵略的组织动员大会。会后,各学科因地制宜、各尽所能,科研热情更加高涨。

参加这次联合年会的中国数学会会员,考虑到被日军隔断在上海的中国数学会总部,指导大后方西南各高校的数学研究困难甚多、极为不便,在年会期间,经该会会员研究,决定成立新中国数学会,以便就近指导数学科研的开展,有利战时我国数学的发展。熊庆来当选为新中国数学会理事会的 9 位理事之一,约在 1943 年 7 月,该会改选,他又被选为新中国数学会会长,主持了该会 1944 年(第五届)年会。有关新中国数学会的各项活动及其历史作用,请见本书第一篇第 13 专题。

1940 年 5 月,重庆国民党政府教育部根据 1939 年第三次全国教育会议决议:"奖励学术研究技术发明及著作"一案之原则,拟了"补助学术研究及奖励著作发明案",交该教育部学术审议委员会第一次全体委员会审议,决定从 1941 年度起在全国范围内实行。此时,华罗庚的《堆垒素数论》刚完成,何鲁和熊庆来便积极推荐、评审,努力为我国数学的这一重要研究成果申请重奖。熊庆来对该项成果的内容,做了精辟的介绍,他说:"堆垒数论之研究,始于英国之大数学家 Hardy 与 Littlewood 二氏,其说咸基于未经证明之'Riemann 假定'。舍该假定而立论,以期得根本正确结果之工作,则苏联大数学家 Vinogradow 氏实开其端,而华君集其成。所研究主要问题中素数变数之联立方程式的讨论,则始于华君,进而为精深之研究者,亦惟华君。所论三角函数和中之一著名问题,乃堆垒数论之重要工具,……华君所得结果,较诸氏为优,且据称为至佳者云。又华君关于著名 Goldbach 问题及为堆垒数论之基础之 Mean-Value theorem,均有超卓之结果。此其贡献之荦荦大者,其他创获之结果甚多。"[4]正是由于在科学界有威望的前辈何、熊二位的评介与推荐,华罗庚的《堆垒素数论》获得国家学术奖励 1941 年度的一等奖,是该奖第一届仅有的两项一等奖之一,是这届自然科学类唯一的一等奖获得者。

日本帝国主义的野蛮入侵,激起了回昆明工作的熊庆来高度的爱国热情,超出他的学校范围,关心着他能够关心到的大批从沦陷区辗转来昆明的科技工作者的生活和他们的事业,为发展我国战时的科技事业做了大量工作,熊庆来的这些业绩,也应该载入抗日战争的史册。

参考文献

[1]云南大学编写组.云南大学.北京:知识出版社,1987,2-3.

[2]王元著.华罗庚.北京:开明出版社,1994,109.

[3]刘重熙.中国科学社第 22 届昆明年会记事.科学,1940,24(12),898.

[4]任南衡,张友余编著.中国数学会史料.南京:江苏教育出版社,1995,63-75.

(原载《中学数学教学参考》,1995,(10):47-48)

附：熊庆来之子熊秉群纠正对熊庆来史绩的一重要误传

抄录如下：

张教授：

去年在清华别后收到尊函，因当时无法寻得所需文书，又因公务繁忙未能及时复函，甚为抱歉，敬请原谅！

现设法找到纪念家父 100 周年纪念印出二本纪念出版物：《熊庆来纪念文集》及《熊庆来传》。趁我到西安出差，带来。并请此间西安大唐电信公司的同志送上，请查收。

……

又及：多文中所述，周总理曾致函家父系误传。应当是总理曾告严济慈、华罗庚等先生可去函动员回国工作。此误传出于山西人民出版社马春沅所著之报告文学。故请您在写文章时注意此事。

1999 年 6 月 30 日，熊秉群给张友余的信

笔者接熊秉群教授的信后,查询了手边有关的几本书,其中转录了周总理给熊庆来的误传信计有:

1 熊庆来纪念集——诞辰百周年纪念.昆明:云南教育出版社,1992.9:213.

2 王元著.华罗庚.北京:开明出版社,1994.12:324.

3 张奠宙著.中国近现代数学的发展.石家庄:河北科学技术出版社,2000.2:212.

是否还有其他书刊在继续误传,笔者未能一一查找,请读者注意更正。

熊 庆 来 语 录

引用大数学家Poincaré的话:"科学上的胜利,有如战争中的胜利,其取得往往是需要多数人的力量,冲锋陷阵的得有人,擂鼓鸣金的也不可少。"现在国家期待的是一个大的胜利,所有的力量都得用出,都会有作用。在这意义下,我也应当尽我所有的力量,因此我毅然应招返国,并诚恳表示我愿将我的一点心得献给下一代的同志,我愿在社会主义的光芒中尽瘁于祖国的学术建设事业。

——摘自:熊庆来先生在中国科学院数学研究所欢迎会上
的讲话.《数学进展》,1957,3(4):677

陈 省 身 语 录

迪师①为人平易,同他接触如坐春风。他在清华一段时期,不动声色,使清华数学系成为中国数学史上光荣的一章。他在复变函数论作了不朽的贡献。经师人师,永重典范。

——摘自:《熊庆来纪念集》,昆明:云南教育出版社,1992:58

---

① "迪师"是陈省身对熊庆来尊称。

第九篇　抗日战争时期的陈建功和苏步青

陈建功(1893—1971)，浙江绍兴人，1929 年在日本东北帝国大学研究生院获理学博士学位。回国后，受聘到杭州，担任成立不久的浙江大学数学系主任。离日前，他曾与校友——另一位中国留学生苏步青"有约在先，学成后，一起回故乡培养人才"。[1]

苏步青(1902—2003)，浙江平阳人，1931 年在日本东北帝国大学研究生院也获理学博士学位，回国后按照预约来到浙江大学数学系任教。

从苏步青到浙大的 1931 年开始，他们两人便密切合作，首创了独具特色的"数学讨论班"。当时该讨论班称为"数学研究"，参加者是助教和高年级的学生。他们定期举行讨论和答辩，并规定："教师没有通过'数学研究'这门课的就不得升级，学生尽管其他课程都及格，而'数学研究'不及格的也不得毕业。"[2]以此严格要求，培养年轻人的创造能力，提高他们的研究水平，他俩立下宏志："要在二十年内把浙大数学系办成第一流的数学系。"[1]1933 年，陈建功主动将数学系主任的职位，让给比他年轻而有才华的苏步青。

1937 年，日本侵华战争席卷全国，他们个人做出了巨大的牺牲，然而对待他们既定的目标、事业，却锲而不舍，克服重重困难，在极端艰苦困难的战争年代，出色地为我国培养了一批优秀的数学人才。

抗日战争爆发后，浙大迁至离杭州 120 公里的浙西富春江上游的建德县城。陈建功将母亲和孩子安置在老家绍兴，自己和浙大师生一起西迁；苏步青也将妻子(日本人)和儿女送回平阳县的山村，随后赶到。1937 年 12 月 24 日，杭州失陷，建德告急，浙大第二次搬迁，于 1938 年 3 月中旬到达赣中吉安地区的泰和县。在泰和苏步青给他在老家的妻子寄去两首诗，其中一首[2]写道：

三年海上不能忘，六载湖滨乐未央。
国破深悲非昔日，夷来莫认是同乡。
遥怜儿女牵衣小，无奈家山归梦长。
且住江南鱼米地，另求栖息费思量。

诗中表达了作者在日本帝国主义入侵后，对远离自己的妻子儿女的思念和他的爱国主义精神，以及当时的艰难环境。1938 年夏，日军侵占江西省九江，战事激烈，浙大被迫再往西迁，此次迁往桂北的宜山县。浙大师生在宜山，不仅受到当地疟疾病的严重威胁，而且还遭到日机有目的地狂轰滥炸。然而条件无论多么恶劣，浙江大学始终没有放弃教学与科研。陈建功和苏步青时常带上讲义、饭盒、酒瓶，数小时地呆在防空洞里备课或写研究论文，上课和数学讨论班没有因为战时条件困难而停息。没有教室，他们就地利用山洞，搬来一块大石板当桌子，大家围着石桌而坐，讨论研究仍然十分热烈，那时，参加苏步青主持的微分几何讨论班的有：熊全治、张素诚、白正国、吴祖基等；参加陈建功主持的函数论讨论班的有：程民德、卢庆骏、项辅宸，苏步青还利用间隙，抓紧为他任主编的《中国数学会学报》组织稿件。

在宜山停留了不到一年半,1939年底,广西省会南宁失守,宜山形势危急,逼迫浙大师生作第四次大迁移,方向是到贵州北部的遵义。黔桂之间,山峦重叠,道路崎岖险阻,又正值隆冬季节,沿途冰凌雪松,师生们带着行李仪器长途跋涉,有时连个打地铺过夜的地方都没有,就这样历时月余,于1940年2月到达黔北重镇——遵义。在两年半时间内浙大共迁移四次,途径浙、赣、湘、粤、桂、黔等6省,行程2 600多公里,陈建功和苏步青随着他们的学生,一起颠沛流离,共渡了许多现在的人们难以想象的艰难险阻。到达遵义后不久,数学系搬到离遵义75公里的湄潭,在那里居住了6年,直至抗日战争胜利,1946年返回杭州。

1939年,陈仲和、陈建功、苏步青、熊全治(自左至右)摄于广西宜山文庙前

陈建功在随学校西迁期间,妻子失散、父亲亡故、老家遭盗,一个年幼的孩子生病,因无钱医治而丧命。接二连三的灾祸,致使原本爱好音乐的陈教授,以后一听播放日本歌曲,便令家人把收音机关上,这场侵略战争,给他带来的国难家仇太深重了!抗战爆发后不久,苏步青突然接到岳父病危,要他全家火速赴日见老人最后一面;同时,日本东北帝国大学也来电聘他任教,且各种待遇从优。他慎重考虑之后,对妻子说:"你去吧,我要留在自己的祖国,祖国再穷,我也要为她奋斗,为她服务!"[3]妻子被丈夫的爱国热情深深感动,决定和丈夫一起留在灾难深重的中国。她先去了平阳乡下避难,1940年暑假被接到湄潭,一家人过着缺吃少穿的战时生活。由于营养不良,他们的一个孩子出生不久就夭折了。

在抗日战争的8年期间,尽管陈建功和苏步青的家庭都蒙受了巨大灾难,但他们在任何环境下,对待自己的教学、科研,却从来不曾有半点马虎、松懈,总是充满了希望,一直向前!为了进一步提高学生的研究水平,他们决定从1940年起招收研究生,程民德是陈建功的第一个研究生,苏步青的第一个研究生是吴祖基。这年9月,中国科学社发起在昆明召开六学术团体联合年会,陈建功带着浙大师生的一批研究论文,自费长途跋涉在颠簸不平的滇黔公路上,翻山越岭赶赴昆明开会,成了从外省赶来参加这次联合年会的唯一数学家。在会议期间,大后方的数学工作者们倡议成立了新中国数学会,陈建功和苏步青二人都当选为新中国数学会的理事。

在陈建功和苏步青的努力下,以他们二人为支柱,浙江大学数学研究所于战火纷飞的1940年在黔北的一个穷乡僻壤,奇迹般地诞生了。数学系主任苏步青兼任研究所所长。研究所很快在海内外产生了影响,学生来源逐渐扩大,其中还招来了一名印度学生。当时在大都市重庆大学上二年级的曹锡华,经在重庆的复旦大学教授李仲珩引荐,慕名转到地处山区条件异常艰苦的小县湄潭,当了浙江大学数学系的插班生,在县城的一座破旧的文庙里学习。刚到那里不久,数学系召开庆祝数学研究所成立大会,海报上竟公布出交流论文百余篇。这样多的研究成果,给曹锡华留下难忘的印象,深深地感染这位青年立志学好,将来为祖国的数学教育事业作出贡献。

陈建功和苏步青不仅是严格要求、注重人才培养的好教师,而且是学科前沿的科研领头人。抗战8年,陈建功的研究成果,主要反映在这期间他在国内外发表的10篇论文中,其中最具代表性的成果是得到了关于富里埃级数查罗绝对可和性的充分必要条件。由于这一成果超出了当时国际同行在这个分支上所获得的结果,加上已有的杰出贡献,西方数学史家在介绍中国现代数学家时,往往首先举出陈建功的名字[4],在国内,抗战期间重庆国民党政府教育部曾颁发过六届(1941—1947)国家学术奖励金,用以奖励最近三年内完成的科研成果,其中一等奖的要求是:"具有独创性或发明性,对于学术确系特殊贡献者列为第一等",[5]宁缺毋滥。陈建功获得了该奖第三届(1943年度)自然科学类一等奖;他的学生卢庆骏获得该届三等奖,他早年的学生、当时任浙大教授的王福春获第三届三等奖,第六届(1946、1947年度)一等奖。

苏步青这期间在国内外杂志上至少发表了31篇论文,其主要贡献是用富有几何意义的构图,建立了一般射影曲线的基本理论,他因此获得了国家学术奖励金第二届(1942年度)自然科学类一等奖;他的学生熊全治、张素诚、吴祖基也先后获得了第三届、第四届(1944年度)三等奖。在这六届奖励金中,自然科学类获一等奖的总共8人,其中有数学家4人,这4人中,3人属浙江大学数学研究所;自然科学类获三等奖的总共31人,其中有数学工作者7人,[5]这7人中有5人是陈、苏二位的学生。据《第二次中国教育年鉴》记载,抗战期间,我国授予硕士学位的名单中,属数学学科的共4人,他们全部来自浙江大学数学研究所,这4位硕士学位获得者是:吴祖基、程民德、魏德馨、项辅宸。

著名中国科技史研究专家、英国剑桥大学教授李约瑟博士1944年来中国时,曾两次到浙江大学参观。他对浙大师生在湄潭极其困难的条件下所开展的科学研究,水平之高和学术风气之浓厚十分惊叹,他曾在考察报告中说:"这里还有一个杰出的数学研究所",并把浙江大学称赞为"东方的剑桥"。抗日战争结束后,任中央研究院数学研究所代理所长的陈省身认为:培养新人是当务之急,因此函请各著名大学推荐近三年内毕业的最优秀学生到数学研究所培训,当时被推荐者人数不少,他从中挑选出15名,其中7名是浙大毕业生。陈建功和苏步青在抗战8年中,培养了数十名学生,他们中的大多数,在20世纪中后期成了在中国各高校培养数学人才栋梁。

参考文献

[1]苏步青.理想·学习·生活.北京:人民教育出版社,1985:70,62.

[2]苏步青.苏步青文选.杭州:浙江科学技术出版社,1991:177,240.

[3]叶永烈.中国科学明星.石家庄:河北人民出版社,1982:22-23.

[4]蔡潴澜.一代学者陈建功(上).自然杂志,1981,4(2):133-140.

[5]第二次中国教育年鉴.上海:商务印书馆,1949:866-872.

(原载《中学数学教学参考》,1995,(11):45-46)

第十篇　同学·师生·友谊

——追记一张具有历史意义的老照片

1991年7月,南开大学张洪光教授赠我这张照片的复印件,说是抗日战争胜利后,数学家们在北京一次聚餐后的留影,具体情节尚不很清楚;1994年出版的《中国现代数学家传》(第一卷)和2007年出版的《几何与数理逻辑——汤璪真文集》,两书都翻拍了这张照片,所附人名均不完全。过去,我曾拿此照片复印件请教过几位前辈,因相隔时间久远,都说不具体,特别是合影时间,有1947、1948、1949三年之说。据赵慈庚老师回忆,他说:"在傅种孙先生家见过,傅先生很珍惜这张留影,说几十年前的老朋友,毕业后各奔东西、多年不见。抗战胜利后重聚北平,难得!是陈荩民先生提议请在一块聚聚、叙一叙。傅先生立即逐个联系、邀请,便有了这次聚餐。因为相聚难得,餐后特合影留作纪念。"(赵先生语。大意)今年值傅种孙先生逝世50周年(1962—2012),笔者依据相关的历史资料,力争基本还原当时情景。以资纪念!

一、照片中的人物关系。前排左起:段学复(1914—2005)、杨武之(原名克纯,1896—1973)、李恩波(字宇涵,1900—1995)、陈荩民(原名宏勋,1895—1981)、汤璪真(字孟林,1898—1951)、庄圻泰(1909—1998);后排左起:吴大任(1908—1997)、郑之蕃(字桐荪,1887—1963)、刘景芳(原名泗滨,1902—1979)、傅种孙(字仲嘉,1898—1962)、闵嗣鹤(字彦群,1913—1973)、马纯德(字修如,生卒年代待查)、程廷熙(字春台,1890—1972)。

其中:杨武之和汤璪真是北京高师数理部第一届免费师范生,1915年入学,1919年"五四运动"后毕业;傅种孙和陈荩民是数理部第二届免费师范生,1916年入学,1920年毕业;程廷熙1908年考入京师优级师范学堂,1913年毕业时已改名北京高师理化部,1921年又考取北京高师数理部第一期数学研究科,傅种孙也在这一期数学研究科学习。

李恩波是北京师大数学系 1924 年毕业生,刘景芳是该系 1925 年毕业生,马纯德是该系 1929 年毕业生,闵嗣鹤是该系 1935 年毕业生。其中李恩波、刘景芳、马纯德、闵嗣鹤都是傅种孙的学生,傅种孙还是段学复在师大附中学习时,对数学产生浓厚兴趣的启蒙老师。段学复、庄圻泰、吴大任是杨武之在清华大学 1930 年代教过的学生,闵嗣鹤又是杨在北师大兼课时的学生,郑之蕃是杨武之在清华的挚友。由此看来,这次聚餐是以北师大数学系的校友为主体,一次老同学和他们的几位学生、朋友间的聚会。

二、拍照时间。1945 年 8 月日本无条件投降,历经八年艰苦的抗日战争结束。1946 年 5 月,教育部任命茅以升为北洋大学(现天津大学)校长。茅电请在浙江泰顺的北洋工学院院长陈荩民北上,任新增设的理学院院长,陈荩民聘在兰州西北师范学院任教的李恩波东归任该院数学系主任,数学系教授有从西安东归的马纯德、在辅仁大学任教的刘景芳(兼)等。这年 8 月,陈荩民以北洋大学理学院院长身份兼管北洋大学北平部的校务,常驻北平[1]。

1946 年,袁敦礼被任命为北平师范学院院长,邀请正在英国牛津、剑桥两大学访问的傅种孙归国后回校任数学系主任。傅种孙于 1947 年 11 月回国,决心要办一个典型的师范性数学系,聘请富有初等数学教学与研究经验的程廷熙回校任教;同时向袁校长力荐在安徽大学任教务长的老校友、数学家汤璪真回母校任教务长兼数学系教授。程廷熙于 1948 年 8 月到任。在北平师院正式改为北平师大的前夕,汤璪真 1948 年 9 月离开安庆迁到北平,任北平师大教务长[2]。

抗战胜利后,1946 年 5 月西南联大结束,北大、清华、南开三校北上,分别迁回原校。清华数学系主任杨武之在昆明,患伤寒,初愈后因联大结束工作繁忙,劳累过度伤寒复发,病情到了"重病托孤"的程度,只得暂留昆明治疗、休养。清华大学校长梅贻琦仍然聘杨武之任复校后的清华大学数学系主任,杨返校前由赵访熊代理数学系主任。1947 年赵出国进修,又请前一年归国的博士段学复代理系主任。清华在战前和西南联大时期的老一辈数学系教授,只有郑之蕃一人回校,此时郑已年届花甲。复校后清华数学系教授亟缺,梅贻琦催促杨武之速赴京上任,同事和学生们也盼他早日回校。杨以清华教学为重,带着虚弱的身躯,于 1948 年夏只身离开昆明经上海,9 月回到清华上课。杨这次重病,他的老同学、朋友们都十分牵挂、关心。杨返京不久,1948 年底,国内内战发展速猛,时局动荡莫测,杨十分挂念仍留在昆明的妻子和三个年幼的子女。凑巧,这年 12 月 21 日,蒋介石派来接梅贻琦赴南京的飞机上有空座,杨为省点路费,便顺机先到南京再转昆明接家眷。不料,以此蒙冤,遭清华大学拒聘,终生再未返京[3]。由此推算,聚餐会成员共同在京时间是 1948 年 9 月至 12 月。9 月,各校都忙于新开学事务,据北京气候和照片中人员的着装上判断,合影时间约在 1948 年的 10 月。

三、友谊长存,教书育人永不灭。试探回复傅种孙邀请这些人员的思路,一是老同学、师生聚在一块,慰问重病康复回京的杨武之;二是借此机会为师大数学系延揽兼课教授。杨武之、汤璪真、陈荩民、傅种孙四位同学异于一般的同学关系,他们是 1912 年中华民国成立后,最早招进的两期(各 28 人)北京高师数理部的免费师范生,在高师经历了四年新型的、严格的德智体美全面发展的训练。除学好课业外,他们还在一起组织"北京高师数理学会"、创办《数理杂志》等多种课外活动，一起参加过"五四运动"的学生大游行，其间陈荩民被捕，又集体营救，……。学生时代成长在国家大变革时期，时代造就了他们同学间的深厚友谊。步入社会后，在国家内乱外患的几十年，他们都始终坚守着自己的教育岗位，教书育人从不懈怠，为提高教育质量，又先后出国深造，大家虽不在一地，思想却时时是相通的。战后重聚，当然非常珍惜；老友重病，更是十分关心。聚餐成员中，除北师大数学系与四位老同学有关的校友外，便是杨武之的学生、挚友。这是其一。

其二，关于为数学系延揽师资，笔者学习傅先生一生的经历，探索他心目中的"典型的师范性数学系"形成之路。早在北京高师数理部学习期间，从他当时在《数理杂志》上发表的十多篇文章内容，已显示出他具有非凡的数学研究才能。然而毕业后他却选择了以改革中学数学教育为己任，选择在北师大附中任教。1920 年代至 1948 年，北师大经历了多次变动，改改、停停、办办。他自己此前因为没有留学经历，在北师大数学系只是一位普通的教授。他从不为这些外界因素所动，无论有名无名、有无职权，始终坚守师范数学系这块阵地，时时处处以主人翁的姿态，思索着北师大数学系的建设、发展，又如何扩展全国、奉献国家。

从毕业至 1920 年代末，傅先生已经晋升为师大教授，仍然不离在附中兼课，以一位数学教师的身份，亲自培养正处于成长期的中学生。钱学森、段学复等就是他在附中培养的人才。钱学森每次回忆他的成长经历，始终不忘他高中时期的傅种孙老师。钱学森说："傅先生把逻辑推理讲得透彻极了，而且也很现代化。"[4] 为他以后的学习、成长打下了良好的基础。三、四十年代，傅种孙先后以中国数学会、北师大数学系、西北师院数学系的名义，举办过多次中学数学教员暑期讲习会，每期都以主角身份，居高临下讲解中学教材中的重点内容，解答疑难，以此提高中学教师的专业水平。

经过 20 余年的探索、实践，逐渐形成他理想中的高师数学系，应该有一支研究中学数学教材、教法的教师队伍，还应该有一支精通高等数学的师资力量。两支力量结合培养出的师范生，对中学教材不仅知其然而且知其所以然，居高临下的教学才有深度，容易激发青少年的学习兴趣，培养出高质量的中学生。

杨武之是北师大数学系第一位在国外获得博士学位的校友，也是我国数论领域的第一位博士。回国后在清华大学任教授。傅积极联系、向系主任推荐，邀请来师大兼课，在师大学习的闵嗣鹤进入研究的初期，就直接受到杨的影响。傅种孙向系领导推荐教师、出主意想办法，多年形成他习惯性的责任，也是实现他心目中的高师数学系的途径。

1947 年，傅种孙从英国进修回国，担任战后复员重组的北师大数学系主任的工作。有利条件是"重组"可以从新开始，第一次以系主任身份直接实践他要办"典型的师范性数学系"的理想；困难条件是师资。战前北师大数学系的主要教授都留在了西部未归，延揽教师成了他的首要任务，而且急迫的工作。鉴于师大的经费和学术水平，他无意与清华、北大争师资，但可以通过同学、师生、校友等关系，邀请他们来师大兼课，清华的段学复、北大的庄圻泰是在聘之列，得知杨武之回京，也早有邀请，闵嗣鹤获博士学位后刚回国，也预约工作单位定了后请回母校兼课。此次聚餐，他邀请的这些成员，确实与北师大数学系的建设有关系。

傅种孙一生坚守在北师大数学系40余年,为国家培养了数以千计的数学教师,辗转相传,还培养了不少数学精英,对我国的中学数学教育,数学科学的发展都做出了卓越的贡献。以照片中的人物举一事例:抗战前,傅种孙发现闵嗣鹤的研究才能,便建议杨武之从师大附中招去清华任杨的助教进一步培养;写"引我走上数论道路的是杨武之教授"[5]的华罗庚,1938年回到西南联大,杨派闵去跟华学习解析数论,华、闵联合做了许多创新性的研究工作;五十年代初期,傅又派严士健去跟闵嗣鹤学习深造,后来严又带出数位人才。严的学生目前正活跃在我国数学研究的舞台。……。傅种孙先生虽已作古50年,他培养出的数代学生,仍在代代相传。他的功绩将千古长存!

同学谊、师生情,	永不灭、业长存,
共建教育大伟业,	民族复兴是大业,
代代相传业长存,	一代胜过一代强,
教书育人永不灭。	百年步入数大国。

参考文献

[1]该书编辑室.北洋大学——天津大学校史(第一卷).天津:天津大学出版社,1990:336-343;375.

[2]李仲来主编.几何与数理逻辑——汤璪真文集.北京:北京师范大学出版社,2007:序二6.

[3]清华大学应用数学系编.杨武之先生纪念文集.北京:清华大学出版社,1998:202-207.

[4]胡士弘著.钱学森.北京:中国青年出版社,1997:019.

[5]王元著.华罗庚.北京:开明书店,1994:98.

(此文在北京师大校友会主办的《师大校友》110周年校庆特辑(总第78、79期)第82-83页发表。刊出时,将汤璪真多处误写为汤真,程廷熙误写为程延熙等)

吴文俊语录

本世纪可以说是中国数学新的时代的开始。而中国数学进入新的阶段,经历了很长的一段历程。"寓史于传"就可以了解中国数学发展的这段历史。要做到"寓史于传"就要考虑许多数学家的传记。……要考虑这些人就不能不考虑他们的时代背景与历史条件,而要整个地把这些都反映出来,就不能光写创造性成就。

——摘自:吴文俊1994年10月8日在《中国现代数学家传》首卷出版座谈会上的讲话.《中国现代数学家传(第二卷)》,

南京:江苏教育出版社,1995:前1

第十一篇　纪念刘亦珩百年诞辰

刘亦珩是本刊(《高等数学研究》)首届编委会主任委员。刊物初创时,由中国数学会西安分会主办,办刊的所有工作由编委会负责,编辑部地址设在刘亦珩工作的西北大学数学系,他实际肩负着编委会主任和主编的双重任务。今年(2004 年)在迎接《高等数学研究》创刊 50 周年之际同时迎来刘亦珩 100 周年诞辰,可喜可贺! 特在此介绍他的主要事迹。

刘亦珩[①]

本刊原名《数学学习》,1954 年 4 月 15 日出版创刊号时,我国数学学术期刊和数学普及期刊共有 5 种。按创刊先后顺序依次是:《数学通讯》、《数学学报》、《数学通报》、《厦门数学通讯》、《数学学习》,后两种是中华人民共和国成立后初创,前 3 种是复刊。《数学学习》还是我国西部地区创办的第一种数学刊物。以上 5 种期刊全部由中国数学会或其所属分会主办。

共和国成立前后,陕西、西安地区的数学工作者主要集中在西北大学和该校毕业生。早在 1945 年,西北大学校址在陕西城固时,曾经有过一个名叫“数学学会”的学术团体,以交流活跃学术思想、联络师生感情为宗旨,会员仅限于西北大学师生及其毕业生,由数学系主任担任领导。刘亦珩是当时的系主任,指导组织会员办数学内容的壁报,召开学术报告会、送旧迎新等活动,至 1946 年西北大学迁西安后,学会活动停止。

1949 年 7 月 10 日,中国数学会在北京恢复活动,推定时任西北大学数学系主任杨永芳为西安地区的临时干事。刘亦珩是中国数学会早期的会员,曾在 1936 年当选为中国数学会第二届评议会的评议员。他们俩和本系的魏庚人教授,及在西安陇海铁路局工作的数学史学家李俨 4 人发起,组成中国数学会西安分会筹备委员会。西安分会于 1950 年 6 月 11 日正式成立,是中国数学会下属成立较早的地方分会之一。西安分会第一届理事会设常务理事 5 人,除以上 4 人外,另一位是西北工学院的刘冠勋教授。杨永芳任理事会主席,刘亦珩任副主席。新成立的理事会计划从事的一项重要而长远的任务是:创办一份数学普及刊物和一份数学学术刊物。正酝酿筹备期间,常务理事中的魏庚人、李俨相继调离西安,为增补分会力量,理事会进行改选。第二届理事会专门设立“编辑委员会”,刘亦珩任编委会主任委员,集中精力筹备办刊之事。此时,全国高教会议、教师会议及中教会议先后召开,各级学校都进一步展开了课程改革工作,在中学尤其以数学课改为重点之一。“本分会的会员们向理事会纷纷提出意见及问题,一致认为高等学校有和中学联合起来将教学工作搞好的必要;另一方面高等学校的数学工作者也认为协助中

学数学教学是一件有意义的工作。因此本分会理事会和各小组长开过几次联席会议,决定先发刊一种数学教学的刊物。"[1]取名《数学学习》,本刊诞生。

创刊号发表9篇文章,共30页。刘亦珩除亲自审阅稿件,写"编者的话",还撰写了其中的3篇文章。这3篇是:一次及二次方程式的无限大解、关于二次无理平方根的问题、数学记号的来源。"编者的话"说:"本期的内容,它们差不多都是根据会员同志们提出的问题而写成的。""各篇文章都是以实际教学中所遇到的具体问题为依据,……。"[1]

那时,本刊编委会除办刊外,分会理事会还决议:"会员业务研究工作暂由编辑委员会负责领导。""……如有需要及时解决之问题,由编辑委员会负责于短期内解决。""由编辑委员会组织重点的小组座谈会,讨论较有普遍性的业务上的问题。"[1]任务十分繁重。《数学学习》1954年7月10日出第2期,9月30日出第3期,1955年3月20日出第4期。4期为一卷,出完第一卷后停了。为什么停刊?究竟因为何故?依笔者之见,其重要原因之一,可能与刘当时的科研任务和身体健康有关。1955年,全国重点高校的科研正处在迅速发展之中,各校你追我赶,正在积极酝酿制定全国12年科技发展规划,党中央发出了"向科学进军"的号召。此时刘亦珩在西北大学肩负着重要的科研任务,正指导专门化讨论班的学生和繁忙的教学工作,而且又患有多种疾病,负担已经很重。1955年4月,高教部召开的全国校院长座谈会上,专门研究了解决高校师生负担过重的问题。西安分会一时又未找到合适的办刊人选。期刊只能暂停。

1954年4月15日创办的
《数学学习》封面

刘亦珩字君度,1904年11月诞生于河北省安新县。父亲是清末秀才,从教多年;伯父是清末举人,创办河北保定第二师范学校任校长。他在保定念完中小学,受父辈影响,立志将来也当教师。1922年考入唐山交通大学预科,接受进步思想影响,不久加入社会主义青年团,担任支部文书及联络工作。1924年6月,上海团中央的一个通知被特务查获,要抓收件人刘亦珩,校长得知后,出资让刘即刻离校,躲过抓捕但被开除学籍。是年9月,随一位姐夫到日本先学日文,1925年3月考入广岛高等师范数学科,毕业后升入广岛文理科大学数学系深造。在这里结识了热心中日友好的数学家小仓金之助,小仓的数学教育思想对他有深远影响。1932年中日关系日趋紧张,刘亦珩谢绝了小仓给他联系的工作,回祖国到北平师大数学系任教,1933—1935年请假去安徽大学数学系任教授两年。"七七事变"后,1937年10月,他取道青岛到西安,在西迁西安的北平师大等三校合组的西安临时大学任教授,1938年春随校迁往陕南城固,后经改名、分校,刘亦珩先后任西北联大、西北大学数学系教授。1942年起任西北大学数学系主任,1948年因病辞去系主任职务。1949年,西北大学师范学院成立数学系,一再请他出任第一任系主任,在实在难于推脱的情况下,仅担任一年多又因病辞职了。他对友人说,他的性格不适宜当领导、不善于管理行政,只能教书。解放后,他一直任西北大学数学系教授,至 1967 年 10 月 25 日逝世。

刘亦珩忠于数学教育事业,喜欢搞学术研究,非常热爱自己的学生。对于数学教育,有他的独到见解,他的第一篇论文就是教育内容,题为:"数学教育改造与师资养成",发表在《师大月刊》1933 年第 3 期。文中说:"近世科学文明,皆以数学为基础,苟无数学素养,一切学问皆谈不到。……若无数学思想,即人生极简单事项,亦不能彻底解决。故欲为健全公民时,数学为不可缺之要素……。数学师资养成亦数学教育之重大问题。……对于数学教师皆存下列要求:(1)理解数学理论,(2)理解数学教育,(3)熟于教授技术及解题技术。"[2]

1952 年,刘亦珩去北京参加了一次综合大学数学系制定教学大纲的会议。返校后,他立即向校系领导建议,按教学大纲开齐、开全数学系各门课程、扩大招生,以适应国家建设的需要。他又四处奔走呼吁、争取经费,通过各种渠道订购外文数学书刊,为提高教学质量和科研水平准备必需的物质条件。他说:"我的志向就是带动大家搞研究,这首先就得有好书。"[2]

从 1954 年开始,全国许多高校有计划地进行科研工作。北京大学校长马寅初在该校举行的 1954—1955 学年科学讨论会的开幕词中指出:科学研究工作是高等学校,尤其是综合大学的一项基本任务。当时全国科研的大好形势,极大地鼓舞着西北大学数学系师生,刘亦珩更是兴奋无比,他率先在高年级学生中开设"黎曼几何"专门化讨论班,接着刘书琴、杨永芳等教授相继开设"单叶函数"、"函数论"、"微分方程"专门化讨论班,几位年长的教授带领一批朝气蓬勃的高年级学生开始向数学科学高峰攀登。[3]

1956 年 8 月,中国数学会在北京举行第一次全国数学论文宣读大会。西北大学数学系带去的在大会宣读的论文,引起与会者的重视。在大会的综述总结报告中特别提到:"这次论文宣读大会也反映了近二三年来我国数学研究的发展在地区上的广泛性。……如西北大学,过去一直被认为是数学力量薄弱的,今年这个学校里的四年级学生,在教授指导下作的毕业论文,也包含了一些新的结果,其中有一些与复旦大学青年科学工作者的结果相同。"[4]文中说的指导教授就是刘亦珩。1956 年 12 月,西北大学举行第二届科学讨论会,刘亦珩率先垂范,在会上宣读了他的代表作"芬斯拉空间共形变换"。数学系共提出 26 篇论文,"是全校提出论文最多的一个系。其中大部分论文都是青年教师在老教师的指导下写成的。"[3]刘亦珩是这些指导老教师中成绩最突出者。

刘亦珩除精通数学外,还掌握了物理学、力学、工程学诸多方面的知识,他可以讲授数学系大纲中规定的近 20 门课程,1960 年代初,他翻译了《现代应用数学丛书》共 42 本中的 6 本,是翻译最多者,他在学术上可谓博大精深。他"研究的重点是几何学,特别是现代微分几何学,其中尤以空间形式的联络、变换、安装三个问题为重中之重。……而这也正是 1950 年代微分几何研究领域中最活跃的三个分支。"[3]1960 年代初,在贯彻"调整、巩固、充实、提高"的八字方针中,他又开始了向新一轮科学高峰冲击,1962 年招收了两名微分几何方向的硕士研究生;承担了"陕西省 1964—1970 年基础科学发展规划"中的数学部分。十分遗憾,他这个阶段的研究成果,未能整理发表。

刘亦珩作风正派、性格直爽,对待学生和青年教师不仅授业,而且处处爱护和保护他们。1946 年,在反内战、争民主的城固学生运动后期,他得知当局要用武力抓捕参加学运学生,便不顾个人安危,立即向数学系学生透露消息,使该系学生没有一个被逮捕或开除。1957 年反右期间,他因病住院,出院后发现,他教研室的 4 位青年教师都被定为右派,非常不解,感慨地说:"我的左膀右臂都被砍掉了,我怎么搞科研啊?!"[3]这是正当大家满怀信心攀登科学高峰时的迎面一击。他上下奔走,为他得力的助手、心爱的学生张玉田等申诉,不仅无效,反遭批判。"文革"一开始,就给他扣上"漏网右派"、"反动学术权威"等帽子。刘亦珩感到茫然,百思不得其解。用他自己的话说:"在一系列的运动中受到批判。"没完没了的批斗,并未让他心服,却心力交瘁。加之家人连遭不幸,对这位体弱多病的老人,打击甚大已经到了极点。不久心脏病复发,再次住进医院。1967 年 10 月的一天,他拉着子女的手悲怆地说:"这次运动我怕是过不去了,我走之后,你们可要好好做人啊!"这位对祖国赤诚、对西北有贡献的数学家,10 月 25 日带着对数学研究的眷恋和太多未了的事业,匆匆地走了!刘亦珩永远离开了大家!

参考文献

[1]编者的话、会讯.《数学学习》.1954,1(1):30、封 3.

[2]刘亦珩.数学教育改造与师资养成.《师大月刊》.1933,3:22-26.

[3]孔庆新、弥静.刘亦珩传.《中国现代数学家传》(第四卷).南京:江苏教育出版社,2000:86-103.

[4]任南衡、张友余.《中国数学会史料》.南京:江苏教育出版社,1995:214.

[5]刘亦珩长女刘玫 1994 年提供史料.

(注:本文为《高等数学研究》创刊 50 周年而作。原载《高等数学研究》创刊五十周年特刊,2004,7(5):T27-T29)

段学复语录

十年动乱期间,我国数学工作者不能及时接触到很大部分的新文献,研究工作基本上停顿。这就使得我国数学界与国际先进水平本已接近的差距又拉大了。尽管四年多来,我国很多的有素养的数学家和一些后起之秀已经作出了不少的有意义的贡献,有些成果进入了国际先进行列,甚至于还是领先的;但是,不容讳言,十年动乱所造成的损伤要完全医好还需要些时间,不论从数量上还是从质量上总体地接近和赶超国际先进水平还要作艰巨的努力。

——摘自:段学复 1981 年为《数学进展》写的"复刊辞".《数学进展》,1981,10(1):1

第十二篇　生命不息　奉献不止

——追记吴大任先生晚年对我的指导

左起：郑士宁、陈省身、陈鹗、吴大任、×××

1990年7月下旬，我以题为："中华人民共和国建国前后中国数学会恢复活动的史实考证"一文的油印稿，寄发至有关数学家广泛听取意见。希望趁数学界已经不多的前辈健在之时，抓紧核实中国数学会早期的几起在书刊中说法不一的重要史实。收到吴大任先生（1908—1997）写的第一封回信 8月9日，这是我与吴老第一次交往。

吴老在两耳失聪、眼力开始不佳的身体条件下，对往事进行了认真的回忆，亲笔写了满满3页，提供了8条史实或分析看法。他首先鼓励我们说："读后深感你们的辛勤努力已经取得了丰硕而科学的成果。"紧接着证实了一些重要史实，他说："中国数学会于1935年成立，已证据确凿。我只提出旁证。当时姜立夫在德国，这年秋，他到汉堡，我们会见，他给我看熊庆来给他写来的信，介绍了开会情况。信中还提到，会上讨论了'算学'与'数学'两个名词之争。（注：有人主张用'算学'，有人主张用'数学'，双方人数基本相等，未得结论。姜与熊是主张用'算学'的）"吴老信中提到的"开会情况"，是指1935年7月中国数学会成立大会的情况，当时"算学"、"数学"并用，是一意两词，多年未能统一。吴老又对我们的工作提出建议，他说："关于对数学会早期工作评价，我以为宜以正面叙述为主，避免反面评价，要考虑当时各种客观条件。"

1990年9月1日，吴老寄来第二封信，主要是谈抗日战争期间，在大后方西南成立的"新中国数学会"的情况。随信赠给我一封1948年10月30日陈省身写给范会国的原信复印件。陈省身教授当时是"新中国数学会"的理事兼文书，范会国教授是"中国数学会"早期仅设的两位常务理事之一。四十二年前的这封信，是取消"新中国数学会"的"新"字，统一为一个中国数学会的历史见证。随陈信还附了一份168人的名单，他们是那时我国各高校的数学教授、副教授和部分教员。吴老的旁证和这些史料,都是解决中国数学会历史上重要存疑问题的第一手珍贵资料,他也是提供最早和最多史料的老一辈数学家之一。

正因为有这些老一辈数学家的大力支持、无私的帮助和指导,作为后生的我和任南衡同志,才敢于大胆地继续进行中国数学会史料的搜寻和核实,逐渐完善其几十年因内忧外患未经系统整理的历史。吴老也成了我们在以后工作中随时请教的几位前辈之一。我们几乎每年都有信件来往。1991 年 7 月和 1992 年 5 月,我曾两次登门拜访当面请教。几年的交往,吴老尊敬师长、扶植晚辈,对事认真负责、终身无私奉献等美德,给我留下深刻的印象。当遇上疑难向他请教时,总有一种亲切无拘束的信任感,有问必答。他对于自己不甚清楚的事,或提供线索,或分析情况,帮助我们继续工作有法可寻。

1995 年 5 月,《中国数学会史料》能够在庆祝中国数学会成立 60 周年的前夕出版,与吴老的帮助和指导密不可分。当我们将《史料》一书赠寄给吴老后,却一直没有得到回信。后来才得知,经常为吴老代笔写信的夫人陈鸴教授突患脑血栓卧床,千里之外的我在焦急之余,唯恐再难以得到吴老的教导了。

1996 年 10 月底,在与吴老中断了一年多的联系之后,突然收到了他的来信,惊喜、兴奋、感动之情难以言表。我将信细读了多遍,把这位崇高长者的心声,传送给我周围的人,无不为之鼓舞、敬佩。吴老信中惦记着他为老师姜立夫编写的年谱中有几处小错未能更改,他建议我去完成,还继续为我提供史料,解答几年前的问题。12 月 2 日,吴老再次来信,得知我的老师魏庚人教授留给我的一本算学名词时,他写了如下一段话:"你手边有一本魏庚人送的,1923 年审定的算学名词是一本很宝贵的书,恐怕很难找到第二本了,希望好好保存。1927 年姜立夫曾让我把该书的名词抄写在卡片上,并且让我填补其中的法文、德文、日文名词。我遵命制了卡片,但没有像他所要求的那样填补法、德、日名词,看来姜先生是准备进一步整理那些名词的。更可惜的是,前几年我参加全国科学名词审定会时,不知道哪里能找到这本书。当时成立了数学名词分委员会,与会同志都不知道有这一本书,所以那本书没有得到利用,这可以说是一个重大损失。"

一个月之后,我收到陈老单独写给我的信。她告诉我,吴老经检查患了肝癌!两个月之后,"吴大任教授治丧办公室"印发的讣告寄到了我手中,我国著名数学家、数学教育家吴大任先生,伴随他承前启后、奉献至终的精神,走完了他 89 年的人生历程,留给后人的是无限的启迪!

(原载:南开大学校长办公室编.《吴大任纪念文集》.天津:南开大学出版社,1998.4:153-155)

江泽涵语录

知道了历史发展的过程,对我们的学习也好,研究问题也好,都会有所帮助。数学史还能帮助我们正确地认识理论和应用的辩证关系,力学和微积分就是一个例子。以古(史)为鉴,可知数学的兴衰,可知数学的主流、旁支,知道什么是主要的,什么是附属的。我觉得整个的数学史,不管是中国的还是外国的,都对数学的发展有重要意义。

——摘自《数学泰斗世代宗师》,北京:北京大学出版社,1998:316

第十三篇　夕阳光照

——忆与赵慈庚老师的忘年交

自左至右：张友余、赵慈庚、赵籍丰
1995 年 5 月 22 日摄于赵宅

1976 年 10 月，粉碎"四人帮"之后，经过一段时间的拨乱反正，1978 年 3 月，在北京召开了全国科学大会。邓小平在大会开幕式的讲话中强调："科学技术是生产力"，必须"大力发展科学研究事业和科学教育事业，大力发扬科学技术工作者和教育工作者的革命积极性。""科学技术人才的培养，基础在教育。""各行各业都要来支持教育事业，大力兴办教育事业。人民教师是培养革命后代的园丁。他们的创造性劳动，应该受到党和人民的尊重。"[1]郭沫若（时任中国科学院院长）在大会闭幕式上，作了题为"科学的春天"的讲话。他引用了叶剑英元帅的诗句："老夫喜作黄昏颂，满目青山夕照明。"然后说："我祝愿我们老一代的科学工作者老当益壮，为我国科学事业建立新功，为造就新的科学人才做出贡献。"[2]

这次大会，似一缕春风，吹暖了众多老一辈知识分子久寒的心；像一轮朝阳，照亮了他们积累多年、沉睡已久的学识，极大地调动了各条战线上的老专家们为国服务、再立新功的积极性。在教育战线上奋斗了数十年的数学教育家魏庚人（1901—1991）、赵慈庚（1910—1999）等教授，一扫过去多年在极"左"路线支配下，屡次对他们冲击批判的积怨，决定为发展祖国的科教事业发挥余热、再战一程。魏老对他的朋友刘书琴（1909—1994）等和身边的年轻人说："老一辈的数学教育家已经相继谢世了，我国早期有关数学教育方面的情况，如今就算我知道的还稍微多一些，如果不再整理记载下来，今后就更难办了。"[3]

全国科学大会结束尚不足两个月,1978 年 5 月,已经 78 岁高龄的魏庚人教授只身去北京搜集充实资料、核对史实,准备编一部《中国中学数学教育史》。住在母校北京师大简陋的招待所,找到老同事、挚友赵慈庚教授,向他谈了自己的设想和工作步骤,赵老师当然支持。因为赵老师住在北京,对于中央的有关信息知道的略早一些、多一些。早在 1977 年,邓小平就指示:"尽速改变教育与社会主义事业严重不相适应的情况""要编印通用新教材,同时引进外国教材。"[1]他便和本单位同事蒋铎合译一部近代数学名著《数学分析原理》([美]卢丁著);稍后,又受江泽涵院士之邀,共同主编一套《大学基础数学自学丛书》,共 13 卷,他承担第 1 卷的具体撰稿任务。此时正处于繁忙之中。虽忙,赵老师仍然挤出时间协助魏老的工作,一是因为国家数学教育的发展需要有这样一部史书;二是中国现代数学教育发展史中,牵涉到他的恩师傅种孙许多开创性工作。粉碎"四人帮"后,他决心要为恩师正名,还其本来面貌。计划先写一篇力争比较全面反映傅种孙的传略;同时,尽可能多地搜集傅在各个时期的著作、讲义、讲稿等,争取能够出版一部《傅种孙文集》。他们俩在搜寻史料方面有相辅相成的作用。1978 年 5 月至 8 月间,人们常会见到这两位古稀老人出入于北京多个图书馆和资料室中。

魏老师回西安后,对我说起在北京三个多月的情况时,其中提到 1957 年的"反右斗争",傅种孙被打成极右分子。批判者说,北师大数学系有傅种孙的五代学生,盘根错节、根深蒂固,必须彻底揭发批判。魏老师 1921～1925 年在北京师大数学系就读,是傅最早教的一批大学生,属第一代;赵老师 1931～1935 年在傅的教育培养下学习数学,是第二代。1957 年的批傅大会,经常首先点魏的名,要魏揭发。魏老师说:"1958 年我调到西安陕西师院(现陕西师大)任教,以后北师大在批判傅先生时,赵先生就首当其冲了。为了傅先生,他没有少受冲击挨批判。赵先生能够巧妙应对,对傅先生没有说过出格的话。"赵慈庚老师在反右派斗争中,始终维护着他恩师的人格尊严,坚守恩师的正确观点。

1979 年,赵老师完成了傅种孙的第一篇传稿《忆傅种孙先生》,投交《中国科技史料》编辑部。该刊 1981 年第 3 期发表时,删去了该文的第四部分:"旧家与痛事"[4]。他有言难辨,只得暂时搁下,妥藏于深处。1988 年,《中国现代数学家传》编辑部约请赵老师再写傅种孙传,收入第一卷本。他提出与魏庚人老友同撰,由他主笔。《中国现代数学家传》是改革开放以后才能够出现的新事物,具体工作者是在远离北京的西安,由不太知名的几位老数学家,带领他们的几位老学生(中年数学教师)在做。初期总是坎坎坷坷,波折不断,拖了数年于 1994 年 8 月才出版第一卷。赵老师始终支持这项工作,积极帮助,想办法、出主意。1989 年 5 月,我到北京八大处一个单位的招待所开会。临行前,魏庚人和刘书琴两位老师和编辑部同志都嘱我,趁这次去京机会,务必抽时间到北师大去找赵老师,商谈傅种孙传最后定稿及其他有关问题。这是我毕业后第三次拜见赵老师。

第一次是 1986 年暑假末,我到中国数学会编写"《数学学报》五十年"论文、作者目录索引的任务完成后,决定到北师大去找赵慈庚老师,请教几个有关中国数学期刊的问题。赵老师是我上大学期间印象最深、最崇敬的老师之一;加之 1978 年以后,在魏老师指导下搜集史料的过程中,经常给我谈起北师大包括赵老师的若干故事,在情感上是熟悉、亲近的;但是自 1957 年毕业后我们一直未曾见过面,又觉有些生疏。我从中关村上了公交车,有一个靠窗的座位,我坐下后便沉思:不知赵老师的变化大不大,还认识吗?把要请教的问题在脑子里整理一下,想想应该先问什么,怎么个提法,……。车到北师大站了,我起身下站,一扭头发现在我身边坐着也准备下车的老先生好似赵老师?便问,果真是!分别了30年后的师生,竟然戏剧性地在下公交车的瞬间相见了!第二次是1988年夏,我到北京师大招待所开会期间,去看望赵老师。在这两次交谈中,共同话题颇多,师生感情更近了一步。

第三次到赵宅,是1989年5月的一个晚上,我首先转达了在西安的魏、刘二位老师的问候和让我捎的话,便围绕傅种孙先生的史绩,谈了许多相关的、包括不同看法的大大小小各种问题。随后赵老师递我一份他写的手稿复印件,说是送我的。400格稿纸共10页,标题是"傅种孙先生的旧家与痛事"。文末有几行后记,全文是:"这原是《忆傅种孙先生》中的第四部分,1979年向《中国科技史料》送稿时,因为某些原因撤出来了,未曾发表。现在复印几份,寄给关心傅先生的朋友们。赵慈庚1987.12.17。"我草草地浏览了一下手稿内容,赵老师便向我细叙其中原委,语气、表情十分沉重。最后,他指到傅种孙先生临终前那句话的后半句:"……我想有些人就是要千夫之诺诺,不要一士之谔谔。"[4]对我说:"这句话中'有些人'三字不是原句,是后来由傅正阳改的。当时我和闵嗣鹤在现场,听得很清楚,他说的是'我看现在'(注:请见手稿中赵用铅笔写的内容)。闵嗣鹤想截住他的话,可是晚了。""傅种孙先生临终前,我们亲耳听到的最后一句话的原句是:'想出一着,竟不顾自相矛盾。我看现在就是要千夫之诺诺,不要一士之谔谔。'说这句话的时间是1962年元月14日下午大约5点多钟,地点在傅先生居住的小红楼西屋。"

我不解地问:"您既然明知那几个字不是原句,为什么还要用引号圈到您的引语中呢?"赵老师回答:"你要注意,那是1979年,'文革'结束不久,社会还处在拨乱反正中。傅正阳是傅先生的长子,凡我写的傅先生的文稿,一般都先寄到西安(傅正阳在西北工业大学任教)征求他的意见。傅正阳改这几个字,自有他的想法,我估计他认为'有些人'三个字的语气较缓和一些。那些年一个接一个的'运动',把我们这些老年人整怕了,唯恐再出什么问题,这是我当时没有坚持改回原句的主要原因。就这样的内容仍然被退回来了。去年年底,我再把这篇文稿拿出来看,觉着还是应该让人知道傅先生临终前的真相,便在原稿后面加了一个'后记',复印了几份,分送给几位很关心傅先生的朋友。"

紧接着我又问:"这次您给《中国现代数学家传》第一卷写傅种孙传,为什么不把这些内容写进去呢?"赵老师说:"国家办的《中国科技史料》都不登,我把他们退下来的内容再写进去,不是给《中国现代数学家传》编辑部惹麻烦吗。"我说:"现在是您写成那篇文稿的10年后。这10年来,国家的政治形势、人们的思想都有很大的变化。"赵老师接着说:"如今确实是比过去敢讲真话、言论自由多了,但是要转变过去多年极左教育形成的、并且已经习惯了的极左思维,还得有个过程,再放一放等等吧,总有一天真相会说清楚的。""现在还是应该把精力集中在搜集傅先生各个时期的著作言论上。有了完整的史料,将来一有机会就可以出书,有了书就能流传于世,人们就能凭此进行研究,历史将会作出公正的评论。"

1991年9月10日,赵老师写信告诉我:"师大附中九十周年校庆,今年是要扩大庆祝，我们十分盼望魏先生能来，……魏先生到了，我们可以谈谈傅先生遗著如何整理的问题。"此时魏庚人老师已过 90 高龄，正遇上我到西南出差，无合适人员陪送，未能成行。两个月后，1991 年 11 月魏老与世长辞，挚友突然离世，他万分悲痛，为完成未了任务，他坚持每天下午到马路遛弯 1 至 2 小时，以此强健体魄；写写大字、摆弄窗前花草，调剂生活，仍然笔耕不辍。1995 年 5 月下旬，我去看他，说身体不如前了，将遛弯改在校内大操场走走。1998 年 6 月 16 日午后，我再去拜望问候福体，他说近来腿脚常发软，体力明显下降。见到我很高兴，兴致勃勃地和我聊了整个下午。这次我带去由杨振宁签名送他的《杨武之先生纪念文集》，话题就从杨武之开始。

杨武之（1896—1973）是杨振宁的父亲，傅种孙的大学同学，是我国代数和数论领域获得博士学位的第一人，回国后长期在清华大学任教授兼系主任；经傅先生推荐并邀请兼任北京师大教授，赵慈庚、闵嗣鹤都是杨在师大教过的学生，闵毕业后，傅又向杨推荐闵到清华深造。杨武之是我国杰出的数学教育家，他培养的学生中，后来有 7 人当选为中国科学院院士，5 人当选为中央研究院院士，其中有华罗庚、陈省身、柯召、段学复、万哲先等。解放初蒙冤，长期受冷落，几乎被人遗忘。1996 年，趁杨武之诞辰百年之际，我通过陈省身、再转段学复，得到时任清华大学校长王大中的鼎力支持并资助，促成了 1998 年 6 月 14 日在清华召开"杨武之先生诞辰 102 周年纪念会"。令人遗憾的是，纪念会只邀请了与杨武之先生有关的中国科学院院士和两三位有关人员，范围极小，近在咫尺杨武之的学生赵慈庚教授曾经被推荐也不予理睬，外地知情者就更没影了。纪念文集仅仅印了 400 本，共 216 页，我写有 40 页的内容，只给一本杨振宁签名赠书。无奈，我便直接向杨振宁先生求索，杨先生很高兴地签名送给赵老师这本书。

赵老师接过话茬说："中国的学术总与政治交结在一起。杨先生学识精深、书教得好，深受我们欢迎，解放前是一位很知名的数学教授，他的教育思想值得研究。"我说："清华能在杨武之先生诞辰 102 周年时（既不逢十、也不逢五）召开纪念会、出版纪念文集，实际是公开为杨武之先生正名。这次活动的最大收获是：抢收到一些已经古稀耄耋之年的老人，为他们的老师杨武之写下的回忆文字。这些珍贵的文字，已足以证明杨武之是我国高等教育中一位杰出的数学教育家。为他正名是改革开放后才可能办到的事。不足之处严格说来，也是过去多年极"左"思潮形成的意识形态阴影在作祟。"

相比之下，傅种孙比杨武之幸运。傅 1962 年元月刚去世，傅的子女和嫡传弟子赵慈庚就着手搜集傅的史料，经赵老师整理，1962 年就发表了几篇傅种孙的遗作。赵老师用数学的严谨对待恩师的史料搜集，工作深入细致准确，不畏各种"运动"干扰，始终锲而不舍，终于盼来了科学的春天，知识分子可以自由地讲真话了。随着出版业的迅速发展，赵老师把几十年收集积累的史料，夜以继日地细心研究、注解，系统整理，编撰成文，公诸于众。从 1979 年起，他为傅种孙先后写了三份传稿，发表在三份不同的书刊上；专题研究先后发表了"傅种孙先生的学术成就"、"傅种孙先生的教育思想"、"傅种孙先生与北京师大数学系"等。

傅种孙 1925 年编写的《高中平面几何教科书》，经傅的学生魏庚人等试教后，于 1933 年正式出版，在全国中学选用者多，深受广大师生欢迎。以后几经修改，四次再版。

由于该书是用文言文写的,现今年轻人对书中有些语句难于理解,改革开放之初,赵老师与魏庚人老师商量,可否将其译成白话文,更便于流传。魏老师非常赞成,很快他就根据1948年出的第四版版本投入译文工作,于1982年出了白话文版,书名改称《平面几何教本》(傅种孙原著)。魏老师一再称赞:"赵慈庚先生译的白话文版本不仅译出了原著原貌,还反映出傅先生教育思想的精髓。"

此外,赵老师还从多方搜集了傅种孙的一些讲稿,多是在北平师大或西北师院举办的"中等算学教员暑期讲习会"的历届讲义或记录稿,他一一细心阅读研究,亲自做注解或说明,若遇原稿是用文言文写的,就将其译成白话文。上世纪80年代后期,他又联合同事,亲自主编,把傅种孙的许多零星著作,收入到一部《初等数学研究》的书中,于1990年出版。他对傅种孙史料的搜集整理,做到了生命不息,工作不止。赵老师所做的大量工作,基本上反映了傅种孙一生的成就,起到了承前启后的作用。

赵老师晚年自己还主编、合编、撰写了多部著作,在大学参考用书方面,除前面提及的两部外,还和朱鼎勋共同主编一部《大学数学自学指南》。为中学教师写的数学专题参考书有:《参数与参数方程》、《代数曲线之渐近线》、《谈谈解答数学问题》、《轨迹》(与陈荷生)等。此外,还写有许多专题短文。进入古稀之年后,才成为他一生中著书立说的高产季节。

赵老师的最后20年,求教他的学生、晚辈源源不断,他则有求必应。为了解答求教的各种问题,他不辞辛劳,查阅资料、跑图书馆、档案室,甚至转访他人,然后写信,必给晚辈所提问题一个有据可靠的答复,始终以一位忠于职守的教育工作者帮助培养下一代。他的敬业精神,在全国有广泛影响。

我算了算赵老师最后20年的工作量,一个青壮年小伙也不一定能够完成。他满意地笑了笑,说:"这是在弥补过去'运动'造成的损失。"1998年6月16日这天下午,我们在平和愉快的心境中,一起回忆往事;一块议论、交换看法,围绕傅种孙、杨武之两位前辈,谈论了许多相关的话题。不觉5点了,我起身告辞,他送我至他家的单元门口,我顺便给赵老师拍了张照片。以后赵老师还回过我几封信,解答我的疑难,最后一封是1998年9月1日写的。

1999年2月10日,藉丰突然来信,告诉我噩耗,顿时我像失去了父辈一样觉着再无依靠了,思想一片空白。之后常翻阅赵老师给我的几十封信,心中凝结着老师太多的亲切教导、悉心帮助。翻到1997年9月9日的来信,发现赵老师还有一桩惦记之事。信中说:"中国的学术总与政治交结在一起。像'旧家与痛事',因为《中国科技史料》退回一次,以后就绝了发表的路。不论谁一听说被退回过,一定有政治原因,甚至连作者的政治身份都加以怀疑。我还有篇《数列与极限》遭受了同样命运。"2000年8月,赵老师逝世一年半之后,《中国现代数学家传》第四卷第588~593页附录二,终于公开发表了赵老师惦记20年的"傅种孙先生的旧家与痛事"。可惜傅种孙临终前最后的那句话仍然未照原句刊出。在纪念赵慈庚老师诞辰100周年的纪念文集中,定会照实登出的,以还历史的本来面目。

进入21世纪,北京师范大学数学科学学院首任党委书记李仲来教授,以他丰富的学识、敢于负责任的胆量和深入、细致、认真的工作作风,不辞辛劳,在不长的时间内,彻底摸清了数学科学学院(含过去的数理部、数学系)近百年的发展历史和发表过的全部论文目录。从中理出脉络,排除过去各种"运动"的干扰和对人的偏见,以尊重历史、尊重各类人才、实事求是的态度,对曾经与本院(系)各个数学专业、分支的发展,做出过突出贡献的老一辈专家,无论是故去的或健在的,都出版文集或文选,稽留存档纪念,发扬传统、教育后代。总结近百年史,傅种孙在北京师大数学系发展的历程中,起有特殊重要的作用。由李仲来书记主编,于 2005 年 10 月出版了《傅种孙数学教育文选》,接着又在 2007 年年底主编一部《中国数学教育的先驱——傅种孙教授诞辰 110 周年纪念文集》。李仲来在 2005 年的《文选》后记中说:"本书的出版是对赵慈庚先生、傅章秀先生和傅种孙先生家属的安慰,也是对赵先生逝世 5 周年深切地怀念……。"[5]这个结果比赵慈庚老师生前期望的还要好。赵老师在天国一定非常高兴!

我与赵老师在改革开放近 20 年的交往中深切感受到他一生极忠诚于祖国的教育事业,这种忠诚具体化在尽其所能地完成北京师大数学系培养目标的各项任务中,任劳任怨、无私奉献,而且不畏强暴、坚持真理。他唯一所求就是期盼自己一生奉献的北京师大数学系健康发展,越办越好。

赵老师逝世后,北京师大数学系更名为数学科学学院,仅数年时间就有长足进步,在进步发展中继承发扬了本院(系)百年的尊师爱生、敬业奉献、团结和谐等优良传统。若赵老师在天有灵,定会给予深深的祝福!有先辈们的榜样,有后来居上年轻人的奋发努力,北京师大数学科学学院,定会越办越好、前途远大!

(2010 年 3 月 25 日完稿)

参考文献

[1]中央教育科学研究所.《中华人民共和国教育大事记(1949—1982)》.北京:教育科学出版社,1984.1:497;513.

[2]北京出版社编.《科学的春天》.北京:北京出版社,1979:2-3.

[3]张友余.盼望已久的《中国中学数学教育史》问世.《中学数学教学参考》,1990,(5):37-38.

[4]赵慈庚.傅种孙先生的旧家与痛事.《中国现代数学家传》(第四卷).南京:江苏教育出版社,2000.8:592.

[5]傅种孙.《傅种孙数学教育文选》.北京:人民教育出版社,2005.10:387.

本文为纪念赵慈庚老师(1910—1999)百年寿诞而作。原载:赵慈庚教授诞辰 100 周年纪念文集.《数学通报》,2010 增刊:18 – 22

第十四篇 教书一时 教人一世

1999年春节前夕，赵慈庚(字霁春，1910.3.1—1999.2.4)教授溘然长辞，引起一群年逾古稀的老人非常惊讶、万分悲痛。逝者是他们在抗日战争时期的一位中学数学老师。(注：抗日战争期间，赵慈庚老师在西安临时大学高中部任教，该校不久迁至陕南城固县改名西北联合大学附中，后又改称西北师范学院附中，现统称北京师范大学附中(城固)。赵慈庚老师在该校前后执教9年)大家正准备春节后为老师庆贺九十华诞，没听说有病，怎么说走就匆匆地撒手西归了！给这些老弟子们连个看望问候的时间都不留。第42届学生梁晓天得此噩耗，悲切地写了一首悼念诗："往事如烟六十年，铭心难忘汉江边。恍如城固校园内，犹有吾师执教鞭。"

在这之前，因为准备为赵慈庚老师庆贺九十华诞，学生们已经纷纷回忆赵老师60年前执教的往事，以及对自己以后发展的影响。第39届学生路见可在"师恩如海深"一文中说："从1937年冬至1939年夏，我就读于附中期间，一直受教于赵慈庚老师，他教我们班立体几何、解析几何等课。他的谆谆善诱、富于启发性的教学，给我留下深刻的印象，乃至一直影响到我选择毕生从事数学教育事业，并在学习和工作中常以赵老师为榜样勉励自己。""尤其使我感动的是，1939年春，我们班上部分同学为了想更深刻地理解物理中的一些定律，要求赵老师为我们开'小灶'，教我们微积分的初步知识。赵老师毫不犹豫，一口答应，每星期抽一个晚上为我们讲课，直到我们毕业。当时正值抗日战争，老师们生活极端清苦，教学任务又很繁重……赵老师无偿地份外为我们教学。这种精神，当时不觉得怎样，过后回想起来，这可真不简单。""1939年秋离开附中后，曾数次书函求教于赵老师，都得到指点。"

第38届学生尹盛志在"风范照人启迪后学的霁春先生"一文中有一段说："为了让同学们学好解析几何，在保证'中学教材标准'的同时，霁春先生不辞辛劳，亲自编印了补充教材——圆锥曲线系、坐标变换、参数方程、超越曲线、全同形、反形法等一系列学习内容，循循善诱引人入胜。在日后学习数学、物理、力学、电磁学等学科时，在涉及'机械振动'、'电磁振荡'，特别是'共振'、'放大震荡'、'衰减震荡'等专题时，先生所教给的数学知识，都显示了锐利的效用。若干年后，不同年级、不同行业的附中校友们相逢聚谈时，对于当年先生的教学风范、教学效果仍然感念不忘。"

第40届学生何昭文说："赵老师教我们立体几何，他教课时逻辑清晰、简明易懂，使我们从这门课中获益匪浅。记得在西北工学院一年级时，学习投影几何，大家都叫它'头痛几何'，而我却取得较好的成绩；在学习矿物晶系时，对其理解记忆也感到较为省力；从大学毕业后，我走上了煤炭生产和建设行业，由于立体几何的立体概念较为深刻，这使我几十年来对煤田地质、地形图的认知能力和理解应用一直比较得心应手，这都归功于中学时老师为我们打下了扎实的知识基础，我永远难忘恩师对我们的谆谆教导。"

第45届学生金钟屏说:"1943年秋高二时,赵慈庚老师教立体几何及高中代数。""有一次上课,天气已热,我们两班甲组学生,就在教室前空地上听赵老师讲解九项行列式解题,两大黑板,赵老师非常耐心地一笔一笔书写,回忆到此时此境,难以抑制对赵老师深深的思念和敬爱之情。"

第46届学生瓮志成说:"先生治学严谨,不仅大至著书立说,培育人才是有口皆碑,就是小至板书、板画亦使人叹服不已。记得在初中时赵老师教过我们一段几何课,早闻先生画圆,一笔而就,胜似圆规。那天,赵老师第一次讲到'圆',我两眼直瞪瞪地看着黑板,果然老师妙手神笔,手腕一勾而成,我内心十分叹服。后来我专为此事请教先生,先生讲了一句话:'业精于勤而荒于嬉'。这一句话后来成了我终身的座右铭。"

第46届学生董上元1999年元月8日给赵老师写了一封信,其中有一段:"赵老师,你讲的平面几何,真是美妙无比,使我对它产生了极大的兴趣。每次考试,总想争一个100分的好成绩。可是每回总只有70多分,偶尔上了80,那也是极其难得了。谁知换了一个环境,这却使得我在学习高中平面几何时倍感轻松,不费什么劲儿。第一学期就得了98.6的高分;第二学期平时又得了100。""你还记得1941年,附中初二乙班有个小调皮,因一个字你扣了他16分而跑去找你的那件事么?你当时回答说,是不是嫌扣少了?拿来,再多扣点。一句话,把我吓跑了。可是,就这一句话,使我懂得了真理与谬误之差只是一线的道理,也使我在以后几十年的工作中,无论做什么事都力求不错一个字。"2月13日,接学长来信,得知赵老师仙逝!董上元一时呆了,说:"想再听一句老师的教诲也不可能了。"

第47届学生、现在台北的彭宝禄在悼文中说:"回北京主要原因是向赵慈庚老师认错,可是当我听到张立秉说赵老师过世,我真后悔我为什么不早去看他,成为终身憾事。""我多想在赵老师面前认错,知恩地说一声'恩师!谢谢您!'愿天上的您能听到,在您的国度里永远快乐,您永远活在我们的心中。"

第39届学生魏铭让回忆说:"赵老师您则亦师亦友,是父辈是长兄。双石铺小溪旁,您同树禾同学与我同住一个帐篷。方丈院小食堂,每逢周六您与王浩、见可、长兴、文奇我们不足10人预授大一'微积分'。老人院,周末夜晚,无需灯、无需烛,在您的住室,但凭蓝天灿烂繁星,见可、景鹤、恩保等诸同学还有我,东西南北,畅所欲言。我记得最清楚的是您教我们用掰脚趾、'串胡同'的办法解决失眠。和平年代,寒假回家,夜时与父兄围炉取暖,其乐不过此耳。"

第46届学生田际昌悼文的题目是"他教了我们一辈子"。文中说:"他不仅在附中时是我们的老师,而且在我们离开附中之后直至老年还在教导着我们。他不仅教我们数学,而且教我们为人处世。""其中有两点印象最深,一点是以什么标准衡量功过,他说:'评说人的功过,要看他给人类做了些什么。在一个国家里,要看他给自己的民族做了些什么。途径可以不同,最后要用效果来衡量。'这是彻底的唯物主义观点,显然是有感而发。不务虚名、不说空话、无私奉献,赵老师正是这样做的,也是这样教导我们的。另一点是'坎坷不足为子弟害,邪僻乃深为父母忧。'赵老师劝告我们不要为过去的坎坷而耿耿于怀,老人家最担忧的是社会上歪风邪气的侵蚀,他希望我们都保持晚节。赵老师一生堂堂正正,在他身上体现了附中校风,他是我们的好榜样"……

以上摘录的均是北京师大附中(城固)在京校友会编的《悼念赵慈庚老师专辑》中的一点片段,该专辑 16 开本长达 56 页,今年(1999 年)6 月内部出版。正在这个月,历时 4 天的全国教育工作会议在京召开,国务院总理朱镕基在闭幕会上发表的重要讲话中指出:"加快教育改革和发展,需要进一步加强教师队伍建设。教师对学生的一生都有至关重要的影响。教师是人类灵魂的工程师,应当'学为人师,行为世范'。"赵慈庚老师以他 60 余年的教育教学实践,证明了他是国家要求的一位最合格的教师。学生们的悼念证实了他是一位优秀的数学老师。

第 45 届学生傅正阳写了一篇 14 000 字的悼文,题目是"育才兴国,桃李天下,尊师爱生,学行世范",用丰富的事例,全面深刻地阐述了赵慈庚老师的一生。在培养青少年人才上,赵老师为我们国家做出了突出贡献,是教师的楷模,教育工作者学习的好榜样。

《专辑》中的祝词、悼文内容丰富,因本文篇幅所限,恕不一一列举。让我们用第 44 届学生宋维锡写的"悼恩师赵公慈庚"的"水调歌头"结束此文:

"驾鹤恩师去,学子哀九州。幽燕感伤尤甚,痛悼泪难收。校庆犹亲莅会,往日风采仍旧,谈吐歌悠悠注①。孰信成诀别,桃会付东流注②。"

"烽烟日,风雪夜,共民忧。育才输国,一代师表亦风流注③。两袖清风胸阔,满腹经纶心畅,桃李傲春秋,九霄长安息,仁者继鸿猷。"

赵慈庚老师和他的学生们——1997 年 11 月北京校友在母校聚会时合影

注①:在 1998 年 11 月 1 日校庆会(也是附中在京校友年会)上,赵老师曾亲临致辞并咏唱数曲,给大会增添了不少情趣;

注②:与会校友曾决定,于次年 3 月初赵老师九十寿诞之日大家庆贺一番,孰料赵老师竟于 2 月 4 日突然长逝,思之尤痛;

注③:赵老师一生从事教育事业的科研与实践,不但在数学及其教学方面成果辉煌,而且文学造诣很深,经常赋诗、填词、写文章、遗作甚丰,且自成风格。

(原载《中学数学教学参考》,1999,(10):58-59)

第十五篇　要欣赏别人的好工作

——纪念陈省身百年诞辰

陈省身和华罗庚是 20 世纪我国最杰出、最著名的两位数学大师。他们有一位共同的老师杨武之(1896—1973)。1996 年,在杨武之先生百年诞辰之际,陈省身在《回忆杨武之》的访谈录中,为笔者审稿时亲笔写了如下一段话[1]:

数学工作是分头去做的,竞争是努力的一部份。但有一原则:要欣赏别人的好工作,看成对自己的一份鼓励,排除妒嫉的心理。中国的数学是全体中国人的。

陈省身手迹(1996 年 8 月)

这段话是他们师生数学工作一生的准则,也是对当今数学工作者的期望和教导。杨武之先生于 1896 年 4 月出生于安徽合肥,1915—1919 年在北京高等师范学校数理部(现北京师范大学数学系)就读,是该校数理部第一届免费师范生;1928 年在美国芝加哥大学获得理科博士学位,也是我国代数、数论领域的第一位博士学位获得者。1929—1948 年在清华大学执教,其中有 14 年任该校数学系主任(含早期代理系主任两年),兼清华研究院理科研究所算学部主任。抗日战争期间在西南联合大学执教,担任西南联大数学系主任 6 年。杨武之先生深知数学工作分支甚多,只有大家分头去做、同心协力才能把整体工作向前推进。他在工作中不搞门户之见,不论资排队,而且不计较自己的个人得失,很善于团结同事,尊重他们的所学之长,充分发挥各自在教学科研中的作用。因此,他领导的单位,在当时是全国教学科研最好的单位之一。

在教学中,杨武之用相当多的时间去仔细观察、了解每一位学生的长处和短处,充分发挥他们的长处、避其短处。在西南联大,他非常欣赏 1930 年代在清华大学培养的几位学成归国的学生陈省身(1911—2004)、华罗庚(1910—1985)、许宝騄(1910—1970)等在国外学习取得的科研成果。虽处于战争时期,环境异常艰苦,杨武之仍然想尽办法创造各种条件,放手让这几位 30 岁左右的归国青年最大限度地发挥作用,让他们去培养新一代优秀学生,使他们这一代成为推进中国数学发展的栋梁。试举两例:1937 年陈省身学成回国随清华大学到战火纷飞的长沙临时大学任教,杨先生促成了他和郑士宁的婚姻,使陈先生有了一个幸福美满的家庭,成为陈先生终生专一数学研究的保障。1938 年春,华罗庚的家乡被日军强占,华夫人带着一家六口辗转逃难到昆明,杨武之等老师辈得知,赶忙帮助华家租赁住房、添置家具,待华罗庚归国时,华家已安顿稳妥。由于华罗庚在国外没有攻读学位,聘用成了问题。杨武之先生拿着华罗庚的数十篇高水平研究论文,以系主任身份逐级游说,据理力争,以理服人,终于使华罗庚越过讲师、副教授,直接被聘为教授,华罗庚时年才 28 岁。杨武之的识才、爱才、用才,由此可见一斑。

陈省身和华罗庚相差不足一岁,1930 年代初两人在清华大学数学系同学、同事四年,由于学习成绩优异,先后出国留学深造,在国外都取得了世界水平的研究成果。1937 年、1938 年两人相继回国在西南联大又共事五年。常人说:"一山难容二虎。"过去对陈、华关系,曾经有些不实之词。陈省身正面回答:"我和华罗庚在三四十年代确实有数学上进步的竞争,但是完全没有个人的纠纷。""我们彼此以礼相待,从不伤害对方,于是就有终生的友谊。"[2]

华罗庚(左)与陈省身

在西南联大,两人各自都有重要的研究课题,陈省身正孕育着"整体微分几何"的创作,华罗庚着手于"堆垒素数论"的研究,互不干扰,互相尊重对方的选题。战时由于西南联大的房舍十分紧张,一度他俩曾共住一个房间,谈笑风生中,关注着共同的事业——如何推动整个中国数学的进展,关心中国数学会如何开展学术研究。1935 年中国数学会成立时,华罗庚被推举为《中国数学会学报》的助理编辑,总编辑是苏步青(1902—2003),陈省身此时在德国留学。《中国数学会学报》是我国创办的第一份具有国际性的数学学术期刊,抗战爆发后被迫停刊。1939 年,西迁各校基本稳定后,陈省身主动协助华罗庚组稿、编辑,然后集中邮寄到敌占区上海印刷,于 1940 年完成第 2 卷第 2 期的出版发行。为了便于较广泛地开展学术研究、交流学术研究成果,陈省身等倡议在大后方成立"新中国数学会",经选举产生的 9 位理事中,陈省身、华罗庚最年轻,新学会的具体工作,自然地落在他们的身上,华罗庚兼会计,陈省身兼文书。1942 年国家学术奖励金第一届颁奖,华罗庚和许宝騄分别获自然科学类的一等奖和二等奖(1941 年度),新中国数学会特地举行茶会,庆贺他俩获奖[3]。陈省身说:"华先生是绝对聪明的人,也非常刻苦。他没有学历文凭,需要用发表论文来证明自己的能力,有很强的紧迫感。我的情况不同,可以比较从容。"[2]

中华人民共和国成立前后,陈省身到了美国,华罗庚返回大陆,他们在各自的方向上发展。几十年间,陈省身成为国际数学界几何学一代大师,华罗庚成为中国数学界的领袖。1972 年,陈省身回到别离 23 年的北京,此时华在外地推广优选法和统筹法. 得此消息,立即返京,在东安市场的烤鸭店宴请陈省身。1980 年代初,中国已经改革开放,陈省身联名另一位美国科学院院士,向美国科学院推荐华罗庚为该院外籍院士,后当选。1980 年华罗庚到美国伯克利访问时,就住在陈省身家……[4] 如今,20 世纪中国数学界的这两位同时代巨人都已作古,追忆他们一生的友谊,正如陈省身所写的"数学工作是分头去做的,竞争是努力的一部分。"他们不存在妒嫉对方的心理,因此才能欣赏到对方的好工作,激励自己前进,这种高尚品德,使竞争者双方的友谊保持终生,千古长存!

陈省身欣赏别人的好工作,笔者有过亲身经历。1995年《中学数学教学参考》第5期发表一篇题为:"试谈新中国数学会的始末"的文章,中国数学会成立60周年的年会期间,曾送一份请陈老指教。会后他回美国,于1995年7月5日给笔者一封回信,信中说:"关于新中国数学会的文章写得很好,我想'试谈'两字可以取消。"信末又补充一句"很感谢你对于'新中……'的注意。"[5]笔者阅后感动万分,没有想到一位国际著名数学大师,此时已84岁高龄,为使祖国中国早日成为数学大国、奔向数学强国而日夜操劳,每年奔波于美国和中国之间,还继续他的数学研究。这样一位繁忙的长者,能抽出时间为一位极普通的数学工作者在一份普及刊物上发表的文章花费精力、认真阅读、亲笔回信加以赞赏,笔者深感受之有愧、备受鼓舞。一位巨人对一位平民百姓做的一点工作,虚心地说出"很感谢"三字,世上能找出几位? 真正应该感谢的是陈省身大师,他给予了芸芸众生眼睛向下、平易近人、欣赏任何人的好工作的优秀品德。排除妒嫉心理,欣赏别人的好工作,应该列入学校的德育教育。杨武之陈省身师生给我们作出了示范性的好榜样。

参考文献

[1]张友余.回忆杨武之——陈省身教授访谈录[J].科学,1997,(1):46-48.

[2]吴文俊,葛墨林主编.陈省身与中国数学[M].天津:南开大学出版社,2007:204.

[3]任南衡,张友余编著.中国数学会史料[M].南京:江苏教育出版社,1995:72.

[4]张奠宙,王善平著.陈省身传[M].天津:南开大学出版社,2004:260-261.

[5]张友余.陈省身先生回忆"新中国数学会"[J].中国数学会通讯,2005,(3):19-20.

(原载《南开校友通讯》,2011年下册(复39册):124-127)

华罗庚语录

数学是一门基础性科学,数学在人类的精神与物质生活中起着重要作用。数学文化在相当大的程度上反映一个国家的发展水平。数学是人类研究自然现象与处理工程技术问题的一个强有力的工具。数学的发展一方面受着自然现象与工程技术研究的推动与刺激,一方面也有着它的内在的必要性。因此,我们必须遵循理论与实际密切结合的精神。

——摘自:华罗庚在1956年8月召开的"中国数学会论文宣读大会"
上的开幕词.《中国数学会史料》,南京:江苏教育出版社,1995:210

第十六篇　李珍焕教授的南开情

李珍焕(1915—2008)1935年考入北京大学数学系。1937年抗日战争爆发,他随校迁往长沙。1938年春,随长沙临时大学"湘黔滇旅行团"步行到昆明。步行期间,南开的黄钰生教授给他留下深刻的印象。黄老师是旅行团指导委员会主席,监管全团经济。他"腰缠万贯",却精打细算,总是把钱花到最需要的地方,学生们都很佩服。少花钱多办事是当时还是私立的南开显著特点之一,黄钰生代表了南开人的精神。

在西南联大,北大、清华、南开三校学生合并,按年级、专业分班在一起上课,学籍仍属原校。南开的姜立夫、刘晋年等教授都给李珍焕上过课,姜先生讲课哲理深奥、引人入胜,对学生和蔼亲切,大家都很敬重这位联大数学系元老。刘晋年老师说:"物理系教师上理论力学课,数学味不够。"所以刘老师亲自为数学系学生开"理论力学"。刘老师上课,只要他一进教室,任何学生都不准再进,课堂上对学生要求很严;可是,课下常与学生一块吃饭、聊天,非常随和,真像严师慈父。

李珍焕1939年毕业。这一届三校数学系的毕业生总共才13人,人才稀缺。他被推荐到重庆南开中学担任数学教师。当时的重庆南开中学有三多:一是日寇侵占我国东北和北部后,继续向中、西部逼近,因而逃难的流亡学生多,生源程度参差不齐、变化大。二是因为重庆是战时的陪都,日机经常对该市狂轰滥炸,人们跑警报、钻防空洞的次数多,影响正常的教学。三是战时供需奇缺,物价飞涨,生活必需品价格变换多,生活不安定。李老师来到这样恶劣、艰苦的环境中任教,却安于职守,静心考虑如何教好学生。

教好学生遇到的第一难题是如何教学? 因为他在北大、西南联大都没有学过教育学、心理学等教育类课程,而重庆南开中学对教师的教学又要求十分严格,校长、教导主任经常在教室外面听课,教不好有解聘危险。为此,李老师首先向有经验的老教师学习,虚心向他们请教,吸取好的教学方法和经验。几十年后,师生聚会,李老师对他当时的学生们说:"在南开,我既是老师,也是学生。"指的就是认真向老教师学习自己不会的东西。另一方面,由于李珍焕是名校数学专业科班出身,学校给他分配了较重的教学任务,一去就排了三个年级四个班的课,每周20节课时。数学课的特点之一是作业多,几乎每节课都要布置作业,学校要求全收全改,第二天必须发回。然后针对作业中存在的问题讲评,以加深对课程内容的理解;课后还要对学生答疑、辅导等。每天工作时间远远超过八小时,熬夜是常事。所幸当时他年仅二、三十岁,正值青春年华、精力充沛;最重要的是他热爱这份工作,喜欢学生。没过几年,李老师便成为该校知名的优秀教师,不仅教好了学生,还培养了深厚的师生感情。那时重庆南开中学是男女分班,学校有一条不成文的规定,就是年轻未婚男老师,一般不给女生班排课;不准在校师生之间谈恋爱。然而师生关系却很好,尊师爱生是南开的优良传统,这在李珍焕教授一生中体现得非常明显。

重庆是抗战期间民国政府的陪都,高官富商的聚居之地。重庆南开中学又很有名气,各级政要的子弟都想入读南开,托人拉关系、说情的人很多。张伯苓校长想了一招:你们的子弟要入读,可以,但只能算旁听生,必须参加下一学期的入学考试,及格者转为正式生,不及格者走人。这样既不得罪高官富商,又保证了南开中学的教学质量。这个时期从重庆南开中学毕业,以后成为两院院士的竟达数十人。

李珍焕在重庆南开中学教书 12 年,从一位初入社会的青年到一名优秀的数学教师,是在南开锻炼的结果。1952 年,李珍焕调入陕西师范大学(当时称西安师范学院)数学系,在感情上却未离开过南开。尤其是改革开放后,文化教育事业复苏,有关南开校友的丛书、期刊源源不断,例如,《南开校友通讯丛书》,他的学生们办的《四五形影》《47 南开人》等。这些书刊的内容,充实了他耄耋之年孤独的生活,伴他回忆起许多在西南联大、重庆南开的人和事,回忆起许多美好的青春年华。从中得到许多信息,恢复了与昔日同学、同事、学生们的联系。特别是 1940 年代教过的学生,"每逢年节,同学们都恭敬致礼"(学生孔德谆语)。李老师能走动时,常被学生们邀请到各地联欢,腿脚不方便了,书信、电话问候一直不断。

赵立生夫妇与李珍焕老师(中)临别合影 2008.4.19 摄于陕西师大

2008 年,学生们得知李老师的病情加重,首先由在西安的、他 1950 年代初教过的南开学生发起,择气候稍暖的 3 月,在陕西师大招待所聚会联欢,为李老师拜个晚年,祝李老师健康长寿。4 月,重庆南开 1945 级学生、清华大学教授赵立生,已是 82 岁高龄,偕夫人专程从北京来陕西师大,陪伴李老师度过了 5 个昼夜。5 月,也是 1945 级学生,公安部研究院戴宜生教授,将家中久病卧床的夫人暂时托人照顾,拖着病腿前来西安,于 5 月 11 日,代表 1945 级的学生,祝贺李老师 93 岁华诞。这两次都有 1945 级的女生、西安第四军医大学的赵大夫赵皿陪同看望。赵大夫说,李老师虽没有直接教过她们班,但

戴宜生代表 1945 级学生祝贺李老师 93 岁华诞。站立者是 1951 级学生申启阳。2008.5.11 摄于陕西师大李宅(右为李珍焕)

他高质量的教学效果、教书育人的优秀品德,当时重庆南开的男女生人人皆知。每次相聚,师生情谊分外亲切。这些都是七八十岁、半个多世纪前的老学生,给他带来无限的欢乐,使他精神倍增、病情缓解。延续了生命。

2008 年 9 月 6 日,第 24 个教师节前夕,正当李老师住的楼房前一排桂花盛开之际,李珍焕教授告别了他一生眷念的学生,伴随桂花的馨香,安详地走了。

李珍焕教授逝世后,留下一本 1938 年湘黔滇旅行团师生步行纪实相册,他珍藏 70 年。2008 年 3 月,他以这本相册为见证,指导本单位的同事、晚辈张友余写了一篇题为"1938 年的大学师生'长征'",纪念"湘黔滇旅行团"70 周年。此间给张讲了许多相关的故事,涉及南开的最多,成了本文的素材。如今李老师已永远离开人世,希望这本相册也

有个好的归宿。考虑到李珍焕教授几十年对南开的深情,他晚年经常谈论的也是南开的人和事。征得他的养女李英姿同意,特将这本老相册捐赠给南开大学,留作永恒的纪念。

附录 参照有关史料和李珍焕教授回忆:

1939 年西南联大理学院算学系毕业生名单(共 13 人)

李珍焕、陆智常、栾汝书、谭文耀、冯泰昆(以上 5 人属原北京大学学生)

朱有坼、徐贤议、洪宗华、杨雏鸣、高本荫、高有裕、唐绍宾、颜道岸(后面 8 人属原清华大学学生)

华罗庚语录

一、学习就是艰苦的劳动,只要刻苦钻研,不怕苦难,没有解决不了的问题。

不怕苦难,刻苦练习,是我学好数学最主要的经验。

——摘自:华罗庚著.《给青年数学家》.中国青年出版社,1956:17

二、数学是我国人民所擅长的科学。对于过去的成绩也都应给以肯定。我国数学家过去在数论、函数论、几何与拓扑学、代数、概率论、数理统计等方面都是有成绩的,但还没有培养出足够数量的具有相当水平的研究工作者。因此,这些部门还没有形成学派,还没有在祖国生根。而且另外还有很多部门十分薄弱或缺乏,急待发展。……为了使数学科学能够完成支援国家建设的任务并在祖国生根,我们所有的数学工作者,必须广泛而亲密地团结起来充分发挥潜力,逐步将各方面的研究工作结合在一个全面统一的计划之中。

——摘自:华罗庚著.对于展开数学研究工作的意见.《科学通报》,1954,(10):53 – 54

第十七篇 数学是王选成功的知识基础

王选（1937—2006）是共和国成立后成长的新一代杰出科学家的代表，是举世公认的中国计算机汉字激光照排的创始人。他的成果，使我国的出版印刷行业实现了"告别铅与火，迎来光与电"的技术革命。人们尊称他是"当代毕昇"、"方正之父"。他不断开拓创新，引发了报业和印刷业的三次技术革新，使得汉字激光照排技术占领了 99% 的国内报业市场，和 80% 的海外华文报业市场，现在又积极地向广电业进军。他倡导产、学、研结合，走出了一条科研成果产业化的成功道路。……今年（2006 年）2 月 13 日，王选不幸与世长辞！

王选

王选病重期间和逝世后，我国最近两届的党和国家领导人，都先后到医院看望或送行。可见王选的科研成果对我国生产建设所起的巨大作用，国家领导层倡导自主创新及对自主创新工作者的支持和重视。

王选总结他取得成功的首要因素是"扎实的数学基础"。他说"这第一步很好的数学基础令我终生受益"。王选回顾他的学生时代，小学时语文、历史成绩很好，上初中爱上了数学。由于对学习有兴趣，上课时注意力集中、思维活跃，课堂上基本理解消化了所学内容，作业完成快，争得了学习的主动权，也赢得了时间和精力参加户外体育活动。并且热心公益服务，小学五年级当选为班长，14 岁加入共青团，在校期间一直担任学生班、团干部，学习成绩名列前茅，是一位德、智、体全面发展的学生。

高中阶段王选对数学更有浓厚的兴趣，1954 年考大学，他报了三所著名高校，填的专业全是数学。最后被北京大学数学力学系（后来改为数学系）录取。大学一、二年级又遇上了几位教基础课非常优秀的老师，更使他的数学基础得到很好的培养。

1956 年初，国家制定"十二年科学技术发展远景规划"（1956—1967 年），周恩来总理亲自领导这项工作。规划中，将开展新兴学科计算技术的研究定为国家最重要的科学技术任务之一。1956 年秋天，中国科学院建立"计算技术研究所筹备委员会"，下设计算数学研究室；同时又在北京大学数学力学系开设计算数学专业，这是我国在高等学校首设这一专业，列在大学三年级分专业时选学。王选这一年正好读三年级，他要在数学、力学、计算数学三个专业中选学其中之一。此时，他将国家面临的急需和自己的前途结合在一起考虑，选择了动手较多、实践性较强的计算数学专业。大学毕业时又赶上计算机迅速发展年代，他留校工作就投入到硬件研究中，三年多后又转向软件研究，搞程序自动化；平时坚持强化英语训练。

1975 年,王选争取到研制精密照排系统的科研项目。他多年积累的数学知识、软硬件两方面的实践和较强的英语能力,此时全都用上了。他要跨越时代,超外国人一步,一开始就采取与众不同的技术途径,搞自主创新。在激光照排里头,用了一个巧妙的数学算法。起初王选遇到了一些异议,说他异想天开,搞骗人的数学游戏。他顶住压力和流言,不断地探索、实践、革新,坚持到底。最后恰恰就是用这个数学算法,使他独创的方向取得成功。就这样不间断地夜以继日艰苦奋战了 18 年,才使我国汉字印刷迈入计算机激光照排时代。

成功以后,王选多次接受采访,总结自己的经验。谈到带头人需要具备的素质时,他非常强调数学基础对从事计算机硬件及应用系统研究的重要性。他说:"计算机本身就是数学和电子学结合的产物"。其一,"抽象"是数学的本质,而计算机硬件、操作系统、高级语言和应用系统的设计中,经常使用"抽象"的手法。其二,数学基础好、逻辑思维严密的人,一旦掌握了软件设计和编程的基本方法与技巧后,就能够研制出结构清晰、高效率和可靠的软件系统。其三,好的算法往往会大大改进系统的性能,而数学基础对构思算法是很有帮助的。除了扎实的数学基础,王选认为"如下几个方面对青年计算机工作者也是很重要的:喜欢亲自动手,并有较多的第一线实践经验;重视跨领域的研究;正确的选题和选择正确的技术途径;有拼搏精神等。"

王选是新时代科技人员学习的榜样,供咱们学习的方面很多。这篇短文,仅仅列举了一点学好数学的内容,学生时代要打好数学基础,力争全面发展,长大后为国争光。

王选一生获奖不少,是我国"国家最高科技奖"少数几位获奖科学家之一,获此奖后,北京大学同样给他重奖,他把国家和北大奖励给他的科研基金全部拿出来,共 900 万人民币,设立"科技创新基金",全力支持北大方正的年轻一代不断创新,攀登新的科技高峰。

最后以王选的两句赠言结束本文。一句是他接受北大重奖时说:"做好人,方能取得大成就"。另一句是王选遗愿:"年轻一代务必'超越王选,走向世界'"。

参考文献

[1]《光明日报》,2006.2.20 第 1、3 版"王选生平"等有关报道.
[2]丛中笑著.《王选的世界》,上海科技出版社,2003 年第 1 版.

(原载《中学生数学》,2006,(12 上):30;29)

附:王选研究文献

王选:金钱和荣誉不是成就的动机

科技成就是智慧和勤奋的结晶,没有持之以恒的努力很难有大的作为。吴文俊的"数学定理的机器证明"和袁隆平的"水稻杂交"都是 30 多年艰苦奋斗的产物,他们两位又都是长期在第一战线上干活的科学家。中国科学院数学研究所的一位研究员告诉我,1980 年代末一个农历除夕晚上 8 点多钟,他在数学所院子外散步,看到吴文俊先生还在计算机房上机。那时 PC 尚未进入家庭,上机条件也是比较苦的,年近古稀的吴先生比年轻人的上机时间还要多。

近年来,浮夸、急功近利、希望通过各种渠道(例如媒体)快速成名,或千方百计走门路争取获奖等等风气有所蔓延。前一时期网站流行,一旦公司在美国上市后,创始人一夜之间成为巨富。有些年轻人认为只要有一、二个创意,就能很快成为百万富翁。有一位大学计算机专业本科生甚至打算毕业后几年内就赚它几千万美元,到了 30 岁便不再工作,周游世界,尽情享受。现在网络泡沫破灭,网络英雄也遇到各种挫折和麻烦,人们慢慢醒悟过来,创业不那么容易。其实创业和真正取得成功是十分艰难的。人们只看到微软比尔·盖茨年纪轻轻的就成为世界首富,其实盖茨中学成绩优异,13 岁开始就用全部课余时间在电脑上编程。创办微软后经常工作到凌晨,在地板上睡觉。盖茨连续奋斗了 20 年,1980 年代末,在他 30 多岁时微软公司才变得名气很大,但当时微软还进不了世界 500 强行列。盖茨说过,"要想在计算机领域取得成功,要准备长期睡在地板上。"盖茨也并非把追求财富放在第一位,这从他捐款 100 多亿美元给慈善事业就可以看出。

两次获诺贝尔奖的英国生物学家桑格说:"有的人投身于科学研究的主要目的就是为了得奖,而且一直千方百计地考虑如何才能得奖,这样的人是不会成功的。要想真正在科学领域有所成就,你必须对它有兴趣,你必须做好进行艰苦的工作和遇到挫折时不会太泄气的思想准备。"我在从事电子出版系统项目研究的 26 年经历中,开头 13 年是逆境,十分艰难,但苦中有乐。例如为了解决一个技术难题,苦苦思索几个星期,睡眠很少,忽然在一天半夜想出一个妙招,难关迎刃而解,并且可以预见到这一新设计对将来产品性能价格比的重大改进时,兴奋之情难以形容。所以科学研究本身就是一种美,它给人带来的愉快就是最大的报酬,这也是一种高级享受。激光照排大量推广后,当我看到用户使用后的巨大经济和社会效益时,也是十分激动人心的,这种兴奋绝不亚于获各种高等奖励时的心情。从切身经历中我体会到,一个人的成就动机主要并不来源于金钱和荣誉,而在于对所从事各种工作的追求和来源于这项工作难度的巨大吸引力。

(原载《光明日报》.2001.11.12)

吴文俊语录

从数学有史料为依据的几千年发展过程来看,以公理化思想为主的演绎倾向,以及以机械化思想为主的算法倾向往往互为消长。对近代数学起着决定作用的解析几何与微积分,实质上都是机械化思想而非公理化思想的产物。中国的古代数学,乃是机械化体系的代表。

——摘自:《吴文俊文集》,济南:山东教育出版社,1986:前言

后记

本书即将付梓、出版在望,历历往事,感慨万千。

我古稀耄耋之年,患上老年性眼底黄斑变性难治的眼病,为了延缓致盲,中断了正在学习的电脑操作。在当今网络大发展时代,不会电脑,等于"科盲"。所幸赶上了我国在深化改革中,践行社会主义核心价值观的时代,国家富强民主,社会安定和谐,自由、平等、公正如今成为现实。人的善良本性回归,友善、助人为乐,不再受出身、经历、年龄等限制。我这位年迈的女知识分子,在本书交稿前后,充分享受到了人间关爱的温暖。

前些年,一般平民知识分子,要正式出版一部销量不大的著作,作者必须倒贴数万元买书号、交纳印刷出版费用。此时,哈尔滨工业大学出版社刘培杰数学工作室的刘培杰先生,得知本书的主要内容后,毅然答应免费出书,而且不限交稿时间。我的朋友、邻居和一家三代都为此鼓舞,支持并帮助我首先将多年的主要研究成果汇集成册,公诸社会。知情者阎景翰教授、曹豫菽、袁秀君夫妇等都伸出援助之手,在此,由衷地感激所有帮助过我的人们,谢谢大家!

1966年"文化大革命"开始后,大学停止招生已经6年。1972年,我任教的陕西师范大学数学系,即将迎来由基层推荐的首批工农兵大学生入学,急需重建遭"文革"破坏殆尽的资料室。我受命担当此一任务。从教学岗位转入资料工作,我对这项新业务,刚开始时一无所知,为了完成好组织分配的新任务,我常到西北地区历史最久的西北大学数学系资料室请教。当时主管该室工作的赵根榕教授(1922—1991),学识丰厚,又非常热心帮助年轻人,他成了我做好资料工作和数学史料研究的启蒙老师之一。1991年4月5日,赵老师心脏病突发,骤然离世,终年才 69 岁。我永远怀念,感谢扶持我成长的赵根榕教授。

1978 年 3 月,全国科学大会后,我的导师魏庚人(1901—1991)决定在耄耋之年编一部《中国中学数学教育史》,填补国家在这一领域的空白,他建议我配合研究中国中学数学教育教学普及刊物。1979 年落实政策,魏老师恢复了数学系主任的职务,我也归口调回教研室,但此时,我对资料工作已感兴趣,恋恋不舍,他支持我重返资料室,加强该室建设和进行资料研究。1980 年如愿重返后,他就指导我编写《中国中等数学文摘》,发挥师范大学培养师资的特点。后又以他担任首届中国教育学会数学教学研究会理事长的身份,亲自为该书写序。序中说:"希望各方面人士关心它的成长,使它真正成为推动我国中等数学教育改革,提高教学质量的一本得力的工具书。"1983 年 3 月,《中国中等数学文摘》第一辑顺利出版。紧接着便邀请了几位有丰富教学经验的中学教师合作编写,又编了三辑,一百余万字。非常遗憾,此时全国出版社改制为自负盈亏,编辑把"清样"都已排好了(当时是铅字排版),经费发生困难,无法付印,始终未能与读者见面。这项工作虽被夭折,却促进了我对我国数学期刊的全面了解与建设。外国数学期刊,因经费限制虽然不多,经过多年摸索积累也基本了解其刊目和简介。1987 年,受邀承担了《数学辞海》内的中外数学期刊词条的编写,魏老师也很支持,经常关心、过问。

1985 年 4 月,为提高中学数学教育教学普及刊物的质量,由中国数学会下属的普及工作委员会和教育工作委员会主持,在河南洛阳召开首届"全国中学数学普及刊物工作会议"。会上,我对我国数学教育教学普及刊物的发展历史和现状分布作了发言,受到与会者的欢迎和几位主持人的重视,由此结识了中国数学会专职副秘书长任南衡先生。此后,经过有关工作的交往,逐渐熟悉。1990 年暑假,我们便商议在他 1985 年完成的《中国数学会五十年》一文的基础上,进一步核定史实,补充史料、完善内容,合作编一部《中国数学会史料》的书。那时我 55 岁,刚退休,有时间有精力,而任先生的工作却很忙。于是分工决定:他开路、我跑腿。随后又得到数学天元基金的资助,具体的调查访问、核实史实、充实史料,基本上由我做。任先生的工作性质属于对高级知识分子的管理干部,他非常敬业,对待工作任劳任怨,尊重知识分子、平等待人,在老一辈数学家中有良好的口碑。借此增强了受访者对我的信任,支持我们为中国数学会完史提供素材,乐意接受我的采访和信件。有的前辈带着病体迎接我;有的是大病初愈就急着回答我提请的问题。有些问题、事件涉及早年已故数学家,是受访者的老师或同事,因年久记忆模糊说不准确,他们便转访其家属和知情人,或亲自到图书馆查资料,到档案馆找当事人档案,或亲自带我到特殊馆藏室查抄,以核准为止。众多前辈爱国敬业的行动,深深教育了我,提高了我对许多问题的认识水平。

前辈和专家们及有关先辈的家属提供的原始史料,不仅帮助任南衡和我完成了《中国数学会史料》一书的编写任务。再经过进一步梳理、思考,提高、充实这些史料,便构成本书若干专题研究。

在此,特别感激陈省身先辈、王元院士、李文林教授,衷心感谢他们多年来对我搜寻史料,进行专题研究的悉心指导和帮助。

我效力一生的单位——陕西师范大学现任副校长赵彬教授、数学与信息科学学院吉国兴院长、李田会书记,得知本书将要出版的消息,都很关心、支持。西北大学数学与科学史研究中心曲安京主任,推荐了两位相关研究方向的博士协助。领导和专家的支持,使我非常欣慰。20世纪中国数学发展的历史,待研究的史料课题还很多很多,盼望年轻一代往下传承,特在书后添加"第一辑"三个字,意味着它将有"第二辑"等。第一辑交稿后,经过数月酝酿,钱永红先生已经接手编写《近代科教先驱——胡门三杰》专著,第一辑中"20世纪前半叶中国数学家论文集萃",经过专家审核过的50篇优秀学术论文目录,合作者王辉博士就这些论文内容将辑录出版。以后的内容也与曲安京教授推荐的两位博士亢小玉、宋轶文正在积极酝酿准备中,宋轶文博士承担了本辑的最后校对任务。盼望广大读者多加指教、帮助。

张友余

2014 年 12 月 4 日于陕西师大

哈尔滨工业大学出版社刘培杰数学工作室
已出版(即将出版)图书目录

书　　名	出版时间	定　价	编号
新编中学数学解题方法全书(高中版)上卷	2007—09	38.00	7
新编中学数学解题方法全书(高中版)中卷	2007—09	48.00	8
新编中学数学解题方法全书(高中版)下卷(一)	2007—09	42.00	17
新编中学数学解题方法全书(高中版)下卷(二)	2007—09	38.00	18
新编中学数学解题方法全书(高中版)下卷(三)	2010—06	58.00	73
新编中学数学解题方法全书(初中版)上卷	2008—01	28.00	29
新编中学数学解题方法全书(初中版)中卷	2010—07	38.00	75
新编中学数学解题方法全书(高考复习卷)	2010—01	48.00	67
新编中学数学解题方法全书(高考真题卷)	2010—01	38.00	62
新编中学数学解题方法全书(高考精华卷)	2011—03	68.00	118
新编平面解析几何解题方法全书(专题讲座卷)	2010—01	18.00	61
新编中学数学解题方法全书(自主招生卷)	2013—08	88.00	261

书　　名	出版时间	定　价	编号
数学眼光透视	2008—01	38.00	24
数学思想领悟	2008—01	38.00	25
数学应用展观	2008—01	38.00	26
数学建模导引	2008—01	28.00	23
数学方法溯源	2008—01	38.00	27
数学史话览胜	2008—01	28.00	28
数学思维技术	2013—09	38.00	260

书　　名	出版时间	定　价	编号
从毕达哥拉斯到怀尔斯	2007—10	48.00	9
从迪利克雷到维斯卡尔迪	2008—01	48.00	21
从哥德巴赫到陈景润	2008—05	98.00	35
从庞加莱到佩雷尔曼	2011—08	138.00	136

书　　名	出版时间	定　价	编号
数学奥林匹克与数学文化(第一辑)	2006—05	48.00	4
数学奥林匹克与数学文化(第二辑)(竞赛卷)	2008—01	48.00	19
数学奥林匹克与数学文化(第二辑)(文化卷)	2008—07	58.00	36'
数学奥林匹克与数学文化(第三辑)(竞赛卷)	2010—01	48.00	59
数学奥林匹克与数学文化(第四辑)(竞赛卷)	2011—08	58.00	87
数学奥林匹克与数学文化(第五辑)	2015—06	98.00	370

哈尔滨工业大学出版社刘培杰数学工作室
已出版(即将出版)图书目录

书　名	出版时间	定　价	编号
世界著名平面几何经典著作钩沉——几何作图专题卷(上)	2009－06	48.00	49
世界著名平面几何经典著作钩沉——几何作图专题卷(下)	2011－01	88.00	80
世界著名平面几何经典著作钩沉(民国平面几何老课本)	2011－03	38.00	113
世界著名平面几何经典著作钩沉(建国初期平面三角老课本)	2015－08	38.00	507
世界著名解析几何经典著作钩沉——平面解析几何卷	2014－01	38.00	273
世界著名数论经典著作钩沉(算术卷)	2012－01	28.00	125
世界著名数学经典著作钩沉——立体几何卷	2011－02	28.00	88
世界著名三角学经典著作钩沉(平面三角卷Ⅰ)	2010－06	28.00	69
世界著名三角学经典著作钩沉(平面三角卷Ⅱ)	2011－01	38.00	78
世界著名初等数论经典著作钩沉(理论和实用算术卷)	2011－07	38.00	126
发展空间想象力	2010－01	38.00	57
走向国际数学奥林匹克的平面几何试题诠释(上、下)(第1版)	2007－01	68.00	11,12
走向国际数学奥林匹克的平面几何试题诠释(上、下)(第2版)	2010－02	98.00	63,64
平面几何证明方法全书	2007－08	35.00	1
平面几何证明方法全书习题解答(第1版)	2005－10	18.00	2
平面几何证明方法全书习题解答(第2版)	2006－12	18.00	10
平面几何天天练上卷·基础篇(直线型)	2013－01	58.00	208
平面几何天天练中卷·基础篇(涉及圆)	2013－01	28.00	234
平面几何天天练下卷·提高篇	2013－01	58.00	237
平面几何专题研究	2013－07	98.00	258
最新世界各国数学奥林匹克中的平面几何试题	2007－09	38.00	14
数学竞赛平面几何典型题及新颖解	2010－07	48.00	74
初等数学复习及研究(平面几何)	2008－09	58.00	38
初等数学复习及研究(立体几何)	2010－06	38.00	71
初等数学复习及研究(平面几何)习题解答	2009－01	48.00	42
几何学教程(平面几何卷)	2011－03	68.00	90
几何学教程(立体几何卷)	2011－07	68.00	130
几何变换与几何证题	2010－06	88.00	70
计算方法与几何证题	2011－06	28.00	129
立体几何技巧与方法	2014－04	88.00	293
几何瑰宝——平面几何500名题暨1000条定理(上、下)	2010－07	138.00	76,77
三角形的解法与应用	2012－07	18.00	183
近代的三角形几何学	2012－07	48.00	184
一般折线几何学	2015－08	48.00	203
三角形的五心	2009－06	28.00	51
三角形的六心及其应用	2015－10	68.00	542
三角形趣谈	2012－08	28.00	212
解三角形	2014－01	28.00	265
三角学专门教程	2014－09	28.00	387

哈尔滨工业大学出版社刘培杰数学工作室
已出版(即将出版)图书目录

书　　名	出版时间	定　价	编号
距离几何分析导引	2015—02	68.00	446
圆锥曲线习题集(上册)	2013—06	68.00	255
圆锥曲线习题集(中册)	2015—01	78.00	434
圆锥曲线习题集(下册)	即将出版		
近代欧氏几何学	2012—03	48.00	162
罗巴切夫斯基几何学及几何基础概要	2012—07	28.00	188
罗巴切夫斯基几何学初步	2015—06	28.00	474
用三角、解析几何、复数、向量计算解数学竞赛几何题	2015—03	48.00	455
美国中学几何教程	2015—04	88.00	458
三线坐标与三角形特征点	2015—04	98.00	460
平面解析几何方法与研究(第1卷)	2015—05	18.00	471
平面解析几何方法与研究(第2卷)	2015—06	18.00	472
平面解析几何方法与研究(第3卷)	2015—07	18.00	473
解析几何研究	2015—01	38.00	425
初等几何研究	2015—02	58.00	444
俄罗斯平面几何问题集	2009—08	88.00	55
俄罗斯立体几何问题集	2014—03	58.00	283
俄罗斯几何大师——沙雷金论数学及其他	2014—01	48.00	271
来自俄罗斯的5000道几何习题及解答	2011—03	58.00	89
俄罗斯初等数学问题集	2012—05	38.00	177
俄罗斯函数问题集	2011—03	38.00	103
俄罗斯组合分析问题集	2011—01	48.00	79
俄罗斯初等数学万题选——三角卷	2012—11	38.00	222
俄罗斯初等数学万题选——代数卷	2013—08	68.00	225
俄罗斯初等数学万题选——几何卷	2014—01	68.00	226
463个俄罗斯几何老问题	2012—01	28.00	152
超越吉米多维奇. 数列的极限	2009—11	48.00	58
超越普里瓦洛夫. 留数卷	2015—01	28.00	437
超越普里瓦洛夫. 无穷乘积与它对解析函数的应用卷	2015—05	28.00	477
超越普里瓦洛夫. 积分卷	2015—06	18.00	481
超越普里瓦洛夫. 基础知识卷	2015—06	28.00	482
超越普里瓦洛夫. 数项级数卷	2015—07	38.00	489
初等数论难题集(第一卷)	2009—05	68.00	44
初等数论难题集(第二卷)(上、下)	2011—02	128.00	82,83
数论概貌	2011—03	18.00	93
代数数论(第二版)	2013—08	58.00	94
代数多项式	2014—06	38.00	289
初等数论的知识与问题	2011—02	28.00	95
超越数论基础	2011—03	28.00	96
数论初等教程	2011—03	28.00	97
数论基础	2011—03	18.00	98
数论基础与维诺格拉多夫	2014—03	18.00	292
解析数论基础	2012—08	28.00	216
解析数论基础(第二版)	2014—01	48.00	287
解析数论问题集(第二版)	2014—05	88.00	343

书 名	出 版 时 间	定 价	编号
数论入门	2011—03	38.00	99
代数数论入门	2015—03	38.00	448
数论开篇	2012—07	28.00	194
解析数论引论	2011—03	48.00	100
Barban Davenport Halberstam 均值和	2009—01	40.00	33
基础数论	2011—03	28.00	101
初等数论 100 例	2011—05	18.00	122
初等数论经典例题	2012—07	18.00	204
最新世界各国数学奥林匹克中的初等数论试题(上、下)	2012—01	138.00	144,145
初等数论(Ⅰ)	2012—01	18.00	156
初等数论(Ⅱ)	2012—01	18.00	157
初等数论(Ⅲ)	2012—01	28.00	158
平面几何与数论中未解决的新老问题	2013—01	68.00	229
代数数论简史	2014—11	28.00	408
代数数论	2015—09	88.00	532
谈谈素数	2011—03	18.00	91
平方和	2011—03	18.00	92
复变函数引论	2013—10	68.00	269
伸缩变换与抛物旋转	2015—01	38.00	449
无穷分析引论(上)	2013—04	88.00	247
无穷分析引论(下)	2013—04	98.00	245
数学分析	2014—04	28.00	338
数学分析中的一个新方法及其应用	2013—01	38.00	231
数学分析例选:通过范例学技巧	2013—01	88.00	243
高等代数例选:通过范例学技巧	2015—06	88.00	475
三角级数论(上册)(陈建功)	2013—01	38.00	232
三角级数论(下册)(陈建功)	2013—01	48.00	233
三角级数论(哈代)	2013—06	48.00	254
三角级数	2015—07	28.00	263
超越数	2011—03	18.00	109
三角和方法	2011—03	18.00	112
整数论	2011—05	38.00	120
从整数谈起	2015—10	18.00	538
随机过程(Ⅰ)	2014—01	78.00	224
随机过程(Ⅱ)	2014—01	68.00	235
算术探索	2011—12	158.00	148
组合数学	2012—04	28.00	178
组合数学浅谈	2012—03	28.00	159
丢番图方程引论	2012—03	48.00	172
拉普拉斯变换及其应用	2015—02	38.00	447
高等代数.上	2016—01	38.00	548
高等代数.下	2016—01	38.00	549
数学解析教程.上卷.1	2016—01	58.00	546
数学解析教程.上卷.2	2016—01	38.00	553
同余理论	2012—05	38.00	163
[x]与{x}	2015—04	48.00	476
极值与最值.上卷	2015—06	38.00	486
极值与最值.中卷	2015—06	38.00	487
极值与最值.下卷	2015—06	28.00	488
整数的性质	2012—11	38.00	192
多项式理论	2015—10	88.00	541

哈尔滨工业大学出版社刘培杰数学工作室
已出版（即将出版）图书目录

书　名	出版时间	定　价	编号
历届美国中学生数学竞赛试题及解答(第一卷)1950—1954	2014—07	18.00	277
历届美国中学生数学竞赛试题及解答(第二卷)1955—1959	2014—04	18.00	278
历届美国中学生数学竞赛试题及解答(第三卷)1960—1964	2014—06	18.00	279
历届美国中学生数学竞赛试题及解答(第四卷)1965—1969	2014—04	28.00	280
历届美国中学生数学竞赛试题及解答(第五卷)1970—1972	2014—06	18.00	281
历届美国中学生数学竞赛试题及解答(第七卷)1981—1986	2015—01	18.00	424
历届 IMO 试题集(1959—2005)	2006—05	58.00	5
历届 CMO 试题集	2008—09	28.00	40
历届中国数学奥林匹克试题集	2014—10	38.00	394
历届加拿大数学奥林匹克试题集	2012—08	38.00	215
历届美国数学奥林匹克试题集：多解推广加强	2012—08	38.00	209
历届波兰数学竞赛试题集.第 1 卷,1949～1963	2015—03	18.00	453
历届波兰数学竞赛试题集.第 2 卷,1964～1976	2015—03	18.00	454
保加利亚数学奥林匹克	2014—10	38.00	393
圣彼得堡数学奥林匹克试题集	2015—01	48.00	429
历届国际大学生数学竞赛试题集(1994—2010)	2012—01	28.00	143
全国大学生数学夏令营数学竞赛试题及解答	2007—03	28.00	15
全国大学生数学竞赛辅导教程	2012—07	28.00	189
全国大学生数学竞赛复习全书	2014—04	48.00	340
历届美国大学生数学竞赛试题集	2009—03	88.00	43
前苏联大学生数学奥林匹克竞赛题解(上编)	2012—04	28.00	169
前苏联大学生数学奥林匹克竞赛题解(下编)	2012—04	38.00	170
历届美国数学邀请赛试题集	2014—01	48.00	270
全国高中数学竞赛试题及解答.第 1 卷	2014—07	38.00	331
大学生数学竞赛讲义	2014—09	28.00	371
亚太地区数学奥林匹克竞赛题	2015—07	18.00	492
高考数学临门一脚(含密押三套卷)(理科版)	2015—01	24.80	421
高考数学临门一脚(含密押三套卷)(文科版)	2015—01	24.80	422
新课标高考数学题型全归纳(文科版)	2015—05	72.00	467
新课标高考数学题型全归纳(理科版)	2015—05	82.00	468
王连笑教你怎样学数学:高考选择题解题策略与客观题实用训练	2014—01	48.00	262
王连笑教你怎样学数学:高考数学高层次讲座	2015—02	48.00	432
高考数学的理论与实践	2009—08	38.00	53
高考数学核心题型解题方法与技巧	2010—01	28.00	86
高考思维新平台	2014—03	38.00	259
30 分钟拿下高考数学选择题、填空题(第二版)	2012—01	28.00	146
高考数学压轴题解题诀窍(上)	2012—02	78.00	166
高考数学压轴题解题诀窍(下)	2012—03	28.00	167
北京市五区文科数学三年高考模拟题详解:2013～2015	2015—08	48.00	500
北京市五区理科数学三年高考模拟题详解:2013～2015	2015—09	68.00	505
向量法巧解数学高考题	2009—08	28.00	54
高考数学万能解题法	2015—09	28.00	534
高考物理万能解题法	2015—09	28.00	537
2011～2015 年全国及各省市高考数学文科精品试题审题要津与解法研究	2015—10	68.00	539
2011～2015 年全国及各省市高考数学理科精品试题审题要津与解法研究	2015—10	88.00	540

哈尔滨工业大学出版社刘培杰数学工作室
已出版(即将出版)图书目录

书　名	出版时间	定　价	编号
整函数	2012－08	18.00	161
近代拓扑学研究	2013－04	38.00	239
多项式和无理数	2008－01	68.00	22
模糊数据统计学	2008－03	48.00	31
模糊分析学与特殊泛函空间	2013－01	68.00	241
受控理论与解析不等式	2012－05	78.00	165
解析不等式新论	2009－06	68.00	48
建立不等式的方法	2011－03	98.00	104
数学奥林匹克不等式研究	2009－08	68.00	56
不等式研究(第二辑)	2012－02	68.00	153
不等式的秘密(第一卷)	2012－02	28.00	154
不等式的秘密(第一卷)(第2版)	2014－02	38.00	286
不等式的秘密(第二卷)	2014－01	38.00	268
初等不等式的证明方法	2010－06	38.00	123
初等不等式的证明方法(第二版)	2014－11	38.00	407
不等式·理论·方法(基础卷)	2015－07	38.00	496
不等式·理论·方法(经典不等式卷)	2015－07	38.00	497
不等式·理论·方法(特殊类型不等式卷)	2015－07	48.00	498
谈谈不定方程	2011－05	28.00	119
数学奥林匹克在中国	2014－06	98.00	344
数学奥林匹克问题集	2014－01	38.00	267
数学奥林匹克不等式散论	2010－06	38.00	124
数学奥林匹克不等式欣赏	2011－09	38.00	138
数学奥林匹克超级题库(初中卷上)	2010－01	58.00	66
数学奥林匹克不等式证明方法和技巧(上、下)	2011－08	158.00	134,135
新编640个世界著名数学智力趣题	2014－01	88.00	242
500个最新世界著名数学智力趣题	2008－06	48.00	3
400个最新世界著名数学最值问题	2008－09	48.00	36
500个世界著名数学征解问题	2009－06	48.00	52
400个中国最佳初等数学征解老问题	2010－01	48.00	60
500个俄罗斯数学经典老题	2011－01	28.00	81
1000个国外中学物理好题	2012－04	48.00	174
300个日本高考数学题	2012－05	38.00	142
500个前苏联早期高考数学试题及解答	2012－05	28.00	185
546个早期俄罗斯大学生数学竞赛题	2014－03	38.00	285
548个来自美苏的数学好问题	2014－11	28.00	396
20所苏联著名大学早期入学试题	2015－02	18.00	452
161道德国工科大学生必做的微分方程习题	2015－05	28.00	469
500个德国工科大学生必做的高数习题	2015－06	28.00	478
德国讲义日本考题.微积分卷	2015－04	48.00	456
德国讲义日本考题.微分方程卷	2015－04	38.00	457
几何变换(Ⅰ)	2014－07	28.00	353
几何变换(Ⅱ)	2015－06	28.00	354
几何变换(Ⅲ)	2015－01	38.00	355
几何变换(Ⅳ)	2015－12	38.00	356

哈尔滨工业大学出版社刘培杰数学工作室
已出版(即将出版)图书目录

书　名	出版时间	定　价	编号
中国初等数学研究　2009 卷(第 1 辑)	2009－05	20.00	45
中国初等数学研究　2010 卷(第 2 辑)	2010－05	30.00	68
中国初等数学研究　2011 卷(第 3 辑)	2011－07	60.00	127
中国初等数学研究　2012 卷(第 4 辑)	2012－07	48.00	190
中国初等数学研究　2014 卷(第 5 辑)	2014－02	48.00	288
中国初等数学研究　2015 卷(第 6 辑)	2015－06	68.00	493
博弈论精粹	2008－03	58.00	30
博弈论精粹.第二版(精装)	2015－01	88.00	461
数学 我爱你	2008－01	28.00	20
精神的圣徒　别样的人生——60 位中国数学家成长的历程	2008－09	48.00	39
数学史概论	2009－06	78.00	50
数学史概论(精装)	2013－03	158.00	272
数学史选讲	2016－01	48.00	544
斐波那契数列	2010－02	28.00	65
数学拼盘和斐波那契魔方	2010－07	38.00	72
斐波那契数列欣赏	2011－01	28.00	160
数学的创造	2011－02	48.00	85
数学中的美	2011－02	38.00	84
数论中的美学	2014－12	38.00	351
数学王者　科学巨人——高斯	2015－01	28.00	428
振兴祖国数学的圆梦之旅:中国初等数学研究史话	2015－06	78.00	490
二十世纪中国数学史料研究	2015－10	48.00	536
数字谜、数阵图与棋盘覆盖	2016－01	58.00	298
最新全国及各省市高考数学试卷解法研究及点拨评析	2009－02	38.00	41
2011 年全国及各省市高考数学试题审题要津与解法研究	2011－10	48.00	139
2013 年全国及各省市高考数学试题解析与点评	2014－01	48.00	282
全国及各省市高考数学试题审题要津与解法研究	2015－02	48.00	450
全国中考数学压轴题审题要津与解法研究	2013－04	78.00	248
新编全国及各省市中考数学压轴题审题要津与解法研究	2014－05	58.00	342
全国及各省市 5 年中考数学压轴题审题要津与解法研究	2015－04	58.00	462
新课标高考数学——五年试题分章详解(2007～2011)(上、下)	2011－10	78.00	140,141
中考数学专题总复习	2007－04	28.00	6
数学解题——靠数学思想给力(上)	2011－07	38.00	131
数学解题——靠数学思想给力(中)	2011－07	48.00	132
数学解题——靠数学思想给力(下)	2011－07	38.00	133
我怎样解题	2013－01	48.00	227
数学解题中的物理方法	2011－06	28.00	114
数学解题的特殊方法	2011－06	48.00	115
中学数学计算技巧	2012－01	48.00	116
中学数学证明方法	2012－01	58.00	117
数学趣题巧解	2012－03	28.00	128
高中数学教学通鉴	2015－05	58.00	479
和高中生漫谈:数学与哲学的故事	2014－08	28.00	369

哈尔滨工业大学出版社刘培杰数学工作室
已出版(即将出版)图书目录

书　名	出版时间	定　价	编号
自主招生考试中的参数方程问题	2015－01	28.00	435
自主招生考试中的极坐标问题	2015－04	28.00	463
近年全国重点大学自主招生数学试题全解及研究.华约卷	2015－02	38.00	441
近年全国重点大学自主招生数学试题全解及研究.北约卷	即将出版		
自主招生数学解证宝典	2015－09	48.00	535
格点和面积	2012－07	18.00	191
射影几何趣谈	2012－04	28.00	175
斯潘纳尔引理——从一道加拿大数学奥林匹克试题谈起	2014－01	28.00	228
李普希兹条件——从几道近年高考数学试题谈起	2012－10	18.00	221
拉格朗日中值定理——从一道北京高考试题的解法谈起	2015－10	18.00	197
闵科夫斯基定理——从一道清华大学自主招生试题谈起	2014－01	28.00	198
哈尔测度——从一道冬令营试题的背景谈起	2012－08	28.00	202
切比雪夫逼近问题——从一道中国台北数学奥林匹克试题谈起	2013－04	38.00	238
伯恩斯坦多项式与贝齐尔曲面——从一道全国高中数学联赛试题谈起	2013－03	38.00	236
卡塔兰猜想——从一道普特南竞赛试题谈起	2013－06	18.00	256
麦卡锡函数和阿克曼函数——从一道前南斯拉夫数学奥林匹克试题谈起	2012－08	18.00	201
贝蒂定理与拉姆贝克莫斯尔定理——从一个拣石子游戏谈起	2012－08	18.00	217
皮亚诺曲线和豪斯道夫分球定理——从无限集谈起	2012－08	18.00	211
平面凸图形与凸多面体	2012－10	28.00	218
斯坦因豪斯问题——从一道二十五省市自治区中学数学竞赛试题谈起	2012－07	18.00	196
纽结理论中的亚历山大多项式与琼斯多项式——从一道北京市高一数学竞赛试题谈起	2012－07	28.00	195
原则与策略——从波利亚"解题表"谈起	2013－04	38.00	244
转化与化归——从三大尺规作图不能问题谈起	2012－08	28.00	214
代数几何中的贝祖定理(第一版)——从一道IMO试题的解法谈起	2013－08	18.00	193
成功连贯理论与约当块理论——从一道比利时数学竞赛试题谈起	2012－04	18.00	180
磨光变换与范·德·瓦尔登猜想——从一道环球城市竞赛试题谈起	即将出版		
素数判定与大数分解	2014－08	18.00	199
置换多项式及其应用	2012－10	18.00	220
椭圆函数与模函数——从一道美国加州大学洛杉矶分校(UCLA)博士资格考题谈起	2012－10	28.00	219
差分方程的拉格朗日方法——从一道2011年全国高考理科试题的解法谈起	2012－08	28.00	200
力学在几何中的一些应用	2013－01	38.00	240
高斯散度定理、斯托克斯定理和平面格林定理——从一道国际大学生数学竞赛试题谈起	即将出版		
康托洛维奇不等式——从一道全国高中联赛试题谈起	2013－03	28.00	337
西格尔引理——从一道第18届IMO试题的解法谈起	即将出版		
罗斯定理——从一道前苏联数学竞赛试题谈起	即将出版		
拉克斯定理和阿廷定理——从一道IMO试题的解法谈起	2014－01	58.00	246

哈尔滨工业大学出版社刘培杰数学工作室
已出版(即将出版)图书目录

书　名	出版时间	定　价	编号
毕卡大定理——从一道美国大学数学竞赛试题谈起	2014—07	18.00	350
贝齐尔曲线——从一道全国高中联赛试题谈起	即将出版		
拉格朗日乘子定理——从一道2005年全国高中联赛试题的高等数学解法谈起	2015—05	28.00	480
雅可比定理——从一道日本数学奥林匹克试题谈起	2013—04	48.00	249
李天岩—约克定理——从一道波兰数学竞赛试题谈起	2014—06	28.00	349
整系数多项式因式分解的一般方法——从克朗耐克算法谈起	即将出版		
布劳维不动点定理——从一道前苏联数学奥林匹克试题谈起	2014—01	38.00	273
压缩不动点定理——从一道高考数学试题的解法谈起	即将出版		
伯恩赛德定理——从一道英国数学奥林匹克试题谈起	即将出版		
布查特-莫斯特定理——从一道上海市初中竞赛试题谈起	即将出版		
数论中的同余数问题——从一道普特南竞赛试题谈起	即将出版		
范·德蒙行列式——从一道美国数学奥林匹克试题谈起	即将出版		
中国剩余定理:总数法构建中国历史年表	2015—01	28.00	430
牛顿程序与方程求根——从一道全国高考试题解法谈起	即将出版		
库默尔定理——从一道IMO预选试题谈起	即将出版		
卢丁定理——从一道冬令营试题的解法谈起	即将出版		
沃斯滕霍姆定理——从一道IMO预选试题谈起	即将出版		
卡尔松不等式——从一道莫斯科数学奥林匹克试题谈起	即将出版		
信息论中的香农熵——从一道近年高考压轴题谈起	即将出版		
约当不等式——从一道希望杯竞赛试题谈起	即将出版		
拉比诺维奇定理	即将出版		
刘维尔定理——从一道《美国数学月刊》征解问题的解法谈起	即将出版		
卡塔兰恒等式与级数求和——从一道IMO试题的解法谈起	即将出版		
勒让德猜想与素数分布——从一道爱尔兰竞赛试题谈起	即将出版		
天平称重与信息论——从一道基辅市数学奥林匹克试题谈起	即将出版		
哈密尔顿—凯莱定理:从一道高中数学联赛试题谈起	2014—09	18.00	376
艾思特曼定理——从一道CMO试题的解法谈起	即将出版		
一个爱尔特希问题——从一道西德数学奥林匹克试题谈起	即将出版		
有限群中的爱丁格尔问题——从一道北京市初中二年级数学竞赛试题谈起	即将出版		
贝克码与编码理论——从一道全国高中联赛试题谈起	即将出版		
帕斯卡三角形	2014—03	18.00	294
蒲丰投针问题——从2009年清华大学的一道自主招生试题谈起	2014—01	38.00	295
斯图姆定理——从一道"华约"自主招生试题的解法谈起	2014—01	18.00	296
许瓦兹引理——从一道加利福尼亚大学伯克利分校数学系博士生试题谈起	2014—08	18.00	297
拉格朗日中值定理——从一道北京高考试题的解法谈起	2014—01		298
拉姆塞定理——从王诗宬院士的一个问题谈起	2014—01		299
坐标法	2013—12	28.00	332
数论三角形	2014—04	38.00	341
毕克定理	2014—07	18.00	352
数林掠影	2014—09	48.00	389
我们周围的概率	2014—10	38.00	390
凸函数最值定理:从一道华约自主招生题的解法谈起	2014—10	28.00	391
易学与数学奥林匹克	2014—10	38.00	392

哈尔滨工业大学出版社刘培杰数学工作室
已出版(即将出版)图书目录

书　名	出版时间	定　价	编号
生物数学趣谈	2015－01	18.00	409
反演	2015－01		420
因式分解与圆锥曲线	2015－01	18.00	426
轨迹	2015－01	28.00	427
面积原理:从常庚哲命的一道CMO试题的积分解法谈起	2015－01	48.00	431
形形色色的不动点定理:从一道28届IMO试题谈起	2015－01	38.00	439
柯西函数方程:从一道上海交大自主招生的试题谈起	2015－02	28.00	440
三角恒等式	2015－02	28.00	442
无理性判定:从一道2014年"北约"自主招生试题谈起	2015－01	38.00	443
数学归纳法	2015－03	18.00	451
极端原理与解题	2015－04	28.00	464
法雷级数	2014－08	18.00	367
摆线族	2015－01	38.00	438
函数方程及其解法	2015－05	38.00	470
含参数的方程和不等式	2012－09	28.00	213
希尔伯特第十问题	2016－01	38.00	543
无穷小量的求和	2016－01	28.00	545
中等数学英语阅读文选	2006－12	38.00	13
统计学专业英语	2007－03	28.00	16
统计学专业英语(第二版)	2012－07	48.00	176
统计学专业英语(第三版)	2015－04	68.00	465
幻方和魔方(第一卷)	2012－05	68.00	173
尘封的经典——初等数学经典文献选读(第一卷)	2012－07	48.00	205
尘封的经典——初等数学经典文献选读(第二卷)	2012－07	38.00	206
代换分析:英文	2015－07	38.00	499
实变函数论	2012－06	78.00	181
复变函数论	2015－08	38.00	504
非光滑优化及其变分分析	2014－01	48.00	230
疏散的马尔科夫链	2014－01	58.00	266
马尔科夫过程论基础	2015－01	28.00	433
初等微分拓扑学	2012－07	18.00	182
方程式论	2011－03	38.00	105
初级方程式论	2011－03	28.00	106
Galois理论	2011－03	18.00	107
古典数学难题与伽罗瓦理论	2012－11	58.00	223
伽罗华与群论	2014－01	28.00	290
代数方程的根式解及伽罗瓦理论	2011－03	28.00	108
代数方程的根式解及伽罗瓦理论(第二版)	2015－01	28.00	423
线性偏微分方程讲义	2011－03	18.00	110
几类微分方程数值方法的研究	2015－05	38.00	485
N体问题的周期解	2011－03	28.00	111
代数方程式论	2011－05	18.00	121
动力系统的不变量与函数方程	2011－07	48.00	137
基于短语评价的翻译知识获取	2012－02	48.00	168
应用随机过程	2012－04	48.00	187
概率论导引	2012－04	18.00	179
矩阵论(上)	2013－06	58.00	250
矩阵论(下)	2013－06	48.00	251
对称锥互补问题的内点法:理论分析与算法实现	2014－08	68.00	368
抽象代数:方法导引	2013－06	38.00	257

哈尔滨工业大学出版社刘培杰数学工作室
已出版(即将出版)图书目录

书　名	出版时间	定　价	编号
函数论	2014—11	78.00	395
反问题的计算方法及应用	2011—11	28.00	147
初等数学研究(Ⅰ)	2008—09	68.00	37
初等数学研究(Ⅱ)(上、下)	2009—05	118.00	46,47
数阵及其应用	2012—02	28.00	164
绝对值方程—折边与组合图形的解析研究	2012—07	48.00	186
代数函数论(上)	2015—07	38.00	494
代数函数论(下)	2015—07	38.00	495
偏微分方程论:法文	2015—10	48.00	533
闵嗣鹤文集	2011—03	98.00	102
吴从炘数学活动三十年(1951~1980)	2010—07	99.00	32
吴从炘数学活动又三十年(1981~2010)	2015—10	98.00	491
趣味初等方程妙题集锦	2014—09	48.00	388
趣味初等数论选美与欣赏	2015—02	48.00	445
耕读笔记(上卷):一位农民数学爱好者的初数探索	2015—04	28.00	459
耕读笔记(中卷):一位农民数学爱好者的初数探索	2015—05	28.00	483
耕读笔记(下卷):一位农民数学爱好者的初数探索	2015—05	28.00	484
几何不等式研究与欣赏.上卷	2016—01	88.00	547
几何不等式研究与欣赏.下卷	2016—01	48.00	552
数贝偶拾——高考数学题研究	2014—04	28.00	274
数贝偶拾——初等数学研究	2014—04	38.00	275
数贝偶拾——奥数题研究	2014—04	48.00	276
集合、函数与方程	2014—01	28.00	300
数列与不等式	2014—01	38.00	301
三角与平面向量	2014—01	28.00	302
平面解析几何	2014—01	38.00	303
立体几何与组合	2014—01	28.00	304
极限与导数、数学归纳法	2014—01	38.00	305
趣味数学	2014—03	28.00	306
教材教法	2014—04	68.00	307
自主招生	2014—05	58.00	308
高考压轴题(上)	2015—01	48.00	309
高考压轴题(下)	2014—10	68.00	310
从费马到怀尔斯——费马大定理的历史	2013—10	198.00	Ⅰ
从庞加莱到佩雷尔曼——庞加莱猜想的历史	2013—10	298.00	Ⅱ
从切比雪夫到爱尔特希(上)——素数定理的初等证明	2013—07	48.00	Ⅲ
从切比雪夫到爱尔特希(下)——素数定理100年	2012—12	98.00	Ⅲ
从高斯到盖尔方特——二次域的高斯猜想	2013—10	198.00	Ⅳ
从库默尔到朗兰兹——朗兰兹猜想的历史	2014—01	98.00	Ⅴ
从比勃巴赫到德布朗斯——比勃巴赫猜想的历史	2014—02	298.00	Ⅵ
从麦比乌斯到陈省身——麦比乌斯变换与麦比乌斯带	2014—02	298.00	Ⅶ
从布尔到豪斯道夫——布尔方程与格论漫谈	2013—10	198.00	Ⅷ
从开普勒到阿诺德——三体问题的历史	2014—05	298.00	Ⅸ
从华林到华罗庚——华林问题的历史	2013—10	298.00	Ⅹ
吴振奎高等数学解题真经(概率统计卷)	2012—01	38.00	149
吴振奎高等数学解题真经(微积分卷)	2012—01	68.00	150
吴振奎高等数学解题真经(线性代数卷)	2012—01	58.00	151
钱昌本教你快乐学数学(上)	2011—12	48.00	155
钱昌本教你快乐学数学(下)	2012—03	58.00	171

哈尔滨工业大学出版社刘培杰数学工作室
已出版（即将出版）图书目录

书　名	出版时间	定　价	编号
第19～23届"希望杯"全国数学邀请赛试题审题要津详细评注(初一版)	2014—03	28.00	333
第19～23届"希望杯"全国数学邀请赛试题审题要津详细评注(初二、初三版)	2014—03	38.00	334
第19～23届"希望杯"全国数学邀请赛试题审题要津详细评注(高一版)	2014—03	28.00	335
第19～23届"希望杯"全国数学邀请赛试题审题要津详细评注(高二版)	2014—03	38.00	336
第19～25届"希望杯"全国数学邀请赛试题审题要津详细评注(初一版)	2015—01	38.00	416
第19～25届"希望杯"全国数学邀请赛试题审题要津详细评注(初二、初三版)	2015—01	58.00	417
第19～25届"希望杯"全国数学邀请赛试题审题要津详细评注(高一版)	2015—01	48.00	418
第19～25届"希望杯"全国数学邀请赛试题审题要津详细评注(高二版)	2015—01	48.00	419
高等数学解题全攻略(上卷)	2013—06	58.00	252
高等数学解题全攻略(下卷)	2013—06	58.00	253
高等数学复习纲要	2014—01	18.00	384
三角函数	2014—01	38.00	311
不等式	2014—01	38.00	312
数列	2014—01	38.00	313
方程	2014—01	28.00	314
排列和组合	2014—01	28.00	315
极限与导数	2014—01	28.00	316
向量	2014—09	38.00	317
复数及其应用	2014—08	28.00	318
函数	2014—01	38.00	319
集合	即将出版		320
直线与平面	2014—01	28.00	321
立体几何	2014—04	28.00	322
解三角形	即将出版		323
直线与圆	2014—01	28.00	324
圆锥曲线	2014—01	38.00	325
解题通法(一)	2014—07	38.00	326
解题通法(二)	2014—07	38.00	327
解题通法(三)	2014—05	38.00	328
概率与统计	2014—01	28.00	329
信息迁移与算法	即将出版		330
物理奥林匹克竞赛大题典——力学卷	2014—11	48.00	405
物理奥林匹克竞赛大题典——热学卷	2014—04	28.00	339
物理奥林匹克竞赛大题典——电磁学卷	2015—07	48.00	406
物理奥林匹克竞赛大题典——光学与近代物理卷	2014—06	28.00	345
历届中国东南地区数学奥林匹克试题集(2004～2012)	2014—06	18.00	346
历届中国西部地区数学奥林匹克试题集(2001～2012)	2014—07	18.00	347
历届中国女子数学奥林匹克试题集(2002～2012)	2014—08	18.00	348
美国高中数学竞赛五十讲.第1卷(英文)	2014—08	28.00	357
美国高中数学竞赛五十讲.第2卷(英文)	2014—08	28.00	358
美国高中数学竞赛五十讲.第3卷(英文)	2014—09	28.00	359
美国高中数学竞赛五十讲.第4卷(英文)	2014—09	28.00	360
美国高中数学竞赛五十讲.第5卷(英文)	2014—10	28.00	361
美国高中数学竞赛五十讲.第6卷(英文)	2014—11	28.00	362
美国高中数学竞赛五十讲.第7卷(英文)	2014—12	28.00	363
美国高中数学竞赛五十讲.第8卷(英文)	2015—01	28.00	364
美国高中数学竞赛五十讲.第9卷(英文)	2015—01	28.00	365
美国高中数学竞赛五十讲.第10卷(英文)	2015—02	38.00	366

哈尔滨工业大学出版社刘培杰数学工作室
已出版(即将出版)图书目录

书　　名	出版时间	定　价	编号
IMO 50 年.第 1 卷(1959－1963)	2014－11	28.00	377
IMO 50 年.第 2 卷(1964－1968)	2014－11	28.00	378
IMO 50 年.第 3 卷(1969－1973)	2014－09	28.00	379
IMO 50 年.第 4 卷(1974－1978)	即将出版		380
IMO 50 年.第 5 卷(1979－1984)	2015－04	38.00	381
IMO 50 年.第 6 卷(1985－1989)	2015－04	58.00	382
IMO 50 年.第 7 卷(1990－1994)	即将出版		383
IMO 50 年.第 8 卷(1995－1999)	即将出版		384
IMO 50 年.第 9 卷(2000－2004)	2015－04	58.00	385
IMO 50 年.第 10 卷(2005－2008)	即将出版		386
历届美国大学生数学竞赛试题集.第一卷(1938－1949)	2015－01	28.00	397
历届美国大学生数学竞赛试题集.第二卷(1950－1959)	2015－01	28.00	398
历届美国大学生数学竞赛试题集.第三卷(1960－1969)	2015－01	28.00	399
历届美国大学生数学竞赛试题集.第四卷(1970－1979)	2015－01	18.00	400
历届美国大学生数学竞赛试题集.第五卷(1980－1989)	2015－01	28.00	401
历届美国大学生数学竞赛试题集.第六卷(1990－1999)	2015－01	28.00	402
历届美国大学生数学竞赛试题集.第七卷(2000－2009)	2015－08	18.00	403
历届美国大学生数学竞赛试题集.第八卷(2010－2012)	2015－01	18.00	404
新课标高考数学创新题解题诀窍:总论	2014－09	28.00	372
新课标高考数学创新题解题诀窍:必修 1～5 分册	2014－08	38.00	373
新课标高考数学创新题解题诀窍:选修 2－1,2－2,1－1,1－2分册	2014－09	38.00	374
新课标高考数学创新题解题诀窍:选修 2－3,4－4,4－5 分册	2014－09	18.00	375
全国重点大学自主招生英文数学试题全攻略:词汇卷	2015－07	48.00	410
全国重点大学自主招生英文数学试题全攻略:概念卷	2015－01	28.00	411
全国重点大学自主招生英文数学试题全攻略:文章选读卷(上)	即将出版		412
全国重点大学自主招生英文数学试题全攻略:文章选读卷(下)	即将出版		413
全国重点大学自主招生英文数学试题全攻略:试题卷	2015－07	38.00	414
全国重点大学自主招生英文数学试题全攻略:名著欣赏卷	即将出版		415
数学物理大百科全书.第 1 卷	2015－08	408.00	508
数学物理大百科全书.第 2 卷	2015－08	418.00	509
数学物理大百科全书.第 3 卷	2015－08	396.00	510
数学物理大百科全书.第 4 卷	2015－08	408.00	511
数学物理大百科全书.第 5 卷	2015－08	368.00	512

哈尔滨工业大学出版社刘培杰数学工作室
已出版(即将出版)图书目录

书　名	出版时间	定　价	编号
劳埃德数学趣题大全.题目卷.1:英文	2015—10	18.00	516
劳埃德数学趣题大全.题目卷.2:英文	2015—10	18.00	517
劳埃德数学趣题大全.题目卷.3:英文	2015—10	18.00	518
劳埃德数学趣题大全.题目卷.4:英文	2016—01	18.00	519
劳埃德数学趣题大全.题目卷.5:英文	2016—01	18.00	520
劳埃德数学趣题大全.答案卷:英文	2016—01	18.00	521
李成章教练奥数笔记.第1卷	2016—01	48.00	522
李成章教练奥数笔记.第2卷	2016—01	48.00	523
李成章教练奥数笔记.第3卷	2016—01	38.00	524
李成章教练奥数笔记.第4卷	2016—01	38.00	525
李成章教练奥数笔记.第5卷	2016—01	38.00	526
李成章教练奥数笔记.第6卷	即将出版		527
李成章教练奥数笔记.第7卷	即将出版		528
李成章教练奥数笔记.第8卷	即将出版		529
李成章教练奥数笔记.第9卷	即将出版		530
zeta 函数,q-zeta 函数,相伴级数与积分	2015—08	88.00	513
微分形式:理论与练习	2015—08	58.00	514
离散与微分包含的逼近和优化	2015—08	58.00	515

联系地址:哈尔滨市南岗区复华四道街 10 号　哈尔滨工业大学出版社刘培杰数学工作室
网　　址:http://lpj.hit.edu.cn/
邮　　编:150006
联系电话:0451—86281378　　13904613167
E-mail:lpj1378@163.com